AI芯片

科技探索与AGI愿景

张臣雄◎著

人民邮电出版社

北 京

图书在版编目（CIP）数据

AI 芯片：科技探索与 AGI 愿景 / 张臣雄著. -- 北京：
人民邮电出版社，2025. -- ISBN 978-7-115-66603-1

Ⅰ. TN43

中国国家版本馆 CIP 数据核字第 2025BF9417 号

内 容 提 要

　　本书旨在从创新的角度探讨 AI 芯片的现状和未来，共分 9 章。第 1 章为概论，介绍大模型浪潮下，AI 芯片的需求与挑战。第 2 章、第 3 章分别介绍实现深度学习 AI 芯片的创新方法与架构，以及一些新兴的算法和思路。第 4 章全面介绍半导体芯片产业的前沿技术，包括新型晶体管、集成芯片、分子器件与分子忆阻器，以及打印类脑芯片等。第 5 章～第 8 章分别探讨用化学或生物方法实现 AI、AI 在科学发现中的创新应用、实现神经形态计算与类脑芯片的创新方法，以及具身智能芯片。第 9 章展望未来的AGI 芯片，并探讨相关的发展和伦理话题。

　　本书可供 AI 和芯片领域的研究人员，工程技术人员，科技、产业决策和管理人员，以及创投从业者参考，也可供 AI、集成电路、计算机等相关专业的本科生、研究生和教学工作者，以及所有对 AI 芯片感兴趣的读者阅读。

　◆ 著　　　　　张臣雄
　　责任编辑　　贺瑞君
　　责任印制　　马振武

　◆ 人民邮电出版社出版发行　　北京市丰台区成寿寺路 11 号
　　邮编　100164　　电子邮件　315@ptpress.com.cn
　　网址　https://www.ptpress.com.cn
　　北京瑞禾彩色印刷有限公司印刷

　◆ 开本：787×1092　1/16
　　印张：25.75　　　　　　　　　2025 年 7 月第 1 版
　　字数：470 千字　　　　　　　2025 年 7 月北京第 1 次印刷

定价：199.00 元

读者服务热线：**(010)81055410**　印装质量热线：**(010)81055316**
反盗版热线：**(010)81055315**

前言
PREFACE

自 2021 年《AI 芯片：前沿技术与创新未来》一书出版以来，它的发行量远超我的预期，人们在全世界的很多地方能看到这本书。短短 4 年间，世界发生了巨大的变化，AI 领域和半导体芯片产业也发生了许多重要事件。这让我意识到，有必要撰写第二本关于 AI 芯片的书，以紧跟时代步伐、介绍新兴领域和最新动向，与第一本书相互补充。

在这 4 年中，最令人瞩目的事件之一便是 ChatGPT 的横空出世。作为一种生成式 AI 语言模型，它诞生后很快演进到能够生成文本、图像、视频、计算机代码等各种内容。生成式 AI 也迅速成为推动 AI 领域又一次飞跃的驱动力。这一驱动力的关键支柱是大语言模型（Large Language Model，LLM，简称大模型），而绝大多数的大模型是基于 Transformer 算法构建的。

与此同时，为了满足大模型和 Transformer 算法对算力的巨大需求，AI 芯片的架构也在不断优化。通过采用新的工艺，传统的"集成电路"演变为"集成芯片"，即通过芯粒集成、3D 堆叠、混合键合等先进的封装手段，大幅增加了单块芯片中的晶体管数量，增加幅度达几百甚至几千倍，从而极大地提高了芯片的算力和性能。

大模型的计算规模正以惊人的速度增长。OpenAI 训练 GPT-4 所需的计算量达到约 2×10^{25} FLOPS（Floating-point Operations per Second，每秒浮点操作数），训练成本约为 1 亿美元；而 2024 年谷歌发布的非常强大的模型——Gemini Ultra，训练成本比 GPT-4 翻了一倍。这种对算力、能耗和成本的巨大需求，已成为 AI 和 AI 芯片持续发展的严峻挑战。

应对这些变化和挑战的关键在于两个字——创新。唯有通过创新，才能引发新的技术变革、诞生新的产业并产生经济效益，从而推动 AI 进入可持续发展的轨道，进而推动人类文明的前进。创新不是一蹴而就的，而是需要前瞻的视野和勇于探索的精神，不仅要专注于技术开发，还要从基础科研出发，一步一个脚印地向前迈进。

本书旨在从创新的角度探讨 AI 芯片当前与未来的发展。从应用层，到最底层的器件和材料；从生成文本、图像和视频的 AI 应用，到由 AI 芯片组成的、能够自主完成重大科学发现的系统；从当前基于 Transformer 算法的大模型，到"后 Transformer"以及未来的通用人工智能（Artificial General Intelligence，AGI）芯片架构；从能耗巨大的深度学习（Deep Learning），到能耗极低的神经形态计算和符号计算；从现有的硅基硬件，到未来的湿件，本书将带领读者深入探索这些前沿的创新领域。

本书各章的内容重点及其逻辑架构如图 A.1 所示，具体介绍如下。

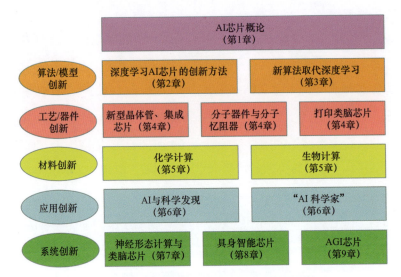

图 A.1　本书各章的内容重点及其逻辑架构

第 1 章简要介绍大模型浪潮下，AI 芯片的需求与挑战，并介绍 AI 芯片的常见类型和架构，以及它们各自的计算能力和独特优势。全球各大科技公司和研究机构不断推出创新产品，为 AI 芯片领域注入新的活力。本章重点介绍当前备受关注的英伟达（NVIDIA）图形处理器（Graphics Processing Unit，GPU）的技术趋势、谷歌（Google）的张量处理器（Tensor Processing Unit，TPU），以及英特尔（Intel）、超威半导体（Advanced Micro Devices，AMD）芯片研发的新进展。另外，本章还介绍一些非常具有潜力、准备与大公司产品（尤其是 GPU）竞争的新创公司产品。

第 2 章聚焦当今主流的深度学习领域，探讨一些创新方法与架构，尤其是针对大模型和 Transformer 算法的优化算法。由于大模型的计算成本高昂，且能耗巨大，如何改进现有的深度学习方法或开发全新的算法以取代它们，已经成为研究的重中之重。

第 3 章展望即将到来的"后 Transformer"时代，探讨一些新兴的算法和思路，如超维计算、耦合振荡计算、神经符号计算等以"符号"作为核心单元的计算范式，并介绍使用新兴半导体器件来实现这些计算范式的方法。

第 4 章从半导体芯片技术的进步出发，全面介绍半导体芯片产业的前沿技术，如晶体管架构、晶背供电、光刻工艺、芯粒与异质集成，以及 3D 堆叠等。此外，本章还深入探讨两项颠覆性技术：分子器件与分子忆阻器，以及打印类脑芯片。这些前沿技术不仅推动了芯片性能的提升，还为未来的芯片设计提供了全新的思路。

第 5 章将视角转向更底层的技术创新，探讨使用化学或生物方法实现 AI 的可能性。这些技术创新颠覆了传统芯片的概念，可使 AI 芯片不再是坚固的硬件，而是柔软或液态的湿件。虽然这些技术目前仍处于实验室阶段，但研究人员对其寄予厚望。因为它们不仅摆脱了传统的用数学模型模拟智能的方式，更是通过化学物质或生物体模仿真实大脑的智能，有望创造出更接近生物大脑的 AI，从而在效率和性能上取得重大突破。

第 6 章深入探讨 AI 在科学发现中的创新应用，介绍科学研究的核心流程，并基于此展望未来实现完全自主的"AI 科学家"的可能性。如果这种"AI 科学家"得以实现，将彻底改变当前"小作坊"式的科研模式，推动科研转向大规模"批量生产"的方式。这种方式甚至可能催生出诺贝尔奖级别的研究成果，为科学发现的效率和质量带来革命性改进。

与传统的深度学习加速芯片相比，类脑芯片的运行方式更接近人类的大脑，虽然目前已经有一些原型样片，但与商业化应用尚有距离。本书第 7 章与第 8 章探讨生成式 AI 兴起后，实现神经形态计算与类脑芯片的创新方法，并介绍具备感知和执行功能的具身智能芯片。目前，大多数训练 AI 模型的数据主要来自互联网，缺乏对周围物理环境的感知，而这样的智能是不完整的，尚不能被称为真正的智能。

在生成式 AI 热潮中，AGI 是关注度最高的概念之一。本书第 9 章聚焦 AGI 芯片，展望未来可能的 AGI 芯片架构。不过，AGI 的定义目前仍未明确且存在争议，AGI 芯片在最终实现之前还需要经历漫长的研发过程。

本书旨在为 AI 和芯片领域的研究人员，工程技术人员，科技、产业决策和管理人员，创投从业者，AI、集成电路、计算机等相关专业的本科生、研究生和教学工作者，以及对 AI 芯片感兴趣的读者提供一本新颖、前沿且富有创新思维的专业读物。这既是我上一本作品《AI 芯片：前沿技术与创新未来》的宗旨，也是我写作本书的指导思想。然而，本书并不适合完全的初学者，它的核心目标读者是已经在 AI 或芯片领域中有一定经验并具备基础知识的专业人士。

　　我非常感谢人民邮电出版社高级策划编辑贺瑞君对出版本书的热情支持与多方面的协助。同时，我也要感谢出版社的其他同仁，感谢他们在本书出版过程中所给予的支持与协助。

　　与 AI 和芯片相关的技术正在以惊人的速度进步，人类社会和文明也在随之不断向前发展。如今，图书出版的节奏已经难以跟上技术快速变化的步伐。本书正是在这种创新日新月异、信息与知识爆炸的时代背景下撰写和出版的，可以看作当前"指数发展"时代的一个"快照"。书中难免存在不足之处，恳请读者批评指正。

张臣雄

2024 年 12 月

目录
CONTENTS

第 1 章 大模型浪潮下，AI 芯片的需求与挑战

> "大模型需要更强大的计算力，而 AI 芯片是驱动未来 AI 的引擎。"
>
> ——黄仁勋（Jensen Huang），英伟达创始人兼 CEO
>
> "我们正在逼近芯片功耗和散热的物理极限，创新已经不仅是必要，而是生存所需。"
>
> ——埃隆·马斯克（Elon Musk），特斯拉与 SpaceX 创始人
>
> "AI 芯片不仅要计算快，还要更智能地利用能源，这是支持大规模 AI 模型的关键。"
>
> ——吴恩达（Andrew Ng），人工智能专家
>
> "AI 模型越大，对芯片性能和效率的要求就越高。我们需要突破性创新来支持这一浪潮。"
>
> ——李飞飞（Fei-Fei Li），斯坦福大学教授

在当今的数字化时代，人工智能（Artificial Intelligence，AI）已经成为推动科技进步和社会变革的重要力量。从自动驾驶汽车到自动生成文本、图像和视频，从机器翻译到智能医疗诊断，AI 正在渗透各个领域，并为人们的工作和生活带来了巨大的改变和便利。

然而，实现功能强大的 AI 系统并非易事。当前基于深度学习算法的 AI，其核心是处理和分析大规模的数据，以从中提取有用的信息和模式。这就需要庞大而高效的计算资源来支持复杂的算法和模型。因此，作为基本组件的 AI 芯片受到了广泛关注。一些大公司正在推动 AI 芯片市场的高速发展，而大量科研机构和新创公司也纷纷投入资金和人力研发新的 AI 芯片。

当前主流的 AI 芯片也被称为深度学习 AI 加速器、AI 引擎或神经网络处理器，是专门面向 AI 任务设计和优化的集成电路产品，以运行深度学习算法和模型为主要目标。它们采用冯·诺依曼体系结构，将存储和计算分离，用于图像识别、语音识别等判别式 AI

场景和文本、图像、视频等生成式 AI 场景。与传统的通用计算芯片——中央处理器（Central Processing Unit，CPU）相比，这些 AI 芯片针对目标领域具有更高的计算性能（就 AI 任务而言）、更低的功耗和更好的并行处理能力。这使得它们能够在更短的时间内处理更多的数据，从而完成更复杂的 AI 任务。

AI 芯片的设计和制造涉及多个领域的知识，包括计算机体系结构、芯片设计、材料科学等。近年来，全球许多科技巨头和研究机构竞相推出自己的 AI 芯片产品，并在 AI 领域取得重要突破。例如，除了英伟达公司的 GPU 仍然一骑绝尘，谷歌的 TPU 和其他公司推出的智能处理器（Intelligence Processing Unit，IPU）、数据处理器（Data Processing Unit，DPU）等，都成为 AI 芯片领域的重要代表和 AI 芯片市场的参与者。

AI 芯片的出现推动了 AI 技术的进步，使得 AI 在各个领域得到了更加广泛的应用。在文本和图像生成、自然语言处理（Natural Language Processing，NLP）、图像识别、语音识别、机器学习等任务中，AI 芯片能够在很大程度上满足需求，使 AI 在某些场景下的处理能力甚至超过人类。它也使半导体芯片技术的发展大幅加速，因为当前 AI 日新月异的发展对芯片性能要求极高，只有采用最前沿的芯片设计和制造工艺才能满足需求。

本书将着重探讨近年来 AI 算法、芯片架构、芯片工艺、芯片材料等方面的发展状况，AI 芯片的新应用领域与场景，以及它们在应用中的性能特点和优势。

虽然 AI 芯片已经出现多年，但是与传统芯片相比，它仍然属于新生事物。生成式 AI 热潮的兴起，对 AI 芯片的性能和能效提出了更高的要求，同时也显露出目前 AI 芯片的不足之处。如果 AI 模型的规模及其对算力的要求无止境地发展下去，将会对生态环境、自然资源造成严重影响，这样的发展是不可持续的。

因此，我们在为当前 AI 取得突破性进展感到欢欣鼓舞的同时，必须认真思考其未来的发展前景和技术方向，不仅要考虑未来 3 ～ 5 年的短期发展，还要考虑 10 年之后的长期发展。虽然有些新的思路属于基础研究范畴，刚刚萌芽，但经过长期的精心栽培，很可能在未来成为产业界的一棵大树，并诞生累累硕果。本书将和读者一起，对这些潜在的发展前景作比较深入的探索。

下面让我们开始这段旅程，一起探索 AI 芯片的无限潜力吧！

1.1 生成式 AI 开创新时代

AI 经过了从专家系统到神经网络的起起伏伏的发展历程。2017 年 Transformer 模型的诞生和大模型的开发，促成了 2022 年 11 月 ChatGPT 的发布以及 2023 年 3 月 GPT-4

的横空出世。虽然 AI 的发展经历了多次起伏，但其智能水平和社会影响一直在提高（见图 1.1）。现在，与生成式 AI 相关的应用服务如雨后春笋般涌现，很多国内公司（如百度、腾讯和阿里云等）都已经成功开发出大模型，为大模型的应用提供了有力支持。

当今典型的大模型已经初步具备了人类的通识和逻辑推断能力，这也是之前的 AI 所缺失的。多年前兴起的以深度学习技术为支撑的 AI（与生成式 AI 对应，被称为判别式 AI）已经相当成熟并得到了广泛的应用，而生成式 AI 把这一次 AI 热潮推向了新的高度。判别式 AI 主要在识别、翻译、预测等方面的判别能力较强，可以被称为某个领域的"专家"；而 ChatGPT 等大模型则可以被称为各个领域的通用专家，这引发了公众对 AI 的极大关注。

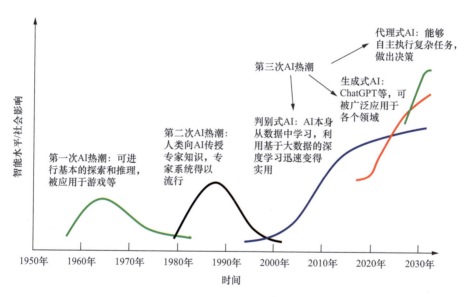

图 1.1　AI 经历了三次热潮和两次低谷

生成式 AI 的应用多种多样，如 DALL-E2、Midjourney、Stable Diffusion、Mini-Omni、Github Copliot 和 Sora 等，它们不仅包括对话功能，还包括生成图像、视频、语音和程序代码等功能。

在生成式 AI 基础上发展起来的下一波热潮将是代理式 AI（Agentic AI[①]）。生成式 AI 的核心是创建新的内容，比如文本、图像、音乐等，而 AI 智能体则进一步发展了这一理念，将其扩展到更自动化并具互动性的领域：智能体不仅可以生成内容，还能够自主执行复杂任务、做出决策并与外部环境或其他系统交互，同时不断学习和适应。

---

① 常被称为 AI Agent、AI 代理或 AI 智能体，本书统一称为 AI 智能体或简称智能体。

目前主流大模型的参数量都是千亿级、万亿级的水平，展现出了惊人的泛化能力、迁移能力，产出的内容质量也更高、更智能。同时，训练这些大模型需要海量数据。OpenAI 为了让 GPT-3 的表现更接近人类，使用了 45TB 的数据、近 1 万亿个单词来训练它，这相当于约一千万本牛津高阶词典的词汇。

大模型的能力比以往的 AI 有了长足的进步，它可以根据人类的提示（Prompt）写出大量文字，其内容与人类写的经常无法区分。虽然目前的生成式 AI 仍不完美，并会出现错误，但它们已经可以回答棘手的技术问题，例如回答以往需要向律师和计算机程序员等专业人士提的问题。它们甚至可以帮助人们更好地训练其他 AI。

AI 能力的提升，依靠的是大量的计算机和服务器集群，而这些设备的核心器件就是 AI 芯片。因此，高性能的 AI 芯片成为最抢手的半导体器件之一，尤其是用于 AI 训练的高端 GPU 芯片，不仅价格飞涨，而且供不应求，甚至因为种种原因被限购。

为了能够满足日趋复杂、密集的 AI 运算需求，同时尽可能降低能耗，AI 芯片必须使用最先进的半导体芯片设计和制造技术。这掀起了半导体行业的技术竞争热潮，也激发了产业界、学术界对半导体芯片的研发热情，从而促进了芯片技术的加速发展。

根据市场调研公司灼识咨询的预测，在生成式 AI 需求的推动下，AI 芯片的全球市场规模正在迅速扩大：预计到 2027 年，AI 芯片市场的销售额会比 2023 年翻一番还要多，达到约 3089 亿美元，复合年增长率为 23%，其中中国 AI 芯片市场的销售额预计达到 1150 亿美元。这些销售额中的很大一部分将来自云端训练所使用的 GPU。而边缘侧的 AI 推理芯片将在未来 5 年内迎来需求的高峰。

1.2　AI 芯片：CPU、GPU、FPGA、ASIC

一般来说，目前的主流商业化 AI 芯片包含 CPU、GPU、现场可编程门阵列（Field Programmable Gate Array，FPGA）和专用集成电路（Application Specific Integrated Circuit，ASIC）4 种。由于高端 CPU、GPU 和 FPGA 的设计基本上被个别公司所垄断，近年来出现的大多数新创公司都在开发针对 AI 加速的 ASIC，只有为数不多的新创公司取得了高端 CPU、GPU 研发的竞争优势。这个态势尤其体现在云端（数据中心）的 AI 训练芯片上，因为这些芯片需要极高的算力，因而开发芯片的主要目标是"高算力"。

2023—2024 年，AI 芯片市场上新一代的 CPU 和 GPU 仍然是最具竞争力的 AI 芯片。英特尔（Intel）公司的 CPU 已经针对 AI 计算任务做了许多改进，其最新公布的路线图显示，在接下来的两三年内将有更多用于 AI 处理的高性能 CPU 产品供数据中心使用。而英特尔的 x86 处理器早已被非常广泛地部署在全球各大数据中心里。英伟达的全新架构 GPU 芯片——英伟达 H100 和 B100 芯片具备了惊人的 AI 性能指标。AMD 也推出了新一代的 GPU。

　　在 AI 模型的开发、训练和推理中，不同 AI 芯片的使用比例取决于具体的应用场景、需求和资源预算。图 1.2 所示是各种 AI 芯片在不同处理场合中的应用情况。

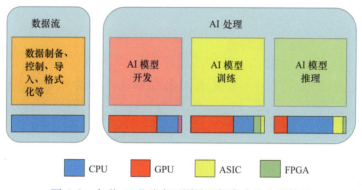

图 1.2　各种 AI 芯片在不同处理场合中的应用情况

　　（1）在 AI 模型的开发、训练和推理中，CPU 通常作为整个系统的主要控制单元。近年来，很多 CPU 增加了 AI 处理单元，大多数 AI 任务中 CPU 的使用比例已经大大上升。

　　（2）GPU 在深度学习中的应用非常广泛，由于具有强大的并行计算能力，通常被用于大规模数据集的训练和复杂模型的推理。在这些场景下，GPU 的运算速度可以比 CPU 快 100 倍。GPU 在 AI 模型开发和训练中的使用比例为 60% ～ 80%，具体取决于模型的大小和训练的规模。

　　（3）FPGA 是一种灵活的可编程芯片，在 AI 模型的训练和推理中也有一定的应用。FPGA 可以根据具体需求进行重新编程，适用于一些需要快速迭代和灵活处理的场景。然而，FPGA 的配置和优化相对复杂，通常具有较高的技术要求和开发成本。因此，FPGA 的使用比例相对较低，通常在 10% 以下。

　　（4）ASIC 是为特定任务而设计的芯片。在一些高性能计算（High Performance Computing，HPC）需求较密集的场景（如云计算中心）中，一些大规模的 AI 模型可能会使用 ASIC 来加速训练和推理过程，效果非常显著。然而，ASIC 的设计和生产成本较高，并且需要针对具体任务进行定制，因此一般情况下使用比例较低。

　　AI 芯片使用的实际比例会根据具体任务、硬件配置和资源限制等因素而有所不同。

此外，随着技术的发展和芯片的更新，使用比例也可能发生变化。同时，使用比例也会根据应用场景的不同而调整。例如，CPU 经常被用于边缘设备的 AI 推理，如智能手机和自动驾驶汽车；而在需要高性能和低时延的数据中心，GPU 经常被用于 AI 训练和推理；FPGA 常被用于 AI 推理的专业应用，如医疗成像和金融交易；ASIC 除了被用于一小部分 AI 训练，通常被用于对性能要求最高的场景下的 AI 推理，如自动驾驶和人脸识别等。

对 AI 推理来说，除了云端推理这类特别复杂的任务，一般的边缘推理并不需要高算力的 AI 芯片，而需要高能效（尽可能少耗电）的 AI 芯片。在这个领域，一些设计新颖、功耗极低的 ASIC 被不断开发出来。新创公司及研究机构在该领域有更大的优势空间。

图 1.3 所示为基于深度学习的生成式 AI 模型中各个层次的组成情况。如果没有像 TensorFlow 这样的框架来为 AI 算法编程，即使再好的芯片也不能发挥作用。AI 芯片制造厂家为每个层次提供了适配的软件。软件优化往往可以很大程度地提升速度。

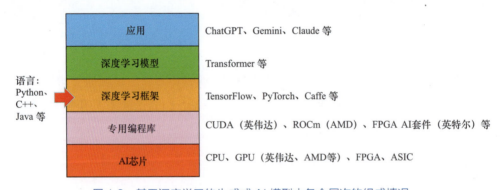

图 1.3　基于深度学习的生成式 AI 模型中各个层次的组成情况

接下来，首先介绍近些年出现的一些 CPU、GPU、FPGA 和 ASIC 的情况，以及它们未来的发展路线图，其次介绍几家新创公司开发的 AI 加速器芯片。

1.2.1　CPU

经过近些年不断的架构改进，CPU 已经不再是原来只能做数据流控制、不能有效进行大数据计算的传统计算机器件了。CPU 研制历史悠久的公司（如英特尔和 AMD）对其新一代 CPU 的 AI 功能做了强化和改进，新一代 CPU 完全可以胜任很多实际的 AI 计算任务。这些计算任务主要运行从较低复杂度到中等复杂度的深度学习算法。市场上现有的 x86 架构 CPU，AI 功能越来越丰富。

CPU 最大的优点是高灵活性，因为它是通用处理器，可以通过软件编程对不断更新的 AI 算法进行处理。而且与 GPU 相比，CPU 的成本低得多。CPU 还有很重要的一个优势是普及性，主要体现在云端的广泛部署。

截至本书成稿之时，AI 项目只是典型的数据中心中运行的一部分应用程序。大多数云端服务器还没有配备 AI 加速器，只有 AMD 或英特尔的 x86 架构 CPU。因此，大部分 AI 应用程序仍然运行在 x86 架构的 CPU 上。

对 AI 计算来说，CPU 有它本身的优势。虽然 CPU 进行 AI 计算的速度比不过 GPU 或者 ASIC，但是它既能够进行深度学习算法，又能进行常规的计算，在这几类 AI 芯片中灵活性最高，而且在市场上容易找到，综合效率较高。对物联网设备、智能手机和可穿戴设备等对功耗和面积有严格限制的应用来说，一般无法放入专门用于语音和图像处理的 AI 加速器，这时就可以由 CPU 来处理。另外，在安全性要求极高的应用场景（如太空、国防和医疗）中，CPU 有时是唯一的选择，例如航天用的芯片必须有极高的抗辐射性能，CPU 对此已经有很成熟的设计，而 GPU 和属于 ASIC 的 TPU 等芯片都还没有这方面的认证。

严重依赖较大规模批处理（Batch Processing）的深度学习算法需要大量内存资源。数据中心中由 CPU 管理的主机拥有比 AI 加速器芯片大得多的内存容量，因此经常必须在 CPU 上运行深度学习算法。另外，尽管一些 AI 加速器芯片在大规模批处理时能够提供极高的吞吐率，但对于需要实时推理的应用，大规模批处理的效果并不理想。而在小规模批处理时，CPU 的时延非常低，具备竞争力。总体来看，x86 架构 CPU 可能会继续更多地用于 AI 推理，而非 AI 训练。下面介绍英特尔和 AMD 在研发 CPU 方面的动向和整体趋势。

1.2.1.1　英特尔的技术和产品动向

2008 年 3 月，英特尔为 x86 架构的处理器引入了高级向量扩展（Advanced Vector Extensions，AVX），到现在已经发展到适用于 HPC 的第 3 代指令集 AVX-512，其中提供的一系列新指令可以对 512 位向量执行单指令多数据流（Single-instruction Multiple-data Stream，SIMD）操作。2019 年，英特尔在 AVX 指令集中增加了向量神经网络指令（Vector Neural Network Instruction，VNNI）功能，并为 16 位脑浮点（BFloat16 或 BF16，谷歌提出的一种浮点数格式）和 8 位整数（INT8）等数据格式升级了 AVX 算术单元。

由于神经网络计算通常需要先对两个 16 位或两个 8 位的值进行矩阵乘法运算，然后进行 32 位精度的加法运算，因此，位宽较大的 AVX-512 单元非常适合多个精度较低的计算同时进行。如果有需要多次使用的操作数，还可以将它们放在 CPU 缓存中，从而减少内存空间的占用，降低内存系统的运行压力。

目前，英特尔正在构建新的计算单元，如在至强（Xeon）处理器中引入适用于 AI 的高级矩阵扩展（Advanced Matrix Extensions，AMX）和酷睿（Core）i 系列处理器中的高斯与神经加速器（Gaussian and Neural Accelerator，GNA），用于数据加密和压缩的加速器 QuickAssist，以及用于加快内存数据分析的存内加速器（Accelerator-in-Memory，AiM）。在最新的英特尔 Xeon 处理器的 Max 系列特殊版本中，封装有高达 64GB 的高带宽内存（High Bandwidth Memory，HBM），这给一些 AI 算法带来了显著的性能提升。

近年来，英特尔一直在想方设法创新并改进自己的 CPU 产品，尤其想在数据中心的 CPU 中加入 AI 功能，以便抢回已经被英伟达占领的大部分市场份额。表 1.1 所示的英特尔云端芯片产品发展路线能够体现这种思路。

表 1.1　英特尔云端芯片产品发展路线

芯片种类	2023 年	2024 年	2025 年
P 核 CPU	第 4 代 Xeon Sapphire Rapids	第 5 代 Xeon Emerald Rapids	第 6 代 Xeon Granite Rapids
E 核 CPU	—	Xeon Sierra Forest	Xeon Clearwater Forest
ASIC	Habana Gaudi 2	Habana Gaudi 3	
HPC/AI GPU	数据中心 GPU Max 系列 Ponte Vecchio	—	下一代数据中心 GPU Falcon Shores
虚拟云 GPU	数据中心 GPU Flex 系列		数据中心 GPU Flex 系列 Melville Sound
FPGA	15 款新 FPGA	—	下一代 FPGA

注：源自英特尔，2023 年 5 月更新，表中内容为当年的预估路线。

英特尔 CPU 的 P 核和 E 核是其第 12 代和第 13 代酷睿处理器中使用的两种不同类型的内核。P 核是性能核，专门用于高性能的任务；E 核是效率核，专门用于低功耗的任务。

表 1.1 中的 GPU 产品 Ponte Vecchio 芯片专注于 HPC 和 AI 计算，它的下一代被称为 Falcon Shores，都基于开放的行业标准。ASIC 产品是 Habana Gaudi 2，下一代为 Habana Gaudi 3。

英特尔在 2023 年 12 月发布了新一代 CPU——Meteor Lake，希望开启全新的 AI 处理器时代。Meteor Lake 采用英特尔的 4nm 工艺，是第一款采用 Foveros 3D 封装技术、首次在处理器中搭载专用神经处理单元（Neural Processing Unit，NPU）AI 引擎 Intel AI Boost 的 CPU。

Meteor Lake 的 AI 单元用芯粒（Chiplet）实现，因此不依赖大型 GPU 内核阵列。Intel AI Boost 的神经处理单元不是基于英特尔 FPGA 业务部门 Altera 的开发成果，而是基于 2016 年收购的 Movidius 的技术。NPU 将被搭载至 Meteor Lake 的所有版本中。

通过 AI 图像生成器 Stable Diffusion 1.5 的应用场景，英特尔展示了在不同类型硬件（从 CPU 内核、集成 GPU 到专用 NPU）上运行 AI 算法的优势。系统的平均功耗从 40W 降至 10W，速度提高了近一倍。如果所有功能都在集成 GPU 上运行，速度会进一步加快 30%，功耗为 37W，这比只使用 CPU 内核经济得多。英特尔称，将对即将推出的 AI 个人计算机（Personal Computer，PC）中的 Microsoft 365 Copilot、Windows Studio Effects 等软件提供广泛支持。

按照英特尔在 2023 年 5 月的预测，2027 年，英特尔的 AI 芯片（包含 CPU、GPU、FPGA、ASIC 等）市场规模将可达到 400 亿美元，其中 CPU 将占 60%，其他占 40%。然而，英特尔在 2024 年出现了巨额亏损，2024 年 10 月发布的 Arrow Lake CPU 在基准测试中没有取得预期的性能进展。英特尔不得不再次做出许多妥协，如不再采用原计划的英特尔内部 20A 工艺，而是由代工业务竞争对手台积电制造；原计划的"全环绕栅极（GAA，详见 4.1.1 小节）晶体管"创新也因此被推迟。英特尔希望在 2025 年新的 CEO 上任后扭转局势。

1.2.1.2　AMD 的 Ryzen AI

在 AMD 的 Ryzen 7040 系列移动设备处理器中，Ryzen 5 7640U 及以上的 7 个型号中运算速度最快的 5 个型号都配备了 Ryzen AI。

AMD 收购的赛灵思（Xilinx）的 FPGA 开发成果是 Ryzen AI 的基础。AMD 将其背后的架构称为 XDNA。XDNA 由 20 个分片（Tile）组成，能够执行从 8 位整数到 32 位整数（INT32）和 BF16 等典型 AI 数据格式的计算。部分分片通过片上网络和直接内存访问单元连接计算节点。Ryzen AI 最初处理 4 个并行 AI 数据流。得益于精细的时钟调整和关闭功能，XDNA 在不运行时几乎不耗电。当 XDNA 全速运行时，可达每秒 10 万亿次（Tera Operations Per Second，TOPS）的运算速度。AMD 的统一 AI 软件栈（Unified AI Software Stack）框架专为 AI 应用而设计，可在 Ryzen 7040 系列处理器上运行，但开始时只能在有限的范围内利用专用 XDNA 运行。

1.2.1.3 微控制器和芯粒集成

在很多只能承受低功耗的物联网或可穿戴设备中，用得较多的是微控制器单元（Microcontroller Unit，MCU），它的性能和功耗要比 x86 处理器低得多。一些 MCU 的功率只有几十毫瓦。相对简单的 MCU 内核（如 ARM 的 Cortex-M0）没有浮点单元，甚至没有像 ARM Neon 那样的 SIMD 扩展，因此需要额外的单元来快速地处理 AI 算法。

目前，在有 MCU 的芯片中实现 AI 引擎，较简单的办法是直接从 ARM、Cadence、Imagination Technologies 或 Synopsys 等设计公司购买 AI 处理单元知识产权（Intellectual Property，IP）核作为功能模块。像 ARM Ethos-U65 或 PowerVR 3NX 这样的 AI 单元与同一芯片中的 Cortex 处理器核并行运行就是这种情形。另外，一些嵌入式图形内核（如 ARM Mali-G710）的着色器（又称渲染器）内核可以作为 AI 计算单元使用。

所有芯片相关的公司都或多或少地从 AI 腾飞中受益。英特尔也不想在这一点上落后。英特尔的优势在于拥有满足中小型 AI 模型计算能力的处理器，并且也有相应的 GPU 产品。然而，截至本书成稿之时，英伟达在 GPU 市场上仍然占据主导地位，而 AMD 和英特尔的消息要少得多。

近年来，英特尔将业务重点放在为服务器 CPU 增加新的加速器单元（见图 1.4）上。但如果在原有的 CPU 单片芯片中增加太多的加速器，会占用芯片面积，从而影响 CPU 的性能。因此，新的趋势是简化 CPU 内核，并减少加速器数量。随着芯粒技术的逐渐成熟，如果把 AI 加速器作为芯粒直接与 CPU 封装在一块芯片中，不仅可以提高性能，还可以降低功耗并缩小系统的体积。更重要的是，CPU 具有高灵活性和与 GPU 相比的低成本优势，非常适用于不断更新的 AI 算法，可作为一种灵活的 AI 推理引擎使用。

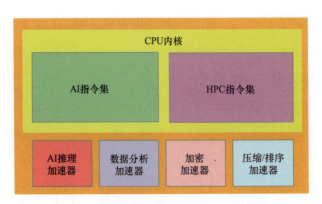

图 1.4　带有加速器单元的 CPU 芯片组成

有一些新创公司和研究机构也秉持这样的想法，直接将一个 AI 加速器核与 CPU 核合并，组成一块更适合 AI 计算的芯片；也有的在 AI 算法上下工夫，做出更适用于 CPU 的改进。

1.2.1.4　开发适合 CPU 运行的 AI 算法

虽然 CPU 的通用硬件架构本质上并不适用于 AI 运算，但通过改进 AI 算法和软件，可使 CPU 胜任 AI 处理工作。而 CPU 的成本只有 GPU 的 1/3，这就是优化算法利用 CPU 的好处。

美国莱斯大学（Rice University）的计算机科学家团队研发的一种 AI 软件可以在商用 CPU 处理器上运行，并且在训练深度神经网络时比基于 GPU 的平台快 15 倍。他们将深度神经网络（Deep Neural Network，DNN）训练并转化为一个可以用哈希表解决的搜索问题。他们的亚线性深度学习引擎（Sub-linear Deep Learning Engine，SLIDE）专为在商用 CPU 上运行而设计[1]。在 2020 年举行的第三届机器学习与系统年会（MLSys 2020）上，他们展示了这种引擎的使用方法。该引擎的运算速度可以胜过基于 GPU 的 AI 训练速度。这说明可以通过现代 CPU 中的向量化和内存优化加速器来提高 CPU 的性能。该团队成员 Beidi Chen 发表的博士论文介绍了这种学习引擎的核心算法：用随机哈希算法来解决计算难题（见图 1.5），并作为大规模估计的自适应采样器，为局部敏感哈希（Locality Sensitive Hashing，LSH）算法提供新的改进方法。在训练期间，仅对每个训练数据点中极少的采样神经元执行前向传播和反向传播操作就足够了。其中，前向传播的计算过程为：首先从输入层得到哈希码 H1，查询隐藏层 1 的哈希表而找出活动神经元；然后从活动神经元得到激活值；接着以同样的方法计算下一层，直到得到稀疏输出。LSH 算法属于碰撞概率随相似性增加而单调增加的算法。该算法为自适应采样提供了一种更加自然的方法，因为它允许按权重对神经元进行采样，而无须计算激活值。这种采样方法使网络变得稀疏，从而使 GPU 的并行性对它失去优势，因此更适合在 CPU 上实现。这篇论文显示，LSH 算法采样的功能大大减少了极大规模神经网络训练的计算量，并且在只有一块 CPU 芯片的情况下优于 TensorFlow 在目前 GPU 上的优化实现。

基于哈希表的加速性能使 CPU 运行 LSH 算法的性能超过了 GPU。该团队没有把注意力放在矩阵的乘积累加（Multiply Accumulation，MAC）运算上面，而是利用这些创新进一步推动了 AI 计算的加速。与当时性能最高的 GPU 或者专业 ASIC 芯片产品相比，运行 SLIDE 的 CPU 能够以 4 ～ 15 倍的速度训练 AI 模型。

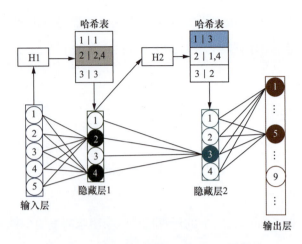

图 1.5 用随机哈希算法来解决计算难题

近年来，深度学习模型无论是在算法还是在架构上都有了很多改进，出现了很多新的优化方法，包括充分利用高度稀疏性的稀疏 DNN，目前已经有不少以此为基础的模型。然而，稀疏 DNN 在大规模并行处理器上的处理效率低下，因为它们对内存的访问不规则，并且无法利用诸如缓存分片和向量化之类的优化方法。

此外，由于运算步骤之间的依赖性，循环神经网络（Recurrent Neural Network，RNN）难以并行化。有些优化了的 DNN 的卷积核形状和大小不同，也会导致不规则的内存访问，使并行性在各个网络层都不一致。

因此，GPU 和很多 AI 加速器的高度并行计算特性在上述类型网络中并不能充分发挥作用。由于 CPU 具有先进的内存管理技术，它们更适合并行性受限的此类应用。莱斯大学研究团队的工作表明，对于稀疏数据集（如 Amazon-670K 和 Delicious-200K）上的全连接神经网络，用哈希表代替矩阵乘法运算可取得很好的处理效果。

要提高性能，选择与 CPU 架构更加匹配的 AI 优化算法是关键。SLIDE 仅是众多改进方法中的一种，还有许多技术可用于进一步调整 CPU 上的深度学习应用。例如，硬件感知的修剪、向量化、缓存分片等，这些技术都属于 AI 算法的优化。

近似计算也是近年来发展迅速的一种计算范式，已经有大量相关的研究成果。这些成果表明，如果使用近似计算，即便不使用 AI 加速器而仅使用 CPU，在运算性能上也可以有数量级的提高。

AI 芯片的研究和产业发展还刚刚起步，部署 AI 时究竟使用 CPU，还是 GPU、FPGA 或者 ASIC，目前不能一概而论。这需要针对不同的应用场合、根据不同的指标和要求来衡量。SLIDE 项目的研究人员表示，他们并不想以该成果引发辩论，而是想强调并体现

CPU 在 AI 计算上的优势。CPU 的架构也在不断改进，它在 AI 领域的作用还将持续下去。在未来，AI 加速器也可能被集成到 CPU 芯片上，成为异构计算的一个范例。

1.2.2　GPU

GPU 本质上依然是先进的冯·诺依曼体系结构，专为加速图形处理而设计。GPU 的特点是能够进行大规模并行处理。虽然 CPU 可以执行复杂的指令，但在大规模计算的情况下，处理是序列进行的，非常耗时。而 GPU 使用大量通用算术单元，根据 CPU 的指令并行处理计算任务。GPU 中的计算单元被设计为 SIMD 架构。通过 SIMD 单元，GPU 可以高效地并行执行大量线程，控制逻辑比一般的高性能 CPU 更简单：既无须估计或预取分支，也没有每个核内存的限制。这使得 GPU 能够在一块芯片中容纳远比 CPU 更多的核。

在 2003 年，通用图形处理器（General Purpose Graphic Processing Unit，GPGPU）的概念首次被引入，标志着 GPU 从专门用于图形处理向通用计算领域的扩展。如今，随着 GPGPU 的软件和硬件支持，GPU 的应用领域已经扩展到各种高级应用，包括深度学习、区块链，以及天气预报、分子动力学等许多 HPC 应用，并被广泛用于各种边缘设备。英伟达最初只为处理 3D 图形数据而在 GPU 中设计了着色器算术单元，随着持续的迭代升级，GPU 的应用更加灵活，并有了新的指令。英伟达用于 AI 计算的 GPU 产品，始于 2007 年推出的 Tesla 系列 GPU，现在已经发展到 B100 和 B200（B200 由两块 B100 组成，并通过 NVLink 等互连技术进行数据传输）。表 1.2 以英伟达的 GPU 为例，展示了 2010 年以来 GPU 技术指标的演进。

从这些技术指标的演进过程可以看出，在十几年的时间内，GPU 取得了巨大的进步。2017 年，谷歌研究人员发布的 Transformer 深度学习模型开创了大模型时代。大模型拥有大量由权重和偏置值组成的参数，以提高输出的准确性。当时为了训练大模型，研究人员使用 1000 多块 A100 GPU 运行了一个多月，达到了预期效果。

随着模型参数数量的增加，训练所需要的 GPU 数量和天数也在增加。2022 年，英伟达开始销售用于大模型的 H100 张量核 GPU，H100 的 FP64、FP32、FP16 和 INT8 计算性能均比上一代 A100 提高了 3 倍，从而在全球市场内造成疯抢及产品短缺。根据其最新的财务报告，英伟达在 2024 财年实现了总收入 609 亿美元，同比增长 126%。其中，数据中心业务表现尤为突出，全年收入达到 475 亿美元，同比增长 217%。在数据中心 GPU 领域，英伟达的市场份额更是达到 98%，显示出其在该领域的绝对优势。

表 1.2　2010 年以来 GPU 技术指标的演进

技术指标	Fermi（GF100）	Kepler（GK110）	Maxwell（GM200）	Pascal（GP100）	Volta（GV100）	Turing（TU102）	Ampere（A100）	Hopper（H100）	Blackwell（B100）	Blackwell（B200）
工艺（nm）	40	28	28	16	12	12	7	4	4	4
裸片面积（mm²）	529	561	601	610	815	754	826	814	800	800×2
晶体管数量（亿个）	31	70	80	153	211	186	542	800	1040	1040×2
FP32 CUDA 核数量（个）	448	2880	3072	3584	5120	4608	6912	6896	未公开	未公开
FP32 TFLOPS	1.00	5.20	6.80	10.60	15.70	16.30	19.50	24.08	60.00	80.00
内存接口	384 位 GDDR5	384 位 GDDR5	384 位 GDDR5	4096 位 HBM2	4096 位 HBM2	384 位 GDDR6	6144 位 HBM2e	5120 位 HBM3	1024 位 ×8 HBM3e	1024 位 ×8 HBM3e
内存大小（GB）	6	12	12	16	32/16	24	40	80	96	192
内存带宽（GB/s）	144	288	317	720	900	672	1555	3000	8000	8000×2
热设计功率（W）	225	225	250	300	300	260	400	700	700	1000

注：GDDR 指图形双倍数据速率（Graphics Double Data Rate）。

来源：英伟达。

英伟达 H100 GPU 芯片（见图 1.6）是台湾积体电路制造股份有限公司（简称台积电）用为英伟达定制的 4nm 工艺制造的，有 800 亿个晶体管，而基于 7nm 工艺的 A100 有 542 亿个晶体管。H100 的裸片面积为 814mm²，比 A100 小 12mm²。此外，H100 具有更高的时钟频率和更好的性能 / 功率比。H100 是第一款支持第 5 代高速外设组件互连标准（Peripheral Component Interconnect Express，PCIe）的 GPU，也是全球第一款采用 4nm 工艺和 HBM3 内存（3TB/s）的新一代 AI 芯片，每块芯片的市场销售价格超过 30 000 美元。

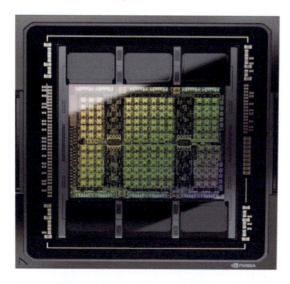

图 1.6　英伟达 H100 GPU 芯片（来源：英伟达）

H100 是基于英伟达 2022 年发布的 GPU 架构 Hopper 设计的，目标就是 HPC 和 AI 应用。整个 Hopper 架构由 8 个图形处理集群（Graphics Processing Cluster，GPC）"拼接"组成，每 4 个 GPC 共享 25MB 的 L2 缓存。H100 还集成了纹理处理集群（Texture Processing Cluster，TPC）、流式多处理器（Streaming Multiprocessor，SM）、L2 缓存和 HBM3 内存控制器等模块。Hopper 架构的主要变化体现在新型线程块集群技术和新一代的流式多处理器，它取得显著性能提升的主要技术支撑如下。

（1）张量核（Tensor Core）。传统的 SIMD 处理器在进行深度学习的 MAC 运算时会出现性能下降的情况。这是因为 SIMD 计算单元本质上是为加速图形操作而开发的，并不适合需要大量 MAC 运算的大型神经网络的训练。因此，除了着色器核，英伟达在 2017 年随 Volta 架构推出了张量核，可以有效地进行通用矩阵 - 矩阵乘法计算。张量核是专门用于流式多处理器中 MAC 运算的组合逻辑，受益于高速连接的图形存储器。张量核经常被称为 "AI 处理单元"。第四代张量核支持 FP8、FP16、FP32 和 INT8

这 4 种精度的计算，并采用了新的混合精度计算技术，可大幅提高 AI 训练和推理的性能。

图 1.7 所示为 GPU 中流式多处理器处理块的框图，一对张量核与其他传统的 GPU 流水线组件共享处理块的调度资源，如寄存器文件和线程束调度器。一个张量核由四元素点积（Four-element Dot Product，FEDP）组成，共同执行 4×4 个 MAC 操作。执行四元素点积操作的张量核的吞吐率比英伟达传统的计算统一设备体系结构（Compute Unified Device Architecture，CUDA）核更高[2]。一个线程束（Warp）包含 32 个线程的基本调度单元，其中一个四线程小组被称为线程组，每个线程组利用张量核处理 4 行 8 列的数据块。两个线程组协力处理数据，共同生成一个 8 行 8 列的数据块。由于每个 Warp 包含 4 个 8 行 8 列的数据块，因此可以并行处理一个 16 行 16 列的矩阵，并利用矩阵乘积累加运算操作进行计算。

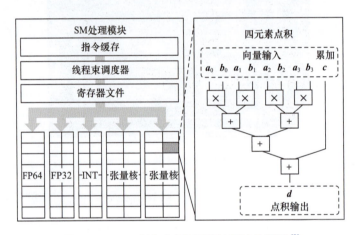

图 1.7　GPU 中流式多处理器处理块的框图 [2]

（2）Transformer 引擎。Transformer 引擎是 Hopper 架构中专为 AI 训练而设计的新引擎。Transformer 引擎采用了混合精度计算技术，支持 FP8、FP16 和 FP32 这 3 种精度。Transformer 引擎可将 Transformer 模型的训练速度提高多达 9 倍，耗时从几周缩短到几天。新的 Transformer 引擎可以应用 FP8（A100 新引入）和 FP16 数据格式，以大大加快 Transformer 模型的 AI 计算速度。张量核的操作在 FP8 数据格式上的吞吐率是 16 位操作的两倍，也只需要后者一半的内存容量。Transformer 引擎能够根据启发式程序在不同的格式之间进行动态切换，以显著提高 Transformer 模型的训练速度。

（3）NVLink Switch 系统。NVLink Switch 系统是 Hopper 架构中用于 GPU 间互连的新系统。NVLink Switch 系统可为大规模 GPU 集群提供更高的性能和可扩展性。第三代

NVLink Switch 系统是为 A100 GPU 推出的，它提升了连接的数量、速度和带宽。英伟达在 2022 年正式将 NVLink Switch 改名为 NVSwitch，它的结构和操作如图 1.8 所示。

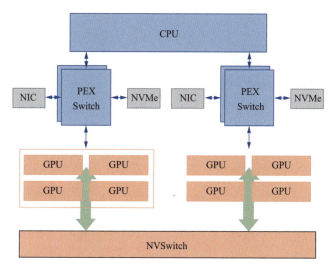

图 1.8　NVSwitch 的结构和操作（来源：英伟达）[①]

用于 GPU 间直接连接的第四代 NVLink 配备了错误检测和重放机制等功能。与 A100 中的第三代 NVSwitch 相比，新一代 NVLink 的通信带宽提高了 1.5 倍。每块 H100 芯片配备了 18 组第四代 NVLink，总带宽为 900GB/s，大约是 PCIe 5.0 的 7 倍。

为了扩展数据中心，英伟达开发了带有第四代 NVLink 的 NVSwitch。这是一种类似无限带宽技术（InfiniBand）和以太网的网络结构。每个 NVSwitch 模块拥有 64 个 NVLink 端口，并内置英伟达的可扩展分层聚合与归约协议（Scalable Hierarchical Aggregation and Reduction Protocol，SHARP）引擎，用于在网络中加速归约操作（Reduction）和组播（Multicast），以优化数据传输和计算效率。

NVLink 网络可以连接多达 256 块 H100 芯片，总带宽可达 57.6TB/s。英伟达打算在所有该公司的芯片［包括 GPU、CPU 和系统级芯片（System on Chip，SoC）］中使用 NVLink，同时也将 NVLink 标准提供给客户和合作伙伴，用于开发配套芯片。

（4）机密计算。H100 首次增加了机密计算的功能，用于防御硬件和软件攻击，保护用户数据。这种功能使得 AI 模型和客户数据在处理过程中得到保护。这意味着 H100 不仅可以在有敏感数据的行业（如医疗保健或金融服务）中实现分布式学习，也可以

---

① 图中，NIC 指网络接口卡（Network Interface Card），PEX Switch 指 PCI 高速交换机（PCI Express Switch），NVMe 指非易失性存储器高速（Non-volatile Memory Express）传输协议。

在共享的云基础设施中使用。H100 以 PCIe 传输速率对数据传输进行加密和解密。它提供了一个由集成的硬件防火墙创建并可以物理隔离的可信执行环境（Trusted Execution Environment，TEE），能够确保整个工作负载的数据安全。这样就可以让多个机构合作训练 AI 模型，而不必分享各家机构的专有数据集。H100 是产业界第一款原生机密计算 GPU。

（5）HBM。HBM 是一种 3D 堆叠的同步动态随机存储器（Synchronous Dynamic Random Access Memory，SDRAM），用于高速计算机内存接口，最初来自三星（SAMSUNG）、AMD 和 SK 海力士（SK hynix）。使用 HBM 可以大幅提高内存带宽，这是近年来 GPU 的重大改进措施之一。GPU 已经集成了更强大（体现在更快的访问速度和更高的通信带宽）的动态随机存储器（Dynamic Random Access Memory，DRAM）。英伟达在 P100、A100、H100 GPU 中分别集成了 HBM2、HBM2e 和 HBM3 内存。HBM3 内存子系统提供的带宽是上一代的近 2 倍。

HBM 的关键技术是 3D 堆叠，即把同一封装里的多个裸片堆叠在一起。这种技术不仅能减少芯片的功耗并缩小面积，还能够使芯片在一定成本范围内大大提高性能。在 GPU、FPGA、ASIC 等 AI 芯片中，HBM 均发挥了重要作用。第一代 HBM 于 2013 年 10 月被固态技术协会（Joint Electron Device Engineering Council，JEDEC）采纳为行业标准，第一款 HBM 内存芯片由 SK 海力士于 2013 年生产。而第一款使用 HBM 的处理器芯片是 AMD 于 2015 年发布的代号为"Fiji"的 GPU 芯片。经过多年的不断改进，HBM 标准的第三代——HBM3 于 2022 年 1 月由 JEDEC 正式发布。H100 中配备了 5 个可运行的 HBM3 内存堆栈（电路板上实际安装了 6 个堆栈）。这些堆栈提供了总计 80GB 的随机存储器（Random Access Memory，RAM）和 3TB/s 的内存带宽（每个堆栈包含 16GB RAM，并具有 600GB/s 的带宽）。

英伟达已经在 B100、B200 中集成了 HBM3e 内存。这种内存不仅提供了更高的带宽和能效，每个堆栈的带宽超过 1.2TB/s（HBM3 为 819GB/s），还支持更高的频率（达到 9.2Gbit/s 或更高）。另外，HBM4 预计于 2026 年开始量产。

H100 是第一款真正的异步 GPU，它扩展了 A100 跨所有地址空间的全局到共享的异步传输，并增加了对张量内存访问模式的支持。H100 使应用程序能够构建端到端的异步通道，将数据移入和移出芯片，并完全重叠和隐藏数据的移动与计算。

2024 年 4 月，当基于 Hopper 架构的 H100 的市场需求还相当旺盛的时候，英伟达又推出了新一代的 Blackwell 架构及基于该架构的 B100、B200 芯片。英伟达公布的几项关键数据令人印象深刻：2080 亿个晶体管；适用于 AI 的以 FP8 精度计算稀疏矩阵；可达每秒 10 万亿次浮点运算（10TFLOPS）的计算性能，这比上一代产品提高了 2.5 倍；8 个堆叠的 HBM3，内存容量为 192GB；传输速率达 8TB/s，这比上一代产品高出 2/3。

与许多竞争对手一样，英伟达在 Blackwell 架构中也使用了芯粒技术（见第 4 章）。Blackwell B200 结合了两个相同的硅基芯片（裸片面积约为 $800mm^2$）和 8 个 HBM3e 堆叠内存模块，通过被称为高带宽接口（High Bandwidth Interface，HBI）的接口技术连接两个芯片，总传输速率为 10TB/s。第 5 代 NVLink 是 Blackwell 架构关键组件之一，它的传输速率比上一代提高了一倍，达到 1.8TB/s。通过适当更新的 NVSwitch，一个连接域中最多可连接 576 个 GPU，并可以全速访问其他芯片的内存。总的来说，新一代 NVLink 可使 AI 超级计算机装载 10 万块 GPU 芯片。

英伟达新的 GPU 可以有选择性地将计算精度降至 FP6 甚至 FP4，该过程由 Blackwell 计算单元进行处理。在理想情况下，FP4 可以在相同的内存容量下容纳比 FP8 大两倍的 AI 模型，计算速度也是 FP8 的两倍。缩减后的数据格式只用于选定的操作，这意味着计算结果的精确度只是略有降低。

GPU 并非英伟达的独家产品，这个领域中的第二大"玩家"是 AMD。AMD 的 GPU 在某种程度上比目前英伟达 H100 的性能更强大、浮点精度更高。越来越明显的是，AMD 的 Radeon Instinct 系列产品可以成为英伟达深度学习 GPU 的替代品。

这两家制造商都提供专门为自家产品开发的软件库。CUDA 为专用于英伟达 GPU 的并行运行应用程序。它由一个 API 和一个 C 语言库集合组成。在英伟达不断扩大其 CUDA 平台的同时，AMD 则依靠开源框架 Radeon 开放计算平台（Radeon Open Compute Platform，ROCm）开发专业计算和机器学习应用。利用这些工具和库，开发者可以在 AMD GPU 上运行并行应用。ROCm 目前只适用于 Linux，并适用于基于 AMD 的 GPU 指令集架构——计算 DNA（Compute DNA，CDNA）的 AMD 计算卡，也支持一些基于 RDNA-2（Radeon DNA-2）微架构的模型。当前 ROCm 版本的 TensorFlow 和 PyTorch 在 Linux 上有接口。

英特尔目前只提供适合推理的 GPU，但正在研究更强大的 GPU。该公司的 Max 系列在 F32 计算中部分实现了与英伟达和 AMD 的 GPU 类似的性能。然而，该公司 F16 的产品性能尚无竞争力，与常见深度学习框架的兼容性也需要改进。

训练 AI 模型的效果不仅取决于 GPU 的特性，还取决于 GPU 的数量。如果使用多块 GPU 并行训练，性能几乎可以线性地提高。通常情况下，一台服务器中可能装有 2 块、4

块或 8 块 GPU。然而，由于空间限制及电源和散热要求，为确保最佳性能和稳定性，常常限制到 4 块 GPU。

每台服务器的 GPU 数量也受到 CPU 及其 PCIe 控制器的限制。高端 GPU 需要 16 条 PCIe 通道，以便在 GPU 和 CPU 或主内存之间进行有效的数据交换。一台 4U 服务器机箱中的双 CPU 系统有足够的空间和 PCIe 通道来容纳多达 8 块 GPU 芯片。

目前，一台服务器中超过 8 块 GPU 芯片的扩展是不常见的。下一步扩展是将几台 8 块 GPU 芯片的服务器结合起来，这些服务器的节点通过 100Gbit/s 以太网连接，形成一个集群。目前的规模限制似乎仅是经济原因。举个例子，大模型 LLaMA-65B 是在一个有 256 台服务器的集群上训练的，每台服务器有 8 块 GPU 芯片，也就是说，总共有 2048 块 GPU 芯片。类似的设置也被用来训练 GPT-3 和 GPT-4，即 ChatGPT 所基于的深度学习模型。

GPU 扩展需要使用多块相同的 GPU 芯片，而不能混用不同的 GPU 芯片。这是因为最慢的 GPU 芯片会形成瓶颈，并决定每块 GPU 芯片在并行操作中可能实现的最大性能。几块便宜的 GPU 芯片加起来会比一块高一个性能级别的 GPU 芯片更加强大，而且价格可能比后者更便宜。

英伟达把 H100、B100、B200 等用于 AI 的 GPU 与其他各种芯片和组件组合成名为 HGX 的系统，并将其销售给运行超级计算机的大型 IT 公司。HGX H100 由 3.5 万个组件组成，集成了 1 万亿个晶体管。英伟达还向数据中心销售名为 DGX 的 GPU 服务器（如 DGX B200，每块 GPU 的液冷功率高达 1000W）。英伟达还有一款由两块 Blackwell GPU 和一块 Grace ARM 处理器组成的三芯片组合服务器，被称为 GB200，功耗高达 2.7kW，其中每块 Blackwell GPU 分配 1.2kW。可以看出，英伟达不仅开展独立的芯片业务，还销售组合而成的整个服务器。英特尔和 AMD 则仅开展独立芯片业务。

随着生成式 AI 的蓬勃发展，GPU 服务器即将成为主角。它的内部结构与传统服务器截然不同。英伟达的 DGX H100 GPU 服务器由安装在 8U 机箱中的 8 块 H100 组成，从顶部看，GPU 托盘上有 8 块 H100，主板上有 CPU 和主内存，电源位置上有 6 台 3.3kW 电源。机箱前部的“前笼”有 12 个巨大的冷却风扇，每分钟可将约 31m³ 的空气吸入机箱，并以热空气的形式排出。如果在数据中心安装大量这类新款 GPU 服务器，那么数据中心必须具备冷却如此多热空气的能力。

要训练以 GPT-3 为代表的千亿参数级的大模型，对 GPU 内存和 GPU 性能的要求极高，即使是拥有 640GB GPU 内存的单台 DGX H100 也无法达到要求，而需要将多台 GPU 服务器连接在一起。因此，一台 DGX H100 中的每块 GPU 可以通过 400Gbit/s 的 InfiniBand 高速网络连接到另一台 DGX H100 或其他机箱中的 GPU。这用到了一项名为 GPUDirect 的创新技术，该技术可让 GPU 不通过服务器的 CPU 即可相互通信。

目前，英伟达的 GPU 在训练大型 AI 模型的市场中占据主导地位（有数据表明，截至 2023 年年底，该公司 GPU 的市场占有率超过 92%）。AMD 也在这类市场中获益不少。

Blackwell GPU 的升级版——Blackwell Ultra 已于 2025 年推出。Blackwell Ultra 采用 12 层而非 8 层 HBM3e 内存，这将把直接连接到 GPU 的内存从 192GB 增加到 288GB。随后，配备同名 GPU 和 HBM4 RAM 的 Rubin 架构以及 ARM 处理器 Vera 将于 2026 年推出。Rubin Ultra 的升级版将于 2027 年推出，它的 HBM4 内存堆栈将从 8 个增加到 12 个。

除了用于大型 AI 模型训练，GPU 也可以更广泛地用于大型 AI 模型推理。

使用 GPU 进行 AI 加速也有缺点。首先，为了确保高可编程性，与其他加速器相比，AI 加速器的能效相对较低。在其他 AI 加速器中，为 AI 加速的控制逻辑得到了优化，架构做得较简单；而 GPU 不仅是为 AI 加速而设计的，还具有相当复杂的控制逻辑，用来支持各种并行处理和图形处理的架构。这导致 GPU 在进行 AI 加速时效率较低。因此，GPU 在加速 AI 时需要消耗比其他器件更多的能量。其次，由于 GPU 是为通用目的而设计的，它并没有像其他加速器那样有特定的计算逻辑来加速 AI 功能。这一特点不仅降低了 GPU 的效率，而且使整个过程的吞吐率比其他加速器低。最后，GPU 的单位面积计算能力低于其他加速器，而且外形尺寸也较大。正如上面所提及的，GPU 的控制逻辑和架构要比其他 AI 加速器复杂得多，因此它所占用的面积及单位面积的计算能力不如其他加速器有竞争力。以上这些缺点使得 GPU 并不十分适用于那些对功耗和面积敏感的边缘设备。

1.2.3　FPGA

由于拥有低能耗、可重构性和实时处理能力，FPGA 被认为是一种很有前途的芯片。在 AI 刚兴起时，FPGA 就迅速成为加速神经网络计算的可选芯片之一。FPGA 本身是可编程的，因此可以加速特定神经网络的推理。FPGA 还可以实现神经网络算法的数据路径优化，与传统的 CPU 和 GPU 中基于指令的流水线执行相比，它映射到可重构逻辑的综合设计提供了更高的功效和更低的时延。

FPGA 可以把逻辑模块与多个模块组合，以预定顺序执行乘法和加法等功能。例如，对多个输入数据和权重相乘并累加的情况：如果使用 GPU，就必须首先读取指令"输入数据和权重相乘"，然后在通用算术单元中执行；而使用 FPGA，则可以通过放置乘法器和一个加法器来一次性执行乘法和加法运算，只需要在开始和结束时访问内存（见图 1.9），这种方法被称为数据流类型。有的 FPGA 产品甚至预设了深度学习所需的处理电路。

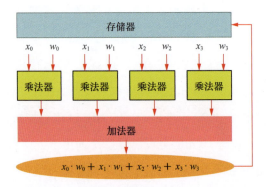

图 1.9　FPGA 的乘积累加运算一步到位，不需要额外指令

FPGA 架构的主要特点是可重构逻辑和路由，可以快速实现各种不同形式的神经网络加速。然而，尽管硬件支持编程，但与使用传统的通用处理方案相比，利用 FPGA 进行神经网络加速仍然需要更长的开发时间和更高的学习成本。另外，单块 FPGA 芯片没有足够的逻辑电路和存储空间［如寄存器和静态随机存取存储器（Static Random Access Memory，SRAM）］来容纳相当数量的神经网络数据。因此，FPGA 一般用于实现快速 AI 推理，而不是为 AI 神经网络训练设计一个高吞吐率的计算环境。

随着 DNN 模型层的形状和大小日益多样化，学术界一直在研究灵活、可重新配置的加速器基本架构。这一研究方向有两个挑战：第一是确定加速器阵列需要什么程度的灵活性，以权衡性能优势与可重构性的面积开销；第二是要为当前的 DNN 模型确定正确的阵列配置，并在运行时重新配置加速器。

为应对上述挑战，2022 年，美国佐治亚理工学院和英伟达联合开发了一种被称为自适应可重构阵列（Self-adaptive Reconfigurable Array，SARA）的架构。该架构引入了一类新的加速器，并包括一个可重新配置的阵列和一个能够在运行时为阵列确定优化配置的硬件单元。SARA 架构中的加速器可以在运行时自适应调整目标工作负载的优化配置，而不需要在编译时进行分析。研究人员展示了 SARA 架构的一个实例：它引入了一个可重新配置的脉动阵列，该阵列可以被配置为各种尺寸的小阵列的分布式集合，或作为一个具有灵活长宽比的单一阵列，能够提供与作为分布式系统工作的 1024 个 4×4 阵列集合相同的映射灵活性，同时实现相当于后者 3.5 倍的能效和 3.2 倍的计算密度。与同等计算量的其他配置相比，该阵列的功耗减少了 43%，面积缩小了 30%[3]。

总之，FPGA 有如下 3 个独特优势。

（1）FPGA 已被证明是非常有效的低功耗解决方案。FPGA 提供同等并行计算能力时，只需要 GPU 1/4 的功率预算，而且每个独立块可以并行地执行不同的功能，从而大大减少对能源的需求。

（2）FPGA 最适合需要非常低时延的实时应用。FPGA 可以绕过 CPU 运行，从而最小化时延，因此最适合低时延的应用模式。FPGA 的低时延还可以缓解 AI 系统中的 I/O 瓶颈，从而提高性能。

（3）FPGA 的可编程性有助于 AI 和 HPC 混合计算。

在 AI 热潮的早期，虽然 FPGA 得到了较多的使用，但在 10 余年前就在速度和效率上被为 AI 优化的专用芯片超越，除非涉及特殊应用。因此，著名的 FPGA 公司 Xilinx 开发的用于 AI 的芯片，并不是单独的 FPGA，而是一个集成了 FPGA 逻辑电路、ARM 处理器核及其他硬件加速器的可编程芯片，被称为 Versal 自适应计算加速平台（Adaptive Compute Acceleration Platform，ACAP），其中包含 Versal AI Core 系列。ACAP 架构使得这些芯片具有强大的计算能力和适应性，可以通过编程来优化和定制处理任务的执行。它能够满足各种应用领域的需求，包括 AI 推理、数据中心、边缘计算、网络通信和汽车等。

类似这种组合的 AI 处理器芯片在未来可能会更频繁地出现，因为半导体行业已经开发出高效的大规模芯粒生产流程，可以把多个芯粒组装成芯片（详见第 4 章）。这些芯粒甚至可以来自不同的公司，采用不同的制造工艺。设计人员只需要花很短的时间，就可以任意地把小的逻辑电路组合成一块大芯片。这种模块化设计（而不是 FPGA 的可编程设计）的芯片，无论在面积、成本，还是在性能上都可能给 FPGA 带来强大的竞争压力。

1.2.4　ASIC

虽然英特尔在 CPU 中不断增强 AI 功能，英伟达的 GPU 引领着 AI 训练市场的发展潮流，但 ASIC AI 芯片的开发也正在飞快加速。一些知名的大公司和世界各地的新创公司正计划用比 GPU 更快、更省电的 ASIC 来挑战英伟达 GPU 在 AI 训练领域的主导地位。

1.2.4.1　大公司的 ASIC AI 芯片

一些世界知名的非半导体制造大公司也在积极开发 ASIC AI 芯片。谷歌在 2016 年发布的 TPU 就是一个开创性的例子。该芯片最初是为谷歌自己的数据中心准备的，但在 2018 年，它开始以"云 TPU"的形式在云端对外提供服务。美国 Meta（原名 Facebook）于 2023 年 5 月宣布推出 Meta 训练推理加速器（Meta Training Inference Accelerator，MTIA），该加速器增强了 Facebook 等网站对用户的推荐功能。而美国特斯拉则为自动驾驶开发了 D1 芯片。微软也在研发代号为"Athena"的 AI 芯片。亚马逊网络服务（Amazon Web Services，AWS）还集成了其自主研发的 Trainium 2 和 Inferentia 芯片，用于 AI 模型的训练和推理。甚至连以研发 GPU 著称的英伟达，也在 2024 年底宣布将成立新部门进行 ASIC 芯片设计，并进军 ASIC 市场。

英特尔的 Gaudi 2 和 Gaudi 3 芯片已经拥有价值 10 亿美元的订单。2024 年 4 月发布的 Gaudi 3 凭借更强的计算能力、高出 50% 的内存传输速率，以及至少 128GB 的 HBM 超过了英伟达 H100 的训练性能，势必在 AI 芯片市场上分一杯羹。AMD 也奋起直追，新款处理器 MI300X 是纯粹的计算加速器，吞吐率比英伟达的 H100 高出 30% ～ 140%。

ASIC 的结构因不同的开发公司而异，但与 FPGA 一样，它们采用了数据流类型或缩短存储器与运算单元之间距离的方式，可以提高能效和计算速度。在 21 世纪 10 年代，深度学习被应用在大量小规模的密集矩阵运算中，GPU 在这一领域表现出色。然而，从 2019 年开始爆发式增长的大模型的关键在于稀疏矩阵运算，这会导致 GPU 浪费大量计算资源。与原来用于图形处理的 GPU 相比，ASIC 可以高效地处理推理与学习，这让许多产品具有较低的产品和计算成本。特别是在基于生成式 AI 的计算处理方面，目前以通用 GPU 为主流的格局将被 ASIC 的大规模部署取代。

在 2021 年第四季度，谷歌给客户提供了双核 TPU v4 芯片作为 AI 训练引擎，并将每个内核中的矩阵乘法单元（Matrix Multiply Unit，MXU）数量翻了一番。该芯片的面积约为 780mm²，具有 32GB 的 HBM。TPU v4 体现了计算引擎的真正升级，工艺从上一代的 16nm 缩小到 7nm，并且具有相当高的性能。谷歌还可以大规模扩展 TPU v4 POD[①]。虽然英伟达声称可以将多达 256 块 H100 与 NVSwitch 结构紧密耦合，但 TPU v4 的新 3D 环形互连支持更高的带宽和性能，它可以紧密耦合 4096 块 TPU v4 芯片，实现总计可达 1.126EFLOPS 的 BF16（谷歌为其 TPU 发明的数据格式）计算。在 4096 块 TPU v4 芯片上同时处理的 AI 工作负载并不多，这就是 3D 环形互连有用的原因。它允许将机器切成

---

① POD（Performance Optimized Datacenter，优化性能数据中心）是一种由多台服务器组成的模块化计算单元，通常包含数百或数千台服务器。多个 POD 可以形成一个能够容纳数万台服务器（包含数万块甚至更多芯片）的集群（Cluster），用于处理更大规模的任务。

紧密耦合的块，这些块仍然相互连接，以共享工作。

2023 年 8 月，谷歌推出了 TPU v5e 芯片，它适用于主流 IT 厂家，是为大规模、中等规模 AI 训练和推理打造的优化版芯片，用于在虚拟环境中大规模编排 AI 工作负载。TPU v5e 将用于训练谷歌搜索、地图和在线生产力应用程序中使用的较新的 PaLM 和 PaLM 2 大模型。该芯片的 INT8 性能峰值为 393TFLOPS，优于 TPU v4 的 275TFLOPS。

TPU v5e 支持 8 种不同的虚拟机配置，范围从 1 块芯片到单个实例中的 250 多块芯片。这一功能允许客户选择适合的配置，以满足各种大模型和生成式 AI 模型的需求。每块 TPU v5e 配备 4 个矩阵乘法单元，可以执行 BF16 乘法和 FP32 累加操作（有时根据模型需要进行 INT8 推理）。另外，TPU v5e 还有 1 个向量处理单元和 1 个标量处理单元，它们都连接到 HBM2 内存（见图 1.10）。TPU v4 和 TPU v4i（TPU v4 的单核版）采用相同的台积电 7nm 工艺制造，TPU v5e 采用 5nm 工艺制造。

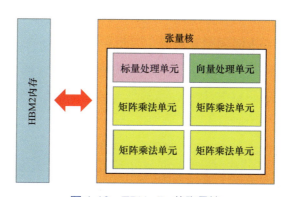

图 1.10　TPU v5e 的张量核

为了应对稀疏矩阵处理，谷歌开发了专门的硬件加速器，被称为稀疏核（Sparse Core）。它被嵌入 TPU v4i、TPU v4 和 TPU v5e 中，用于稀疏矩阵中的发散（Scatter）和收集（Gather）操作。另外，该公司采用液冷方法帮助散热，可以最大限度地提高系统能效，从而提高经济效益。

在集群中连接时，TPU v5e 的配置可以扩展到数百或数千块芯片，并处理更大的训练和推理模型。通过 TPU v5e，该公司推出了一种名为 Multislice 的技术，允许用户轻松扩展 AI 模型，超越物理 TPU 集群的范围，最多可容纳数万块 Cloud TPU v5e 或 TPU v4，最多可以在 256 个 TPU v5e 集群中部署 64 个虚拟机。这是一种将 AI 模型分配给数万块 TPU 的方法，已经被应用在谷歌公司最先进的 PaLM 模型的构建中。通过单个集群内的芯片间互连（Inter Chip Interconnect，ICI）或数据中心网络（Data Center Network，DCN）上的多个 POD，可将工作负载扩展到多达数万块 TPU 芯片。芯片和集群连接都使用光交换机和光互连技术，允许每个机架独立运行并动态互连。该技术还允许谷歌根据应用快速重新配置网络拓扑。

谷歌正着力简化 TPU 的操作。TPU v5e 可与谷歌 Kubernetes 引擎（GKE）、Vertex AI、PyTorch、JAX、TensorFlow 等主流框架集成，并对各种主流开源工具提供内置支持，方便开发者使用熟悉的界面。

2024 年 5 月，谷歌推出了第六代 TPU，称为 TPU Trillium。与上一代（TPU v5e）相比，这款 TPU 的性能提高了 4.7 倍以上，能效也大大提高，将为训练下一代高端 AI 大模型提供有力的帮助。

为了更快推出新的 TPU，谷歌公司已经使用其 AI 增强型 EDA 工具来帮助设计 TPU v4i 和 TPU v4 芯片的逻辑块，很可能还用在了包括 TPU v5e 和 TPU Trillium 在内的设计中。目前，谷歌大约要花 3 年时间才能推出一款 ASIC，其中 6 ～ 12 个月用于设计分析，1 年用于设计实现，6 个月用于晶圆厂流片，12 个月用于投入生产、测试和改进。显然，芯片设计越接近最新的 AI 模型和算法越好，因此需要尽可能缩短上市时间。现在很多公司都在尝试"用 AI 设计 AI"（如英伟达 H100 就是用 AI 设计的），有的甚至直接用基于大模型的自然语言来设计 AI 芯片。

1.2.4.2　参与竞争的 ASIC 新创公司

近年来，希望打入 AI 芯片市场的新创公司不断涌现。这些新创公司要么拥有一些大型 AI 训练芯片，要么拥有一些超快速的小型 AI 推理芯片，或者可能是针对某个 AI 应用试图解决的特定问题的专门设计。其中一些新创公司资金充裕，投资资金在 1 亿美元以上，有的甚至有超过 10 亿美元资金支持。

1. Tachyum

Tachyum 是一家兼有美国和欧盟背景的芯片新创公司，它于 2018 年创建，产品涵盖多个市场领域。2022 年，该公司对原来的芯片设计版本做了大量改进，推出了 Prodigy 2022 芯片。这个"庞然大物"有 128 个处理器核、每核有两个 1024 位向量处理单元，时钟频率为 5.7GHz，DRAM 吞吐率为 1TB/s，顶配功率可达 950W。当时有新闻文章称 Prodigy 2022 是比 AMD 的 64 核 Milan 更快的通用 CPU，有能与英特尔的 Ponte Vecchio 媲美的 SIMD 加速器，而且可以比英伟达 H100 更快地执行 AI 操作——所有这些都在一块芯片中！

Prodigy 2022 的裸片面积约为 $500mm^2$。Tachyum 发布的裸片平面图显示，Prodigy

2022 中每个核的尺寸小于 3mm^2，内核面积小意味着热密度非常高。让一块几乎无所不能的芯片达到 5.7GHz 的时钟频率很难，尤其对一家小型新创公司。虽然它采用先进的台积电 5nm 工艺，但是通过巨大的向量处理单元、高内核数和相对较短的流水线来实现这个时钟频率有着巨大挑战。例如，Prodigy 2022 需要极其强劲的冷却保障。因为它采用 500mm^2 封装，而 950W 功率使得整块芯片上的功率密度接近 2W/mm^2，这是英伟达 H100 功率密度（0.875W/mm^2）的两倍多。该芯片量产时能否解决上述挑战，仍有待观察。

Tachyum 计划基于台积电的 3nm 工艺推出 Prodigy 2。该芯片将支持更多内核，以及 PCIe 6.0 和计算高速互连（Compute Express Link，CXL）标准。即使时钟频率低于原定目标，Tachyum 的 Prodigy 系列也很有可能成为市场上具有竞争力的 AI 芯片。需要高算力、高吞吐率的 AI 应用可以从 Prodigy 系列的向量处理单元中受益。

2. Cerebras

2019 年，位于美国硅谷的新创公司 Cerebras 首次推出了一款名为"晶圆级引擎"的 AI 芯片，该芯片有 1.2 万亿个晶体管、40 万个内核及 18GB 的片上存储器。这些数据是惊人的。2022 年，Cerebras 发布了"晶圆级引擎"芯片的下一代 AI 芯片——WSE-2，该芯片拥有 2.6 万亿个晶体管、85 万个内核、40GB 的片上存储器和 20PB/s 的内存带宽。

2024 年 3 月，Cerebras 推出了 WSE-3。在相同的功耗和相同的价格下，WSE-3 的性能是之前的纪录保持者 WSE-2 的两倍，从而保持了"最快的 AI 芯片"的世界纪录。基于 5nm 工艺、拥有 4 万亿个晶体管的 WSE-3 专为训练最大的生成式 AI 模型而构建，并为 Cerebras CS-3 AI 超级计算机提供动力。WSE-3 可通过 900 000 个 AI 优化计算核提供峰值为 125PFLOPS 的 AI 性能。

Cerebras 强调，完成 AI 计算需要"系统级思考"。该公司提供的系统解决方案 CS-3 包括 3 方面的创新：WSE-3、Cerebras 系统及 Cerebras 软件平台。

CS-3 拥有包括 44GB 片上 SRAM、1.2PB 外部存储器的巨大存储系统，旨在训练比 GPT-4 和 Gemini 的参数量大 10 倍的下一代大模型。在 CS-3 上，24 万亿个参数的模型可以被存储在单个逻辑内存空间中，无须分区或重构，这极大地简化了训练工作流程，并提高了开发人员的工作效率。在 CS-3 上训练 1 万亿个参数的模型就像在 GPU 上训练 10 亿个参数的模型一样简单。

CS-3 专为满足企业级和超大规模训练需求而打造，它紧凑的四系统配置可以在一天内微调 700 亿个参数的模型。若使用 2048 个系统进行全量微调，700 亿个参数版本的 LLaMA 3 模型可以在一天内完成训练。对生成式 AI 来说，这是前所未有的壮举，是其他

AI 芯片（包括目前最新款的 GPU）完全无法做到的事情。

新版本的 Cerebras 软件框架可为 PyTorch 2.0 和多模态模型、视觉 Transformer 模型、混合专家（Mixture of Experts，MoE）和扩散模型等最新的 AI 模型和技术提供原生支持。Cerebras 也可以训练稀疏度超过 90% 的模型，并达到目前最先进的精度指标。

2022 年 11 月，Cerebras 推出了拥有 1350 万个内核的 AI 超级计算机——Andromeda，为大模型提供近乎完美的线性扩展能力。Andromeda 是一款模块化的超级计算机，相当于由 16 个 Cerebras CS-2 系统组成的集群，可以提供超过 1EFLOPS 的 AI 计算性能和 120PFLOPS 的 16 位半精度密集计算性能。该计算机现已被应用于商业和学术研究工作。

3. SambaNova

随着以数据流处理为特征的应用（如自然语言处理和推荐引擎）的迅速发展，传统的指令集架构在性能和效率方面面临的挑战已显而易见。为了应对这个挑战并支持新的 AI 应用，新创公司 SambaNova 开发了可重构数据流架构（Reconfigurable Dataflow Architecture，RDA）。该架构是一个独特的垂直集成平台，从算法到芯片都经过了优化。SambaNova 致力于开发这种新型的加速计算架构，有以下 3 个关键因素。

第一，多核处理器的代际性能提升已逐渐趋缓。因此，开发人员不能再依赖传统的性能提升来实现更复杂、更精密的应用。无论是 CPU 的"肥核"架构，还是 GPU 的"瘦核"架构，都是如此。如果基于当前的半导体芯片技术开发更多有用的功能，就需要一种新的方法。深度学习应用规模的爆炸式增长拉开了所需算力与可用算力之间的差距。根据 OpenAI 的一项研究，现在 AI 计算量每 2 个月就会翻一番，因此算力需求亟待满足。

第二，需要能够统一深度学习训练和推理的学习系统。当前，由于 GPU 和 CPU 的不同特性，它们通常被分别用于 AI 训练和推理。而许多现实生活中的 AI 系统都会发生持续变化，有时甚至是不可预测的变化，这意味着如果不频繁更新，模型的预测准确性就会下降。同时，有效支持 AI 训练和推理的架构可以实现持续学习，并提高预测的准确性，还能简化"开发－训练－部署"的深度学习生命周期。

第三，虽然深度学习面临着严峻的芯片性能挑战，但分析应用、科学应用，甚至 SQL 数据处理等其他工作负载也具有数据流特性，可以且需要加速。新方法应足够灵活，以支持更多种类的工作负载，并促进深度学习与 HPC（或与业务应用）的融合。

SambaNova 推出的 SambaNova Suite 是首个专门构建的全栈大模型平台，采用了基于可重构数据流单元（Reconfigurable Dataflow Unit，RDU）的 AI 芯片 SN40L。SN40L 是 SambaNova 的第四代 AI 芯片，使用台积电 5nm 工艺，包含了 1040 个 RDU 核、1020 亿

个晶体管，性能可达到 638TFLOPS（BF16）。这款芯片专为要求最苛刻的大模型工作负载设计，既能进行密集计算，也能进行稀疏计算，还拥有大容量内存和 HBM。

SambaNova Suite 包括最新开源模型，能够提供多达 5 万亿个参数模型，训练的标记（token）序列长度超过 256 000。之所以能做到这一点，是因为 SambaNova 提供了一个完全集成的堆栈，能以更低的总拥有成本提供更高质量的模型、更高的准确性，以及更快的推理和训练速度。

SambaNova 是 AI 领域冉冉升起的新星，具有在各种行业产生重大影响的潜力。

4. Graphcore

Graphcore 在 2022 年发布了自己的智能处理单元（IPU）——Bow，这是目前世界上第一款使用 3D 堆叠技术的 IPU。Bow 在性能和能效两方面都取得了重大突破。它是该公司新一代计算机 Bow POD AI 的处理器，与前一代芯片 GC200 相比，实现了高达 40% 的性能提升，能效也提高了 16%。

Bow 使用台积电的 3D 堆叠技术"晶圆堆叠"（Wafer on Wafer，WoW）。WoW 是把两块晶圆堆叠并黏合在一起，以创建一块 3D 裸片。在 Bow 中，WoW 中的一块晶圆专门用于 AI 处理，另一块则负责供电。

就结构而言，Bow 与 GC200 兼容，拥有 1472 个独立的内核，每个内核有 6 个线程，并配备了超过 0.9GB 的内存，数据吞吐率为 65TB/s。此外，该芯片还有 10 个 IPU 连接，数据传输速率为 320GB/s，用于处理器之间的通信，供电的晶圆配备了深沟电容。凭借 WoW 技术，电源可以直接放在处理器和内存旁边，从而大幅提高了效率，这也是 Bow 的 AI 计算性能更高，能效却只提高了 16% 的原因。

基于 Bow 可以搭建 Bow-2000 机架单元，这是各种 Bow POD 计算机系统的基本组件，并且与 Graphcore 的 IPU-M2000 一样，该机架单元具有 1U 的机架格式。尽管架构和外形尺寸相同，但 Bow-2000 实现了明显更高的性能。这是因为 Bow-2000 包含 4 个 Bow IPU（1.85GHz），共有 5888 个内核和 35 328 个线程。因此，一台 1U 刀片服务器可实现近 1.4PFLOPS（FP16）的 AI 计算能力。此外，还有 3.6GB 的内存（带宽为 260TB/s）、高达 256GB 的 IPU 流存储器，以及一个传输速率达 2.8TB/s 的 IPU 连线结构。

与 10 余年前惠普想建造一部采用光连接和忆阻器、以存储器为中心的"The Machine"相似，Graphcore 希望开发出一台具备超级智能的 AI 计算机，名字为"Good Computer"（名字是为了纪念英国数学家 Irving John Good）。这台全面创新的"Good Computer"据说会有以下特点。

① AI 计算能力超过 10EFLOPS（浮点格式）。

② 内存高达 4PB，带宽超过 10PB/s。

③ 可用于具有 500 万亿个参数的 AI 模型。

④ 使用 3D 晶圆上的逻辑堆栈，拥有 8192 个下一代 IPU。

⑤ 完全由 Graphcore 的 Poplar SDK 支持。

⑥ 成本约为 1.2 亿美元，具体金额视配置而定。

5. Esperanto

作为一家新创公司，Esperanto 开发了一款基于 RISC-V 指令集架构的 AI 芯片——ET-SoC-1。该芯片可以在单芯片上运行生成式 AI 模型，被称为"RISC-V 片上的超级计算机"，主要特性如图 1.11 所示。Esperanto 生产了一些原型样片供三星和其他合作伙伴评估。据报道，该芯片是 1088 核的 RISC-V 处理器，每个核都有一个 AI 张量加速器。Esperanto 已经公布了该芯片的一些相对的性能指标，但没有披露任何峰值功率或峰值性能值。

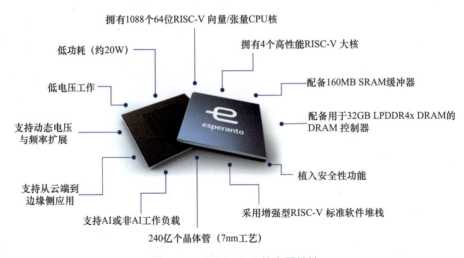

图 1.11　ET-SoC-1 的主要特性

从 2023 年开始，Esperanto 把研发重点放到适用于生成式 AI（以大模型为代表）的低功耗 RISC-V 芯片上。2023 年 4 月，该公司宣布在 ET-SoC-1 芯片上成功运行生成式 AI 模型，这成为 RISC-V 行业的里程碑。值得注意的是，Meta 的开放式预训练 Transformer 模型的多个版本已可以在 Esperanto 的芯片上以多种精度级别和上下文大小运行，而且每块芯片的推理功率低至 25W。Esperanto 的机器学习软件开发套件可以在 ET-SoC-1 芯片上快速移植和启动预训练模型，该套件已被 Esperanto 的商业客户使用。

6. Groq

Groq 由前谷歌资深工程师乔纳森·罗斯（Jonathan Ross）创立，他曾经是谷歌自研 AI 芯片 TPU 的设计者之一，被称为"TPU 之父"。2024 年，Groq 推出了主力产品——针对大模型（如 GPT 和 LLaMA）AI 推理设计的语言处理单元（Language Processing Unit，LPU）ASIC 芯片。

Groq 的 LPU 在 LLMPerf 排行榜上超越了基于 GPU 的云服务提供商（如英伟达）。由该 LPU 驱动的 Meta LLaMA 2 模型的推理性能是其他顶级云计算模型的 18 倍。在大模型任务中，Groq 的 LPU 的性能比英伟达的 GPU 高 10 倍，但价格和耗电量都仅为后者的 1/10。这相当于性价比提高了 100 倍。在能耗方面，英伟达的 GPU 需要 10 ～ 30J 才能生成响应中的 token，而 Groq 的 LPU 仅需 1 ～ 3J。极高的 token 吞吐量、更低的时延、功耗和价格，使得 Groq 一跃成为有英伟达、AMD 和英特尔等大公司参与的 AI 推理芯片市场的直接竞争者。

Groq 的 LPU 拥有 80TB/s 的带宽和 230MB 的 SRAM，提供了非常快的推理速度。它没有像英伟达的 GPU 那样使用 HBM，而是使用 SRAM，后者的速度比前者大约快 20 倍。它每秒可服务高达 480 个 token。具体到不同的模型，LPU 能够以每秒 300 个 token 的速度服务 LLaMA 2-70B 模型，以每秒 750 个 token 的速度服务较小的 LLaMA 2-7B 模型，后者的推理性能比前者翻了一番多。

LPU 基于新的张量流处理器（Tensor Streaming Processor，TSP）架构，内存单元与向量处理单元和矩阵深度学习功能单元交错，可以利用深度学习工作负载固有的并行性对推理进行加速。在运算的同时，每个 TSP 都具有网络交换功能，可直接通过网络与其他 TSP 交换信息，无须依赖外部的网络设备，这种设计提高了系统的并行处理能力和效率。

LPU 的运作方式与 GPU 不同，它使用的是时序指令集计算机（Temporal Instruction Set Computer，TISC）架构。与 GPU 使用的 SIMD 不同，TISC 架构不仅可以让芯片更有效地利用每个时钟周期，并确保一致的时延和吞吐量，还降低了复杂调度电路的需求，而不必像 GPU 使用 HBM 那样频繁地从内存重载数据。另外，Groq 的 LPU 还采用了完全确定的超长指令字（Very Long Instruction Word，VLIW）架构，即指令的执行顺序是确定的，并且可以在编译时确定。这使得该架构具有很高的效率和可预测性。

Groq 的 LPU 采用格罗方德（GlobalFoundries，也称格芯）的 14nm 工艺，面积约为 725mm^2。它没有外部存储器，在处理过程中，权重、K 矩阵与 V 矩阵的缓冲和激活等都保存在芯片中。由于每块 LPU 只有 230MB 的 SRAM，因此单块芯片实际上无法容纳任何有用的模型，而必须利用许多芯片联网来适应模型规模。

由于结合了新设计的 Dragonfly 网络拓扑，Groq 的 LPU 的跳数（经过的路由器数）减少、通信时延降低，传输效率进一步提高。同时，软件调度网络带来了精确的流量控制和最短的路径规划，从而提高了系统的整体性能。LPU 可进行 320×320 融合点积矩阵乘法，具有 5120 个向量算术逻辑单元（Arithmetic Logic Unit，ALU），性能指标达到 750TOPS（INT8）和 188TFLOPS（FP16）。

7. Etched AI

新创公司 Etched AI 正在为大模型推理构建 ASIC 芯片 Sohu，该公司的创始人将其称为"超级智能硬件"。Etched AI 的雄心是与英伟达较量，为 AI 推理领域提供动力。

Etched AI 认为，目前使用 GPU 或者 TPU 训练或推理大模型的成本都太高，解决这个问题需要重新设计大模型芯片。由于 GPU 或者 TPU 需要支持各种工作负载，因此它们的大部分电路对大模型来说没有用处，而由此造成的成本飙升需要用户来承担。

如果不改进芯片设计，那么成本问题只会变得更糟。未来几年，大模型将成为大多数产品架构的关键部分。推理所需的计算量与现在使用的计算量相比将增加数千倍，而现在已经处于临界点。Etched AI 正在通过一种新颖的芯片设计方法来解决这个问题，该方法在运行大模型时牺牲 GPU 的灵活性，以获得更好的性能。通过这种折中的方法，该 Etched AI 芯片的性能是同等价位 GPU 集群的 140 倍以上。

Sohu 采用台积电的 4nm 工艺，内部集成了 144GB 的 HBM3e 内存。该芯片集成了 1680 个 CUDA 核心，与同类产品相比，计算性能高出约 30%。在机器学习和图像处理应用中，Sohu 的功耗比其他竞争对手低 20%。Sohu 支持实时语音代理和多播推测解码等功能，能够在毫秒级别的时间内处理大量数据。在处理高清视频时，Sohu 能够自动调节算法，以获得最佳画质与流畅度。

Etched AI 将 Transformer 模型直接映射到了芯片架构中，这使得 Sohu 在运行 Transformer 模型时能够实现超过 90% 的 FLOPS 利用率。这种设计消除了大多数控制逻辑，从而提高了计算效率。该芯片能在 LLaMA 70B 模型上每秒处理超过 500 000 个 token，其性能被认为比英伟达的 Blackwell（B200）GPU 高一个数量级。

总之，Etched AI 的 Sohu 代表了 AI 芯片领域的一次重要创新，有望在未来改变 AI 计算的格局。

1.2.4.3　中国的 AI 芯片新创公司崭露头角

中科寒武纪科技股份有限公司（简称寒武纪）是中国 AI 芯片的龙头企业（按照 2023 年 12 月的数据，下同）。思元 290 是寒武纪首款云端训练智能芯片。思元 370 不仅是寒武纪第三代云端训练智能芯片，也是寒武纪首款采用芯粒技术的 AI 芯片。该芯片采用台积电 7nm 工艺，最高算力达 256TOPS（INT8）。

长沙景嘉微电子股份有限公司（简称景嘉微）是中国 GPU 的龙头企业。该公司的第三代 GPU 产品 JM9 系列已成功流片，其中入门级芯片 JM9231 的内核频率不低于 1.5GHz，配备 8GB 显存，性能约为 1.5TFLOPS。该芯片对标英伟达 GeForce GTX 1050，可以满足目标识别等部分 AI 领域的需求。

海光信息技术股份有限公司（简称海光信息）是中国深度计算单元（Deep Computing Unit，DCU）的龙头企业。该公司的 AI 芯片产品为深算一号和深算二号，这些芯片以 GPU 架构为基础，兼容通用的"类 CUDA"环境，可用于 AI 大模型的训练。

上海复旦微电子集团股份有限公司（简称复旦微电）是中国 FPGA 的领军企业，成功研制出亿门级 FPGA、异构融合可编程片上系统（Programmable System on a Chip，PSoC）芯片，以及面向 AI 应用、融合了 FPGA 和 AI 技术的现场可编程人工智能（Field Programmable Artificial Intelligence，FPAI）可重构芯片，相关产品已实现批量生产。复旦微电正在积极开展 14nm/16nm 工艺的十亿门级产品的开发。

上海壁仞科技股份有限公司（简称壁仞科技）成立于 2019 年，已逐步推出在 AI 训练和推理、图像渲染等多个领域具有先进性能的芯片。2022 年 12 月，壁仞科技发布了首款 AI 芯片"云光"，该芯片采用了 7nm 工艺，具备强大的计算性能和较低的功耗。2023 年，壁仞科技继续保持快速发展。2023 年 3 月，壁仞科技发布了第二款 AI 芯片"云影"，该芯片采用了 5nm 工艺，性能和能效有了进一步提升。

上海燧原科技有限公司（简称燧原科技）成立于 2018 年 3 月，主要专注于 AI 云端算力的研发，以自主创新为目标，覆盖全栈。目前，燧原科技可以提供具有完整 IP 的通用 AI 训练和推理产品，包括云 AI 训练加速器"云燧 i10"、云 AI 推理加速器"云燧 i20"、云 AI 训练加速器"云燧 T10"和"云燧 T20"、计算和编程平台"驭算 TOPSRider"，以及推理加速引擎"鉴算 TOPSInference"。

上海天数智芯半导体有限公司（简称天数智芯）创立于 2015 年，于 2018 年正式推出 7nm 通用并行处理云计算芯片。2020 年 12 月，天数智芯开发的中国首款用于云端 AI 训练的 7nm GPU"天垓 100"通过晶圆电学检测，并于次年 3 月正式发布。该公司的第二款产品是用于云端和边缘侧的 7nm AI 推理芯片"智铠 100"，于 2023 年 5 月通过了晶圆电学检测。

墨芯人工智能科技（深圳）有限公司成立于 2018 年，专注于设计云端、终端 AI 芯片和加速解决方案。该公司的产品通过改进计算模型，与完全稀疏化的神经网络兼容。该公司的首款产品"Antoum"是一款高性能通用可编程逻辑器件（Programmable Logic Device，PLD），用于云端 AI 推理，稀疏化率达到 32 倍。它支持很多神经网络架构，如 CNN、RNN、长短期记忆（Long Short-term Memory，LSTM）网络、Transformer、BERT，以及各种浮点和定点数据类型。

沐曦集成电路（上海）有限公司成立于 2020 年 9 月，为主要的 GPU 生态系统开发了高性能 GPU IP 和可互操作的软件堆栈"MXMACA"。该公司已经开发出用于 AI 推理的 MXN 系列（曦思）、用于科学计算和 AI 训练的 MXC 系列（曦云）、MXG 系列（曦彩）等全栈高性能 GPU。它们被广泛应用于 AI、智慧城市、数据中心、云计算、自动驾驶、科学计算、数字孪生和图形处理等前沿领域。

其他国内 AI 芯片新创公司或品牌还包括摩尔线程、太初元碁、云天励飞、昆仑芯等。

开发一款 ASIC AI 芯片比开发一款手机的主要片上系统（System on Chip，SoC）芯片或 x86 处理器都要容易得多。因此，开发 ASIC AI 芯片的门槛比较低。一些原来不做芯片的公司（如亚马逊、谷歌、阿里巴巴、百度等）都成功开发了自己的 AI 芯片。2021 年前，大量投资进入 AI 芯片开发领域，诞生了一批开发 AI 芯片的新创公司。然而，由于开发一款 ASIC AI 芯片需要几年时间，再加上新的 AI 算法不断涌现，不少芯片做出来后已经很难在市场上生存，不可能进入批量生产环节，所以很多新创公司也就随之消失了。

1.3 边缘 AI 芯片

前文介绍的主要是云端数据中心 AI 芯片，主要用于训练大型、复杂的深度学习模型，是目前市场的主流产品。

基于深度学习模型的 AI 在许多领域的应用都取得了突破性进展。然而，将这些高精度模型应用于边缘用户的数据驱动、学习、推理解决方案仍然面临挑战。深度学习模型通常计算成本高、耗电量大，并且需要大量内存来处理数百万个参数的复杂迭代操作。因此，深度学习模型的训练和推理通常在云端的 HPC 集群上进行。

数据传输到云端会导致时延、安全和隐私问题，无法做出实时决策。如果在边缘设备上进行深度学习模型的训练和推理，就可以避免这些问题。边缘设备是最接近用户的设备，如汽车、无人机、手机、智能传感器、可穿戴设备、物联网设备等。这些设备的内存、计算资源和供电能力有限，因而人们开发了芯片和软件层面的优化技术，以便在边缘侧高效地实现 AI 模型的训练和推理。

在边缘计算领域，用于训练的 AI 芯片可以训练边缘设备上的 AI 模型，从而满足本地化 AI 应用的需求。同时，大量用于推理的 AI 芯片（以 ASIC 芯片为主）可以被应用于边缘设备中。

然而，就大模型而言，目前用于推理的 ASIC AI 芯片市场还很小，仍处于起步阶段。即使是 GPU，许多人也希望将其用于训练而不是推理。无论是大公司还是新创公司，产业界都在等待边缘 AI 芯片市场开花、结果。大公司凭借雄厚的资金实力和技术优势，在边缘 AI 芯片、软件、解决方案等方面都进行了布局。大多新创公司则凭借灵活的机制和创新能力，努力在边缘 AI 芯片应用领域有所突破。

图 1.12 所示为云端 AI 与边缘 AI 的不同特点。边缘 AI 强调低能耗、与嵌入式技术的融合和实时数据，云端 AI 则强调大规模、高算力、高速处理和统计用大数据。边缘设备进行 AI 训练的能力有限，目前研发的重点是 AI 推理。边缘推理指模型经过预训练后部署到边缘设备上进行 AI 推理。云端 AI 则关注 AI 模型的优化和长期学习。

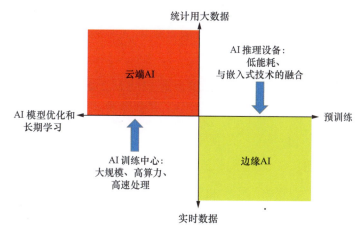

图 1.12　云端 AI 和边缘 AI 的不同特点

边缘推理的优势主要体现在：可以提高数据处理速度和响应速度，满足实时性要求；可以缩短网络时延，降低成本；可以提高安全性和隐私性，保护用户数据。

目前，边缘推理的应用领域越来越广泛，包括智能制造（如检测产品质量、预测设备故障等）、智慧城市（如交通管理、安防监控、环境监测等）、智能家居（如人脸识别、语音控制、物联网等），以及医疗保健、自动驾驶等。许多新创公司在开发边缘 AI 推理芯片。因为 GPU 在云计算市场占据了压倒性的份额，云计算的电力也更容易得到保障；而边缘应用中资源有限，经常使用的是电池，电源效率至关重要。因此，极低功耗，甚至是自供电的 ASIC 芯片成为边缘 AI 芯片开发的目标。

根据国际数据集团（International Data Corporation，IDC）的预测，全球边缘推理市场规模将从 2022 年的 131 亿美元增长到 2027 年的 896 亿美元。从边缘 AI 芯片的市场来看，现在仍然没有一款像英伟达 H100 或 B100 这样具有代表性、占有大部分 AI 云计算市场份额的芯片，呈现出五花八门的产品"散落"在各个应用领域的情形。目前边缘 AI 芯片领域的主要公司及其产品如下。

（1）英伟达。该公司推出了 Jetson 系列边缘 AI 计算平台，还有针对工业、医疗等领域的定制边缘 AI 芯片。

（2）英特尔。该公司推出了 Movidius 神经计算棒（Neural Compute Stick，NCS）系列产品，用于无服务器端的边缘 AI；还有 Agilex FPGA 系列产品等。

（3）百度。该公司推出了昆仑系列边缘 AI 处理器，被广泛应用于智能安防、智能出行等场景。

（4）高通。该公司推出的 Snapdragon 系列移动 SoC 芯片具备强大的 AI 运算能力，可广泛应用于移动和无线边缘设备。

（5）联发科。该公司推出了面向边缘设备的 A 系列 AI 处理单元（AI Processing Unit，APU）。

（6）寒武纪。该公司推出的思元 220 及相应的 M.2 加速卡是其首款边缘 AI 芯片产品，在 1GHz 的主频下，理论峰值性能为 32TOPS（INT4）、16TOPS（INT8）、8TOPS（FP16），可支持边缘计算场景下的视觉、语音、自然语言处理，以及智能数据分析与建模等多样化的 AI 应用。

本书第 2 章将探讨实现深度学习 AI 芯片的一些新方法，也会介绍边缘 AI 芯片的架构和算法设计、边缘 AI 芯片优化等研究方向，以及一些前沿设计实例。

目前，边缘推理市场尚处于发展初期，有着巨大的发展潜力。与其他 AI 芯片相似，研发边缘推理的 AI 芯片还存在不少挑战，如能效和成本问题、软件的开发和部署问题，以及标准化问题等，而能效是最突出的问题之一。

1.4　AI 芯片的算力提升与能耗挑战

OpenAI 的一项研究揭示了 1985 年以来 AI 计算量的惊人增长[4]，如图 1.13 所示。根据每个模型训练计算量翻番的时间，这项研究把 AI 的发展历程划分为 3 个时代：前深度学习时代（2012 年前，训练计算量约每 24 个月翻一番），深度学习时代（2012—2017 年，训练计算量每 3 ～ 4 个月翻一番），以及大模型时代（2018—2022 年，模型规模提升了 100 ～ 10 000 倍，训练计算量接近每两个月翻一番[4]，见图 1.13 右侧）。

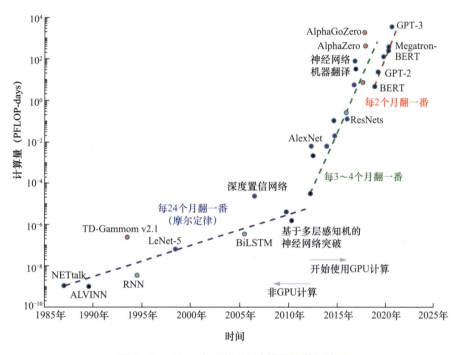

图 1.13　1985 年以来 AI 计算量的增长情况

从图 1.13 可以看出，从 BERT 到 GPT-3，在不到 3 年的时间里，模型大小增长了约 100 倍，计算量增长了约 10 000 倍。为了满足高速增长的计算量，就要有高性能的 AI 芯片。随着 AI 大模型无止境地增长（如参数规模、序列长度），AI 芯片面临着巨大压力。

现在的单片芯片里虽然已经动辄包含几百亿个晶体管，但要满足大模型发展所需的计算量要求还相差甚远。因此，现在训练大模型必须使用大型的集群，这些集群连接了成千上万块 AI 芯片进行并行计算。即使这样，仍然需要运行几个星期，甚至几个月才能取得让人满意的训练结果。因此，训练一个大模型，仅能源成本就可能高达 1000 万美元。

目前的芯片一般为硅基芯片，会消耗大量电能，同时产生大量热量。如何持续、有效地散热，对放置这些集群机架的数据中心来说也是一大挑战。因此，近年来不断出现新的散热技术。产业界已经在散热技术上取得共识，即液体散热要比气体散热效果好。因此，液体散热已逐渐成为数据中心的一个"标准配置"，不仅会在机架、服务器上采用液体散热，一些新款芯片也会在内部直接通过微细管用液体散热（第 4 章将会详细介绍）。而这又将产生对大量水资源的需求。据美国半导体行业协会估计，2020 年全球芯片制造用水量约为 156 亿立方米。而据国际能源署估计，2020 年全球数据中心用水量约为 370 亿立方米。数据中心用水量总体上比芯片制造用水量更多。随着数据中心散热方式"由气转水"，数据中心的用水量在未来还将大增。据英国《金融时报》引述科学界的看法，在 2027 年之前，数据中心的用水量将年增 42 亿～ 66 亿立方米。

尽管芯片的散热问题可以得到很大程度的缓解，但是电力消耗带来的二氧化碳大量排放问题无法得到解决，而且散热还造成了更多的二氧化碳排放。这不仅会加剧全球气候变暖、海平面上升、海洋酸化，还会导致极端天气事件发生频率和强度的增加。

总之，不解决高能耗问题，AI 驱动型社会的可持续发展就无从谈起。

除了严重的生态环境、自然资源问题，从技术角度来看，目前 AI 芯片的进一步发展还遇到了各种"墙"的阻碍：光刻墙、性能墙、传输墙、功耗墙、成本墙等，也包含可持续发展墙（见图 1.14）。

（1）光刻墙。随着芯片工艺尺寸不断缩小，逐渐逼近光刻技术的极限，光刻机的微细化越来越困难，难以满足 AI 芯片对更高性能、更低功耗的需求。

（2）性能墙。一方面，随着晶体管尺寸接近物理极限，摩尔定律的效力逐渐减弱，同时晶体管密度越来越高带来了功耗和散热问题，芯片性能提升的速度开始放缓。另一方面，以深度学习为代表的 AI 算法需要训练大量数据，而数据处理和存储需要消耗大量计算资源，这限制了 AI 芯片性能的进一步提升。

（3）传输墙。AI 芯片上处理器核与存储器之间的数据传输成了瓶颈，同时 AI 芯片对内存带宽和时延提出了更高的要求，传统的 DRAM 已经无法满足需求。目前，用存算一体化技术实现的芯片规模都比较小，需要扩大芯片规模。最近 10 多年以来，存储器性能的提升远远落后于处理器性能的提升，尤其是存储器带宽并没有太多进步。

（4）功耗墙。AI 芯片功耗的不断增加给数据中心的散热和运营成本带来了巨大挑战。

（5）成本墙。由于设计和制造成本的不断增加，使 AI 芯片在更多应用场景的普及受到限制。

（6）可持续发展墙。AI 芯片的制造与运行都会排放二氧化碳，随着芯片工艺的进步，二氧化碳排放量急剧增长。由于效率低下，即使是大公司，其 AI 体系也开始达到电力消费的极限，并且相关的能耗仍在呈指数级增长，不久将会达到需要专门核电站供电的程度[①]，这种发展是不可持续的。

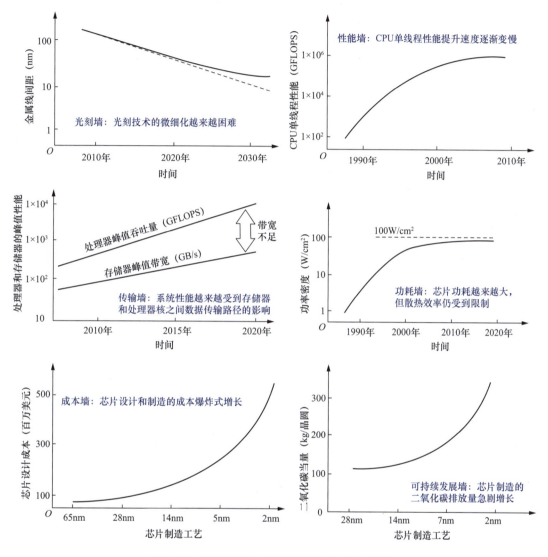

图 1.14 AI 芯片进一步发展面临的 6 堵"墙"

总之，目前的 AI 芯片发展模式，即基于深度学习算法和模型，使用硅材料、晶体管架构和制造工艺来制造 AI 芯片，是不可持续的。要解决这个问题，必须对算法、芯片和软件进行如下重大创新。

（1）算法 / 模型创新。算法 / 模型创新是 AI 芯片可持续发展的核心驱动力。深度学

---

① 亚马逊、微软和谷歌都在为新型核电站的开发和建设提供资金。这些核电站使用小型核反应堆，将直接位于数据中心附近。

习算法及模型一直是这次 AI 热潮的主流技术。随着生成式 AI 模型无节制地扩展规模，对 AI 芯片的各种性能要求已经大大超出它们本身能够达到的程度。从短期来看，在设计基于深度学习的芯片时，需要用创新的方法加以改进，以提高性能、降低功耗；从长期来看，必须从源头上对 AI 算法进行重新思考，理想目标是找到一种既不需要大数据，也不需要大模型，还能达成高智力水平的 AI 算法。

（2）工艺 / 器件创新。晶体管、半导体芯片的设计和制造正在向着 2nm、1nm 及亚纳米级（埃米级）的先进工艺发展，这个目标需要各种创新技术配合来实现。目前，芯粒和异质集成等技术正在蓬勃发展，且有其他技术来取代极紫外（Extreme Ultraviolet，EUV）光刻技术。芯片正在走向立体：未来的芯片不会是芯"片"，而是芯"块"。

（3）材料创新。目前，基于摩尔定律发展的硅基芯片快接近终点，二维材料、固态离子材料等很有可能会成为硅的后续材料。从长期目标来看，需要有更适合仿脑功能的材料（包括化学和生物材料）来制造 AI 元件。在跨学科研究人员的协同努力下，用这些材料制作 AI 元件已经见到曙光，这类 AI 元件的形态与当前的芯片（硬件）不同，是呈液态的湿件。

（4）系统创新。目前在用的基于深度学习模型的 AI 系统只能较低程度地模仿人类大脑的功能。类脑芯片则迈进了一步：基本上按照人类大脑的功能和结构来设计。然而，仅模仿人类大脑是不够的，因为人类的智能除了认知功能，还包括感知功能。具身智能既包含了认知功能，又包含了感知功能，由此研发的芯片把 AI 的智能水平提升了一大步。AGI 芯片是 AI 发展的终极目标，尽管目前 AGI 的定义以及它什么时候能够实现还存在巨大的争议。

（5）应用创新。应用创新是指针对特定 AI 应用场景进行优化，以便开发更高效的算法和芯片。这些场景与整个社会的未来发展紧密相关，例如人与人、人与机器、机器与机器之间的通信和沟通；AI 自主控制的无人驾驶汽车、船舶、飞机等。那些对人类发展和进步起到巨大作用的科学发现、技术发明，如果有 AI 帮助人类来实现，或者完全由 AI 自主实现，将会对人类未来的生产和生活产生深远的影响。这将加速科学进步，提升技术水平，创造新的生活方式，从而使人类社会更加美好。

1.5 本章小结

在生成式 AI 需求的推动下，AI 芯片市场正在迅速扩张。目前，英伟达的 GPU 在 AI

大模型训练等需要高算力的应用中独占鳌头。它的内部架构专门针对 Transformer 模型做了优化，例如 H100 增加了 Transformer 核，B100、B200 把数值精度降至 FP6，甚至 FP4，因此特别适用于大模型的训练。另外，这些大规模训练需要把成千上万块 GPU 连接起来组成分布式网络和计算集群，而非常成熟的英伟达 CUDA 系统和 NVLink 技术在互连中起到了十分关键的作用。

目前的 CPU 也不再是几年前用途单一的 CPU。为了给特定 AI 应用提供优化后的系统和芯片，英伟达给原来的 CPU 加上了 AI 单元或模块，从而能够直接、有效地完成 AI 推理任务。这也为将要兴起的新型 PC——AI PC（见第 2 章）做好了芯片开发的规划和准备。

ASIC 有比 GPU 更低的产品成本和计算成本。与 GPU 相比，ASIC 可以高效地处理训练和推理计算。目前，ASIC 市场已经开始萌芽，一些大公司（如谷歌、微软、亚马逊等）也在争相开发 ASIC AI 芯片。Graphcore、Groq、Cerebras 和 Etched AI 等新创公司开发的芯片因具有独特的架构和很高的性能，已经对英伟达的 GPU 构成挑战。

生成式 AI 所使用的大模型参数量极大，对其进行训练和运行都需要庞大的算力。根据微软提供的数据，OpenAI 为 ChatGPT 提供了 28.5 万块 CPU 和 1 万块英伟达 A100 GPU，按照 ChatGPT-3 的 1750 亿个参数来算，训练一次需要耗费 1200 万美元，每天需要支出的电费约为 5 万美元，初始投入就达 8 亿美元。

目前，不断增长的大数据、高算力、高耗能已经给 AI 芯片的发展带来了非常大的压力和挑战。要想解决这些问题和挑战，实现基于小语言模型（Small Language Model，SLM，简称小模型）、小数据、极低功耗，可持续发展的 AI 芯片，从而推动社会经济的 AI 转型升级，就需要有重大的创新，这正是本书第 3 ～ 9 章所要探讨的内容。其中，类脑芯片是 AI 芯片的一个类别。这种芯片模仿人脑神经网络的结构和功能，基于神经形态计算，采用存算一体化架构，具有超低功耗、高并行性等特点，在处理稀疏数据、实时响应等方面具有优势。目前，类脑芯片还处于研发阶段，未得到广泛应用，但很可能成为下一代 AI 芯片。本书第 7 章也将探讨类脑芯片的研发进展及未来趋势。

参考文献

[1] DAGHAGHI S, MEISBURGER N, ZHAO M, et al. Accelerating slide deep learning on modern CPUs: vectorization, quantization, memory optimizations, and more[EB/OL].

(2021-03-06) [2024-08-20]. arXiv: 2103. 10891v1 [cs. LG].

[2] RAIHAN M, GOLI N, AAMODT T. Modeling deep learning accelerator enabled GPUs[C]// IEEE International Symposium on Performance Analysis of Systems and Software (ISPASS), March 24-26, 2019, Madison, Wisconsin, USA. NJ: IEEE, 2019: 79-92.

[3] SAMAJDAR A, PELLAUER M, KRISHNA T. Self-adaptive reconfigurable arrays (SARA): using ML to assist scaling GEMM acceleration[EB/OL]. (2022-04-23) [2024-08-20]. arXiv: 2101. 04799v2 [cs. AR].

[4] MEHONIC A, KENYON A J. Brain-inspired computing: we need a master plan[J]. Nature, 2022, 604: 255-260.

第 2 章 实现深度学习 AI 芯片的创新方法与架构

"为大模型定制的芯片需要在架构上彻底颠覆传统设计，这对整个行业是一次重塑。"

——杰夫·迪恩（Jeff Dean），谷歌 AI 负责人

"计算的未来不仅在于晶体管的缩小，还在于架构的变革。"

——马蒂·洛泽（Matty Lohse），英特尔技术领袖

"芯片创新从来都不仅是物理层面的进步，它还依赖算法、架构和生态系统的共同发展。"

——约翰·亨尼西（John Hennessy），RISC 架构之父，图灵奖得主

"高效的 AI 芯片不是单纯追求性能，而是以最低能耗完成最多计算任务。"

——阿米尔·萨拉克（Amir Salek），谷歌 TPU 团队负责人

神经网络一般可分为两种类型，即人工神经网络（Artificial Neural Network，ANN）和脉冲神经网络（Spiking Neural Network，SNN）。这两种神经网络的设计灵感都来自人类的大脑结构，都是由神经元组成的层和连接不同层的突触组成。层数、每层的神经元数和突触连接定义了两种神经网络的拓扑结构。自 2012 年以来，AI 的迅猛发展主要归功于深度学习算法和模型。深度学习通过深度神经网络（DNN）来实现，也就是把过去的 ANN 变成多层（这就是"深度"一词的由来）。本章将讨论深度学习 AI 芯片的实现，主要介绍一些创新方法和架构；第 7 章将详细讨论脉冲神经网络芯片（类脑芯片）实现的创新方法。

早期的 ANN 通常只有一层或两层，无法学习复杂的函数关系。随着半导体芯片计算能力的发展，人们开始研究具有多个隐藏层的神经网络，并取得了突破性的进展。多层神经网络可以学习更复杂的函数关系，这使得深度学习在许多领域具有优势，能对多层神经网络进行计算的深度学习 AI 芯片也成为当前的主流 AI 芯片。

经过多年的研发，AI 芯片已经越来越成熟。2022 年底，OpenAI 发布的 ChatGPT 又掀起了生成式 AI 的热潮，能有效支持生成式 AI 运算的 AI 芯片需求量急剧上升。由于 ChatGPT 基于谷歌 2017 年推出的 Transformer 模型，AI 芯片的设计方向也随之转变，一方面需要把原来的架构根据 Transformer 模型进行大量优化；另一方面需要进一步挖掘潜力，大力提高深度学习模型的运算性能和能效。这又形成了新一波 AI 芯片创新和开发的浪潮。

当前主要有 4 种不同神经网络结构的 DNN（大部分也适用于 SNN），即全连接（Fully Connection，FC）网络、卷积神经网络（Convolutional Neural Network，CNN）、RNN 和基于 Transformer 模型的神经网络（简称 Transformer 网络），如表 2.1 所示。这些神经网络都是 DNN 的特殊形式。

表 2.1　4 种不同神经网络结构的 DNN

名称	DNN			
	FC 网络	CNN	RNN	Transformer 网络
结构	每一层的神经元都与上一层的所有神经元相连	具有卷积层和池化层	具有循环连接	采用自注意机制
应用领域	分类、回归等	图像处理、自然语言处理等	自然语言处理、语音识别等	自然语言处理、机器翻译等
计算量	较大	较小	较大	中等
过拟合可能性	较大	较小	较大	较小

在 FC 网络中，新一层的神经元通过突触与上一层所有神经元的输出相连，结构简单、计算量较大，但容易出现过拟合。

CNN 具有卷积层和池化层：卷积层能够提取输入数据的局部特征，池化层能够降低输出维度并保留重要信息。卷积层通过使用卷积核（又称过滤器，Filter）来提取输入数据的局部特征，它的输出被称为特征图。卷积层是一个神经元平面，其中每个神经元都与前一层的低维平面（又称感受野，Receptive Field）空间附近的神经元输出相连。每个神经元都有一个不同的感受野，位于前一层的不同坐标处。在给定的特征图中，所有神经元必须共享相同的突触权重，而突触权重从一个特征图到另一个特征图会发生变化。

池化层通常紧随卷积层，用于对卷积层的输出进行降采样。池化层的目的在于降低特征图的空间维度，减少参数量，并提高模型的抗过拟合能力。池化层有不同的类型，如最大池化和平均池化。最大池化捕捉感受野内的最大值并将其输出，而平均池化则计算平均值。

在 CNN 中，数据以静态数值表示。神经元对其他神经元的输出进行加权和施加非线性激活函数，如修正线性单元（Rectified Linear Unit，ReLU）、Sigmoid 和 Tanh 等函数。权重是标量。与 FC 网络相比，CNN 可以重复使用突触，从而减少了突触数。

RNN 具有循环连接结构，能够处理序列数据。在 RNN 中，神经元可以额外接收其先前状态或后续层中神经元的先前状态作为输入，从而实现内部记忆，保留过去的信息以预测未来的输出。

Transformer 网络也是一种 DNN，但与上述神经网络有一些区别。该网络采用自注意机制，这种机制能够捕捉输入序列中各个元素之间的关系。Transformer 网络通常由多个 Transformer 层组成，这些层本身包含多个自注意模块，因此具备深度学习的特点——具有多个隐藏层。

GPT-3.5 模型是 ChatGPT 的基础，它的编码器由 12 个 Transformer 层组成，解码器由 13 个 Transformer 层组成。此外，GPT-3.5 模型还包含一个词嵌入层和一个输出层。词嵌入层将输入文本序列中的每个词转换为一个向量，输出层负责将解码器的输出转换为一个文本序列。因此，GPT-3.5 模型总共包含 27 层神经网络。

在一些基于传统 DNN 架构的模型中，隐藏层的数量已经接近或超过 100 层，有的甚至超过 300 层。虽然层数越多，AI 计算的精度越高，但会消耗大量能源、计算时间等资源。

作为典型的 CNN，AlexNet 是 DNN 快速发展的里程碑。研究人员意识到，DNN 的规模与其准确性成正比，这导致 DNN 架构规模快速增长。因此，DNN 在取得优异成绩的同时，对计算和内存的需求也在增加。虽然总体上 DNN 的大小与准确度成正比，但有的 DNN 子类的情况并非如此。

表 2.2 列出了一些较新的 DNN 模型。其中，Transformer 模型拥有更高效的架构，在参数量相同的情况下，可能比 CNN 在准确性上表现更出色。新型 DNN 架构参数量的增加也导致了计算复杂度的提高，使其难以被有效部署在资源受限的设备中。解决这个问题的一种潜在的有效方法是采用对边缘设备更有效率而不影响精度的神经网络架构和操作。SqueezeNet、MobileNet 和 ShuffleNet 等神经网络模型都是轻量级模型，它们依靠专门的操作来降低计算和内存要求，以适应资源受限的设备。

表 2.2　一些较新的 DNN 模型 [1]

CNN 模型			Transformer 模型			轻量级模型		
模型名称	精度（%）	参数量（百万个）	模型名称	精度（%）	参数量（百万个）	模型名称	精度（%）	参数量（百万个）
DenseNet-121	75.0	8.10	MobileViT-S	78.4	56.00	SqueezeNet	60.4	1.24
Xception	79.0	22.90	TinyViT	86.5	21.00	MobileNet-V2	72	3.40
EfficientNet-B5	83.6	30.60	BoTNet-T3	81.7	33.50	ShuffleNet	71.5	3.40
NasNetLarge	82.5	88.90	BoTNet-T7	84.7	75.10	GhostNet	73.9	5.20
ConvNeXt-Large	86.3	197.00	Florence CoSwin-H	90.5	893.00	EfficientNet-B0	77.1	5.30

2.1　基于大模型的 AI 芯片

本节将从 Transformer 模型的基本原理和处理器核架构讲起，以基于 Transformer 模型的深度学习 AI 芯片为主线，分别介绍 GPU、FPGA 和 ASIC 的实现，以及在采用存内计算技术的存储器中的实现。最后还将讨论 Transformer 模型的后继者。

2.1.1　Transformer 模型与引擎

在过去的几十年里，AI 领域取得了巨大的进展。从早期的专家系统到现在的深度学习模型，都展现了机器逐渐学习和应用人类智慧的能力。其中，自然语言处理是 AI 的一个关键领域，它致力于使计算机能够理解和处理人类语言，从中提取出有用的知识，并理解其中的关联和趋势。在这个领域中，Transformer 模型的出现引起了人们的广泛关注和深入研究。尤其是 OpenAI 的 ChatGPT 于 2022 年发布之后，Transformer 模型进一步受到研究人员的重视。ChatGPT 是基于该公司开发的生成式预训练 Transformer（Generative Pre-trained Transformer，GPT）构建的大模型。

2.1.1.1　Transformer 模型概述

Transformer 模型于 2017 年由美国谷歌大脑（现在名为谷歌 DeepMind）的 Ashish Vaswani 等人提出。它的出现彻底改变了自然语言处理的研究和应用。相比传统的、主要用于机器翻译的 RNN 和主要用于图像识别的 CNN，Transformer 模型通过引入自注意机制和位置编码，能够有效地捕捉输入序列中的关联信息，实现更好的上下文理解和建模。

Transformer 模型由一个编码器和一个解码器组成（见图 2.1），是一种基于注意力机制的神经网络架构。该模型将计算资源集中在对任务真正具有价值的"关注焦点"，适用于大规模并行处理任务，专为在 GPU 上进行处理而设计。

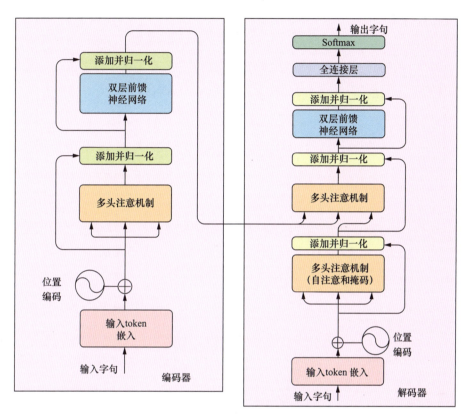

图 2.1　Transformer 模型的基本架构 [2]

Transformer 模型的核心思想是自注意机制。这种注意力机制并不是统一处理所有输入数据，而是通过识别词语和图像元素的相关性来确定"将注意力集中在哪里"。通过这种机制，模型能够在输入序列中自动学习每个单词之间的依赖关系，从而更好地理解整个句子或文本的语义。这种机制使得 Transformer 模型能够充分利用输入序列中的全局信息，避免了传统模型中因固定窗口大小引起的信息丢失问题。

除了自注意机制，Transformer 模型还引入了位置编码技术。由于自注意机制没有考虑输入序列中的位置信息，为了让模型能够区分不同位置的单词，位置编码被引入模型中。这种编码方式使得模型能够更好地处理序列中的顺序信息，从而进一步提升了模型的性能。

Transformer 模型中的"token"（标记）代表整个单词或单词的一部分、标点符号，以及特殊符号"结束"和"省略"。每种 AI 技术都使用它们自己的、由几千个 token 组成的列表，并将它们处理成统一的格式。这意味着不再需要每次都去处理那些字母。

输入向量的值在 0 和 1 之间时，神经网络运行的效果最好。这样的向量是用一个可以被有效表示为矩阵的表格来获得的。研究人员用随机数初始化矩阵中的值，使每个单词有一个不同的向量。然而，随机向量并不擅长表达单词的含义。这就是为什么研究人员用训练神经网络参数的同一梯度下降算法来小步调整数值。在进行了许多训练步骤之后，单词就会形成带有含义的向量。人们甚至可以把嵌入向量和神经网络的突触权重（又称参数）放在一起训练。

为了使网络能够并行计算，Transformer 模型使用固定长度的 token 序列。然而，单词与单词之间的关系并没有体现在网络结构中，而是让网络选择它想使用句中其他单词的哪些信息。

网络可以为每个 token 决定它在多大程度上会被其他 token 影响，这体现为由 Transformer 模型为每个其他 token 计算一个介于 0 和 1 之间的系数，以表示注意力。token 的向量与这个系数相乘，并将结果与前一次的值相加。在训练开始时，会有少量注意力施加在所有 token 上，但在网络的不同位置，注意力会有随机差异。随着训练的进行，网络通过不断学习，就会更具体地引导其注意力。

根据图 2.1 所示的架构，以翻译某个句子为例，Transformer 模型的实际学习过程如下所述。

首先，编码器会将句子逐词转换成 token 向量。由于 Transformer 模型不考虑时间序列，因此会嵌入代表单词顺序的信息。

接下来，多头注意机制通过将数据分成多个数据集来决定"关注哪些词"。具体来说，先将输入数据分为多个"头"，每个头分别负责计算输入数据中不同维度的注意力权重。Transformer 模型为每个注意力头学习 3 个权重矩阵：查询（Query，输入数据）权重 W_Q，键（Key，分类标准）权重 W_K 和值权重 W_V。随后在每个注意力头中，输入序列 $X = [x_0, x_1, \cdots, x_n]$ 乘以不同的注意力权重矩阵，分别得到查询矩阵 Q、键矩阵 K 和值矩阵 V：

$$Q = X \times W_Q; \quad K = X \times W_K; \quad V = X \times W_V \tag{2.1}$$

得到这些矩阵后，首先通过一个 Softmax 层对它们进行乘法和归一化处理，以生成中间注意力概率（图 2.2 中的 Att）。随后通过 Q 与 K 的内积计算得出邻近度，即输入数据与分类标准之间的相似度（图 2.2 中的 $Q \times K^T$）。根据计算结果，会得到不同的元素值，并通过内积进一步处理。在 Softmax 层之后，将中间注意力概率 Att 与值矩阵 V 相乘

（图 2.2 中的 Att × V），得到最终的注意力分数。最后，就可以使用式（2.2）来计算注意力得分。

$$\text{Attention}（\boldsymbol{Q}, \boldsymbol{K}, \boldsymbol{V}）=\text{Softmax}（\boldsymbol{Q} \times \boldsymbol{K}^{\text{T}} / \sqrt{d_k}）\times \boldsymbol{V} \tag{2.2}$$

其中，d_k 代表键和值的维度。

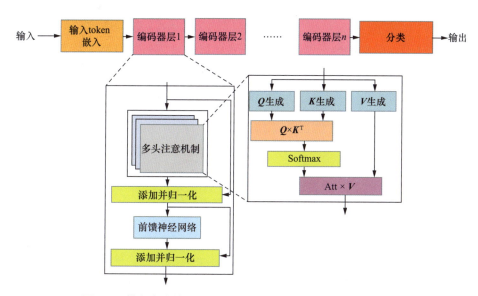

图 2.2　带有多个编码器层和一个分类层的 Transformer 模型

正如式（2.1）和式（2.2）所示，核心计算涉及高维矩阵 - 向量乘法（Matrix-vector Multiplication，MVM）和矩阵 - 矩阵乘法（Matrix-matrix Multiplication，MMM）。首先，式（2.1）和式（2.2）中的计算可形成一个注意力头，具有相应的权重矩阵集（W_Q，W_K，W_V），然后可以并行执行每个注意力头的计算，以实现快速处理。接着，将多个注意力头的输出级联起来，并传入双层前馈神经网络（Feedforward Neural Network，FNN）。所有编码器层都要重复这一过程。

之后，在双层前馈神经网络中对结果进行处理。它通过学习输入数据的隐藏表示、输入数据的局部特征和整体结构来添加与上下文相关的信息。

如果这些信息与正确数据相比是真（True），那么这些信息就会被传送到解码器。在解码器一侧，编码器处理过的信息被放在由 $\boldsymbol{K}$ 和 $\boldsymbol{V}$ 组成的存储器里。

解码器将原来的输入词句输出为翻译后的词句。处理过程与编码器几乎相同，但多头注意机制略有不同。

编码器的多头注意机制是自注意机制，它用于计算输入序列中各个位置之间的注意力权重。这种机制可以帮助编码器更好地理解输入序列的上下文信息。

解码器的多头注意机制则可以分为两种。

（1）自注意机制。该机制用于计算解码器输出序列中各个位置之间的注意力权重。这种机制可以帮助解码器生成更流畅、更符合语法的输出序列。

（2）编码器－解码器注意机制。这是一种交叉注意机制，用于计算解码器输出序列中各个位置与编码器输出序列中各个位置之间的注意力权重。这种机制可以帮助解码器更好地理解输入序列，从而生成更准确的输出序列。

在经过一个 FC 网络后，Softmax 函数将向量放入概率分布的格式中，输出结果是一个介于 0（忽略）和 1（充分注意）之间的值。

Transformer 模型主要有 3 种使用方式：仅编码器，通常用于分类任务；仅解码器，通常用于语言建模（GPT 使用就使用该方式）；编码器－解码器，通常用于机器翻译。在仅解码器方式中，编码器被移除，输入 token 直接被馈送到解码器，并且没有交叉注意模块。仅解码器方式的执行非常具有挑战性，编码也可能需要很高的计算成本。

Transformer 模型在自然语言处理的各种任务中取得了令人瞩目的成果。在机器翻译任务中，Transformer 模型在多个语言对上的表现超越了基于 RNN 的传统模型。在文本生成、问答系统、摘要生成和情感分析等任务中，Transformer 模型也展现出了强大的能力。通过将输入数据扩展到文本、图像、视频、音频及程序代码，Transformer 模型的使用范围已经很广泛了。

2.1.1.2 GPT

2017 年谷歌发布 Transformer 模型之后，出现了两个相互竞争的大模型：OpenAI 开发的 GPT 和谷歌开发的 BERT。GPT-3 的学习使用了 570GB 以上的语料库，已经展示出了 Transformer 模型的威力。后来的 GPT-3.5、GPT-4 和 GPT-4o 使用了更多的数据。

Transformer 模型原本是为机器翻译开发的。在此之前，机器翻译使用的是 RNN 模型，而为了表现词语的连贯性，词语之间会产生依存关系，很难并行处理。在这一点上，Transformer 模型集中从给定的一系列字符串中提取重点（这就是注意力机制），从而提高了并行处理性能。

为了用于机器翻译，Transformer 模型先将一种语言的字符串通过编码器转换成中间表述，再将中间表述通过解码器转换为其他语言的字符串。为了进行文本生成，GPT 会学习一系列单词。从结构上看，Transformer 模型的解码器部分被多层重叠，可以更好地学习单词之间的联系。

而 BERT 是学习用什么样的单词来填补文章的模型。与 GPT 不同，BERT 的编码器是多级重叠的结构。如果考虑到谷歌原本的目标是根据搜索结果对问题做出适当的回答，那么采用这个模式就很容易理解了。

无论哪种模型，学习语句本身都有"正确答案"，即不需要人工给出正确答案。但是，在这样建立的基本模型中，学习后的数据会包含不恰当的输出。为了消除这个问题，OpenAI 引入了人类反馈强化学习（Reinforcement Learning from Human Feedback，RLHF）方法，并于 2022 年发布了使用 RLHF 方法训练的大模型作为 Instruct GPT（指令引导模型）。从这个时候开始，大模型的实用性开始被大众所认识。

RLHF 方法使用了强化学习的算法，使大模型的回答符合人类的思考模式，从而大大提高了基于大模型的生成式 AI 的实用性。除了 RLHF 方法，GPT-4 还使用了监督学习的训练方法。

2.1.1.3　Transformer 引擎

虽然谷歌在开发 Transformer 模型时已经考虑到适配 GPU 的并行处理架构，但是在 Transformer 模型基础上建立的大模型的规模继续呈指数级增长，截至 2024 年 3 月已达数万亿个参数，导致它们的训练时间长达几个月。如何在现有 GPU 架构上进一步优化，或者如何配合 Transformer 模型来构建 ASIC 的架构，都是目前 AI 芯片设计所面临的新课题。

英伟达在 H100 中新加了 Transformer 引擎。这是因为原来的 A100 训练大模型耗时过长。根据英伟达的数据，训练具有数十亿个参数的 Megatron Turing NLG（MT-NLG）就需要 2048 块 A100 连续运行 8 周。

这正是 Transformer 引擎要解决的问题：将 Transformer 模型的训练时间从几周减少到几天。Transformer 引擎使用定制的 Hopper 架构张量核技术来显著加速 Transformer 模型的 AI 计算。它可以应用 FP8 数据格式（A100 新引入）和 FP16 数据格式。张量核操作使用 FP8 数据格式的吞吐量是 FP16 的两倍，也就是只需要使用 FP16 时一半的内存量。Transformer 引擎能够随启发式程序在不同的格式之间进行动态切换，显著提高 Transformer 模型的训练速度。

在 Hopper 架构中，张量核也得到了改进。在每个精度下（如 FP32、FP16 等），Hopper 架构的张量核每秒可以进行 3 倍于之前版本的浮点计算。结合 Transformer 引擎和第四代 NVLink，Hopper 架构的张量核使 AI 处理任务的速度提高了一个数量级。

英伟达 H100 的 Transformer 引擎使用了混合精度，旨在智能地平衡数值精度和计算效率。Transformer 引擎会先对每一层张量核的输出值进行分析，并收集统计数据，然后决定将张量转换为哪种目标格式，并将其存储到内存中。

为了优化计算和存储效率，Transformer 引擎使用张量统计得出的扩展因子，动态地将张量数据扩展到可表示的范围内。因此，每一个 Transformer 层都能够在所需的范围内运行，并以最佳方式加速计算过程（见图 2.3）。这种方法确保了在保持必要精度的同时，能够利用更小、更快的数字格式，提升模型的整体性能。

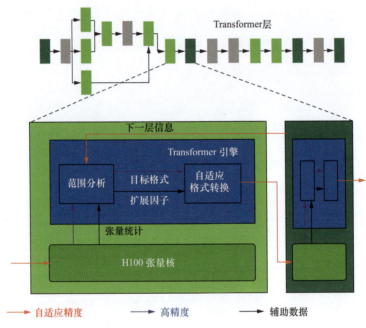

图 2.3　H100 中的 Transformer 引擎操作（来源：英伟达）

2.1.1.4　Transformer 模型中的矩阵乘法计算

Transformer 模型的计算内核不同于传统的图像分类和之前提出的语言模型。在传统 DNN 中，输入 / 激活和权重之间通常进行矩阵 – 向量乘法运算。由于权重不需要重新编程，因此这些操作是静态矩阵 – 向量乘法。除了静态矩阵乘法操作，Transformer 模型还包括查询（Q）、键（K）和值（V）之间的矩阵 – 向量乘法。这些数据结构在每次输入时都会改变，因此它们是动态的，被称为动态矩阵乘法运算，而 Softmax、层归一化（Layer Normalization，LN）及向量运算等其他计算内核被归类为非矩阵乘法运算。

图 2.4 展示了不同序列长度的图像分类模型与 Transformer 模型的浮点操作占比情况。在 Transformer 模型中，对于长度为 64 的序列，可以看到静态矩阵乘法运算占总浮点运算

的 95%。然而，对于长度为 512 的序列，静态矩阵乘法运算占比为 65%，而动态矩阵乘法运算为 35%，在整体分布中占了比较大的比例。图 2.4 显示，随着序列长度的增加，动态矩阵乘法运算的浮点操作数越来越多。

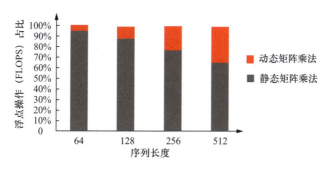

图 2.4　不同序列长度的图像分类模型与 Transformer 模型的浮点操作占比情况 [3]

2.1.2　存内计算 AI 芯片

存内计算已成为应对大模型不断增加的计算量和能耗需求、减少大模型性能瓶颈的可行方案。在这一方案中，计算在内存阵列内进行，从而大大减少了芯片对外访问的次数。基于非易失性存储器（Non-volatile Memory，NVM）的存内计算基元（忆阻交叉棒）非常适合这种应用，因为它们提供了高存储密度，便于进行大规模并行矩阵-向量乘法运算。

2.1.2.1　忆阻器与 CMOS 器件混合芯片

具体实现中，基于 NVM 的存内计算有两方面的问题。一方面，Transformer 模型需要向 NVM 器件写入大量数据。由于输入是动态变化的，因此在执行矩阵-向量乘法运算之前，Transformer 编码器中的每个自注意层都需要对所有交叉棒进行重新编程。这不仅会导致整体时延和能耗大幅上升，还会影响 NVM 器件的使用寿命。因为 NVM 器件的耐用性非常有限，只允许 $10^6 \sim 10^9$ 次写入操作，上述操作使得这些器件的寿命迅速缩短，限制了它们在 Transformer 模型中的应用。另一方面，使用传统内存加速器中的时序单指令多数据流通道实现这些操作的成本很高。在相同的芯片工艺节点上，NVM 与 SRAM 相比，每比特的时延和能耗至少高一到两个数量级，这是个挑战。

因此，设计一种既能有效存储模型参数，又能让动态矩阵乘法运算的时间缩短、效率提升的硬件架构非常重要。Sridharan 等人在 2023 年提出了一种新颖的存内硬件加速方案，名为 X-Former[3]，用于加速 Transformer 模型。这是一种混合存内计算架构，结合了 NVM 和基于互补金属氧化物半导体（Complementary Metal Oxide Semiconductor，CMOS）的处理元件，以满足 Transformer 模型的不同计算和内存需求。该架构包括一个由 NVM 处理块组成的投影引擎（执行静态矩阵乘法操作）和一个由 CMOS 处理块组成的注意力引擎（执行动态矩阵乘法操作），能够高效地执行 Transformer 模型中的所有操作。图 2.5 展示了 X-Former 的基本模块，图中 AHCT 表示注意力头计算分片（Attention Head Compute Tile）[3]。

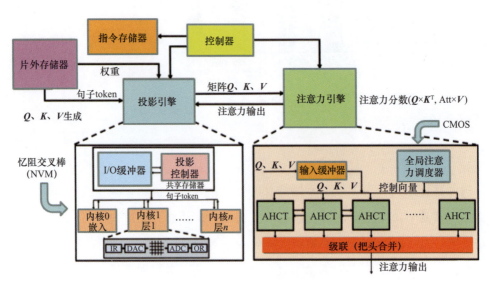

图 2.5　X-Former 的基本模块

在投影引擎中，每个内核包含多个忆阻交叉棒，可在模拟域中并行执行矩阵 – 向量乘法运算。控制器有助于协调和安排数据在不同层次结构之间移动。在编译期间，只需要从片外存储器中获取权重并将其一次编程到忆阻交叉棒中。内核中的每个忆阻交叉棒都与数模转换器（Digital to Analog Converter，DAC）和模数转换器（Analog to Digital Converter，ADC）这些外围电路连接，将输入转换为模拟值，并将模拟输出转换回数字域。由于外围电路通常会带来较大的面积和功耗开销，因此 X-Former 采用了两种技术来降低成本：一种是利用低分辨率的 DAC 和 ADC；另一种是在一个横条内设置多个列，多个横条共享 DAC 和 ADC。该方案采用了 8 位定点权重和 8 位定点激活，各种下游任务的 Transformer 模型推理精度均达到了最先进的水平。最后，矩阵 Q、K 和 V 被传送到注意力引擎，以计算注意力分数。投影引擎还会执行 Transformer 模型中的其他全连接层。得益于 NVM 器件的高存储密度，它以空间方式存储网络所有层的权重，从而避免写入忆阻交叉棒。

注意力引擎从投影引擎接收矩阵 Q、K 和 V，并在 CMOS 处理块中执行动态矩阵乘法操作。为实现这些多头注意力层，注意力引擎由多个 AHCT 组成，这些分片通过共享总线、片上可转换输入缓冲器和全局注意力调度器连接，以将 Q、K 和 V 输入并分配到各个分片上。每个 AHCT 进一步被划分为多个 8T-SRAM 单元、移位和加法模块、临时存储器（用于存储中间输出）等。选择 8T-SRAM 单元来执行矩阵－向量乘法操作，是因为它们具有分离的读取和写入路径，可确保值的存储更稳定。全局注意力调度器将 Q 和 V 分配到它们在 AHCT 中的相应存储器中。

这种方法的优势在于可以存储这些大型模型并执行矩阵乘法运算。与其他存内架构主要的区别在于，X-Former 将所有层的权重存储在投影引擎中，从而无须对投影引擎中的 NVM 器件重新编程。而利用注意力引擎可执行所有其他操作，因为它们具有高耐用性、低写入时延和低写入功耗。

然而，研究人员发现 X-Former 对硬件的利用率很低，因为 Transformer 编码器不同层之间的操作相互依赖，而且中间激活的大小与序列长度呈二次方关系。因此，研究人员引入了序列阻塞数据流技术，它将输入序列分成较小的块，并以流水线方式进行处理。这种技术不会降低应用级的精度，还能防止中间激活大小随序列长度变化，同时保持两个引擎的充分利用。X-Former 是一种阻变随机存储器（Resistive Random Access Memory，RRAM）和 SRAM 相结合的架构。具体而言，RRAM 单元被用作存内计算单元，能够直接在存储器中进行计算操作，减少数据在存储器和处理器之间的传输，从而提高能效和速度。RRAM 也被用于存储模型权重和嵌入权重。SRAM 单元被用作存内计算单元，以及输入输出、中间激活与部分和的缓冲区。由于只需要 SRAM 阵列来存储网络的单个层，因此 X-Former 中的注意力引擎可以扩展到任意层数，只需要在投影引擎中增加更多的 RRAM 核来存储模型权重即可。

性能评估表明，X-Former 在时延和能效方面分别比英伟达 GeForce GTX 1060 提高了 85 倍和 7.5 倍，并且与最先进的存内 NVM 加速器相比分别提高了 10.7 倍和 4.6 倍。

如果进一步扩大 X-Former 的网络，就需要增加 RRAM 的数量，或者将 X-Former 扩展到具有芯片间互连的多个节点。

2.1.2.2　闪存 AI 计算

近年来，GPT-3 等大模型在各种自然语言处理任务中表现出了强劲的性能。然而，这些模型前所未有的能力需要用大量的计算和内存资源进行推理才能实现。内存的容量与带宽会影响整个大模型的性能。大模型可能包含数千亿个，甚至上万亿个参数，这使得它们在加载和高效运行时面临各方面的挑战，尤其是在资源受限的设备中。目前，标准方法是将整个模型加载到 DRAM 中进行推理。然而，这严重限制了可运行的最大模型规模。例如，一个 70 亿个参数的模型仅加载半精度浮点格式的参数就需要超过 14GB 的内存，这已经超出了大多数边缘设备的配置。

闪存被用于 U 盘和其他许多设备中，例如智能手机、相机等。2024 年，苹果提出了利用闪存高效部署 Transformer 模型的方案 [4]。该方案先将模型参数存储在容量比 DRAM 至少大一个数量级的闪存中，然后在推理过程中根据需要将其加载到 DRAM，从而避免在 DRAM 中拟合整个模型，从而解决了大模型高效运行所需空间超过 DRAM 可用容量的难题。

研究表明，大模型在前馈神经网络层表现出高度的稀疏性，有些模型表现出 90% 以上的稀疏性。苹果的研究人员利用了这种稀疏性，从闪存中选择性地加载非零输入或预测为非零输出的参数。他们构建了一个考虑闪存特性的推理成本模型，用于从两个关键方向进行优化：一个是减少从闪存中随机读取的吞吐量，另一个是以更大、更连续的序列分块读取数据（见图 2.6）。在这个硬件感知框架内，苹果引入了两种主要技术。第一种技术被称为"窗口化"，它通过重复使用先前激活的神经元来减少数据的传输量。第二种技术被称为"行列捆绑"技术，它根据闪存的序列数据存取强度量身定制，增加了从闪存读取的数据分块的大小，从而使闪存吞吐量达到最大。这些技术使得能够运行的模型为可用 DRAM 容量的两倍，与 CPU 和 GPU 中原来的加载方法相比，推理速度分别提高了 4 ～ 5 倍和 20 ～ 25 倍。

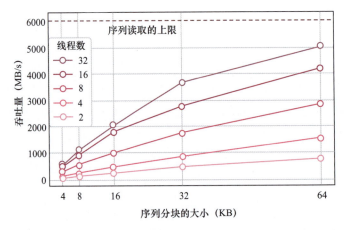

图 2.6　从闪存中随机读取的吞吐量随着序列分块大小和线程数的增加而增加 [4]

利用闪存部署 Transformer 模型的方案将稀疏性、上下文自适应加载和面向硬件的设计融为一体，为在内存有限的设备上有效进行大模型推理铺平了道路。这项创新对在资源有限的环境中部署先进的大模型尤为重要。

随着大模型的规模和复杂性不断增长，这样的方案将对在各种设备和应用中充分发挥大模型的潜力至关重要，使大模型可供更广泛的个人和设备使用。虽然该方案作为一种初步成果有其局限性，但它为未来的研究开辟了重要的新方向。未来研究的另一个重要方向是分析固有的功耗和热限制。

在最初的概念验证中，假设内存可用空间是模型大小的一半。使用不同内存大小的动态工作涉及时延和准确性之间的平衡，这是未来研究的又一个引人瞩目的方向。目前的方法建立在稀疏网络的基础上，但可以被扩展为有选择地在非稀疏网络中加载权重，或者动态地从闪存中检索模型权重。这种扩展将取决于输入提示或所提供上下文参数的具体要求。

总之，使用闪存的新颖方法代表了一种多用途的管理模型权重的策略，它根据输入的性质提升性能，从而增强所提出的方案在各种大模型场景中的有效性、可用性和适用性。

2.1.3　基于 GPU 的大模型计算

基于 Transformer 网络的模型被广泛应用于各类 AI 场景中。训练这些模型的成本很高，因为需要大量 GPU 资源和较长的时间。由于句子等典型数据的长度不固定，而且 Transformer 网络的计算模式比 CNN 更复杂，因此训练难度很大。由于 GPU 在大模型计算中已经得到了广泛的应用，很多研究工作就集中于如何改进模型本身或者改进算法，以便更好地在 GPU 上运行。下面介绍两个较新的改进方法。

2.1.3.1　简化 Transformer 模型

在 Transformer 网络和其他架构中，通过移除一些模块、组件来简化 DNN 的方法已受到人们的广泛关注。在具体的移除工作中，信号传播理论常常起到启发作用。

要移除标准 Transformer 模型里的模块并不简单。Transformer 模型将注意力、多层感知（Multi-layer Perceptron，MLP）子模块、跳转连接和归一化层以精确的排列方式组织在一起。这种复杂性导致了架构的脆弱性，看似微小的变化会大大降低训练速度，甚至使模型无法训练。

He 和 Hofmann 提出了一种新的框架 [5]，通过简化 Transformer 模型而不影响其收敛性能和下游任务性能，来加速 GPU 中的 Transformer 网络。基于信号传播理论和经验证据，他们发现模型中的许多部分可以被移除，以简化类 GPT 解码器结构与类 BERT 编码器模型。具体来说，他们简化了层前归一化（Pre-layer Normalization，Pre-LN）Transformer 模块：首先移除了跳转连接、值参数矩阵、投影参数矩阵和序列子模块，然后移除了 MLP 子模块中剩余的跳转连接，以进一步简化架构。同时，与标准 Transformer 模型在训练速度和下游任务表现方面保持一致。

基于对自回归解码器和 BERT 编码器模型性能评估的结果，简化 Transformer 模型模拟了标准 Transformer 模型每次更新的训练速度和性能。数据显示，简化 Transformer 模型在 GPU 上的训练吞吐量提升了 15%，使用的参数减少了 15%。

2.1.3.2　LightSeq2

现有系统要么只关注模型推理，要么只针对类 BERT 编码器模型进行优化。在 2022 年，Wang 等人提出了一系列名为 LightSeq2[6] 的 GPU 优化方案，以加速 GPU 上标准 Transformer 模型的训练。

LightSeq2 提出了 3 种加速 Transformer 模型训练的技术。

（1）针对所有类型的 Transformer 模型，LightSeq2 将融合的内核运算符用于编码器层和解码器层。细粒度相邻的各个元素的内核被融合为一个粗粒度内核，从而减少了内核启动和中间结果的数量。例如，自注意层的最后一个内核实现了偏置添加、Dropout 应用和只有一次内核启动的残差内核。

（2）LightSeq2 采用了混合精度更新进行训练。在训练器的初始化过程中，LightSeq2 首先将所有参数 / 梯度复制到一个张量中，然后将它们重置并链接为工作空间的片段。在每个训练步骤中，LightSeq2 只执行一次训练器内核以更新工作空间，这可以防止在每个参数 / 梯度片段上启动大量的片段化 GPU 内核。

（3）LightSeq2 推出了加速整个 Transformer 训练过程的方案。该方案具有以下 3 个优势。

第一，高效。LightSeq2 训练 Transformer 模型的速度快且内存效率高，这一点已在多个实验中得到验证。与 PyTorch 相比，LightSeq2 把 WMT14 英德机器翻译任务的速度提高了 308%，在 8 块英伟达 A100 GPU 上只需要 65% 的 GPU 内存。

第二，支持 Transformer 系列模型。LightSeq2 提供了全面、高效的自定义运算符，包括嵌入、编码器层、解码器层及归一化。这些操作使得加速 BERT（仅编码器）、GPT（仅解码器）、带编码器－解码器的完整 Transformer 等模型成为可能。因此，它几乎适用于所有 NLP 任务，如文本分类、文本生成、文本摘要和机器翻译等。

第三，使用灵活。除了在模型代码中手动集成自定义层，用户还可以在流行的训练库中使用 LightSeq2，且无须修改代码。该库可与 PyTorch 和 TensorFlow 无缝集成。

2.1.4　基于 FPGA 的大模型计算

作为 AI 芯片的重要技术路径之一，FPGA 在大模型中的应用也很多，相关优化工作也不少。

2.1.4.1　加速矩阵乘法的新型架构

2022 年，Tzanos 等人提出了一种加速矩阵乘法的新型架构——基于 Transformer 模型的高性能 FPGA 加速器[7]，用于加速特定的功能，如矩阵乘法、Softmax、层归一化及高斯误差线性单元（Gaussian Error Linear Unit，GELU）等。

Transformer 模型使用被称为自注意的一种技术。神经科学领域所说的注意力，是指有选择性地集中注意力于特定数据，同时忽略环境中其他数据的能力。Transformer 模型实现这一能力的一种方式是不将序列编码成单一的固定向量，而是创建一个模型，通过添加一组权重为每个输出步骤产生一个向量，这些权重将在以后被优化。因此，Transformer 模型不仅学会了在输出中产生什么，而且学会了如何有选择性地在特定的输入数据上放置权重，从而大大提高正确输出的概率。

BERT 是基于多个注意力块构建的。每个注意力块首先使用通用矩阵乘法转换输入，然后同时使用矩阵乘法和非线性函数（如 Softmax、层归一化及 GELU）来产生输出。

由于矩阵乘法占据了绝大部分的总执行时间，这种新型架构主要侧重于如何最优地加速网络的矩阵乘法运算。此外，该架构的目标是将算力需求最高的矩阵乘法与对运行影响很小的功能（如 Softmax、层归一化及 GELU）整合起来，以防止从主机到 FPGA 核的不必要数据传输。该架构的处理器核是针对 Alveo U200 FPGA 卡在 Vivado HLS 上开发的，时钟频率为 411MHz。性能评估表明，与 40 线程处理器相比，该框架提出的模型可以实现 2.3 倍的系统加速；与单核 CPU 相比，可以实现 80.5 倍的加速。

2.1.4.2　基于常微分方程的加速

与基于 CNN 的模型相比，许多 Transformer 模型需要大量参数。为了降低计算复杂度，有人提出了一种混合方法，即使用残差网络（Residual Network，ResNet）作为骨干架构，并用多头自注意（Multi-head Self-attention，MHSA）机制取代其部分卷积层。2024 年，Okubo 等人提出了一种新的混合方法 [8]，即使用神经常微分方程（Ordinary Differential Equation，ODE）代替作为骨干架构的 ResNet，大大减少了此类模型的参数量。与基于 CNN 的模型相比，该方法所提出的混合模型在不降低准确度的情况下将参数量减少了 94.6%。该方法将所提出的模型被部署在一个规模适中的 FPGA 上，用于边缘计算。

为了进一步降低 FPGA 的资源开销，Okubo 等人采用量化感知训练方案对模型进行量化，而不是采用训练后量化方案来抑制精度损失。因此，基于 Transformer 模型的轻量级模型可以在资源有限的 FPGA 上实现。特征提取网络的权重被存储在片上，以最大限度地减少内存传输开销。通过减少内存传输开销，推理可以无缝执行，从而加快推理速度。在 Xilinx Zynq UltraScale+ MPSoC 平台上进行的性能评估显示，与 ARM Cortex-A53 CPU 相比，FPGA 实现速度提高了 12.8 倍，能效提高了 9.21 倍。

2.1.5　基于 ASIC 的大模型计算

ASIC 在大模型中的应用百花齐放，针对 ASIC 上的大模型进行优化也有很多创新。

2.1.5.1　Sanger

Transformer 网络的自注意机制本身包含大量冗余连接，给模型部署带来了沉重的计算负担。稀疏注意力方法能够减少计算量和内存使用量，引发了关注。这种方法需要同时进行采样稠密 - 稠密矩阵乘法（Sampled Dense-dense Matrix Multiplication，SDDMM）和稀疏密集矩阵乘法（Sparse-dense Matrix Multiplication，SpMM），从而要求硬件有效消除零值运算。一些原有技术基于不规则稀疏模式或规则，且属于粗粒度模式，所以硬件效率低或只能节省较少的计算量。

北京大学 Lu 等人提出了一种加速 Transformer 网络的新方法，称为 Sanger[9]。Sanger 通过结合动态稀疏模式和可重构架构来加速稀疏注意力模型。这种方法的软件部分提供稀疏模式，可以实现高性能和平衡的工作负载；硬件架构的设计具有可重构性，以支持稀疏的动态特性，有助于提高压缩比。

具体来说，Sanger 首先根据对注意力矩阵的量化预测，动态地把注意力稀疏化，并通过二进制阈值化将小的注意力权重置零，以预测动态稀疏性。然后将稀疏掩码重新排列为更适合硬件实现的结构化块。预测和编码是在动态确定稀疏模式的基础上动态执行的。

Sanger 的硬件设计具有一种评分静止数据流，使稀疏评分在处理单元（Processing

Element，PE）中保持静止，以避免解码开销。利用这种数据流和可重构的系统数组设计，可以统一 SDDMM 和 SpMM 操作的计算。为了在稀疏模式中实现更大的灵活性，Sanger 提出了基于这种数据流的可重构脉动阵列。通常情况下，PE 可以在运行时配置，以支持不同的数据访问和"部分和"累加方案。

Sanger 首先使用 Chisel①来生成 Verilog 寄存器传输级（Register Transfer Level，RTL），然后使用 Synopsys Design Compiler 来估算在 UMC 55nm 工艺下的芯片面积和总功率。该设计的时钟频率为 500MHz。在 BERT 上的实验表明，Sanger 可以将模型的稀疏度修剪为 0.08 ～ 0.27 而不损失准确性，与英伟达 V100 GPU、AMD Ryzen Threadripper 3970X CPU、先进的注意力加速器及 SpAtten 相比 [10]，Sanger 分别实现了 4.64 倍、22.7 倍、2.39 倍和 1.47 倍的加速。

2.1.5.2　Energon

2023 年，Zhou 等人提出了一种算法架构协同设计的方法，称为 Energon[11]。该方法通过动态稀疏注意力加速各种 Transformer 模型。Energon 采用了一种混合精度多轮过滤（Mix-precision Multi-round Filtering，MP-MRF）算法，用于动态识别运行时的查询 - 键对。

Energon 在每一轮筛选中采用低数据位宽，只在注意力关注阶段使用高精度张量，以降低整体复杂度。通过这种模式，该设计方法将计算成本降低至原来的 1/4 ～ 1/8，精度损失可忽略不计。为了实现更短的时延和更高的能效，研究人员还提出了一种 Energon 协处理器架构。通过精细的流水线设计和专门的优化技术，共同提升了性能并减少了功耗。

在自然语言处理和计算机视觉基准测试上的大量实验表明，与英特尔 Xeon 5220 CPU 和英伟达 V100 GPU 相比，Energon 分别实现了 168 倍和 8.7 倍的几何平均速度提升，并且功耗分别降低至它们的 1/10 000 和 1/1000。

2.1.6　Transformer 模型的后继者

Transformer 模型于 2017 年被提出，它的核心是注意力机制。该模型中的注意力层存在着对其输入的二次依赖性，即计算注意力权重的过程需要对输入数据进行两次处理，第一次计算关键词（Key）和查询（Query），第二次计算注意力权重。近年来，有很多论文探讨了解决这个问题的方法，并提出了许多"高效 Transformer"，但没有任何方法被

---

① Chisel（Constructing Hardware in a Scala Embedded Language）是一种用于数字设计的硬件描述语言（Hardware Description Language，HDL），它通过嵌入在 Scala 编程语言中来实现。Chisel 提供了一种现代化的方法来进行硬件设计，使得设计过程更加高效和模块化。

大模型实际采用。较新的大模型有不同的风格（自动编码、自循环、编码器－解码器），但都依赖相同的注意力机制。但是，混合专家（Mixture of Experts，MoE）模型正在引起人们注意。

MoE 模型由多个专业化的子模型（专家）组合而成，每一个"专家"都在其擅长的领域内做出贡献。而决定哪个"专家"参与解答特定问题的是一个被称为门控网络的机制（见图 2.7）。

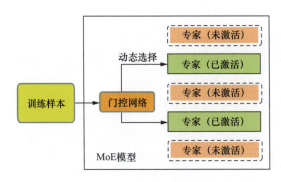

图 2.7　MoE 模型架构示意

MoE 模型解决了模型扩展造成的计算成本不断增加的问题。它的基本前提是条件计算，也就是说，MoE 模型根据输入稀疏地激活大型网络的子网络（而不是像密集模型那样，针对所有输入激活整个网络），这样就能在不增加相应计算成本的情况下提高模型能力。基于 Transformer 模型的 MoE 模型[12,13]在保持或超过密集模型准确性的同时，在降低计算成本方面具有明显的优势。

总之，MoE 模型是一种具有巨大潜力的神经网络模型。它可以提高模型的容量、效率、泛化能力及可解释性。但是，MoE 模型也面临一些挑战：MoE 模型引入了多个"专家"，这增加了模型复杂度，使得 MoE 模型的训练和部署更加困难；MoE 需要多个"专家"并行处理数据，这增加了计算成本，使得 MoE 模型在资源受限的情况下难以使用；MoE 模型的训练需要精心设计，以确保每个"专家"都能有效学习，这使得 MoE 模型的训练更加困难。

下面从速度提升和能效提升两方面对基于大模型的 AI 芯片进行性能评估与比较。

1. 速度提升

前文介绍了近年来基于大模型的各种深度学习 AI 加速方法。对 AI 芯片来说，速度提升是衡量设计质量最主要的指标之一。然而，每款 AI 加速芯片都针对不同的参考计算平台进行比较，并没有基于相同参考平台的加速评估。此外，一些加速芯片使用基于

CPU 的参考平台，而另一些使用基于 GPU 的参考平台。甚至有一些与 CPU 进行比较的加速方案，并不总是清楚其比较的是单核 CPU 还是多核 CPU。不过，根据比较总是可以得出一些一般性结论。

根据一项 2024 年 1 月发表论文的研究[14]，要提升速度，ASIC 和基于存内计算的芯片的表现要比 FPGA 或基于 GPU 的芯片好得多。基于存内计算的 Transformer 加速器与 CPU 相比可以实现高达 200 倍的速度提升，而 SpAtten[10] 与 CPU 相比可以实现高达 347 倍的加速。然而，ASIC 和存内计算需要大量的时间和资金投入来进行设计和制造。FPGA 虽然提供的加速较低（以名为 FTrans 的 FPGA 加速器为例[15]，最多为 CPU 的 81 倍），但可以在极短时间内部署就绪，而不需要 ASIC 的额外成本以及开发、制造的时间。

2. 能效提升

能效提升是指执行操作所需的总能耗与参考平台相比的一个指标。与速度提升一样，能效提升的每个加速方案也要与不同的计算平台进行比较，这使得评估出最节能的解决方案很难。然而，ASIC 和存内计算加速器与 FPGA 和 GPU 相比能够提供更高的能效。例如，与 CPU 相比，Energon 的能效提高了 4 个数量级，而与 GPU（英伟达 V100）相比，能效提高了 3 个数量级；SpAtten[10] 基于 40nm 工艺，通过算法优化也实现了与 GPU 相比 3 个数量级的能效提升。

与速度提升的情况类似，虽然 FPGA 可达成的能效提升有限[14]，但是它们易于获得，并且可以与当前数据中心中现有的组件集成。

2.2　用创新方法实现深度学习 AI 芯片

神经网络的硅基芯片早在几十年前就出现了。早期的芯片属于神经元和层数较少的神经网络结构。芯片的内存一般分布在靠近 PE 的位置，或通过内存与处理单元的交错布局来解决内存墙问题。基本架构包括由多个内核组成、各层在内核间映射的数据流架构，以及单核架构，即采用脉动阵列的形式，将不同层的存储和计算并行化。单核网络通常采用数据流架构，内核通过地址事件表示（Address-event Representation，AER）协议接收和发送数据，该协议实质上实现的是片上网络（Network on Chip，NoC）通信方案。显然，将 DNN 有效映射到芯片上至关重要，而不同的神经网络拓扑需要不同的芯片设计。

图 2.8 所示为 DNN 的卷积层和全连接层中的 PE 阵列。每个 PE 包含控制逻辑、突触权重缓冲器（又称暂存板或寄存器文件）及 MAC 单元，用于执行神经元计算，即激活函

数（如 Sigmoid）和乘积累加。一个 PE 既可以整体通过数字 CMOS 电路来实现，也可以通过使用新出现的 RRAM、相变存储器（Phase Change Memory，PCM）及自旋转移力矩随机存储器（Spin-transfer Torque Random Access Memory，STT-RAM）等 NVM 来执行矩阵－向量乘法。

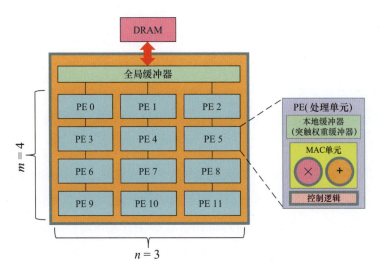

图 2.8　一个 4×3 PE 阵列：每个 PE 包含矩阵－向量乘法和乘积累加单元

深度学习 AI 芯片除继续使用传统数字 CMOS 电路实现并在此基础上有所创新，还可以采用模拟计算、近似计算、存内计算等新的计算范式。

1. 模拟计算

使用模拟计算或者模数混合电路来实现深度学习 AI 芯片是近年来不少研究人员采取的方法，在这方面有商业化产品的产业界代表是美国 Mythic。与数字实现相比，这类 AI 芯片的功耗可以低几个数量级，而且更适合用于边缘计算，能够直接作用于来自外部世界与机器界面的感知数据。这是因为晶体管是可以在亚阈值区工作的，而且神经网络的主要操作（加法和乘法）可以在模拟域中高效地完成。加法可以使用基尔霍夫电流的汇流来完成，而乘法只需要几个晶体管即可完成。然而，模拟电路容易受到工艺变化和噪声的影响，鲁棒性较差。

2. 近似计算

为了减少功耗、提高性能，深度学习 AI 芯片常常使用近似计算。这种计算范式是以可接受的精度损失为代价的。近似计算包括两种策略。第一种是在 PE 中使用近似算术单元。例如，有人通过改进部分积的计算方法，提出减少复杂度的乘法器；还有人提出一种递归方法，把乘数分解为多个小的近似单元。第二种是目前用得很多的量化方法（又称网络压缩），它通过将浮点数转换为较少位数的整数来降低权重值和神经元激活值的精度。在极端情况下，这可以产生使用 1 位精度的二值神经网络（Binary Neural Network，BNN），并通过使用 XNOR 代替 MAC 单元进一步简化网络架构。

3. 存内计算

另一种在解决内存墙问题方面具有巨大潜力的计算范式是存内计算，即在内存中执行矩阵 - 向量乘法。存内计算主要有两种实现方式：第一种是在 SRAM 内执行算术和逻辑运算，第二种是使用 NVM 忆阻交叉棒阵列来实现。忆阻交叉棒阵列由水平和垂直的金属线组成，在连接两条金属线的每个交叉点上都有一个忆阻器。忆阻器的电导实现突触权重，水平线由突触前神经元的电压输出驱动，垂直线提供突触后神经元的电流输入。这种架构的优势在于，只有输入和最终输出是数字电路，中间结果都是模拟电路，并由模拟路由器协调。只有在神经处理单元（NPU）阵列和 CPU 之间传输数据时才需要数据转换器（DAC 和 ADC）。然而，DAC 和 ADC 在阵列区域的面积和功耗中占很大比例，因此已有研究人员提出了取消 DAC 和 ADC 的应对方案。目前的 NVM 忆阻器件存在一些缺陷，如电导容易变化和漂移，导致良率、稳定性和耐用性较差，所以量产还有很大的挑战。提高忆阻交叉棒阵列计算的可靠性是一个正在进行的研究课题。

除了在 AI 算法、模型和架构上的不断创新，半导体芯片工艺和新材料的飞速进展同样给 AI 芯片性能的提升创造了有利条件。例如，越来越成熟的芯粒和异质集成技术可以实现在一个芯片外壳里任意组装不同的芯粒；3D 集成技术则拥有短互连、高并行性、高带宽等优势。这些技术将在本书第 4 章详细介绍。

2.2.1　基于开源 RISC-V 的 AI 加速器

RISC-V 是一种开源、模块化的指令集架构（Instruction Set Architecture，ISA）。由于具备灵活性和适用性，这种架构可与深度学习 AI 加速功能集成，在计算机体系结构研究中越来越受到青睐。RISC-V ISA 有一个小而简单的内核，可通过可选指令集扩展（Instruction Set Extension，ISE）进行扩展，从而支持不同领域的应用。RISC-V 可以为 AI 加速器提供如下优势。

（1）模块化特性。RISC-V ISA 的模块化特性允许研究人员轻松地将加速功能集成为 ISE，这些 ISE 可根据不同 AI 模型的特定需求进行定制。例如，可以开发专门用于卷积运算的 ISE，或专门用于全连接运算的 ISE。

（2）标准接口。RISC-V 支持 AXI4 等一系列标准接口，可用于以不同的耦合级别与集成在同一芯片上的外部加速单元进行连接，从而很容易地把特定的 AI 加速器集成到基于 RISC-V 的系统中。

（3）开源。RISC-V ISA 的关键特征是开源，这意味着任何机构和个人都可以设计 RISC-V 芯片，而无须支付专利费或得到特定许可。凭借这种非技术性优势（不像其他 ISA，如 ARM 或 x86），RISC-V 受到了学术界和新创公司的极大关注。

RISC-V 起源于美国加利福尼亚大学（加州大学）伯克利分校。2015 年，这个指令集架构在学术界开始出名。为了更好地推动 RISC-V 在技术和商业上的发展，人们创立了 RISC-V 基金，用来维护这个指令集架构的完整性。目前，该基金会汇集了来自 70 多个国家或地区的超过 2000 名跨行业和技术学科的会员。RISC-V 基金会的几位早期成员和推动者则成立了 SiFive，以推动 RISC-V 的商业化。

近年来，大量基于 RISC-V 的架构、专门定制或优化深度学习算法的方案问世，有的已经被用于商用芯片，有的仍属于学术界的研究成果。这些方案主要采用与各级存储（L1 缓存、L2 缓存、L3 缓存）耦合的 NPU，并被打造成 RISC-V 向量协处理器。

2.2.1.1　RISC-V ISA 扩展

Cococcioni 等人提出了 ISA 扩展用正态数（posit）[16] 的方法。这种方法可以用于完成权重压缩，加快权重计算速度。正态数是实数的标准 IEEE[①]浮点格式的一种替代表示法，仅需要很少的比特就可以获得与 IEEE 浮点数相同的精度或动态范围，因此可以在相同大小的内存中存储更多权重。例如，文献［16］中的工作提供了 8 位或 16 位正态数与 32 位 IEEE 浮点或定点格式之间的高效转换，精度损失很小，然而使推理速度加快了 10 倍。其他工作则针对不同神经网络的计算密集部分，如 CNN、图卷积网络（Graph Convolutional Network，GCN）和 Transformer 模型。

Wang 等人提出了一种新的基于 Winograd 的卷积指令 [17]，可用来加速 CNN 中极化时间的卷积层。由于使用标准 RISC-V 指令无法高效执行 CNN 内核与输入数据之间的矩阵卷积，他们提议用一种扩展来计算一个卷积。例如，对于一个 4×4 输入，用一个 3×3 内核来产出 2×2 输出，只需要单个指令用 19 个时钟周期；如果使用标准 RISC-V ISA 的多个指令，则需要共 140 个时钟周期。

---

① IEEE 是电气电子工程师学会（Institute of Electrical and Electronics Engineers）的简称。

如果在 TinyML[①] 讨论的极低功耗边缘 AI 设备上进行片上 DNN 推理和训练，则需要对时延、吞吐量、准确性和灵活性有严格要求。作为应对这一挑战较有前景的解决方案，异构集群可以将数字信号处理（Digital Signal Processing，DSP）增强内核的灵活性与专用加速器的性能和能效提升结合在一起。Garofalo 等人构建了一款被称为 DARKSIDE 的异构集群系统级芯片[18]。该芯片由 8 个 RISC-V 内核组成，可增强 2 ～ 32 位混合精度整数的运算能力。为了提高关键计算密集型 DNN 内核的性能和效率，该集群配备了 3 个数字加速器：第一个是用于低数据重用深度卷积内核（速度高达 30MAC/ 时钟周期）的专用引擎；第二个是用于即时调配 1 ～ 32 位数据的最小开销数据转换器；第三个是用于分片矩阵乘法加速的 16 位浮点张量乘积引擎（Tensor Product Engine，TPE）。DARKSIDE 采用 65nm CMOS 技术实现。在处理 2 位整数 DNN 内核时，该集群的峰值整数性能为 65GOPS，峰值能效为 835GOPS/W。当进行浮点张量运算时，TPE 可提供高达 18.2GFLOPS 的性能或 300GFLOPS/W 的能效，能以极具竞争力的速度实现片上浮点训练和超低功耗量化推理。

2.2.1.2　向量协处理器

自 2010 年问世以来，特别是在深度学习算法快速发展，针对特定领域架构（Domain Specific Architecture，DSA）加速深度学习训练和推理的需求不断增加的背景下，RISC-V ISA 逐渐成为学术界和产业界的热门话题。加州大学伯克利分校的 Hwacha 向量架构给 RISC-V 向量扩展（RISC-V Vector Extension，RVV）的开发带来了启发，从而推动了许多基于 RVV ISA 扩展的商业产品和学术项目的出现。如今，许多商业产品和学术项目都基于 RVV ISA 扩展实现。下面介绍一些比较典型的商业产品和学术项目。

针对嵌入式应用的协处理器的早期版本是在英特尔 Cyclone V FPGA 中实现的，工作频率为 50MHz，通常被称为 VexRiscv。苏黎世联邦理工学院的 Ara 是 64 位 Ariane RISC-V 处理器的向量协处理器，基于 RVV v0.5 ISA 扩展。它是一种可扩展架构，采用 22nm FD-SOI 技术实现，工作频率可达 1GHz 以上。Ara 支持双精度浮点运算，非常适合高性能计算级数据并行应用。

SiFive VIS7 是基于 RVV v1.0 扩展的商用处理器，可以运行 512 位向量，主要面向深度学习、电信及图像与视频处理等数据密集型应用。英国南安普敦大学的 AVA 是 OpenHW Group CV32E40P 的 RVV 协处理器，针对深度学习 AI 推理进行了优化。它实现

---

① TinyML 是一个由学术界、产业界和开源社区共同参与的松散联盟。主要研究和讨论在资源受限的微控制器（Microcontroller Unit，MCU）上运行机器学习模型的技术。

了 RVV v0.8 ISA 扩展的一个子集，使用 32 个 32 位向量寄存器，能以 SIMD 方式对 8 位、16 位或 32 位向量元素进行操作。AVA 用 Verilog 实现，并通过 RTL 和指令集仿真进行了验证。Assir 等人提出了一种基于 RVV 的 Arrow 架构[19]，其性能和功耗指标说明它适用于边缘 AI 推理应用。他们正计划扩展 Arrow 架构，以支持适用 AI 的算术运算以及 BF16 和 posit 等数据类型。

在中国，中科蓝讯的 Blue X SoC 基于 RISC-V 架构，专注于物联网（Internet of Things, IoT）和边缘计算应用，支持 RVV 扩展以提升数据处理能力；兆易创新在 GD32VF103 系列的开发过程中对 RVV 扩展表现出浓厚兴趣，未来可能会推出支持 RVV 的高性能处理器；芯来科技的 UX900 系列支持 RVV 扩展，应用目标包括深度学习和高性能计算。RISC-V 的学术项目包括清华大学、中国科学院计算技术研究所（香山项目）、北京大学等的 RISC-V ISA 项目，这些项目多集中在对 RVV ISA 的探索和应用。

2.2.1.3 与各级存储（L1 缓存、L2 缓存、L3 缓存）耦合的 NPU

最紧密的内存耦合是在 L1 缓存层，现有技术中的大多数方案都基于并行极低功耗（Parallel Ultra-low Power，PULP）平台，并致力于实现 RISC-V 核和加速器之间的快速通信。Vega 就是这样一个原型系统，它让 9 个 RI5CY 核（PULP 平台设计的节能型 4 级流水线 32 位 RISC-V 处理器核）与一个量化的 DNN 卷积 NPU 直接共享 L1 缓存器。GreenWaves Technologies 的 GAP9 是面向可穿戴设备市场的商业产品，在许多架构改进的基础上设计了针对量化神经网络的 NPU，从而使该产品在公开的 TinyML Perf Tiny 1.0 挑战中取得了最佳的性能和能效。

2.2.1.4 针对 Transformer 模型的架构优化

Transformer 模型由编码器和解码器组成，可执行多个计算密集型、浮点和非线性操作，或对大的数据流进行操作，例如处理多头自注意、Softmax、GELU、逐点前馈神经网络和层归一化。然而，通用的深度学习架构和加速器并不适合支持和优化这些特定的 Transformer 操作。为此，出现了一些专门针对 Transformer 操作的 RISC-V 架构优化技术，包括模型压缩、使用整数或定点量化、使用缩放因子进行特定的逼近来执行非线性操作，以及专门的硬件加速器等。

SwiftTron 就是这样一款专用的开源 AI 加速器芯片[20]，用于量化 Transformer 和视觉 Transformer 模型。SwiftTron 通过几个硬件单元，仅使用整数操作就可以在边缘设备上高效地部署量化 Transformer。为了把精度损失降到最小，SwiftTron 团队设计并实现了一个带缩放因子的 Transformer 量化策略。该策略能够可靠地实现 8 位整数（INT8）和 32 位整数（INT32）算术运算中的线性和非线性操作，通过在过程中动态计算的缩放因子来执行量化。

ViTA 是一种高效数据流 AI 加速器架构 [21]，用于在边缘设备上部署计算密集型视觉 Transformer 模型。该设计支持几种流行的视觉 Transformer 模型，避免了重复的片外存储器访问，从而实现了几个层面的优化。ViTA 基于 ViTB/16 模型，并在 ZYNQ ZC7020 上做了原型设计。对于尺寸为 256 像素 ×256 像素 ×3 通道的图像，ViTA 占用了 53 200 个查找表（Look-up Table，LUT）、220 个 DSP 分片及 630KB 的片上 Block RAM（BRAM）。在性能方面，ViTA 可以以 2.75f/s 的速度运行，硬件利用率为 93.2%，工作频率为 150MHz，功率为 0.88W，能效约 3.13f/(s·W)。与 SwiftTron 相比，ViTA 针对资源受限的边缘设备提出了一种具有合理帧率和功率的设计。尽管这些设计并没有明确针对 RISC-V 处理器，但考虑到其开放源代码的特性，它们可以被集成到 RISC-V 系统中。

与 ARM 和 x86 相比，研究人员发现 RISC-V 在单位功率的计算性能上高出大约 3 倍。这种优势主要来自其指令集架构的设计，以及指令集的微架构和执行效率。此外，RISC-V 指令集还允许用户添加自定义指令。由于 RISC-V 软件在很大程度上独立于任何硬件供应商，客户可以在对其软件工具或应用程序影响最小的情况下更换供应商。这种灵活性是像 ARM 那样的专有 ISA 所不具备的。在专有 ISA 中，改变 ISA 意味着对软件进行全面改造。

基于 RISC-V 的解决方案基本上涉及实现深度学习 AI 算法的全部架构范围，从 10mW 的微控制器到 100W 的 ASIC，这些架构都可以被集成到云端系统中，也可以被集成到像耳塞这样小的可穿戴设备里。截至本书成稿之日，大多数 RISC-V 的研究和开发集中在大范围的低功耗设备（如边缘推理设备），力求达到最佳能效。很多研究人员使用了数据精度量化技术，而选择的数据精度与能效、性能及准确性都有着密切的关系。

2.2.2　射频神经网络

近年来，光子芯片得到了很大的发展，用光替代电、用光网络替代电子电路可以大大提高信号处理速度，同时可以极大提高能效。然而，光子芯片的制造成本和复杂性相对较高。能否有一种基于光信号处理原理，仍然使用电子电路，从而极大提高处理速度的方法呢？

答案是肯定的，这就是利用射频电路或微波电路。射频电路已被广泛应用于模拟信号处理。射频电磁波也能表现出与光学处理器类似的优势，以光速低功耗地进行模拟计算。此外，射频器件和射频模拟信号处理还具有成本低、制造工艺成熟、模拟数字混合设计简单等优势。与光学方法相比，它不需要在电信号和光信号之间进行额外的转换。另外一个值得关注的优点是：射频频段和电路是无线通信技术的关键部分。如果神经网络直接基于射频原理并使用射频频段和电路，就非常容易与通信设备连接，从而进行远程控制，对每个神经元和突触写入和读取信息。

2.2.2.1 线性射频模拟处理器的原理

第一个微波人工神经网络或射频神经网络（Radio Frequency Neural Network，RFNN）已经在 2023 年被开发出来[22]，其中最主要的组件是射频可重构模拟矩阵乘法器，这是一个线性射频模拟处理器，可以进行深度学习 MAC 运算。它可以执行一组模拟矩阵-向量乘法，其 2×2 可重构线性射频模拟处理器可用作多层人工神经网络的一部分，并可进行下一步的数据处理，以完成数据分类和手写识别等任务。

该处理器的基本工作原理与无源微波器件相似，用于实现功率的分配或合并。常见的无源微波器件包括功率分配器、功率合并器和定向耦合器。

在功率分配器中，输入信号被分成两个或多个较小功率的输出信号。常见的功率分配比例为相等功率分配（如 3dB），也可根据需求实现不等功率分配。功率合并器的功能与之相反，是将两个或多个输入信号合并为一个输出信号，用于信号融合或提高输出功率。定向耦合器可设计为任意功率分配比例，具有良好的方向性，适用于信号监测、反馈等场景。此外，混合器是一种特殊类型的功率分配器，通常实现等功率分配，并在输出端口之间引入 90° 或 180° 的相位差，常用于信号合成、相位控制等应用。

可重构线性射频模拟处理器由两个正交（90°）混合器和两个移相器组成，如图 2.9 所示。正交混合器是 3dB 定向耦合器，两个输出端口之间的相位差为 90°。在所有端口都匹配的情况下，输入端口 1（图中以 P1 表示）的功率在输出端口 2（图中以 P2 表示）和输出端口 3（图中以 P3 表示）之间平均分配，这些输出之间的相移为 90°。没有功率被分配到输入端口 4（隔离端口，图中以 P4 表示）。

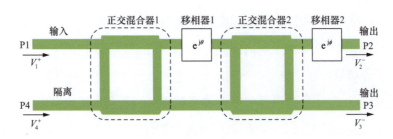

图 2.9　可重构线性射频模拟处理器[22]

通过调整第一个移相器（θ），可以把来自每个输入端口的功率进行分配，并在两个输出端口进行相应的合并。第二个移相器（ϕ）可以在它们之间提供额外的相位差。因此，输出端口的幅度比和相位差可以单独调整。第一个移相器控制输出端的功率，第二个移相器决定输出端的相对相位。

射频设计中常用到散射参数（Scattering Parameter，又称 S 参数）。S 参数可以用来描述射频器件在不同频率下的特性，包括反射、传输、损耗、增益等。这些特性对射频设计至关重要，因为它们会影响系统的性能。S 参数是一个复数矩阵，其中的元素表示从一个端口到另一个端口的功率比。

正交混合器在设计频率 f_0 时的 S 参数可表示为

$$S_{qh} = \frac{-1}{\sqrt{2}} \begin{bmatrix} 0 & j & 1 & 0 \\ j & 0 & 0 & 1 \\ 1 & 0 & 0 & j \\ 0 & 1 & j & 0 \end{bmatrix}$$

如果只考虑正向传播的电压分量，即从端口 P1 和 P4 到端口 P2 和 P3 的电压分量，可以将电压变换矩阵表示为

$$\begin{bmatrix} V_2^- \\ V_3^- \end{bmatrix} = \frac{-1}{\sqrt{2}} \begin{bmatrix} j & 1 \\ 1 & j \end{bmatrix} \begin{bmatrix} V_1^+ \\ V_4^+ \end{bmatrix}$$

因此，可以得到器件的总电压变换矩阵：

$$\begin{bmatrix} V_2^- \\ V_3^- \end{bmatrix} = \begin{bmatrix} e^{-j\phi} & 0 \\ 0 & 1 \end{bmatrix} \frac{-1}{\sqrt{2}} \begin{bmatrix} j & 1 \\ 1 & j \end{bmatrix} \begin{bmatrix} e^{-j\theta} & 0 \\ 0 & 1 \end{bmatrix} \frac{-1}{\sqrt{2}} \begin{bmatrix} j & 1 \\ 1 & j \end{bmatrix} \begin{bmatrix} V_1^+ \\ V_4^+ \end{bmatrix}$$

$$= je^{-j\frac{\theta}{2}} \begin{bmatrix} e^{-j\phi} \sin\frac{\theta}{2} & e^{-j\phi} \cos\frac{\theta}{2} \\ \cos\frac{\theta}{2} & -\sin\frac{\theta}{2} \end{bmatrix} \begin{bmatrix} V_1^+ \\ V_4^+ \end{bmatrix}$$

器件的 4 个相应 S 参数可表示为

$$S_{21} = Ce^{-j\theta} \sin\frac{\theta}{2}$$

$$S_{31} = C \cos\frac{\theta}{2}$$

$$S_{24} = Ce^{-j\theta} \cos\frac{\theta}{2}$$

$$S_{34} = -C \sin\frac{\theta}{2}$$

其中，$C = \mathrm{j}e^{-\mathrm{j}\theta/2}$。

如果将线性射频模拟处理器视为一个 2×2 变换矩阵 $t(\theta, \phi)$，它就可以表示为

$$t(\theta, \phi) \begin{bmatrix} S_{21} & S_{24} \\ S_{31} & S_{34} \end{bmatrix}$$

这属于一个特定的二维正交群。由于 $t(\theta, \phi)$ 的每个元素都不是相互独立的，因此单个器件不能代表任意矩阵。不过，它可以用作奇异值分解（Singular Value Decomposition，SVD）中的复数正交矩阵，来帮助以级联方式综合成任意矩阵，而 $N \times N$ 矩阵也可以由多个这样的正交矩阵组成。

一个 2×2 线性射频模拟处理器可以为简单应用提供多种功能，它采用矩阵作为简单的 3 层 2×2 射频神经网络（见图 2.10）的一部分。

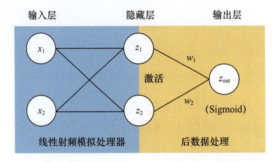

图 2.10　2×2 射频神经网络的结构 [22]

图 2.10 中，激活函数采用 Sigmoid 函数，线性射频模拟处理器对隐藏层的权重乘法处理为

$$\begin{bmatrix} S_{21} & S_{24} \\ S_{31} & S_{34} \end{bmatrix} \times \begin{bmatrix} x_1 \\ x_2 \end{bmatrix} = \begin{bmatrix} z_1 \\ z_2 \end{bmatrix}$$

$$\begin{bmatrix} w_1 & w_2 \end{bmatrix} \times \mathrm{abs}\left\{ \begin{bmatrix} z_1 \\ z_2 \end{bmatrix} \right\} + b = z_{\mathrm{out}}$$

$$\mathrm{sigmoid}(z_{\mathrm{out}}) = \hat{y}$$

其中，x_1 和 x_2 为输入；S_{21}、S_{24}、S_{31} 和 S_{34} 为输入层和隐藏层之间的权重，可以是正值或负值；w_1 和 w_2 是隐藏层和输出层之间的权重；b 是输出神经元的偏置值。

上式列出了图 2.10 所示神经网络中的整个前向传播计算。第一层和隐藏层之间的权重由线性射频模拟处理器的 S 参数决定。根据 S_{21}、S_{24}、S_{31} 和 S_{34} 的等式，可通过 θ 和 ϕ 进行重新配置（重构）。确定移相器的值后，就可以对权重和输入值进行矩阵－向量乘法

运算，并测量其结果和应用的绝对值激活函数。上式中的偏置、矩阵乘法和输出层激活函数的运算都是在后数据处理中进行的。输出层的激活函数 Sigmoid（z）$=1/$（$1+\mathrm{e}^{-z}$）通常用于二值分类，即最终输出值 $\hat{y}$ 在 0 和 1 之间。

2.2.2.2　线性射频模拟处理器的原型与概念验证

图 2.11 所示为线性射频模拟处理器的原型，在一块 PCB 上放置了两个频率 $f_0 = 2\mathrm{GHz}$ 的正交混合器和两个相同的分立移相器。每个分立移相器使用两个射频开关，可在 6 个不同长度的路径之间切换射频信号。

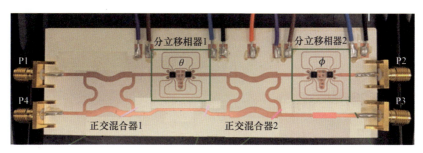

图 2.11　线性射频模拟处理器的原型[22]

由于典型的射频电磁波波长约为红外光波长的 10^5 倍，因此一个线性射频模拟处理器单元的物理长度远大于基于光学原理的单元。然而，由于两个热光相位调制器的尺寸和偏压要求，每个光学单元的长度为 100μm，约为其波长（1.545μm）的 64 倍。而射频单元基于亚波长正交混合器件，单元器件的长度大约仅为一个波长。如果使用更短波长，射频单元的总尺寸还可减小。使用基板厚度较薄但介电常数较高的 PCB，很容易将频率 f_0 提高到 10GHz。

这种模拟处理器的优势之一是时延更短。此外，$N \times N$ 矩阵 - 向量乘法的计算复杂度为 N^2/p，数量级为 $O(N^2)$，其中常数 p 是非常有限的并行次数。模拟计算很容易实现 $p = N$，因此计算复杂度可降低到 $O(N)$ 的数量级。

在计算可重构设计的功耗时，需要将移相器或射频开关等有源器件计算在内。所使用的射频开关功率为 0.12mW，远小于热光相位调制器的约 10mW。$N \times N$ 任意矩阵单元的总功率可低至 $0.12 \times N(N + 1)$（单位为 mW）。在具体应用中，可以在经过训练后用固定长度的无源传输线取代移相器，从而使整个处理器成为无源元件。如果是这样，整个设备的功耗取决于输出端功率检测器的灵敏和传输线的功率损耗。由于这种模拟设备的计算速度比数字计算机快得多，因此射频模拟处理器的功耗比数字计算机低得多。如果选择输出端的射频功率检测率为 $f_d \approx 10\mathrm{MHz}$，这相当于在 1s 内进行 10^7 次 N 维模拟矩阵 - 向量乘法运算。这需要传统计算机完成 $2N^2 \times 10^7$（单位为 FLOPS）的运算。由于射频功率检测器的典型灵敏度可达 -60dBm，因此在前向传播过程中所需的输出功率约为 $10^{-5}N\text{mW}$（考虑 10dB 插入损耗，单位为 mW）。由于是无源设计，射频模拟处理器每浮点操作的最小能耗为 $1/(2N)$（单位为 fJ），远小于传统 GPU（如英伟达 V100）和 FPGA（如 Arria 10），后者的能耗分别为每浮点操作 31pJ 和 62pJ。表 2.3 列出了 GPU、FPGA、光器件和 RFNN 在 $N=20$ 和 RFNN 频率 $f_0=10\text{GHz}$ 条件下的比较。

表 2.3　GPU、FPGA、光器件、RFNN 的比较

硬件平台	单元长度	计算复杂度	能耗（fJ/FLOPS）	成本	时延量级
GPU	—	$O(N^2)$	3.1×10^4	中	微秒级
FPGA	—	$O(N^2)$	6.2×10^4	中	微秒级
光器件	64λ	$O(N)$	0.25（无源元件）	高	皮秒级
RFNN	λ	$O(N)$	0.025（无源元件）	低	纳秒级

注：GPU 以英伟达 V100 为例，FPGA 以 Arria 10 为例，λ 表示波长，RFNN 的频率 $f_0=10\text{GHz}$，$N=20$。

光学平台利用光到电的解决方案实现激活函数，而射频电路平台可以直接利用电到电的解决方案。例如，功率检测器和晶体管可用于设计非线性激活函数，额外的静态电压可用作每个神经元的偏置。这种激活还可受益于每层神经元的电源分离。因此，在射频神经网络中应用多层神经元是可能的。

上述内容展示了一种 2×2 射频神经网络的概念验证，它可被用于模拟矩阵乘法。该射频神经网络可以训练成一个可重构的二值分类器，并能清晰地分离出两个类别。接下来，研究人员准备利用非线性射频器件作为激活函数，并在两个线性层之间进行功率补偿，进而利用这种射频模拟处理器实现多层神经网络，进一步提高其应用水平。这种射频模拟处理器具有巨大的扩展潜力，可为模拟矩阵乘法和低时延应用实现低成本、快速和高能效的 AI 解决方案。

射频神经网络是一项重大创新。虽然它使用非光学的电子器件，但在处理速度上可以与光网络媲美，而且在不少方面甚至超过光处理器，具备很多独特的优势，目前已完成理论验证，仍处于开发的初始阶段。由于器件尺寸与波长相关，在使用更高频率之后，射频模拟处理器有望进一步微型化而集成为芯片。

2.2.3　光电组合 AI 芯片

为了应对 Transformer 模型需要极高算力的挑战，目前最好的方法之一是使用光子计算芯片来代替基于 CMOS 的芯片。一些半导体制造厂家的单片硅光芯片的制造和集成技术已经有所突破。

首先，由于现代数据带宽需求和硅光芯片的标准化，光子技术已被广泛用于长距离和短距离大容量数据通信。与此同时，由于深度学习模型的发展速度远远超越了摩尔定律，以及经典冯·诺依曼体系结构所面临的能源和面积瓶颈，半导体 AI 芯片难以实现本质上的算力飞跃，从而赶上深度学习模型的发展。而光器件和硅光芯片具有固有的并行性、高连通性，再加上源于光通信中波分复用（Wavelength Division Multiplexing，WDM）技术的快速传播，它们已被广泛应用于线性运算任务中，例如无源傅里叶变换和矩阵运算。这些运算任务展示了光子计算在带宽密度、时延、硅元件面积和功耗等方面的优势。特别值得注意的是，光学组合产生的方法在宽带非相干光电检测中发挥了关键作用，可以将涵盖超过 128 个载波、频距为 30 ~ 80GHz，且覆盖整个 WDM 频谱的技术用于深度学习 AI 所需的矩阵乘积累加加速器。

其次，商用单片硅光半导体芯片的工艺技术已经逐渐成熟（如英特尔和格罗方德等公司制造的硅光芯片），因此可以探索把电子芯片和光子芯片综合起来的协同设计方法，利用光子学和 CMOS 电子学的独特优势，来实现新颖的光电组合 AI 芯片。单片硅光技术能够整合矩阵乘积累加加速器所需的所有光子 / 电子器件及电路，并将它们置于单个裸片上，从而可以极大地缩减接口 I/O 电路（SerDes 和数据收发器）、静电放电（Electrostatic Discharge，ESD）保护二极管、芯片凸点和键合点，以及单独光电裸片之间的中继器与封装所导致的功耗、面积、集成开销等。

尽管已经有一些研究探索了用于 CNN 和 RNN 的光子加速器，并取得了有前景的结果，但如果将光子计算用于 Transformer 模型工作负载中的注意力头计算，仍须克服许多重大挑战。第一，先前为 CNN 和 RNN 开发的光子加速器侧重于通常使用静态权重进行的 MVM 计算，这些权重一经学习就不需要重新编程。然而，Transformer 网络中的计算核心有所不同，Transformer 模型需要动态生成查询、键和值矩阵之间的 MMM。需要动态的原因是输入在不断改变。第二，注意力头计算不仅涉及高维度的矩阵运算，还包含连续的 MMM 操作。如果采用传统的基于 MVM 的光子加速方案，先将输入数据转换到光域进行计算，再转换回电子域，会导致大量的通信和转换开销，从而降低计算效率。第三，许多现有的光子加速器设计方案假设光子和电子域的处理单元位于独立的芯片上，这会导致很高的芯片间通信和集成成本，并最终降低光子计算在深度学习加速中的实际效用。

加州大学圣迭戈分校的研究团队在 2023 年提出了一套单片光电矩阵乘法加速芯片的设计方案[23]。目标是利用基于光梳的宽带非相干光检测，实现一种具有高维 MVM、MMM 和双矩阵 - 矩阵乘法（D-MMM）功能，且功耗和面积指标俱佳的芯片。这种芯片通过注意力头架构的创新，重新调整了矩阵相乘方式，无须进行"中间"光学存储和光－电－光转换，降低了端到端、电－光及光－电的计算成本，可以有效执行两层 Transformer 模型工作负载，从而大大提高了运算速度，被研究人员称为"以光速运行的 ChatGPT"。

研究人员设计了一个统一的 MVM 加速器，将它作为 MMM、D-MMM 及最终 Transformer 模型中注意力头的关键构件，它具有内部矩阵权重和芯片内部加速器之间物理连接的高度可重构性。与此同时，主要的 MVM 功能利用 WDM 技术中空间并行性的高度自由度来实现。高维 MVM 加速器的结构可分为电子域和光子域两部分。其中，电子域包括 d 个 B 位高速数模转换器（HSDAC）、$d \times d$ 个低功耗静态数模转换器（Transimpedance Amplifier，TIA），每个 TIA 后接一个 B 位模数转换器（ADC）。另外，还包括数字寄存器/逻辑电路、时钟分发系统和离散时间迭代机制。光子域包括 d 个用于输入向量电光转换的向量型微环调制器（Vector Micro-ring Modulator，V-MRM）、$d \times d$ 个矩阵微环调节器（Matrix Micro-ring Modulator，M-MRM）、d 个基于光梳的环形光路－谐振腔型光电探测器（Racetrack-resonator Photodetector，RTR-PD）、光学多路复用器（Optical Multiplexer，OMUX）、光功率分配器（Optical Power Splitter，OPS），以及光波导。图 2.12 展示了高维 MVM 加速器的核心组成及整体框架（不包括具体细节）。

WDM 是一种将多个光信号复用到一根光纤上的技术，它可以显著提高光纤的传输容量。WDM 已经在通信领域得到了广泛应用。WDM 通信和 WDM 计算的相似之处在于它们都依赖多个波长来独立传输其自身的信号或数据信息，并同时通过共同的通信频道来使通信能力或计算并行性达到最大。

WDM 通信和 WDM 计算之间存在两个主要差异。首先，WDM 通信中每个光波功率只进行一次调制，仅用于光－电转换。但在 WDM 计算中，每个光波功率需要至少进行两次调制以达到光－电转换和乘法的等效效果。其次，WDM 通信的接收端需要先区分和分离所有波长，然后单独检测每个光波功率，以恢复每个波长携带的数据。而 WDM 计算不需要显式分离所有波长，但波长谱间距仍然需要保持，因为当所有光波功率同时存在于波导中时，会进行乘法。此外，为了保证计算的准确性，等效点积的总和需通过对整个 WDM 带宽内所有光波功率的统一吸收和检测来完成。

光电组合 AI 芯片的创新点是将光和电结合，而不是像其他光子芯片仅工作在纯光域。输入和输出向量的时间由数字域的电子电路管理，以实现级联和把 MVM 加速并行化的灵活性，因此可以执行多级 MVM。MVM 加速器还可以无缝地与芯片上的其他数字电路、处理器、查找表、寄存器和存储器进行对接。

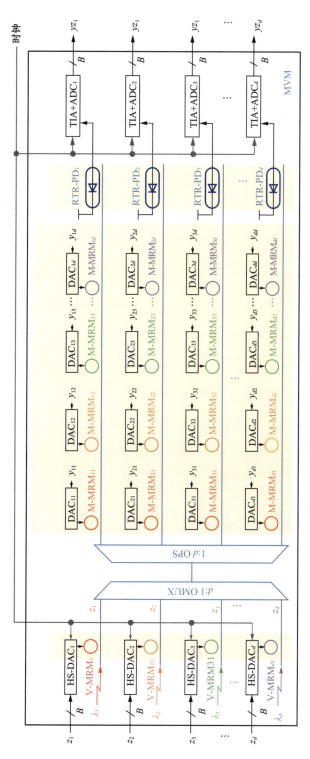

图 2.12　高维 MVM 加速器的核心组成及整体框架

MVM 加速器在光域中的模拟计算有一定额外开销，这会导致数据精度较低。然而，即使有这样的负面影响，它也能比先进的 ASIC AI 芯片 TPU v4 的计算速度快约 12.6 倍，并具有 40.9 倍的能效优势。

许多新型硅光器件和电路仍在不断被研发出来，用于未来的晶圆制造。因此，光电组合 AI 芯片的性能指标将会随着下一代硅光芯片工艺技术的发展而进一步提高。与最新的 ASIC 芯片相比，这种芯片在算力和能效上实现了大幅飞跃，很有希望在不久的将来被广泛应用于基于大模型的生成式 AI 和其他使用 Transformer 模型的 AI 新场景中。

2.2.4　量子 AI 芯片

量子计算是基于量子力学的全新计算模式，利用纠缠、叠加和干涉来执行某些任务。与传统计算机使用值为 0 或者 1 的比特来存储信息不同，量子计算以量子比特作为信息编码和存储的基本单元。基于量子力学的叠加原理，一个量子比特可以同时处于 0 和 1 两种状态的相干叠加态，即可以用于表示 0 和 1 两个数。推而广之，n 个量子比特便可表示 2^n 个数的叠加，使得一次量子操作理论上可以同时实现对 2^n 个叠加的数进行并行运算，这相当于经典计算机进行 2^n 次操作。因此，量子计算提供了一种从根本上实现并行计算的思路，具备极大的超越传统计算机运算能力的潜力。

类似于经典计算机，量子计算机也可以沿用图灵机的框架，通过对量子比特进行可编程的逻辑操作来执行通用的量子运算，从而实现计算能力的大幅提升，甚至是指数级的提升。一个典型的例子是 1994 年提出的快速质因数分解量子算法（简称 Shor 算法）。质因数分解的计算复杂度是广泛使用的 RSA 公钥密码系统安全性的基础，例如，如果用每秒运算万亿次的经典计算机来分解一个 300 位的大数，那么需要 10 万年以上；而如果利用同样计算速度、执行 Shor 算法的量子计算机来分解，则只需要 1s。因此，量子计算机一旦研制成功，将对经典信息安全体系带来巨大冲击。

量子计算为深度学习、密码分析、穷举式搜索、气象预报、资源勘探、药物发现等应用所需的大规模计算难题提供了潜在解决方案，并可揭示科学研究中许多复杂的物理、化学及生物机制等。目前正在实现的量子计算机通常被称为中等规模有噪声量子（Noisy Intermediate Scale Quantum，NISQ）计算机。这是因为量子比特上的环境噪声尚未被完全消除。这意味着在总是存在大量噪声的情况下，必须使用一些技巧才能得到有意义的结果。例如，多个物理量子比特（在真空中可能通过单个原子实现）可以组合成一个逻辑量子比特。如果在计算过程中丢失了其中一个物理单元，其余单元仍然能够保持原始逻辑量子比特的特性，从而确保系统的容错性。粗略地说，当前主流技术每次对量子比特进行算术运算时，发生错误的概率为 0.1% ~ 1.0%。

然而，事实证明，即使是错误概率如此之高的量子计算机，也能以与当今最先进的超级计算机媲美的速度执行某些（非实用）任务。

2.2.4.1　量子 AI 的前景

量子 AI 就是在上述背景下出现的新研究领域，主要是指使用量子神经网络处理经典信息或量子信息。量子 AI 主要包括两个研究方向：一个是用量子计算来加速经典数据的学习，另一个是把量子计算应用于量子数据的学习。

ChatGPT 的学习需要大量时间，能耗巨大。如果能用量子计算机加速大模型的训练，就可以在很大程度上解决目前亟待解决的能耗等难题。另外，在科学研究和科学发现领域，因为量子计算机可以构建范围更广的概率分布，如果能够在极短时间内实现大面积知识空间的穷举式搜索，将会对辅助人类的"灵感涌现"起到关键作用（见第 6 章）。以上这两个场景都是基于经典数据。

ChatGPT 基于深度学习算法，即包含了大量矩阵乘法运算，这是 AI 中非常复杂且耗时的核心计算操作。为此，有的研究人员已经发表了论文，介绍如何用量子计算来进行矩阵乘法，其中使用了大量的数学转换。理论上，量子计算能极其高效地计算大型但稀疏（其中大部分元素为 0）的矩阵，但这通常需要在量子计算机上进行许多次非常复杂的运算，而用 NISQ 计算机是不可能完成这些运算的。就算将来诞生了理想的量子计算机，数据的传输和接收也将成为瓶颈，无法确定是否能实现实际的加速。

除了矩阵乘法，如果要用量子计算实现深度学习 MAC 运算中的简单加法，其速度甚至比不过经典计算机。这是因为量子计算机不能为每种计算任务都加速，对实数加法这类简单的计算，经典计算机要快得多。因此，研究人员想到用完全不同的方法来创建新的 AI 算法，其中包括量子生成模型。

量子生成模型受经典 AI 算法的启发，使用量子计算机来改进经典模型中的生成步骤，以完成数据生成、概率模拟等任务。它先通过量子线路生成量子态，用量子态观测结果并构建损失函数，再通过梯度法等经典优化算法进行优化，使运算输出的概率分布更接近数据集的分布。基于这一想法，IonQ 等新创公司使用实际的量子器件进行了一次演示实验。这项实验利用量子计算机和神经网络相结合的概率分布，为手写数字构建了一个生成模型。目前，这些模型都是非常初步的实验，离像 ChatGPT 那样的大型生成式 AI 模型还非常遥远。

　　研究人员意识到，只有找到量子计算的真正优势所在，才能发挥量子计算的威力。量子 AI 的另一个研究方向更加热门，这就是研究本身具有量子性质的"量子数据"。量子数据可以是物理系统本身的量子态（波函数），也可以是未知的量子过程，还可以是量子计算机的程序。研究人员相信，使用量子计算机的优势会在这些量子数据的情况下自然体现。如果物质的量子态能被量子计算机准确读出并分析，就有可能比传统方法更有效地分析和研究特定任务。

　　要对这些量子数据进行处理，需要像处理经典数据那样由存储器来长期存储这些数据，如波函数和叠加态等。这类量子存储器还在研发中，可能还需要很长时间才能实现。但是描述量子线路的量子计算机程序也可以被看作一种"仿真"量子数据。

　　图 2.13 所示为量子 AI 的基本运作流程，输入是经典数据或者量子数据。经典数据是猫和狗的图像，量子数据是金属系统和超导系统的量子态。经典数据和量子数据都可用于训练量子 AI 模型。量子线性模型的两个常见范式是量子神经网络和量子内核。一旦模型训练完成，就可用它来进行推理（包括预测）。

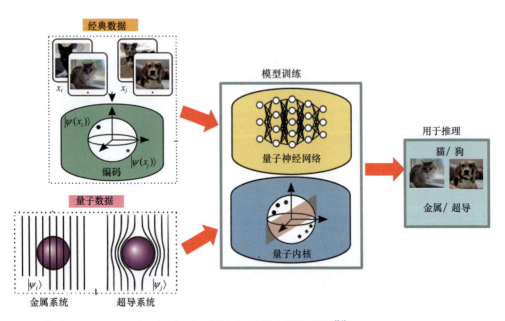

图 2.13　量子 AI 的基本运作流程[24]

　　使用量子计算来解决 AI 问题，可能会使化学、生物学、材料科学、传感、计量学、经典数据分析、量子纠错和量子算法设计等领域都得到益处。其中一些应用产生的数据本质上是量子力学的，属于量子数据，因此将量子 AI（而不是传统 AI）用于这些应用领域是很自然的。这种直接从自然界捕获量子数据的方式可能会发生在更远的未来。这将把数据从自然模拟形式转换为量子数字形式（如通过量子模拟－数字转换）。转换成功后，这些数据就可以在量子网络中穿梭，利用容错量子计算和纠错量子通信，通过量子机器学习模型进行分布式或集中式处理。到那时，量子 AI 将达到与当今 AI 类似的阶段，即由边缘传感器捕获数据，将数据传输到中央云端，并在数据集上训练 AI 模型。

2.2.4.2　量子计算机的硬件实现方法与进展

实现量子计算机的关键，是需要找到合适的硬件来运行。图 2.14 展示了目前最流行的 7 种硬件实现方法。其中，除了离子阱法，其他几种方法都可以用来实现与半导体芯片的形态相似的硬件，因此常把这些硬件称为量子芯片。这些方法都有其优缺点和技术挑战，目前还没有任何一种方法可以满足大规模量子计算的实际应用需求。

图 2.14　量子计算机的 7 种硬件实现方法

1.　量子点法

该方法利用硅原子中的电子，通过在硅或者砷化镓等半导体材料上制备门控量子点来编码量子比特。优点是可扩展性好，且与成熟的 CMOS 工艺兼容，易于集成，无须大型冷却装置即可运行；缺点是电子自旋易受电磁环境影响，难以控制量子比特。量子点的基本结构正在研究中，研发机构有英特尔、日立、澳大利亚新南威尔士大学（University of New South Wales）、荷兰代尔夫特理工大学（Delft University of Technology）、日本产业技术综合研究所（National Institute of Advanced Industrial Science and Technology，AIST）、日本理化学研究所（Institute of Physical and Chemical Research，RIKEN）、比利时微电子研究中心（Interuniversity Microelectronics Centre，IMEC）、德国于利希研究中心（Forschungszentrum Jülich）、德国康斯坦茨大学（University of Konstanz）、中国科学技术大学（简称中科大）、浙江大学等。

2022 年 9 月，荷兰 QuTech 实现了 6 量子比特的硅基自旋量子比特新纪录，能够进行 99.77% 保真度单量子门操控。2023 年，新南威尔士大学实现了新型触发器硅量子比特。2023 年 2 月，美国休斯研究中心在 *Nature* 发表文章，提出了硅编码自旋量子比特的通用控制方案。2023 年 4 月，中科大团队实现了硅基锗量子点超快调控，自旋翻转频率超过 1.2GHz。2023 年 6 月，英特尔发布了名为 Tunnel Falls 的 12 位硅基自旋量子芯片。2023 年 7 月，*Nature Nanotechnology* 期刊的文章显示浙江大学在半导体纳米结构中创造了一种新型量子比特。

2. 超导法

该方法利用了超导环路，即所谓的约瑟夫森结（Josephson Junction，JJ），其中电流可以同时流向左右两个方向。优点是易于构建系统、可高速运行；缺点是易受噪声影响，需要大型冷却器。超导方法的研发机构有 IBM、谷歌、Rigetti、中科大、中国科学院物理研究所等。IBM 在 2022 年发布了 433 量子比特的 Osprey 处理器，在 2023 年 12 月又推出了世界上第一台拥有超过 1000 量子比特的量子计算机，搭载 IBM 名为"Condor"（秃鹰）的芯片，拥有 1121 个超导量子比特；IBM 还推出了一款名为"Heron"（苍鹭）的量子计算机芯片，在错误率这一指标上创造了历史新低。IBM 还在探索并行芯片扩展方案，在 2025 年将实现多个处理器、集成 4000 个以上量子比特的系统。

根据中国科学院官网 2023 年 9 月登载的消息，中国科学院物理研究所利用 41 位超导量子芯片"庄子"模拟了"侯世达蝴蝶"拓扑物态。2023 年 10 月，日本富士通和日本理化学研究所发布了 64 位超导量子计算机。2024 年初，中国本源量子推出了名为"悟空芯"的量子芯片，该芯片拥有 72 个超导量子比特，已在 2024 年 1 月初发布的中国第三代自主超导量子计算机"本源悟空"上运行。2024 年 12 月，中科大发布了超导量子处理器"祖冲之三号"，具备 105 量子比特。同月，谷歌推出了名为"Willow"的量子芯片，采用了表面码纠错方案，可将多个物理量子比特编码为一个逻辑量子比特。Willow 成功突破了量子纠错的关键阈值。这意味着随着量子比特数的增加，计算错误的比例不是增加，而是呈指数级下降。

3. 离子阱法

该方法利用了悬浮在空气中的离子上的电子。优点是相干时间长，具有稳定的量子比特状态，可在室温下运行；缺点是门操作速度不快、难以集成。研发机构有美国的 IonQ、Quantinuum，奥地利的 AQT、因斯布鲁克大学等。

IonQ 于 2022 年 3 月发布的钡基离子阱处理器的保真度达 99.96%；同年，IonQ 还推出了名为"Forte"的量子比特处理器。在 2023 年，Quantinuum 发布了名为"Model H2"的全连接量子比特离子阱原型机，单比特和双比特量子逻辑门的保真度分别达到 99.997% 和 99.8%，量子体积指标达到 524 288，创造了产业界的新纪录。2023 年 4 月，华翊博奥（北京）量子科技有限公司（简称华翊量子）发布了名为"HYQ-A37"的 37 位离子阱量子计算原型机，成为国内的代表性成果。

4.　中性原子法

该方法是利用激光控制中性原子，通常需要在超低温度下运行，因此也被称为超冷原子方法。优点是量子比特稳定，缺点是难以集成。研发机构有美国 Atom Computing、法国 Pasqal、德国马克斯·普朗克量子光学研究所、德国达姆施塔特应用科技大学等。

2022 年，美国芝加哥大学实现了 512 位双元素二维原子阵列，哈佛大学与麻省理工学院（MIT）展示了 289 量子比特的里德堡原子处理器和图问题求解；法国 Pasqal 推出了在光镊系统中捕获 324 量子比特的大型中性原子量子处理器阵列。2023 年，Atom Computing 发布了搭载 1225 原子阵列的中性原子量子计算原型机，成为首个突破 1000 量子比特的中性原子量子计算系统。2023 年 12 月，*Nature* 报道了哈佛大学基于里德堡阻塞机制的控制方案，该方案在由 60 个铷原子构成的阵列中实现了 99.5% 的双比特纠缠门保真度，超过表面码纠错阈值。

5.　光子法

该方法是利用光子的偏振（光波的振荡方向），使用单光子或光压缩态的多种自由度进行量子态编码和量子比特构建。优点是受环境影响小、抗噪声、相干时间长，可在室温下运行；缺点是由于光子损耗，误差率较高，难以集成。研发机构有日本东京大学、加拿大 Xanadu、美国 PsiQuantum、奥地利维也纳大学、新西兰昆士兰大学等。

在 2022 年，Xanadu 公布 Borealis 光量子计算机完成了 216 压缩态高斯玻色采样实验，再次验证了光量子计算优越性；德国马克斯·普朗克研究所创造了 14 个光子纠缠操控的新纪录。2023 年，中科大联合团队发布了 255 个光子的"九章三号"光量子计算原型机。2023 年 5 月，北京玻色量子科技有限公司（简称玻色量子）发布了名为"天工量子大脑"的 100 量子比特相干光量子计算机。Xanadu 在 2025 年 1 月发布了能在室温下运行的可扩展光量子计算机原型 Aurora。对于光子方法，未来需要进一步探索新型光源和探测器技术，以及光量子逻辑门操控技术。

6.　金刚石色心法

该方法是利用金刚石中一种特殊形式的色心——氮空位中心（简称 NV 中心）的自旋

来进行量子计算。NV 中心是由一个氮原子取代金刚石晶格中的一个碳原子并且邻近位置缺失一个碳原子（形成空位）构成的。该方法的主要研究机构有德国斯图加特大学、美国哈佛大学等。

7. 挤压光法

该方法利用了强度或相位受到最小可能波动（即变化不大于海森堡不确定性原理所要求幅度）的光。其中，两种可能性（恒定强度或相位）可以被定为量子比特的"0"和"1"（最常用的是把恒定强度定为"0"，恒定相位定为"1"）。该方法的主要研究机构有德国马克斯·普朗克光物理研究所。

目前，上述 7 种量子计算方法都在进行攻关开发以使其能够实用化，其中超导法和离子阱法是主流方法。与这两种方法相比，基于量子点的硅量子芯片的体积更小，更容易集成，有望适用于复杂和困难的计算。该方法也可以与正在飞速发展、日新月异的半导体芯片技术相结合，做成一种与现有工艺兼容的先进量子 AI 芯片。然而，这样的芯片目前还面临很多挑战，如硅片难以控制量子比特等。

光子法是一种在硅基芯片上直接实现量子计算的方法。光子法可以利用现在已经较成熟的硅光工艺，与目前的硅半导体工艺兼容。其他方法（如超导）虽然不是直接在半导体硅基芯片上实现，但是需要用到许多半导体 CMOS 控制芯片，这些芯片在低温下才能良好运行，因此也需要特殊的芯片设计技术。

用不同硬件实现的量子 AI 计算会出现不同的结果。例如，有人已经观察到以超导形式实现量子比特的计算机与使用单个离子的量子计算的表现不同。因此，在比较哪种硬件更容易实现的同时，还需要探索 AI 算法在哪种硬件上运行得更好。而更重要的是如何与自然界的量子数据相匹配。另外，目前量子计算机的编程仍然非常靠近底层硬件，也就是类似经典计算机的汇编语言，缺乏方便用户使用的高级语言。

研究人员正在努力解决量子计算在噪声环境下的纠错问题。2024 年，微软和 Quantinuum 宣布已制造出一台具有前所未有的可靠性的量子计算机。它纠正自身错误的能力将是向实用化的量子计算机迈出的关键一步。研究人员将量子信息分散到一组组相连的量子比特中，以创建所谓的逻辑量子比特。微软和 Quantinuum 使用 30 个物理量子比特制作了 4 个逻辑量子比特。单个量子比特通常很容易受到干扰，但在逻辑量子比特层面，研究人员可以反复检测并纠正错误。4 个逻辑量子比特产生的误差仅为 30 个物理量子比特未分组时的 0.125%。然而，4 个逻辑量子比特太少了。人们普遍认为，只有拥有 100 个或更多逻辑量子比特的量子计算机才能解决化学、材料科学等领域的科学问题，以及社会相关的问题。

虽然这类硬件和芯片距离能真正处理 AI 任务的实用阶段还很远，但对 AI 芯片研发人员来说，如果哪一天能够出现可以兼容现代半导体芯片工艺、在室温下运行、自动纠错而且真正实用化的硅量子 AI 芯片，将会是非常令人振奋的。它可以把经典半导体芯片的摩尔定律延续下去，并突破经典处理器在许多方面的限制（如功耗、成本、性能等），也可以像普通半导体芯片那样，在芯片上集成大量元器件，并可用于大规模实用 AI 计算，这一定会使 AI 的智能水平实现又一次巨大飞跃。

2.2.5　矩阵乘法计算的加速

矩阵乘法是一种基本的矩阵运算，它的运算规则如下：对于两个可相乘的矩阵，先将第一个矩阵指定行号的元素与第二个矩阵指定列号的元素，按照对应位置依次相乘，再将所得乘积进行求和，最终得到的结果就是输出矩阵中相同行号与列号所对应位置的元素。用数学语言来表示是这样的：设 $A = [a]_{m \times n}$、$B = [b]_{n \times k}$，那么 $C = AB = [c]_{m \times k}$，而且 $c_{ij} = \sum_{k=1}^{n} a_{ik} b_{kj}$。

矩阵乘法是深度学习中最基本、计算量最大的操作之一，因为它需要对大量的输入数据和权重参数进行 MAC 操作。由图 2.15 可见，矩阵乘法（红色）在深度学习过程中的各种操作里占比均为最大，尤其是在自然语言处理方面（包括 ChatGPT），甚至超过了 90%。其他操作有激活函数等 [25]，这里不再赘述。

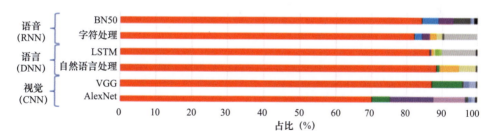

图 2.15　矩阵乘法在深度学习算法的各种操作中占比最大

因此，如何加速矩阵乘法是许多 AI 研究人员最关心的课题之一。自从德国数学家沃尔克·施特拉森（Volker Strassen）在 1969 年提出施特拉森算法（Strassen's Algorithm）后，虽然计算机科学家一直在努力超越该算法中两个矩阵相乘的速度，但迄今一直进步甚微。考虑到分析智能手机照片、识别语音命令、生成计算机游戏的视觉效果、执行天气模拟、压缩数据和视频等操作都少不了大量的矩阵乘法，即使矩阵乘法的性能略有提高，也会对整个 AI 计算产生重大影响。

下面分别从算法和芯片架构两个层面介绍矩阵乘法加速的新进展。

2.2.5.1 加速矩阵乘法的算法

1. 矩阵乘法的各种算法

矩阵乘法可以看作一种特殊的卷积，具有局部连接性和平移不变性。矩阵乘法的左矩阵通常是输入数据，右矩阵通常是权重参数，输出矩阵是特征提取的结果。

深度学习模型的推理和训练都涉及矩阵乘法的计算。训练还需要进行反向传播和梯度下降等步骤，因此训练的算力需求比推理更高。

除了一般矩阵乘法和 Strassen 算法，还有以下 3 种矩阵乘法算法。

（1）Coppersmith-Winograd 算法：这是一种基于快速傅里叶变换的矩阵乘法算法。它首先将矩阵乘法分解为多个子矩阵乘法，然后递归地计算这些子矩阵乘法。它可以将矩阵乘法的时间复杂度降低到 $O(N^{2.376})$，因此通常比 Strassen 算法更快。但它只适用于特定的矩阵类型，如方块矩阵。

（2）Schbnhage-Strassen 算法：这是一种基于快速数论变换的矩阵乘法算法。它可以将矩阵乘法的时间复杂度降低到 $O(N^{2.807})$，虽然与 Strassen 算法相同，但更适合大型整数矩阵乘法。

（3）Cannon 算法：这是一种基于矩阵分块和循环移位的矩阵乘法算法。它可以将矩阵乘法的时间复杂度降低到 $O(N^3)$，虽然与一般矩阵乘法相同，但是更适合并行计算的矩阵乘法。

2. 优化矩阵乘法过程的新方法

50 多年来，人们一直在寻找能在少于直接算法的 $O(N^3)$ 时间内完成 $N \times N$ 矩阵乘法的方法。近年来，有以下一些新的方法被提出，旨在优化矩阵乘法的过程。

（1）基于学习的方法：这种方法利用神经网络、强化学习等机器学习技术来学习矩阵乘法的最佳算法或近似算法。该方法可以根据不同的矩阵特征和硬件条件，自适应地调整计算策略，从而提高性能和准确性。

（2）基于量化的方法：这种方法通过对矩阵的元素进行量化，即用较少的比特数来表示数值，以降低矩阵乘法的存储和计算开销。该方法可以有效地减少内存占用和通信代价，同时可以利用低位宽的硬件加速器来加速计算。

（3）基于分解的方法：这种方法通过对矩阵进行某种分解（如奇异值分解、低秩分解等）来将矩阵乘法转化为一些简单的运算，如对角线乘法、向量乘法等。该方法可以有效地降低矩阵乘法的时间复杂度，同时可以保留矩阵的主要信息。

3. 加速矩阵乘法的新算法

（1）用"学习"替代乘法。2021 年，MIT 研究 AI 的博士生 Davis Blalock 和导师 John Guttag 发文介绍了一种基于机器学习的算法，被称为无乘法的矩阵乘法[26]。该算法避免了传统方法中大量的乘法运算，性能大大优于现有方法。通过使用来自不同领域的数百个矩阵进行的实验表明，该算法的运行速度通常比精确矩阵乘法快 100 倍，比现有近似的算法快 10 倍。在已知一个矩阵的常见情况下，该算法还具有一个有趣的特性，即它不需要任何 MAC 操作。该算法将矩阵乘法分为如下 3 个步骤。

第一步，编码。利用"随机哈希"技术，将第一个矩阵的每一行转换为一个代码。该代码是根据该行与预定义原型的相似性计算得出的。

第二步，查找。使用预计算好的表格，其中包含第二个矩阵的每一列与每个原型之间的点积。

第三步，聚合。根据第一个矩阵的代码，从查找表中检索相应的值并进行求和，得到最终结果矩阵中的元素。

该算法借鉴了随机算法、近似矩阵乘法、向量量化等领域的思想，并认为一些核心操作（如随机哈希、查找等）可能成为深度学习更有前途的构建块，而不是近期在芯片架构上大量研究和优化的重点——稀疏化、因式分解或标量量化矩阵乘积。

该算法避免了传统矩阵乘法中大量的乘法运算，从而提高了效率。此外，预计算好的表格比整个原始矩阵的所占存储空间更小，从而提高了内存效率。

然而，该算法也存在一定的局限性。由于编码和查找过程存在误差，该算法得到的结果矩阵不是精确的乘积，而是近似值。另外，训练所需的线性回归机器学习模型需要大量的数据和计算资源，这造成了额外成本。

另外，该算法只针对在 CPU 中的应用。研究人员认为，虽然 DNN 的训练通常是在 GPU 或其他加速器上完成，但训练好的模型通常只部署在 CPU 或图形加速能力比 CPU 更差的智能手机上。由于全球数十亿部智能手机中的大部分是型号较旧的低端手机，因此在 CPU（包括内核较少的 CPU）上部署模型的需求在很多年内都不会改变。

（2）用加法替代矩阵乘法。Cussen 等人在 2023 年提出了一种无须标量乘法器电路即可执行矩阵乘法的算法[27]。他们认为在许多实际案例中，只需要一个加法和一个片上复制操作就能取代乘法运算。因此，设计一种无乘法的矩阵乘法器芯片成为可能。这种芯片不需要耗费时间、空间和能量的乘法器电路，可以容纳更多的处理器，从而大大提高了处理速度。

他们展示了一个很有意义的发现：在进行矩阵乘法时，标量乘法并非真正必要，而可以用操作数少得惊人的加法来代替。只用加法运算矩阵乘法的优势在于，这样就可以制造不带乘法器电路的专用芯片。这种芯片的每个片上处理器占用的空间较小，因此可以在单个芯片中安装更多但更简单的处理器。此外，由于乘法器电路与加法运算或其他典型的机器运算相比需要更多的时间（按照对许多最常用的处理器上所有指令耗时的研究，整数乘法所需时间通常是整数加法的 3 ～ 6 倍），因此即使在传统架构上，只用加法运算的方法也会更快。

但是，如果取代一次乘法运算所需的加法运算次数很多，那么这种方法就没有优势了。因此，他们必须证明，实际上只需要很少的加法运算就能取代乘法运算。结果是在某些实际情况下，加法运算的次数少于一次（再加上一次复制运算）。

Cussen 等人为此设计了一种新的算法，基本思想是先从某个范围（如 $1 ～ k$）内的一个整数向量开始进行排序并剔除重复的数字，然后对列表中连续数字之间的差值排序。结果就是一个新的整数向量，但它们比原始列表还要复杂。需要特别指出的是，这些新生成的数值与其说是限定在 $1 ～ k$ 的数字，不如说是它们的总和不超过 k。因此，如果进行多次重复排序、消除重复和求差值，列表就会迅速变得比原始列表短得多。接下来，可以通过递归将差值向量乘以任意常数 c，并将乘以 c 之后的差值累加，就得到了原始向量。

（3）只用加法的大模型计算。矩阵乘法通常主导着大模型的总体计算成本，且随着大模型的嵌入维度和上下文长度的扩展，这种成本只会越来越高。2024 年，加州大学圣克鲁兹分校等机构的研究人员证明了将矩阵乘法操作完全从大模型中消除是可行的，并且在 10 亿个参数的规模下依然保持强大的性能[28]。

他们的实验表明，无矩阵乘法模型在性能上可与最先进的 Transformer 模型媲美，而后者在推理过程中需要更多的内存。同时，他们的模型可以扩展到至少 27 亿个参数。研究还发现，随着模型规模的增大，这种无矩阵乘法模型与全精度 Transformer 模型之间的性能差距逐渐缩小。

研究人员还提供了无矩阵乘法模型在 GPU 上的高效实现，与未优化的基线模型相比，该模型在训练期间最多可减少 61% 的内存使用。模型训练使用了 8 块英伟达 H100 GPU 芯片。3.7 亿个参数的模型的训练时间大约为 5h，13 亿个参数的为 84h，27 亿个参数的为 173h。通过在推理过程中使用优化内核，这种模型的内存使用比未优化模型减少了 90% 以上。为了正确量化这种架构的效率，他们在 FPGA 上构建了一个定制芯片的解决方案，可进行 GPU 无法实现的轻量级操作。

这种可扩展的无矩阵乘法语言模型，主要通过在密集层中使用加法操作，以及在自注意函数中使用元素级阿达马（Hadamard）乘积 [1] 来实现。具体来说，三值权重（类似于二值神经网络）消除了密集层中的矩阵乘法，它只能从 {−1, 0, +1} 中取值，因而乘法运算可以用简单的加法或减法运算代替。为了从自注意中移除矩阵乘法，该研究优化了门控循环单元（Gated Recurrent Unit，GRU），使其仅依赖元素级乘积。

无矩阵乘法语言模型展示了大模型在大幅精简后仍能有效执行任务的潜力，为创建既有效又节省资源的轻量级大模型提供了一个很有前景的方向。然而，由于计算量的限制，这种模型还没有在超大规模（如超过 1000 亿个参数）模型上进行过测试。

（4）用深度强化学习发现和创建矩阵乘法最优算法。DeepMind 的研究团队在 2022 年 10 月推出了 AlphaTensor 算法，用于为矩阵乘法等基本任务开发创新、高效且证明正确的 AI 算法 [29]。

AlphaTensor 算法是基于 AlphaZero 算法开发的。AlphaZero 算法是一种在国际象棋、围棋和将棋 [2] 等棋盘游戏中有着超人表现的深度强化学习 AI 算法，而这项新的研究则体现了 AlphaZero 算法从玩游戏到解决棘手数学问题的能力，即找到了两个矩阵相乘的最快方法。

数千年来，数学家一直依靠算法来执行基本运算。古埃及人设计了一种无须乘法表即可将两个整数相乘的算法。古希腊数学家欧几里得发明了一种至今仍在使用的计算最大公约数的方法。尽管目前人们对算法很熟悉（从数学课堂到前沿科学研究的各个领域都使用算法），但发明新算法的过程极具挑战性，这需要具备非凡的推理能力。这个任务现在可以由 AI 自动完成。

首先，DeepMind 的研究团队将开发高效矩阵乘法算法的任务转变为一种单人游戏。这个游戏中的棋盘是一个 3D 张量（整数数组），表示当前方法与正确方法的距离有多远。玩家尝试使用与算法指令相对应的一组被允许的移动来更改张量，并将其条目归 0。当玩家成功时，结果是任意一对矩阵的有效矩阵乘法的计算方法。该游戏的效率通过将张量归 0 所需的步数来衡量。与曾经对 AI 构成长期挑战的围棋游戏相比，该游戏每个阶段可能的走法数要多出 30 个数量级。

该游戏的目标就是在有限因子空间内找到张量分解。在矩阵大小不同的许多情况下，

---

① Hadamard 乘积是指两个相同维度的矩阵或向量对应元素之间的乘积运算。

② 将棋在日本很流行。

它发现的算法的复杂度都优于当前最先进的算法。尤其是在有限域中 4×4 矩阵的情况下，AlphaTensor 算法改进了 Strassen 算法的两级算法，而这是 Strassen 算法自 1969 年被提出以来的首次改进。他们通过不同的使用案例进一步展示了 AlphaTensor 算法的灵活性：让结构化矩阵乘法算法具有最低的复杂度，标量乘法次数是现有方法的几分之一，甚至几十分之一。通过优化矩阵乘法使其在特定硬件上的运行时间大大缩短，从而极大地提升了计算性能。

AlphaTensor 算法发现的矩阵乘法的计算方法种类繁多，每种矩阵都有数千种之多。这远远超出了人类或传统搜索方法所能达到的范围，表明矩阵乘法算法的种类远比人类之前想象的要丰富。

2.2.5.2　加速矩阵乘法的芯片架构

为了缩短矩阵乘法在芯片上的运行时间，研究人员提出了一些新的芯片架构，包括新的矩阵乘法器架构、基于 RISC-V 的矩阵乘法扩展指令集，以及利用信息论的思想减少 AI 推理计算量。

1.　新的矩阵乘法器架构

Shanmugakumar 等人提出了一种矩阵乘法器架构[30]。这种架构可利用新的高效算法，根据用户的输入参数来生成。

他们所提出的架构利用一种进位保存"加法器树"乘法器进行乘法运算，并利用一种进位查找加法器完成最后阶段的加法运算。该架构计算能力的提高是通过并行化和使用高效的 MAC 单元实现的。对于 $m \times m$ 矩阵，该架构能够在 m 个时钟周期的线性时间内产生输出，并能有效扩展到更高维的矩阵。与 Strassen 算法和 Winograd 算法等先进的矩阵乘法算法相比，该架构的能效分别高出 59% 和 69%，并降低了面积时延乘积。该架构非常适合低功耗的关键应用，对时延的影响可以忽略不计。

2.　基于 RISC-V 的矩阵乘法扩展指令集

Qiu 提出了一种基于 RISC-V 的矩阵乘法扩展指令集[31]，它可以满足 AI 领域对矩阵计算能力的需求。该指令集与向量扩展指令集互相独立，具有更灵活的编程模型和更简单的硬件实现。该指令集还提供了一些加速重量化操作的指令，以减少数据交互的开销。

基于 RISC-V 的矩阵乘法扩展指令集架构包含了矩阵扩展，可以提高矩阵乘法的性能和效率，但代价是增加了矩阵寄存器文件和单元。因此，Perotti 等人在 2024 年提出了新的矩阵扩展方法（称为 MX）[32]，这是一种基于开源 RISC-V 向量 ISA 的轻量级方法，可提高矩阵乘法的能效。MX 不需要添加昂贵的专用硬件，而是利用已有的向量寄存器文件和功能单元来创建一个混合向量 / 矩阵引擎，面积成本可忽略不计。MX 的成本来自一个紧凑的靠近浮点运算单元（Floating Point Unit，FPU）的分片缓冲区，可实现更高的数据重用率，且无时钟频率开销。他们在紧凑和高度节能的 RISC-V 向量处理器上实现了 MX，并在 12nm 工艺的双核和 64 核集群中进行了评估。在 FPU 利用率相同（约 97%）的情况下，对于双精度 $64 \times 64 \times 64$ 矩阵乘法，MX 将双核的能效提高了 10%；在 64 核集群中，对于 32 位数据的相同基准，MX 将能效提高了 25%，性能提高了 56%。MX 适用于嵌入式低功耗 AI 芯片。

3. 用信息论的思想来减少 AI 推理计算量

Lehnert 在 2023 年提出了一种新颖的方法[33]，即利用信息论的思想来减少 AI 推理的计算量。该方法先将权重矩阵切成对数纵横比的子矩阵，然后对这些子矩阵进行因式分解。所得的子矩阵是稀疏的，具有良好的结构，并且只包含与 2 的幂相关的数字。这样就减少了所需的计算量，同时不影响完全并行处理。研究团队为此专门创建了一个新的硬件架构并提供了一种工具，可将这些切片和因式分解矩阵高效映射到可重新配置的硬件上。通过与先进的 FPGA 进行比较发现，该方法可以将以查找表衡量的硬件资源降至原来的 1/6 ～ 1/3。

这种方法并不依赖神经网络权重矩阵的任何特定属性。它适用于输入向量与常数矩阵相乘的一般任务，也适用于 AI 之外的数字信号处理任务。该研究团队计划探索该设计在粗粒度可重构阵列（Coarse-grained Reconfigurable Array，CGRA）上的性能，甚至是专门的可重新配置 ASIC 实现，其中只有互连，即矩阵单元中移位器的布线是可重新配置的。

2.3　用于边缘侧训练或推理的 AI 芯片

随着 ChatGPT 这类生成式 AI 的迅猛发展，AI 的数据量和复杂度也在随之增加，需要越来越多的算力、电力和带宽。随着生成式 AI 时代的到来，AI 必将超越数据中心，从云端扩展到客户端和边缘侧。边缘侧指的是云端之外的各种设备，如物联网设备、智能手机、无人机、PC（包括平板电脑）、AR/VR 头盔等可穿戴设备、自动驾驶汽车、网关、各种嵌入式设备等（更多设备及场景见图 2.16）。

图 2.16 边缘 AI 的应用无处不在——"万物 AI"

目前，知名公司、高等院校、研究机构及新创公司等的 AI 研发人员都在积极研究边缘 AI 技术，其中大部分是边缘侧的 AI 推理，少部分是 AI 训练。例如，苹果花费 2 亿美元收购了 Xnor.ai，这是一家位于西雅图的 AI 新创公司，专注于低功耗的深度学习软件和硬件。微软提供了一个名为"Azure IoT Edge"的综合工具包，可将 AI 工作负载转到边缘侧，并允许任何人创建 AI 模块。

要让 AI 从云端扩展到边缘侧，就需要一个更开放并具有整体性的方法来加速和简化数据、模型及通信管道，也需要能在边缘侧使用的 AI 芯片，特别是功耗极低且算力较强的芯片，并在此基础上有一个开放的软件生态系统。虽然目前已经有大量的边缘 AI 理论、原型及商业产品，但是相关领域的市场还没有真正启动。根据一些市场分析公司的预测，到 2030 年，全球边缘计算的市场规模将达到 1559 亿美元，而边缘 AI 芯片的大规模市场应用将在 2030 年之后实现。这与若干年前云计算的蓬勃发展如出一辙。

AI 的处理和决策发生在离数据源更近的地方，而不是在云端，这就是边缘 AI 技术的主要优势。物联网及全球数以百亿计的设备，加上 5G 网络的普及和不断提升的计算能力，使得大规模的边缘 AI 应用成为可能。直接在边缘设备上处理数据，对医疗保健、自动驾驶汽车及智能制造业的应用非常重要，因为这种方式会更快、更安全。

更进一步，移动设备将可以运行具有一定参数量的生成式 AI 模型。例如，斯坦福大学基于 Meta 的 LLaMA 7B 模型（70 亿个参数）微调出的 Alpaca 模型可以在采用骁龙 Insider 处理器的智能手机上运行。与 ChatGPT 这样的全能型 AI 模型相比，专门的 AI 模型（如参数少于 1000 亿个的医疗辅助 AI 模型）在未来可能会更受欢迎。而这些模型很可能可以在移动设备上运行。

直接在边缘设备或网关上部署 AI 算法和模型，可以使其更接近数据源，从而减少时延、提高隐私和安全性，并实现离线功能和带宽优化。通过利用基于云的 AI 和边缘 AI 的优势，各行业都可以创建一个全面、高效的 AI 生态系统，以适配各种场景，确保实时决策和无缝运营。

虽然边缘 AI 推理加速器支持所有数值精度类型，但是对大多数 AI 加速器来说，它们最好的推理性能是在 INT8、FP16 或 BF16 上实现的。

2.3.1　边缘 AI 训练

深度学习 AI 的训练需要巨大的算力作为支撑，也会消耗大量资源。训练一个包含大量可调参数的大模型需要成千上万块 AI 芯片，并消耗大量的电力和时间。这样的 AI 训练工作只能放在数据中心进行。智能手机等边缘设备通常会先将原始数据发送到中央服务器，然后由中央服务器返回经过训练的模型和算法。这样的来回传输会造成很多问题，包括重要的时延和隐私问题。因此，人们一直希望 AI 训练能在智能手机等边缘设备上进行，这样既能确保实时性，又可实现对敏感数据进行保护的个性化处理。然而，由于 AI 训练需要占用大量内存（要比 AI 推理多出几百倍）并消耗大量能源，边缘训练一直以来仅限于采用简单架构的相对较小的模型。

在神经网络中，每个神经元都会对其输入进行计算，并生成一个输出值，该值被称为激活值。这些激活值将被网络后续层中的其他神经元使用，实现网络的整体计算。在训练过程中，每个层的激活值会被多次使用。如果某些激活值被使用得非常频繁，而另一些却很少使用，那么将所有激活值都存储在内存中是不够高效的。因为每次使用激活值时都对它们重新计算，会消耗更多的能量。

2022 年 7 月，加州大学伯克利分校的计算机科学家希希尔·帕蒂尔（Shishir Patil）在国际机器学习大会上展示了一个名为私人最佳能量训练（Private Optimal Energy Training，POET）[34] 的系统。他首先向 POET 系统提供一个设备的技术细节，以及他希望其训练的神经网络的架构信息，然后指定内存预算和时间预算，并要求 POET 系统创建一个能耗最低的训练过程。该过程会对那些计算简单、需要大量存储的激活值进行重计算（Rematerialization），并对那些对重计算来说效率很低的激活值进行分页（Paging）。

POET 系统会识别出不太可能立即再次使用的激活值，并将它们分页到外部存储器（如闪存或 SD 卡）。这将释放内存空间，以用于其他更关键的激活值。当需要再次使用被分页的激活值时，POET 系统会从外部存储器中检索激活值，就像计算机操作系统将数据载入或移出内存一样。分页激活值可减少存储在内存中的数据量，从而显著降低器件的功耗。这对受限于有限电池寿命的边缘设备（如智能手机）尤其重要。此外，分页可提高内存带宽利用率，从而缩短训练时间。

重计算是一种用于减少神经网络训练过程中内存需求的技术。它通过删除中间计算（激活值）并在需要时重新构造它们来实现。重计算会在激活值被后续层使用后将其删除，这会立即释放内存空间。当网络需要激活值时（如在反向传播中计算梯度时），重计算会使用存储的输入和输出来重新构造它们。

与存储所有激活值相比，重计算可显著减少训练过程中所需的内存总量。这对训练大型网络或在内存有限的设备上训练网络至关重要。另外，在某些情况下，尤其是对简单或经常使用的激活值，重计算可以比从内存中获取它们更具计算效率，从而提高训练速度。

重计算与分页虽然都是释放内存的技术，但有一些区别。分页技术将激活值移动到计算速度较慢但空间更大的外部存储器中，并在需要时检索它们。这可以避免重新计算，但会产生数据传输的额外开销。重计算技术则将激活值从内存中删除，并在需要时重新计算它们。这可以节省内存，但会增加计算量。

解决上述问题的关键突破口是将问题定义为一种混合整数线性编程（Mixed-integer Linear Programming，MILP）问题，即变量之间的一系列约束条件和关系。对每种设备和网络架构，POET 系统都会先将其变量输入研究人员人工编制的 MILP 程序，然后从中找到最优解。通过这种程序，可以对所有现实的系统进行动态评价，如从能量、时延和内存占用等角度。

POET 系统使用一种名为有向无环图（Directed Acyclic Graph，DAG）的图数据结构来表示 DNN 训练过程中的操作（或层）序列，步骤如下。

（1）POET 系统构建一个 DAG，其中每个节点对应神经网络中的一层，边表示层之间的数据流。该 DAG 捕获训练过程中不同计算之间的依赖关系。

（2）POET 系统分析 DAG 以找到减少内存使用和能耗的方法，同时保持准确性。它考虑了两种主要技术：分页到闪存和进行重计算。

（3）POET 系统将寻找重计算和分页最佳组合的问题表述为 MILP 问题。这是一个数学优化模型，可以使用专门的求解器有效地求解。

（4）MILP 求解器根据边缘设备的内存限制，确定重计算和分页最节能的调度方式。该调度方式确定哪些激活值应该重新计算，哪些激活值应该被分页，以及这些操作应该何时发生。

（5）POET 系统最后根据优化后的调度方式执行训练过程，确保内存使用保持在限制内，并将能耗降至最低。

研究人员在 ARM Cortex M0、ARM Cortex M4F、Raspberry Pi 4B+ 及英伟达的 Jetson TX2 这 4 种不同的处理器上测试了 POET 系统。这些处理器的内存最小为 32KB，最大为 8GB。有限的算力和有限的内存，再加上实时系统施加的严格时间限制，使得在这样的边缘设备上进行训练极具挑战性。在每种处理器上，研究人员训练了 3 种不同的神经网络模型：两种图像识别中流行的模型（VGG16 和 ResNet-18），以及一种流行的自然语言处理模型（BERT）。在许多测试中，POET 系统可以将内存使用量减少大约 80%，而不会大幅增加能耗。这项研究表明，现在可以在小设备上训练 BERT，而这在以前是不可能的。

目前已经有几家公司开始尝试使用 POET 系统，并至少有一家大公司在其智能音箱中用了该系统。需要注意的是，POET 系统没有采用其他边缘设备常用的网络简化方法（如量化、剪枝、缩写激活值等），因此不会以降低网络精度作为代价来节省内存。

除了保护隐私，有很多设备需要在本地离线进行 AI 训练，因为这些设备或者无法与互联网连接，或者带宽太低，其中包括在农场、潜艇或太空中使用的设备。直接在边缘侧进行 AI 训练还可以节省数据传输需要的大量能量，从而可以使云端大型设备（互联网服务器）具有更高的内存效率和能源效率。

2.3.2　Transformer 模型边缘部署

Transformer 模型在计算机视觉、语音识别及自然语言处理等多个领域都表现出了卓越的性能。在嵌入式设备的 MCU 上部署这些功能强大的 Transformer 模型可以满足微型 AI 设备（以 TinyML 为代表）的高要求。然而，Transformer 模型包含大量参数。与移动设备和云平台相比，MCU 的可用内存和存储都非常有限。即使是已开发的轻量级 Transformer 模型 [35,36]，也很难满足其严格的资源限制。另外，模型的稀疏性配置和结构会对准确性产生耦合影响。因此，在边缘设备甚至 MCU 上部署功能强大的 Transformer 模型仍然很困难。

为了满足在 MCU 中部署的需求，Yang 等人提出了 TinyFormer[37]，这是一个专为在 MCU 上开发和部署资源节约型 Transformer 模型而设计的框架，该框架的主要贡献如下。

（1）作为在资源受限设备上开发 Transformer 模型的高效框架，TinyFormer 将强大的 Transformer 模型引入 TinyML 场景，使其变得非常小巧和高效，并在 MCU 上可用。

（2）通过对稀疏性配置和模型结构的联合搜索和优化，TinyFormer 在满足硬件限制的同时，还能生成精度最佳的稀疏模型。

（3）TinyFormer 拥有稀疏 Transformer 的自动部署工具 SparseEngine。这是第一款能让目标 MCU 在保证时延的情况下，为带有 Transformer 的模型执行稀疏推理的部署工具。

TinyFormer 由 3 部分组成：SuperNAS、SparseNAS 及 SparseEngine。首先，SuperNAS 会自动在一个大的搜索空间中找到一个合适的带有 Transformer 的超级网。在这个过程中，超级网被构建为一个预训练的过参数化模型，允许后续的单路径模型从超级网中采样。然后，SparseNAS 被用来从超级网中找到具有 Transformer 结构的稀疏模型，并对该模型进行压缩，以评估硬件的限制和准确性。具体操作包括在卷积层和线性层进行稀疏剪枝，并在所有层应用 INT8 格式的全整数量化。其中，稀疏剪枝配置和压缩操作在 SparseNAS 的搜索阶段一起执行。最后，SparseEngine 会自动优化并在目标 MCU 上部署精度最佳的压缩模型，它将获得的模型部署到具有稀疏配置的 MCU 上，实现稀疏推理以节省硬件资源。SparseEngine 还可以自动生成二进制代码，在具有多种功能实现的 STM32 MCU 上运行，以支持高效的稀疏推理。SparseEngine 是第一个能够在微控制器上执行带有 Transformer 的稀疏模型推理的部署框架。

通过 SuperNAS、SparseNAS 和 SparseEngine 的协调运行，TinyFormer 在资源受限的设备中引入了强大的 Transformer 模型。CIFAR-10 上的实验结果表明，TinyFormer 在 STM32F746 上运行时，推理时延为 3.9s，准确率达到 96.1%，同时不超出 1MB 存储空间和 320KB 内存的硬件限制。此外，与 CMSIS-NN 库相比，TinyFormer 在稀疏推理方面实现了显著的提速，最高可达 12.2 倍。TinyFormer 也必将为 TinyML 场景带来强大的 Transformer 模型能力，并极大地扩展深度学习应用的范围。

2.3.3 智能手机 AI 芯片

智能手机与其他固定的设备不同，它受到尺寸、重量、电池寿命等很多限制。如果要用智能手机实现 AI 推理，就需要对芯片设计进行创新。

2.3.3.1 智能手机 AI 芯片概述

智能手机中最大的一块芯片就是应用处理器（Application Processor，AP），又被称为主芯片。AP 中集成了 CPU、GPU、NPU、DSP、5G 调制解调器、图像信号处理器（Image Signal Processor，ISP），以及显示处理、音频处理、安全处理等硬件子系统。这些子系统都被放在同一片芯片里，有利于实现子系统之间的高效通信。近些年来，半导体技术发展迅速，2017 年，10nm AP 面世，2021 年 5nm AP 面世，2023 年 3nm AP 面世。这使得在有限的面积和功耗下，芯片中集成了更多的计算硬件单元，从而使 AP 的算力和能效不断提高。

目前，90% 以上的 AP 芯片都是基于 ARM 授权的 IP 架构来实现的，包括 32 位 RISC 的 ARM7、ARM9、ARM11 和 ARM Cortex A5/A7/A8/A9，以及 64 位的 ARM Cortex A53/A57/A72。以 2024 年的主流手机为例，AP 芯片中专用于 AI 的算力可达 50 ～ 80TOPS，计算速度在近些年几乎每年翻一番。它们主要使用 NPU 和 DSP 进行 AI 推理，同时也会根据情况使用 CPU 和 GPU。苹果甚至在它们的 CPU 中专门加入了 NPU。

NPU 是专门用于实现 AI 功能的模块，它的名称因厂家而异，如联发科的 NPU 被称为 AI 处理单元（AI Processing Unit，APU）。智能手机中包含 NPU 的 AP 架构通常具有图 2.17 所示的共同特征。AP 和 DRAM 通过片外连接相互通信。在 NPU 中，DRAM 访问所消耗的能量远远大于 MAC 计算所消耗的能量。因此，NPU 的核心策略是通过最大限度地重复使用数据来减少访问 DRAM 的次数。因此，理想的 NPU 应先将输入特征图和权重从 DRAM 载入 NPU 的 SRAM 中，然后重复使用。

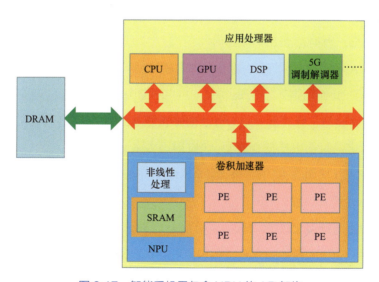

图 2.17　智能手机里包含 NPU 的 AP 架构

CPU、GPU 和 NPU 等子系统通过片上或片外总线连接，如 AP 内部的高级可扩展接口（Advanced Extensible Interface，AXI）互连。NPU 包括一个由 SRAM 和 PE 阵列组成的卷积加速器，以及一个进行非线性处理（如最大池化和其他激活函数）的电路。典型的

PE（MAC 单元）由乘法器、加法器及被称为累加器的寄存器组成。

NPU 支持 FP16 或 INT8 格式的精度操作，而不使用更精确的 FP32 格式，因为对深度学习推理来说，FP16 或 INT8 格式已经足够。但这些精度类型各有利弊。FP16 在推理的精度方面具有优势，而 INT8 则在能效、DRAM 带宽和内部存储器效率方面具有优势。此外，INT8 允许神经网络有更多的零权重和激活值，因为它使用较低的位宽。苹果的 NPU 则支持多精度操作。

NPU 通常包含标量、向量及矩阵 3 种计算单元。标量计算单元可以加速激活函数，如 Sigmoid、Switch、Tanh 等函数。向量计算单元（也被称为全连接层）可以加速密集操作。矩阵计算单元能高效计算 3D 卷积和 4D 卷积。然而，一些以标准卷积为目标的矩阵计算单元无法高效计算扩展卷积或深度卷积。另外，深度学习正在出现许多新的 AI 运算方式，而 NPU 中的加速器可能不支持这些新运算方式。支持特定操作的一个可行的解决方案是通过添加一些硬件功能来修改架构，或者干脆不用 NPU 而改用 AP 里包含的 CPU、GPU、DSP 等进行计算，尽管 AP 芯片里已经包含了 NPU。

CPU 里一般有一个 AI 协处理器，例如 ARM NEON 架构。ARM NEON 是一个执行向量处理的 SIMD 处理器。由于它包含在 CPU 中，其 PE 数少于 DSP、GPU 及 NPU。因此，ARM NEON 进行 AI 模型推理所需的时间比 NPU 长。然而，NPU 需要大量时间来初始化和分配操作和数据，有时甚至比推理的时间还长。因此，CPU 中的 AI 加速所需的设置时间更短，在小型 AI 模型中可以获得更短的推理时间。

DSP 是一种向量处理器，功能通常比 CPU 的 AI 协处理器更强大。虽然 DSP 的 PE 数少于 NPU，但在某些 AI 模型中，DSP 的 AI 性能与 NPU 不相上下。DSP 并没有针对卷积操作进行优化，而卷积操作在视觉 AI 应用中占了大多数。但 DSP 可以比 NPU 更高效地计算矩阵乘法，从而在 RNN、LSTM 和 Transformer 等非卷积型 AI 模型中获得更好的性能。

AP 里的 GPU 也有多个计算内核，尽管它针对图形处理进行了优化，但也可以加速 AI 推理。AP 里的 GPU 的性能通常低于 NPU 和 DSP。不过，由于 GPU 专注于通用计算，它通常支持 NPU 和 DSP 所不支持的 AI 操作。近些年来，每年都会有许多新的深度学习模型被开发出来，因而，最新的 AI 模型往往无法在 NPU 上运行，但可以在 GPU 上运行。

2.3.3.2　智能手机芯片与大模型的相互适应

最典型的新模型之一就是基于 Transformer 的大模型。在 ChatGPT 出现之后，手机厂商和用户都渴望将大模型集成到手机中，从而创造智能对话式新体验，享受大模型带来的便利，让手机行业有新的增长点。生产 AP 芯片的厂商也都打算在下一代 NPU 中考虑使用 Transformer 模型，即把原来的 CNN 模型换成基于 Transformer 模型的 NPU。这已经成为研发趋势，并可能会越来越流行。

自 2020 年以来，基于 Transformer 的视觉神经网络模型不仅在 ImageNet 的分类中达到了最先进的水平，而且在 2022 年，名为"EffientFormer"、基于 Transformer 的神经网络模型在类似的计算速度下比 MobileNet V2 的准确率提高了 5%。为了把大模型放入 NPU，除了采用剪枝、量化、压缩等对深度学习算法常用的改进和优化技术，还需要采用针对大模型的一些创新方法，或者创建参数量大幅减少但性能基本不变的模型（如 2.3.2 小节所述的 TinyFormer）。手机大模型的参数量要考虑到性能和功耗的平衡，并根据用户所需要的性能和目标应用来决定。

这场手机 AI 芯片"大进化"的竞争考验着每个芯片厂家的创新能力。苹果在 2024 年 6 月的全球开发者大会上宣布了名为"苹果智能"的 AI 平台，iPhone 和 Mac 操作系统的新版本将允许通过与开发商 OpenAI 的合作来访问 ChatGPT。苹果自研的芯片已经在几年前作了相应布局。而高通和联发科也已经走在前面。在 2023 年 10 月的高通骁龙峰会上，高通发布了骁龙 8 Gen3，该芯片支持运行 100 亿个参数的边缘侧大模型。紧随其后，联发科发布了天玑 9300，该芯片支持运行 10 亿～ 330 亿个参数的边缘侧大模型。ARM 在 2024 年 2 月举行的世界移动通信大会（Mobile World Congress，MWC）上展示了仅采用它们的 CPU 就可以在手机上进行 AI 计算和显示的技术，而不需要 GPU 或其他 AI 芯片。

另外，智能手机摄像头的分辨率已经高得相当惊人，并将继续提高，这对神经网络特征图的大小提出了更高的要求，也需要更高的算力和内存（包括内存容量和内存带宽）。从硬件角度来说，可以通过修改架构或者添加一些电路来满足。如在 NPU 中增加 PE，同时增加 SRAM 的存储容量。对于目前一些内存密集模型，增加 SRAM 往往比增加 PE 单元更能提高性能。然而，增加单元和电路意味着需要增加芯片面积和功耗。在 AP 芯片中，NPU 的面积和功耗受到严格限制。另外，对硬件进行改造需要花费时间，业内通常需要一年以上。对竞争激烈的手机市场来说，这也是一个大的挑战。

2.3.3.3　多个 AI 处理核的智能手机 AI 芯片

最先进的 NPU 可被用于在智能手机上进行 AI 模型推理，如分类、检测、分割、超分辨率、图像增强、帧速率插值等。下一代智能手机不仅需要高效并行处理多模态数据，还要在本地运行大模型。因此，智能手机需要包含多个 DNN 的 AI 芯片或 NPU 核，才能执行诸如生成式对话、视频处理、音频处理及传感器数据解释等多样化任务。多个 DNN 加速器可以提高摄像头捕捉内容的质量，或提供强大的增强现实（AR）功能，实现多样化任务的高效并行处理，从而在有限的硬件资源下实现实时处理[38]。

与单个 DNN 加速器的模式不同，新型的多 DNN 计算架构要处理多个 DNN 加速器，充分利用 DNN 工作负载的独特属性，如跨 DNN 相似性和对精度降低的适应能力，并致力于实现多 DNN 指标，如在满足单个时延约束的同时使吞吐量达到最大。

图 2.18 所示为智能手机中的双 DNN 加速器示例。智能手机当前的发展趋势是采用任务专业化的架构系列，如某种 DNN 架构只能使对某种应用的任务达到最优，这就给设计带来了挑战。例如，物体识别和检测通常采用计算型 CNN，视频分析则依赖内存密集型 3D CNN。图像与视频超分辨率和语义分割等其他任务则在整个模型中保持输入图像的高频细节，以产生高质量的输出，这一特性导致其计算和内存的需求比分类高出一个数量级。

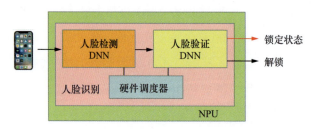

图 2.18　智能手机中的双 DNN 加速器示例[38]

在自然语言处理和自动语音识别任务中，现有的系统主要依靠 LSTM、GRU 等 RNN 和 Transformer 架构，后者也越来越多地被用于计算机视觉任务。与用于图像识别和分类、主要受计算限制的 DNN 不同，这些模型系列主要由矩阵－向量乘法运算组成，因此更加受内存限制。因此，设计一款能够同时高效处理计算和内存限制的 DNN 加速器是一项重大挑战。而现有的单个 DNN 加速器无法提供所需的性能。

因此，目前向多 DNN 加速器设计模式转变的需求正在出现。由此带来的主要挑战包括 DNN 的工作负载多样性和一系列新的多 DNN 性能指标。在硬件方面，DNN 之间的并行化方法和调度策略是关键。调度可以采用硬件调度或者软件调度，这取决于在灵活性和性能之间的权衡。

在多个 DNN 加速器的 AI 芯片设计方面，也可以利用跨 DNN 的近似计算技术，以及可扩展到多个 DNN 的模型－硬件协同设计方法。这方面目前已经有了成功的例子，请参阅文献［38］的内容。

2.3.4　边缘侧的 4 种 AI 终端设备

边缘 AI 又称为万物 AI。在所谓的"万物"中，有 4 种设备是被广泛应用的：智能手机、PC、汽车及无人机。这 4 种设备都直接受到大模型的影响或者助力，甚至被贴上了 AI 标签，例如，AI 汽车成为 2024 年的国际消费类电子产品展览会（International Consumer Electionics Show，CES）展会的最大主题；AI PC 这个词组也从 2024 年起大量出现。虽然这些刚刚出现，且加了 AI 标签的产品会有商业炒作之嫌，但是事实上这些产品确实具有较高的技术含量，也为今后的终端设备技术发展开辟了新的道路。有了 AI 的参与，手机和 PC 将不断创新和提效，而新能源汽车和无人机将提供更好的用户体验和自然语言交互界面，让人们跟汽车或无人机的互动变得更方便。随着时间的推移，越来越多的终端设备会被贴上 AI 的标签，如 AI 冰箱、AI 眼镜等。

2.3.4.1　AI 手机

AI 手机是一些智能手机厂商在 2024 年提出的一个概念。在 ChatGPT 的热潮中，AI 手机主要是指手机可以不通过云端直接运行大模型，并且智能手机可以直接生成文本。这将是 AI 手机的第一步，之后将实现多模态，即从单纯的文本处理扩展到图像、视频、语音等模态。未来的手机将实现智能助理 AI（智能体）的功能，即不仅可以"辅助"用户做很多事，还可以利用手机上存储的个人数据和已有的各种应用（Application，App），来"自主"完成用户设定要做的事。

AI 手机与智能手机的最大区别是实现了自主性，它能了解用户的生活和工作习惯、爱好及每天必做的事情等信息，进一步知道用户的想法和需求，让用户更容易完成想要做的事情，而且是完全朝着对用户有好处的方向一点点迈进。目前有一种新的想法是取消每个手机上都有的 App，而改用一个 AI 驱动的统一界面。它可以根据当时的需要进行实时学习，并将应用软件整合在一起，从而将手机从 App 中解放出来。

目前不断改进的大模型（不一定变得更大，更有可能变得更智能）和多模态、带有自主性的智能体，就是往这个方向在走。但是，要让手机用户真正得到满意的体验，一方面需要手机里 AI 芯片的性能、存储器的容量及带宽等有大幅度的提升，另一方面需要适合手机使用的专用算法和语言模型。这需要具备很强的创新能力，对手机厂商来说是一个很大的挑战。

2.3.4.2 AI PC

2023 年 12 月，英特尔发布了新的名为 "AI PC" 的 PC 平台，并随之发布了以 SoC 模块为特色的名为 "Core Ultra" 的笔记本计算机处理器，AMD 也发布了名为 "Ryzen 8000" 的处理器，它们都包含了专门用于 AI 推理的 NPU。这些平台旨在优化整体系统，并内置 SoC 功能以更有效地在本地执行 AI 模型推理（不像 ChatGPT 那样要连到云端）。

英特尔的 SoC 架构 "Meteor Lake" 配备了高性能的 NPU。英特尔通过在其 SoC 中配置 NPU，试图在 Windows PC 上引入 AI，以扩大应用范围。占据 PC 处理器市场多数份额的英特尔提出推广 AI PC 平台，意义重大。未来在评估计算机时，不仅会减少对 CPU 和 GPU 直接处理性能提升的关注，而且对评估方向和产品价值的挖掘方式也将发生变化。

AI PC 使用更加方便，也有许多新功能。例如，从照片中提取文本信息，从照片中选择特定的人或物品，或者在日常计算机操作中自然地为用户提供符合其习惯的建议等。

2.3.4.3 AI 汽车

生成式 AI 及 AI 智能体应用于汽车正在形成热潮，AI 汽车的概念在 2024 年 CES 展会上成为各大媒体的主要话题。AI 汽车主要包含以下 3 个应用场景。

1. 会说话的汽车

德国大众汽车是首家将这一创新技术引入汽车并实现量产的汽车制造商。很多汽车制造商正在开发、使用生成式 AI 的互动系统，已有多款量产汽车安装了 ChatGPT。汽车有望利用生成式 AI 进行情景对话。导航系统将采用声控功能。

2. 利用生成式 AI 的核心技术大模型来开发自动驾驶 AI 模型

有的汽车制造商正在利用 Transformer 模型开发辅助驾驶系统，该系统能达到比传统系统更高的识别准确率，并能提高车辆的自主决策能力。

3. 理解驾驶人的意图

一家汽车制造商展示了车载摄像头的助理功能。车载摄像头可以先读取驾驶人的视线，并通过车载系统识别驾驶人正在看哪家餐厅或咖啡馆，然后将该餐厅或咖啡馆是否营业、是否有空车位、消费价格范围，以及前往此处的路上是否堵车等信息自动通知司机。

2.3.4.4 AI 无人机

随着无人机使用量的不断增加，人们越来越关注无人机的智能化。很多研究人员正在开发无人机专用的 AI 芯片，但目前大部分还未实现量产。下面介绍近年来关于 AI 无人机的部分研究成果和样片。

Suleiman 等人[39]提出了一种用于视觉惯性测距（Visual-inertial Odometry，VIO）的高能效 AI 加速器，称为 Navion。它使用定制的 CNN 架构，结合惯性测量和单双目图像来实时产生估计无人机轨迹和方向的 3D 地图，从而实现自主导航。该加速器的优点是低功耗、轻量级，非常适合在小型无人机上使用。

Navion 以定制设计的脉动阵列架构和异构计算为基础，并针对 VIO 计算进行了优化。为此设计的算法结合了特征跟踪和迭代技术，并采用了非线性因子图优化方法。研究人员使用定制的四旋翼飞行器评估了 Navion 的性能，证明该加速器可以实现精确的实时导航，而功耗仅为 2mW，比其他 VIO 加速器低几个数量级。

为了减少功耗和所占面积，Navion 的整个 VIO 系统完全集成在芯片上，省去了昂贵的片外处理和存储成本。该研究利用压缩技术以及结构化和非结构化稀疏性，将芯片内存容量缩减至小于原先的 1/4。在严格的面积限制条件下，利用并行性将吞吐量提高了 43%。Navion 芯片采用 65nm CMOS 工艺制造，在实时情况下，能以 20f/s 的速度处理来自 EuRoC 数据集的 752 像素 × 480 像素双目图像，平均功耗仅为 2mW。在性能达到峰值时，该芯片能以最高 171f/s 的速度处理双目图像，以最高 52kHz 的频率处理惯性测量，平均功耗为 24mW。

荷兰代尔夫特理工大学的研究团队在 2023 年提出了首个从视觉到控制的全神经形态处理器(利用英特尔的类脑芯片 Loihi)系统,用于控制自由飞行的无人机[40]。具体来说,他们训练了一个脉冲神经网络（见第 8 章），该网络能接收基于事件的高维原始相机数据，并输出低级控制动作，以执行基于视觉的自主飞行。该网络的视觉部分由 5 层（共 28 800 个）神经元组成，将传入的原始事件映射为自我运动估计，并通过对真实事件数据的自我监督学习进行训练；控制部分由单个解码层组成，在无人机模拟器中通过进化算法进行学习。

从模拟到现实的实验表明，全神经形态处理器系统学习到的神经形态数据传输和处理都很顺畅。无人机可以准确地遵循不同的自我运动设定点，实现悬停、着陆和侧向机动，甚至可以同时偏航。神经形态处理过程在英特尔的 Loihi 芯片上运行，执行频率为 200Hz，每次推理仅消耗 27μJ。这些结果说明了神经形态传感和处理技术在实现更小、更智能的机器人方面的潜力。

2.3.5　极低功耗的 AI 芯片

边缘 AI 有很多极具吸引力的优势，包括低时延、高能效、低带宽和增强的数据隐私。

然而，DNN 的高计算复杂性一直是其在边缘设备上部署的重大障碍。为了解决这个问题，研究人员采用量化、剪枝等优化技术，并创建了一些高效模型和算法。这些方法降低了计算负载和内存占用，使先进的 DNN 能够部署在资源受限的边缘设备上。

针对智能手机、物联网设备、可穿戴设备、医疗设备等，以及近年来出现的无人机、自动驾驶汽车等边缘设备。边缘 AI 的广泛应用带来了多样化的应用需求，也带来了巨大挑战。由于需要多个模型来适应这些随时间变化的需求，传统加速器的内存占用会增加。在这种动态边缘的条件下，如何在严格的内存和功耗限制下满足不断变化的计算需求，同时保持灵活性，以支持广泛的应用，成为实现方法的关键。

下面介绍的 3 种算法都是针对边缘 AI 开发的，均满足了极低功耗的要求，耗电保持在毫瓦级，甚至亚毫瓦级。

2.3.5.1　DSCNN

谷歌在 MobileNet 中使用了一种新的计算结构，旨在降低 CNN 模型的计算成本[41]。MobileNet 是一种更快的 CNN 架构，也是一种更小的模型，其中包含一个被称为深度可分离卷积（Depthwise Separable Convolution，DSC）的新卷积层。这种方法主要是将原始卷积分为两个独立的部分，即深度卷积（Depthwise Convolution，DWC）和逐点卷积（Pointwise Convolution，PWC），从而在不影响底层结构的情况下降低计算成本。

由 DSC 而来的深度可分离卷积神经网络（Depthwise Separable Convolution Neural Network，DSCNN）与传统 CNN 的区别就在于 DWC。在 DWC 中，卷积核被拆分为单通道形式，为输入数据的每个通道都建立了大小为 k 的卷积核，并在不改变输入特征图像深度的情况下，对每个通道执行单独的卷积操作。然而，这一过程限制了特征图大小的扩展，从而限制了特征图的维度。因此，有必要使用 PWC 来合并 DWC 的输出并生成新的特征图。

PWC 本质上是一种 1×1 的卷积，操作方法与传统卷积类似。PWC 的内核大小为 $1 \times 1 \times M$，其中参数 M 与 DWC 上一层的通道数对应。PWC 将上一步的特征图按深度维度进行组合，根据核的数量生成新的特征图。PWC 操作与多核组合输出，这两项操作的输出相当于传统卷积层的输出。PWC 有两个主要作用：首先，它使 DSCNN 能够调整输出通道数；其次，它整合了 DWC 的输出特征图。DSCNN 比传统 CNN 更受人们的青睐，因为它大大降低了计算要求并减少了参数，从而提高了计算效率。虽然 DSCNN 的精度会略有下降，但偏差仍在可接受的范围内。

如图 2.19 所示，传统 CNN 的计算量和参数量分别为 $D_k \times D_k \times M \times N \times D_F \times D_F$ 和 $D_k \times D_k \times M \times N$。而包含深度卷积和逐点卷积的 DSCNN 的计算量和参数量分别为 $D_k \times D_k \times M \times D_F \times D_F + M \times N \times D_F \times D_F$ 和 $D_k \times D_k \times M + M \times N$。通过简化上述公式，可以估算 DSCNN 与传统 CNN 的计算量之比：

$$\frac{\text{DSCNN}}{\text{CNN}} = \frac{1}{N} + \frac{1}{D_k^2}$$

可见，DSCNN 的计算量比传统 CNN 大幅减少。因此，这项工作的主要目标是用 DSCNN 取代传统 CNN 作为主要架构，以减少计算量和参数量，从而显著降低功耗。

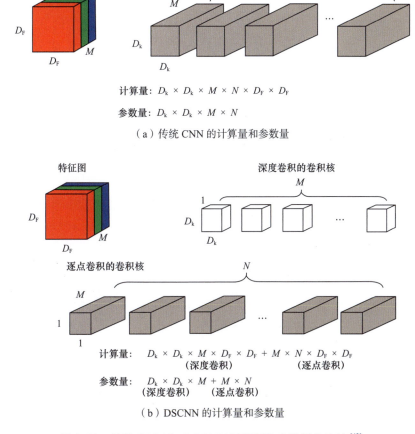

（a）传统 CNN 的计算量和参数量

（b）DSCNN 的计算量和参数量

图 2.19　传统 CNN 和 DSCNN 计算量和参数量的比较 [42]

近年来，DSCNN 已经引起研究人员的广泛重视，许多人用它替代传统 CNN，并加以各种方式的改进，应用于移动设备或者物联网设备中。

2.3.5.2 A-DSCNN

在 DSCNN 的基础上，Shang 等人在 2023 年提出了被称为近似 DSCNN（A-DSCNN）的新算法[42]，主要沿用 DSCNN 的优点并新加了一种新颖的近似乘法器。

他们认为对 CNN 而言，DSCNN 是在边缘设备上实现 ASIC 的首选架构，尤其是与他们提出的多模式近似乘法器相配合时。在 PE（CNN 加速器的基本组件之一）的基本计算中，占主导地位的是乘法运算，它会影响面积、时延和功耗。因此，采用近似乘法器的方法对改进 PE 的设计至关重要。然而，使用近似乘法器可能会给整个网络带来其他弊端，包括精度下降和时延增加。

为了应对这方面的挑战，研究人员提出的近似乘法器使用两个 4 位乘法运算，通过重复使用相同的乘法器阵列来实现 12 位乘法运算。有了这个近似乘法器，序列乘法运算就可以通过通道连接到多模式 DSCNN 中，从而充分利用卷积层中的 PE 阵列。图 2.20 所示为 A-DSCNN 中一个卷积层的硬件框图。其中，片外存储器主要存储权重和输入图像。

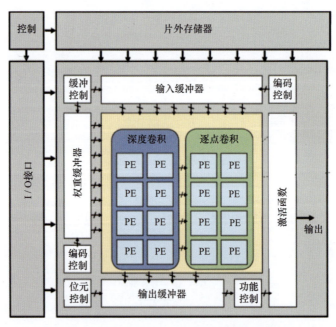

图 2.20　A-DSCNN 中一个卷积层的硬件框图[42]

与上述操作相关的两个版本的 A-DSCNN 芯片都是在台积电 40nm CMOS 工艺上实现的，电源电压为 0.9V；在时钟频率为 200MHz 时，分别实现了 4.78GOPS/mW 和 4.89GOPS/mW 的能效，而所占面积分别为 1.16mm^2 和 0.398mm^2。

2.3.5.3　Pianissimo

东京工业大学和北海道大学的研究团队在 2024 年发布了一款名为"Pianissimo"的亚毫瓦级推理加速芯片[43]。该芯片通过架构层上的灵活性来适应不断变化的边缘环境条件，实现了具有竞争力的能效，功率低于 1mW。

他们的方案同样基于 DSCNN，在 MobileNet 中引入 DWC 和 PWC 为计算效率带来了创新性的改进，使其从重量级变成轻量级。通过将卷积层分为用于空间提取的 DWC 和用于通道提取的 PWC，在不影响推理精度的前提下显著提高了 MobileNet 的计算效率和参数效率。因此，对计算和内存资源有限的边缘 AI 来说，这两个层提供的轻量级优势至关重要。为了高效处理 PWC 和 DWC，研究人员采用了两种数据路径设计来处理不同的 DWC 和 PWC 特征提取维度。此外，Pianissimo 还能无缝处理输出特征图的转置，以适应这些不同的处理顺序。这种转置允许提供特定层类型的输入数据。

Pianissimo 可以实现对环境要求的动态自适应。边缘设备的动态计算需求会随着环境条件和时间的变化而变化。这种变化给边缘环境带来了 3 个核心挑战。第一个是内存预算，传统的 DNN 加速器通常需要使用多个模型来适应随时间变化的计算需求。例如，监控摄像头可能会随一天中的时间和人类活动等变量有不同级别的计算资源需求。而使用多个模型会增加内存占用，这对在严格内存限制下运行的边缘 AI 系统来说是个关键问题。第二个是功耗限制，不同的边缘设备不仅计算需求千变万化，还面临严格的功耗限制，有的需要接近亚毫瓦级的超低功耗才能运行。第三个是操作灵活性，考虑到边缘环境中应用的多样性，需要能够高效处理各种神经网络模型。总之，边缘 AI 系统需要自适应解决方案来应对不断变化的资源需求，以保持效率并最大限度地降低内存占用和功耗。

Pianissimo 可渐进地调节位精度。它基于根据推理难度调整计算复杂度的概念，对复杂任务使用更多计算，对简单任务使用较少计算。Pianissimo 主要支持两个功能：第一个是自适应模型切换，即从单一模型中提取不同位宽版本的模型，避免在简单任务中进行位宽超出必要的计算；第二个是动态处理控制，即只处理图像传感器指定的感兴趣区（Region of Interest，ROI）。自适应模型切换基于该研究团队之前提出的渐进式神经网络 ProgressiveNN[44]，它从单一模型中提取高位宽表示，降低了简单任务的计算复杂度。动态处理控制只处理来自图像传感器的 ROI，从而降低了计算复杂度。

Pianissimo 的核心是一种新型数据通路架构，具有渐进式位串行数据通路。通过采用逐位量化表示，以及从最高有效位（Most Significant Bit，MSB）到最低有效位（Least Significant Bit，LSB）的位串行累积方案，该电路设计虽然简单，却确保了高度的灵活性。

此外，位串行数据通路可以直接而有效地扩展到混合精度。这种累加方案可最大限度地利用 PE，同时确保不降低其性能。独特的数据通路通过软硬件协同控制与 RISC 处理器和硬件计数器相结合。集成的软硬件控制实现了自适应推理方案，包括自适应与混合精度和跳块处理（Block Skip），从而优化了计算效率和准确性之间的平衡。

Pianissimo 芯片使用 40nm 工艺，配备 1104KB 内存，在电压为 0.7V 时运行 MobileNetV1 的功率为 793 ～ 1032μW，并保持在 0.49 ～ 1.25TOPS/W 的超低功率范围。

2.4　本章小结

由于 ChatGPT 等生成式 AI 技术的兴起，深度学习 AI 芯片成为非常热门的高科技产品，尤其是能够有效支持生成式 AI 训练和推理的芯片。而生成式 AI 的基础架构是 Transformer 模型，虽然同样是 DNN，但是 Transformer 模型在架构上与几年前作为 AI 主流的 CNN 或者 RNN 架构有很大区别。Transformer 模型为 AI 技术的发展做出了重要贡献。本章着重讲述了近年来不断涌现的支持 Transformer 模型的新 AI 算法和芯片架构，包括在 GPU、FPGA、ASIC 中的实现，也包括采用存内计算技术在存储器（闪存、忆阻器等）中的实现。这些算法和架构有望成为新一代 AI 芯片的基础。

生成式 AI 已经成为一种前景广阔、功能强大的技术。然而，巨大的计算复杂性给数据中心带来了新的挑战，因为生成式 AI 的应用会消耗大量能量，对计算和内存的需求急剧上升，这是构建新一代 AI 芯片亟须解决的问题。本章介绍了一些创新方法来实现尝试解决上述问题的深度学习 AI 芯片，包括基于开源 RISC-V 的方法、射频神经网络、基于光子和电子结合的芯片，以及未来的量子 AI 芯片。另外，矩阵乘法一直是深度学习中占比最大的运算，本章讲述了提高矩阵乘法运算速度，甚至完全取消矩阵乘法的一些新颖算法。迄今为止提出的架构表明，这些新的算法和架构可以满足加速 Transformer 模型的严苛需求，并可将数据中心的能源需求降低 4 个数量级以上。

随着 ChatGPT 的兴起，越来越多的边缘设备也将变得智能化。如何在算力、存储及功率都受限的微小型边缘设备中实现 AI 推理，甚至 AI 训练，如何部署 Transformer 模型并达到极低功耗，一直是研究人员十分关心的问题。本章介绍了解决这些问题的一些方案。

未来几年，边缘 AI 将对各个行业和领域产生重大影响。随着具有竞争优势的 AI 芯片不断被开发出来，以及物联网设备的普及，边缘 AI 有望在医疗保健、农业、物流、工业自动化、智慧城市、智能家居等产业中发挥重要作用。它们可以实时处理数据、提高自动化程度、促进设备之间的无缝通信，为建立一个更加互联和智能的世界铺平道路。

深度学习 AI 芯片技术正在快速发展，新的算法和架构技术不断涌现，为 AI 应用提供了更多的可能性。未来，AI 芯片将更加智能，拥有更高的算力和更高的能效，并被广泛应用于各个领域。

参考文献

[1] NECHI A, GROTH L, MULHEM S, et al. FPGA-based deep learning inference accelerators: where are we standing?[J]. ACM Transactions on Reconfigurable Technology and Systems, 2023, 16(4): 1-32.

[2] VASWANI A, SHAZEER N, PARMAR N, et al. Attention is all you need[C]// Proceedings of the 31st International Conference on Neural Information Processing Systems (NIPS 2017), December 4-9, 2017, Long Beach, California, USA. NY: Curran Associates Inc., 2017: 6000 - 6010.

[3] SRIDHARAN S, STEVENS J R, ROY K, et al. X-former: in-memory acceleration of transformers[EB/OL]. (2023-03-13) [2024-08-20]. arXiv: 2303. 07470v1 [cs. LG].

[4] ALIZADEH K, MIRZADEH I, BELENKO D, et al. LLM in a flash: efficient large language model inference with limited memory[EB/OL]. (2024-07-30) [2024-08-20]. arXiv: 2312. 11514 [cs. CL].

[5] BOBBY H, THOMAS H. Simplifying transformer blocks[EB/OL]. (2024-03-31) [2024-08-20]. arXiv: 2311. 01906 [cs. LG].

[6] WANG X, WEI Y, XIONG Y, et al. LightSeq2: accelerated training for transformer-based models on GPUs[C]// Proceedings of the International Conference on High Performance Computing, Networking, Storage and Analysis (SC 2022), November 13-18, 2022, Texas, Dallas, USA. NJ: IEEE, 2022, 28: 1-14.

[7] TZANOS G, KACHRIS C, SOUDRIS D. Hardware acceleration of transformer networks using FPGAs[C]// 2022 Panhellenic Conference on Electronics & Telecommunications (PACET), December 2-3, 2022, Tripolis, Greece. NJ: IEEE, 2022: 1-5.

[8] OKUBO I, SUGIURA K, MATSUTANI H. A cost-efficient FPGA implementation of tiny transformer model using neural ODE[EB/OL]. (2024-06-25) [2024-08-20]. arXiv: 2401. 02721 [cs. LG].

[9] LU L, JIN Y, BI H, et al. Sanger: a co-design framework for enabling sparse attention using reconfigurable architecture[C]//The 54th Annual IEEE/ACM International Symposium on Microarchitecture (MICRO 2021), October 18-22, 2021, Virtual Event, Greece. NY: ACM, 2021: 977-991.

[10] WANG H, ZHANG Z, HAN S, SpAtten: efficient sparse attention architecture with cascade token and head pruning[EB/OL]. (2024-07-18) [2024-08-20]. arXiv: 2012. 09852[cs. AR].

[11] ZHOU Z, LIU J, GU Z, et al. Energon: towards efficient acceleration of transformers using dynamic sparse attention[J]. IEEE Transactions on Computer-Aided Design of Integrated Circuits and Systems, 2023, 42(1): 136-149.

[12] FEDUS W, ZOPH B, SHAZEER N. Switch transformers: scaling to trillion parameter models with simple and efficient sparsity[EB/OL]. (2022-06-16) [2024-08-20]. arXiv: 2101. 03961 [cs.LG].

[13] RAJBHANDARI S, LI C, YAO Z, et al. Deepspeed-MoE: advancing mixture-of-experts inference and training to power next-generation AI scale[EB/OL]. (2022-07-21) [2024-08-20]. arXiv: 2201. 05596 [cs.LG].

[14] KACHRIS C. A survey on hardware accelerators for large language models[EB/OL]. (2024-01-18) [2024-08-20]. arXiv: 2401. 09890v1 [cs. AR].

[15] LI B B, PANDEY S, FANG H W, et al., FTRANS: energy-efficient acceleration of transformers using FPGA[C] // Proceedings of the ACM/IEEE International Symposium on Low Power Electronics and Design (ISLPED 2020), August 10-12, 2020, Massachusetts, Boston, USA. NY: ACM, 2020: 175-180.

[16] COCOCCIONI M, ROSSI F, RUFFALDi E. A lightweight posit processing unit for RISC-V processors in deep neural network applications[J]. IEEE Transactions on Emerging Topics in Computing, 2022, 10(4): 1898-1908.

[17] WANG S, ZHU J, WANG Q, et al. Customized instruction on RISC-V for winograd-based convolution acceleration[C]// IEEE 32nd International Conference on Application-specific Systems, Architectures and Processors (ASAP 2021), July 7-8, 2021, Online. NJ: IEEE, 2021: 1898-1908.

[18] GAROFALO A, TORTORELLA Y, PEROTTI M, et al. DARKSIDE: a heterogeneous RISC-V compute cluster for extreme-edge on-chip DNN inference and training[J]. IEEE Open Journal of the Solid-State Circuits Society, 2022, 2: 231-243.

[19] ASSIR I A, ISKANDARANI M E, SANDID H R A, et al. Arrow: a RISC-V vector

accelerator for machine learning inference[EB/OL]. (2021-07-15) [2024-08-20]. arXiv: 2107. 07169 [cs.AR].

[20] MARCHISIO A, DURA D, CAPRA M, et al. SwiftTron: an efficient hardware accelerator for quantized transformers[EB/OL]. (2023-04-25) [2024-08-20]. arXiv: 2304. 03986 [cs.LG].

[21] NAG S, DATTA G, KUNDU S, et al. ViTa: a vision transformer inference accelerator for edge applications[EB/OL]. (2023-02-17) [2024-08-20]. arXiv: 2302. 09108 [cs.AR].

[22] ZHU M, KUO T, WU C M, et al. A reconfigurable linear RF analog processor for realizing microwave artificial neural network[J]. IEEE Transactions on Microwave Theory and Techniques, 2024, 72(2): 1290-1301.

[23] HSUEH T, FAINMAN Y, LIN B, et al. ChatGPT at the speed of light: optical comb-based monolithic photonic-electronic linear-algebra accelerators[EB/OL]. (2023-11-21) [2024-08-20]. arXiv: 2311. 11224 [eess. SY].

[24] CEREZO M, VERDON G, HUANG H, et al. Challenges and opportunities in quantum machine learning[EB/OL]. (2023-03-16) [2024-08-20]. arXiv: 2303. 09491v1 [quant-ph].

[25] FLEISCHER B, SHUKLA S. Unlocking the promise of approximate computing for on-chip AI acceleration[EB/OL]. (2018-6-27) [2024-08-20].

[26] BLALOCK D, GUTTAG J. Multiplying matrices without multiplying[EB/OL]. (2021-06-21) [2024-08-20]. arXiv: 2106. 10860v1 [cs. LG].

[27] CUSSEN D, ULLMAN J D. Matrix multiplication using only addition[EB/OL]. (2023-07-04) [2024-08-20]. arXiv: 2307. 01415v1 [cs. DS].

[28] ZHU R, ZHANG Y, SIFFERMAN E, et al. Scalable MatMul-free language modeling [EB/OL]. (2024-06-18) [2024-08-20]. arXiv: 2406. 02528v5 [cs. CL].

[29] FAWZI A, BALOG M, HUANG A, et al. Discovering faster matrix multiplication algorithms with reinforcement learning[J]. Nature, 2022, 610: 47-53.

[30] SHANMUGAKUMAR M, SRINIVASAVARMA V S M, MAHAMMAD S N. Energy efficient hardware architecture for matrix multiplication[C]// IEEE 4th Conference on Information & Communication Technology (CICT 2020), Dec. 3-5, 2020, Chennai, India. NJ: IEEE, 2020: 329-334.

[31] JING Q. Xuantie matrix multiply extension instructions[EB/OL]. (2023-2-10) [2024-08-20].

[32] PEROTTI M, ZHANG Y, CAVALCANTE M, et al. MX: enhancing RISC-V's vector ISA for ultra-low overhead, energy-efficient matrix multiplication[EB/OL]. (2024-01-08) [2024-08-20]. arXiv: 2401. 04012v1 [cs. AR].

[33] LEHNERT A, HOLZINGER P, PFENNING S. Most resource efficient matrix vector multiplication on FPGAs[J]. IEEE Access, 2023: 3881-3898.

[34] PATIL S, PARAS J, et al. , POET: training neural networks on tiny devices with integrated rematerialization and paging[C]// Proceedings of the 39th International Conference on Machine Learning (ICML 2022), July 17-23, 2022, Baltimore, Maryland, USA. [S.l.]: ML Research Press, 2022, 162: 17573-17583.

[35] MEHTA S, RASTEGARI M. MobileViT: light-weight, general-purpose, and mobile-friendly vision transformer[EB/OL]. (2022-03-04) [2024-08-20]. arXiv:2110.02178v2 [cs.CV].

[36] ZHANG H, HU W, WANG X. Edgeformer: improving light-weight convnets by learning from vision transformers[EB/OL]. (2022-07-26) [2024-08-20]. arXiv: 2203. 03952 [cs.CV].

[37] YANG J, LIAO J, LEI F, et al. Tinyformer: efficient transformer design and deployment on tiny devices[EB/OL]. (2023-11-03) [2024-08-20]. arXiv: 2311. 01759v1 [cs. LG].

[38] VENIERIS S I, BOUGANIS C S, LANE N D. Multi-DNN accelerators for next-generation AI systems[EB/OL]. (2022-05-19) [2024-08-20]. arXiv: 2205. 09376v1 [cs. AR].

[39] SULEIMAN A, ZHANG Z, CARLONE L, et al. Navion: a 2mW fully integrated real-time visual-inertial odometry accelerator for autonomous navigation of nano drones[J]. IEEE Journal of Solid-State Circuits, 2019, 54(4): 1106-1119.

[40] PAREDES-VALLÉS F, HAGENAARS J, DUPEYROUX J, et al. Fully neuromorphic vision and control for autonomous drone flight[EB/OL]. (2023-03-15) [2024-08-20]. arXiv: 2303. 08778v1 [cs. RO].

[41] HOWARD A G, ZHU M, CHEN B, et al. MobileNets: efficient convolutional neural networks for mobile vision applications[EB/OL]. (2017-04-17) [2024-08-20]. arXiv: 1704. 04861 [cs.CV].

[42] SHANG J, PHIPPS N, WEY I, et al. A-DSCNN: depthwise separable convolutional neural network inference chip design using an approximate multiplier[J]. Chips 2023, 2(3): 159-172.

[43] SUZUKI J, YU J, YASUNAGA M, et al. Pianissimo: A sub-mw class DNN accelerator with progressively adjustable bit-precision[J]. IEEE Access, 2024, 12: 2057-2073.

[44] SUZUKI J, KANEKO T, ANDO K, et al. ProgressiveNN: achieving computational scalability with dynamic bit-precision adjustment by MSB-first accumulative computation[J]. International Journal of Networking and Computing, 2021, 11(2): 338-353.

第 3 章 AI 的未来：
提升 AI 算力还是提升 AI 智力

> "深度学习是目前最好的工具，但它并不是真正的智能。"
>
> ——杨立昆（Yann LeCun），Meta AI 负责人，深度学习奠基人之一，图灵奖得主
>
> "深度学习很强大，但真正的突破需要超越当前的算法框架。"
>
> ——戴维·西尔弗（David Silver），AlphaGo 的核心开发者
>
> "真正智能的系统并不一定需要庞大的模型，而是需要更高效的算法和设计。"
>
> ——加里·马库斯（Gary Marcus），认知科学家
>
> "未来的 AI 需要在资源有限的情况下做更多的事情，而不是一味地扩大规模。"
>
> ——萨提亚·纳德拉（Satya Nadella），微软 CEO

　　深度学习是推动当前第三次 AI 热潮的主流技术。因在图像识别、文档阅读和生成等各种特定任务中的表现优于人类，深度学习引起了人们普遍的关注，同时也在分类、预测、生成、异常检测等方面得到了广泛的应用。自 2022 年底以来，使用大模型的生成式 AI 又形成了新的热潮。到 2024 年初，大模型的参数量也在稳步增加，增幅大约为 2022 年底时的 1000 倍，最大的语言模型拥有数千亿个参数。智力的"涌现"（见第 6 章）尤其令人兴奋——大模型在没有直接训练过的任务中突然取得了好成绩。

　　然而，人们也指出了深度学习技术的局限性，如需要大量的监督数据和计算资源、"幻觉"（Hallucination）现象、无法理解意外情况下的行为、黑箱运行、难以解释原因等。其中当务之急是如何应对模型参数量再这样增加下去，对环境可能造成的破坏性影响。也就是说，虽然大模型有很多优势，但是一味提升大模型的参数量，从而不得不大规模提升算力，是一条非可持续发展的道路。为了突破当前 AI 的局限，尤其是面对大量资源的消耗和无休止的碳排放问题，必须尽快找到解决措施。

　　本章将探讨一些最新出现的措施和方法，介绍 AI 的新发展趋势和可能的新技术。从

近期来看，把大模型改为小模型，并使小模型在性能上与大模型不相上下或更优，以及使用终身学习（Lifelong Learning）和迁移学习（Transfer Learning）等 AI 算法，正渐渐成为趋势。而从远期来看，需要对大模型的基础——DNN 进行颠覆性的改变：重新思考上一次 AI 浪潮中的符号主义中的符号计算，结合当前以神经网络为基础的连接主义并进行创新，建立一条新的 AI 发展道路。

本章将要介绍的超维计算（Hyperdimensional Computing，HDC）也被称为向量符号计算。这种计算范式所得到的结果是一种基于计算单元（如神经元）集体状态的结果，而不像很多计算范式（包括常用的前向神经网络）那样，是信息流经过一系列计算单元序列计算之后的结果。集体状态的计算还有很多其他模式，其中的振荡计算（Oscillator-based Computing，OBC）已经受到不少研究人员的关注。而最近受到人们关注的神经符号计算是一种将深度学习与符号推理结合的方法，它可以处理从识别和行为到语言和推理等各个层面的问题。这里的神经网络与符号是本质的融合，而不是简单的组合。

神经符号计算避免了对网络中一层层神经元的烦琐的迭代计算，可以把知识和计算对象映射到符号代码上，从而大幅提高运算速度。这些把符号计算和集体状态计算带回 AI 技术的方式，已经被很多研究人员认为是可能的下一代 AI 核心技术。

本章将介绍超维计算、耦合振荡计算、神经符号计算等新的以"符号"作为基本核心单元的计算范式，及其基于新兴半导体器件的 AI 芯片实现方法。

3.1 深度学习算法的困境：大模型是一条不可持续发展的道路

2022 年 11 月，基于生成式 AI 技术的 ChatGPT 正式发布。它凭借惊人的精准回复能力很快吸引了接近一亿的用户。ChatGPT 的高准确率主要得益于 GPT-3 和 GPT-4 等大模型。这些大模型指的是计算复杂度高、模型参数量和训练数据巨大的 AI 模型。虽然相关技术在 ChatGPT 出现之前已经得到了稳步发展，但随着 ChatGPT 的广泛使用，它们的潜力被充分地激发出来。许多机构已经开始部署开发各自的大模型。

3.1.1 收益递减法则适用于神经网络

虽然大模型可以得到很好的计算结果，但是需要极大的算力。算力首先源于昂贵的高性能 AI 芯片，然后是宝贵的电力、水等与环境相关的资源。另外，还有一些关乎 AI 技术未来发展的问题：如果大模型的参数量一直增加，也就是不断提高算力，是不是可以使

AI 的智力水平越来越高，最终达到和人类一样的智力水平？在 AI 运行中，依靠堆积芯片提升算力与依靠与新兴器件适配的新算法提升智力，哪个更重要？

在 ChatGPT 出现之后，这些问题越来越多地被人们议论。研究人员也孜孜以求这些问题的答案。针对这些问题，目前研究人员已形成两大阵营。

一个阵营的人员认为近年来的成功证实了神经网络首先必须变得更大。BERT 曾被作为大模型进行评估，其 BERT Large 版本的参数量高达 3.4 亿个。在这之后，模型规模越来越大。这是技术进步所带来的扩展定律（Scaling Law），即通过增加计算时间、模型参数量及训练数据量来提高使用 Transformer（大模型使用的基本架构）模型的准确性。

在 BERT 之后，世界上最大的语言模型之一的 GPT-3 有 1750 亿个参数。然而，人脑约有 860 亿个神经元，每个神经元可形成多达 10 000 个突触。这相当于大脑中总共有大约 100 万亿个突触。一个突触大致相当于模拟神经网络中的一个参数。如果最大的 AI 模型参数量是大脑的 1/1000，那么 AI 比人类"笨"也就不足为奇了。显然，这类研究人员赞同把大模型一直扩大下去，直到最终将神经网络扩大至人类大脑的水平，就会产生非常强大、与人类相同的智能。

另一个阵营的研究人员则对这种不断扩展规模的路线持批评态度。他们认为，人工神经网络要在结构上加以改进。因为并不是每个 AI 样例都能在神经网络扩展到更大时产生更好的结果。人类智慧也表明，有一些专家比其他人更了解复杂的课题，因此能作出更好的决策。然而，专家的大脑并不是越大越好。同样，更大的神经网络并不能理解更多内容。

在 AI 狂热多年之后，Transformer 模型带来了第一个跨越式的创新。Transformer 模型的一些单元建立了一个简化的注意力模型。它们可以将模式识别集中在部分数据上，并隐去其余的输入数据。原则上，这相当于复现了人类的选择性知觉（感知）。但这种情况是否能发生在像 GPT-3、GPT-4 这样的大模型上是一个有争议的话题。Transformer 模型理论上可以自己"理解"某些概念，但实际上更可能是从庞大的数据集中"死记硬背"了这些概念。大模型只是基于统计学方法，GPT-3 也只是用肤浅的统计数字弥补了理解上的不足。GPT-3 所见的文本比任何人所能阅读的都要多。在这个数据库中，几乎所有的东西都有例子，而网络除了"鹦鹉学舌"，不需要做更多的事情。对人类用户来说，这是令人困惑和危险的。因为 GPT-3 说话和人一样精炼，但"思考"方式完全不同，很难预测它的答案哪里可靠、哪里不可靠。

与 GPT-3 相比，GPT-4 在"理解"（智力）方面并不比 GPT-3 高出多少，有些问题的回答甚至更"笨"。这表明，即便更大的模型能够从互联网的太字节级文本中提取更多的信息，它们也不会比 GPT-3 "理解"得更多。因此，它们也会被风格化的倾向迷惑，不会得出任何在数据集中某处没有说过的结论。

经济学中有一个被称为收益递减法则（Law of Diminishing Return）的原理。它指出，随着投入的增加，边际收益会逐渐减少。在神经网络技术中，收益递减法则也同样适用。在神经网络的训练过程中，随着模型参数的增加，模型的性能会逐渐提高。但是，如果参数进一步增加，模型的性能提升会变得越来越缓慢，最终甚至会出现下降。因为神经网络模型的训练是一个复杂的过程，随着参数的增加，模型的训练会变得越来越困难。收益递减法则在神经网络技术中主要体现在以下 3 个方面。

（1）模型的大小：模型越大、模型的参数越多，模型的性能就越好。但是，模型的大小不能无限增加，否则会导致模型训练困难和性能下降。

（2）训练数据量：训练数据量越大，模型的性能就越好。但是，训练数据量不能无限增加，否则会导致训练时间的增加并引起模型过拟合的风险。

（3）训练算法的优化：训练算法的优化可以提高模型的性能。但是，训练算法的优化不能无限深入，否则也会导致训练时间的增加并引起模型过拟合的风险。

因此，在选择模型大小时，或者在神经网络的训练过程中，需要注意收益递减法则，使用合理的模型大小。模型的大小应该根据具体的任务和数据集进行合理的选择，并不是越大越好。

3.1.2 资源浪费与环境破坏的问题

如果 Transformer 模型不能做比肤浅的统计更多的事情，那么将大模型参数量扩大到人类大脑神经突触的数量将是致命的资源浪费。训练 GPT-3、GPT-4 的电费动辄数百万美元，这对大多数公司来说是不现实的。建设数据中心并为其配备硬件也会消耗大量的能源。OpenAI 已经面临着外界对 GPT-3、GPT-4 不可持续发展的批评。为了接近人的智力而增加 1000 倍的能耗，似乎是不现实、不合理及不道德的。

神经网络的性能不会随着规模的扩大而线性增长。对图像识别神经网络错误率的分析表明，截至本书成稿之时，为了保持线性改进率，能耗和碳排放成本仍不得不呈指数级增长。如果继续以前的时间线发展，错误率低于 5% 的巨大 AI 神经网络将在 2025 年成为可能，但代价是要花费一个超级大城市一个月的碳排放成本（见图 3.1）。

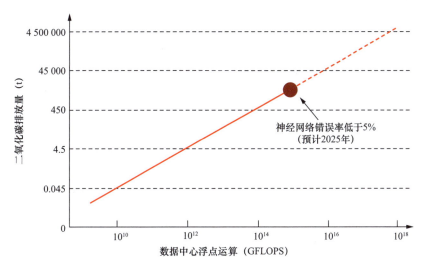

图 3.1　二氧化碳排放量随神经网络计算性能呈指数级增长

当使用一个英伟达 A100 GPU 集群进行训练时，最大的 700 亿个参数的 LLaMA 2 模型会消耗 688 128kW·h 的能源，碳排放为 291.42t（二氧化碳当量）；较小的 70 亿个参数的版本会消耗 73 728kW·h 能源，碳排放为 31.22t（二氧化碳当量）[1]。这些数字随着使用基于大模型架构进行通信的个体数的增加而增加。而更高效的硬件，如 2024 年正式供货的英伟达 Grace Hopper 超级芯片，其 CPU 和 GPU 之间采用 NVLink Chip-2-Chip 互连技术，带宽是现有英伟达 H100 GPU 的 7 倍，吞吐量是其 4.5 倍，能耗却小于英伟达 H100 GPU 的 1/5[2]。

假设第一个阵营的研究人员所秉持的一直把神经网络规模扩大下去的想法是正确的，那么现在也缺乏所需的 AI 芯片来支撑实现强大 AI 的目标。目前的 CPU、GPU 及 TPU 等芯片的成本过于昂贵、功耗过高，根本无法使 AI 模型参数量达到人脑的水平。

现在两个阵营的研究人员都同意，基于深度学习的 AI 结构仍有很多缺陷。因此，如果 DNN 在结构上仍有不足，那么将研究工作重点放在使用相当小的网络进行基础实验就很有意义。也就是说，先明白基础研究，再发明高性能、低功耗的新架构，使用新材料、新算法打造的芯片，克服目前 AI 芯片的各种不足，最后进行规模扩展，这样才有意义。研究机构与其在计算中心塞满昂贵的 GPU，不如投资基础研究，研究新 AI 技术，寻找 AI 芯片的突破点。

就目前的神经网络而言，通用人工智能（Artificial General Intelligence，AGI）（见第 9 章）可能根本实现不了。然而，当网络结构有所突破时，黯淡的前景就会变得光明。现在已经出现一丝曙光，一些研究人员开始探索大模型优化、把大模型改为小模型，以及把 AI 算法从深度学习转到超维计算等以符号计算为主的方法，或者采用终身学习、迁移学习方法。基于这些方法的芯片实现（主要是基于新兴器件），能效比仅改进现有 GPU 架构高出几个数量级。

下面介绍小模型、神经符号计算、超维计算、终身学习及迁移学习等小算力、小数据、超低功耗的 AI 计算范式（见图 3.2）。这些 AI 计算范式不需要 DNN 那样广泛的统计数据，反而用较小的数据集和较少的神经元来完成 AI 任务。

图 3.2　小算力、小数据、超低功耗的 AI 计算范式

3.2　超越 ChatGPT 的新趋势：用小模型替代大模型

既然大模型的规模、参数量不可能无限制地增加，那么是否有规模更小、成本更低但性能可以达到或超越 ChatGPT 的语言模型呢？这正是不少研究人员在 ChatGPT 出现之后，不断研究并设法解决的问题。

事实上，现在 AI 芯片的发展趋势已经有了新的变化：一些公司从部署超过 1500 亿个参数的臃肿大模型转向部署不到 1000 亿个参数的中型语言模型。这些模型不仅相对高效，而且性能好得出人意料。在某些学科中，它们的表现出人意料地接近传言中拥有 120 层、1.8 万亿个参数（是 GPT-3.5 的 10 倍多）的 GPT-4。

这意味着那些新创公司、中小型公司将有巨大的发展前景，尤其是那些正在积极考虑新的 AI 应用的公司与研究机构。

DeepMind 在 2022 年推出了拥有 700 亿个参数的 Chinchilla 语言模型，这是此类服务也能在较小模型上运行的第一个有利迹象。虽然它的训练仍然非常耗时，但在后来的使用（推理过程）中，它的成本效益要高得多。各种开源开发者的实践也表明，较小的模型也能达到相当高的水平。

但是，如何才能提升小模型的"认知水平"呢？截至本书成稿之时，研究人员已使用了一些有效的方法来提升小模型的性能，包括强化学习、指令调整（Instruction Turning）等。

3.2.1　强化学习

作为提升小模型性能的有效方法，RLHF 方法受到了人们的关注。目前，RLHF 主要被应用于自动驾驶汽车、机器人和电脑游戏。有人已经开发了基于 RLHF 的 AI 芯片。RLHF 是一个旨在模拟人类反馈的过程。虽然人类反馈已被证明在 AI 训练和基准测试中非常有用，但它既昂贵又缓慢。

与以往传统监督学习的微调方式不同，RLHF 方法首先让模型根据指令提示生成不同的回复，随后通过人工的评价反馈，使用强化学习的方式对大模型进行微调。RLHF 方法解锁了语言模型跟从人类指令的能力，使语言模型的能力与人类的需求和价值观对齐，从而使得 RLHF 微调下的语言模型具有令人惊叹的能力。

下面介绍 ChatGPT 这样的大模型的实际操作。首先，人们会对大模型根据数千条提示生成的答案给出反馈。例如，按 0～10 分给这些答案打分，或者直接决定两个答案中哪个更好。利用这种方式（包括提示、回答及人的评价）创建的训练材料，一个独立的神经网络可以学会预测这种反馈。然后，训练好的网络被用来对大模型进行微调，以取代数以百万计的问题和答案的人工反馈。OpenAI 认为，这是 ChatGPT 具备智能的决定性一步。

阿里巴巴和清华大学联合开发的 Wombat 语言模型使用了一种 RLHF 方法的变体，被称为人类反馈的排名响应（Rank Responses with Human Feedback，RRHF）。它通过条件概率的对数对不同来源的采样回答进行评分，并通过排序损失来学习将这些概率与人类的偏好对齐。相比之下，Wombat 模型表现良好，但并未超越采用指令调整的最佳模型。

3.2.2　指令调整

指令调整是一种将自然语言任务作为特定指令来学习的方法，即使在零样本学习的情况下也能达到很高的准确率。这种微调方法可以训练模型执行一系列不同的任务（通常超过 1000 项）。这些任务可以用相对标准化的方式制定，必要时还可以用一些输入和预期输出的样本来充实。指令调整也类似于 ChatGPT 的提示工程，目的是在人类提出请求时，尽量使任务接近指令调整中的训练数据。这就增加了模型理解任务并生成精准答案的机会。

近些年出现了一种新的微调方法，被称为低级别适应（Low Rank Adaptation，LoRA）[3]，受到 AI 研究人员的关注。该方法并非对 Transformer 网络的数百亿个参数都进行费力的重新调整，只是对模型中每个 Transformer 层增加了少量参数，同时冻结所有模型参数，以适应新任务。LoRA 为网络的每一层添加了单独的可训练矩阵，从而将计算量降低到原先的 1/500 或更少。因此，使用这种方法可以大幅减少训练过程中的内存占用，并大幅降低算力的需求，从而使硬件成本和电力等资源消耗显著降低。LORA 在性能相当于 MacBook Pro 的设备上即可使用。Wu 等人把 LoRA 引入他们创新的语音模型中，有效地将声学信息整合到了基于文本的大模型中 [4]。

采用小模型而能达到"高智力"的另外一个办法是使用更多的数据、更高的算力进行预训练。也就是说，如果把模型的训练时间加长，它的性能就会进一步提高。这已经在一些新的小模型实验中得到证实。这种方法虽然有效，但也需在训练时付出能耗和时间成本，但由于模型减小，特别有利于后面的推理过程。

在采用上述改进措施及其他新的方法之后，与 ChatGPT 相比，2023 年后出现的一些小模型已经让人刮目相看。这里面包含微软开发的 WizardLM（70 亿个参数）及 Orca（130 亿个参数）。这两个模型的参数量都要比 ChatGPT 少得多。然而，Orca 的性能据称达到了 ChatGPT 的 95%，在一些特别困难的科目中甚至领先 ChatGPT。

3.2.3　合成数据

大模型的性能提升可能不会再像早期版本那样大幅跃进，其中一个关键因素是高质量训练数据的匮乏。有观点认为，当前大模型主要依赖的互联网数据资源已经接近枯竭，而具身智能所需的传感数据尚未大规模投入使用。因此，研究人员正探索利用合成和定制化的高质量数据集来训练新一代模型。这种方法不仅能够解决数据短缺的问题，还能针对特定任务优化模型，使模型规模更小、推理速度更快，同时降低训练成本和能耗。此外，合成数据的引入还可能增强模型的可控性和安全性、减少偏见、提高可靠性，从而推动 AI 向更高效、更可持续的方向发展。

以上介绍的方法是从缩减模型规模的角度，也就是从软件的角度，达到降低能耗与其他资源耗费的目的。如果从硬件的角度，尤其对芯片的架构采取某种改进措施，也可大幅降低能耗。其中一个主要方法就是使用"量化"，即改变运算的数值精度来达到降功耗的目的。

在训练 DNN 时，通常选择单精度浮点数（FP32）作为模型参数的数据类型。目前，大部分 GPU 也以 FP32 甚至 FP64 的数据类型运行。但是，使用混合精度来进行训练正在变得越来越流行，它可以根据需要动态决定哪些地方需要使用 FP32，哪些地方使用 FP16（半精度）。而在通常的推理过程中，FP8 通常就足够了，这样就可以节省 3/4 的 GPU 内存。

"量化"可以最直接地降低对算力的需求，从而大大降低功耗，因此不少人还在这方面深入研究。最新的方法是将选定的参数保持在 FP16 的数据类型，而将其余参数量化为 4 位精度。这种方法既可以用于推理，也可以用于训练。如果使用 4 位精度的量化模型，就仅需要在很普通的 GPU（如 RTX 4090 等消费级 GPU）上运行，不再需要 H100 或 B100 这类高端 GPU 了，大大节省了成本。未来，语言模型参数的精度有可能降到只有 1 位。不过，这需要在模型架构上做出很大变动。

谷歌开发的 MoE 架构有望成为未来语言模型的发展方向（见 2.1.6 小节和第 9 章）。MoE 架构是一种稀疏模型。稀疏模型指的是模型中只有一部分参数是激活的，而其他参数是被抑制的。这种模型具有以下优势。

（1）降低计算成本。稀疏模型只需要计算激活的参数，因此可以显著降低计算成本。MoE 架构可以通过减少模型的参数数量来降低大模型的训练和部署成本。这使得大模型更加容易训练和部署在边缘设备上。

谷歌的 GLaM 已经证明了 MoE 架构的优势。GLaM 在零样本、单样本和少样本的学习任务上，与 GPT-3 相比分别实现了平均 10.2%、6.3% 及 4.4% 的性能提升。此外，GLaM 在训练期间只需要 GPT-3 1/3 的算力，在运行（推理）期间只需要后者一半的算力。

（2）提高模型性能。稀疏模型可以通过减少模型的复杂性来提高模型的性能。在谷歌的 MoE 架构中，模型被分为多个专家，每个专家都有自己的参数，并专注于处理特定类型的数据或任务，从而提高模型的准确性和速度。在推理时，模型会根据输入数据选择合适的专家来处理。这种方式可以有效地提高模型的性能，同时降低计算成本。

在完整的 GLaM 架构中，模型总共有 64 个专家，总参数量为 1.2 万亿个。然而，在推理时，模型只会激活其中的一小部分参数（如每次推理仅激活 2 个专家）。因此，模型的实际计算成本要远小于 1.2 万亿个参数。

这些优势使得 MoE 架构成为大模型的未来发展方向。随着 MoE 架构的不断改进，它完全可能成为大模型的标准架构。

在上文中，我们从模型架构设计的角度，探讨了降低算力需求、节省资源的几种方法。然而，如果大模型仍然基于深度学习算法及其计算范式，不从根本上改变，资源消耗问题就不会得到大规模的改善。下面我们将探讨给目前最热门的深度学习 AI 技术带来颠覆性改变的几种计算范式，包括终身学习、迁移学习，以及超维计算（又称向量符号计算）、耦合振荡计算、神经符号计算等符号计算。

3.3　终身学习与迁移学习

终身学习与迁移学习虽然被提出多年，但是在 ChatGPT 风行之际，人们也认识到了 AI 技术继续发展的瓶颈，并重新重视这两种算法。它们被认为是基于大模型的生成式 AI 之后，有前景的下一代 AI 算法候选者。

3.3.1　终身学习

终身学习是一种模仿人类行为的 AI 算法，旨在构建一种能不断适应新环境、在不断接收新信息的情况下持续学习和改进的 AI 计算方式。这种算法会尽可能多地保留以前学习的知识和技能，并将新的知识和技能与已有知识和技能融合，根据任务的变化来调整自身的学习策略，如图 3.3 所示。

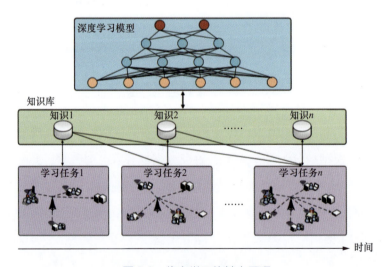

图 3.3　终身学习的基本原理

具体来说，终身学习可以通过以下方法来保持已有知识和技能的有效性。

（1）知识蒸馏：将已有知识从一个模型转移到另一个模型。

（2）知识更新：根据新知识更新已有知识。

（3）知识重组：对已有知识进行重组，使其与新知识兼容。

传统的 AI 算法通常需要在大量数据上进行训练，才能完成特定的任务。而终身学习算法可以通过不断学习新知识和技能，来适应不断变化的环境，并根据新数据来更新其神经网络的连接权重，从而保持或提高其性能。终身学习具有以下优势：能够适应不断变化的环境，能够在没有大量数据的情况下进行学习，能够提高 AI 系统的通用性和适应性。

终身学习的研究已经取得了一些进展，已有多项研究工作将传统的深度学习调整为终身学习。例如，DARPA 的 "终身学习机器" 项目已经取得了重大进展。该项目旨在开发能够不断学习和改进的 AI 系统。

终身学习的架构方面也出现了不少创新。例如，Lee 等人提出了一种双内存深度学习架构，用于在非稳态数据流中对人类日常行为进行终身学习[5]。为了让预训练模型在使用新数据训练时保留旧知识，双内存深度学习架构包括两个内存缓冲区，即深度内存和快速内存。深度内存由多个 DNN 组成，当来自新分布的数据量积累到某个阈值时，就会构建这些神经网络。快速内存是一个小型神经网络，在遇到新的数据样本时会立即更新。这两个存储模块可以在不遗忘旧知识的情况下进行持续学习。研究团队在非稳态图像数据流上的实验证明了该模型明显优于其他在线深度学习算法。存储机制在文献［6］所述的工作中也得到了应用，其中还介绍了一种可微分神经计算机，它允许神经网络动态读取和写入外部内存模块。这样就能像人类一样，终身查找和遗忘来自外部的知识。

Parisi 等人在文献［7］中考虑了一种不同的终身学习方案。他们放弃了文献［5］中所述的存储模块，设计了一种具有循环神经元的自组织架构，用于处理时变模式。该架构的每一层都采用了必要时生长（Growing When Required）网络的变体，以预测上一层网络的神经激活序列。这样就可以学习输入和标签之间的时变相关性，而无须预先设定类别数。更重要的是，该架构具有很强的鲁棒性，因为它可以容忍移动数据中常见的样本标签缺失和损坏。

然而，终身学习也面临一些挑战。例如，如何设计能够有效学习新信息的算法，以及如何确保 AI 系统能够安全、可靠地进行终身学习等，这都需要在下一步的工作中加以解决。

3.3.2　迁移学习

与终身学习不同，迁移学习只寻求利用特定领域的知识来帮助目标领域的学习，也就是利用在一个任务上训练好的模型，来完成另一个相关的任务。应用迁移学习可以加速新的学习过程，因为新任务不需要从头开始学习。这对移动网络环境非常重要，因为它们需要灵活应对新的网络模式和威胁。

迁移学习可以通过以下方法来调整迁移策略。

（1）特征选择：选择与新任务相关的特征。

（2）模型重新参数化：调整模型的参数，使其适合新任务。

（3）损失函数设计：设计适合新任务的损失函数。

迁移学习有两种极端的范式，即单样本学习和零样本学习。单样本学习指的是在预先训练好模型的情况下，仅从一个或少数几个样本中获取尽可能多类别信息的学习方法[8]。而零样本学习不需要类别中的任何样本[9]，目的是根据新类别的描述以及与现有训练数据的相关性，学习新的分布。虽然目前对单样本学习和零样本学习的研究还处于起步阶段，但采用这两种范式的算法在下一代 AI 技术中都将大有可为。

迁移学习具有以下优势。

（1）可以减少训练数据量。迁移学习可以利用在源任务上训练好的模型，来初始化目标任务的模型参数。这可以减少目标任务的训练数据量，从而提高训练效率。

（2）可以提高模型性能。迁移学习可以利用源任务上模型的先验知识，来帮助目标任务的模型进行学习。这可以提高目标任务的模型性能。

（3）可以提高模型泛化能力。迁移学习可以帮助目标任务的模型更好地适应新的数据分布，从而提高泛化能力。

但是，迁移学习也存在不足。迁移学习的效果取决于源任务和目标任务之间的相关性。如果两个任务之间的相关性较低，那么可能无法有效地迁移知识，从而无法减少训练阶段的功耗。另外，源任务数据的质量也会影响迁移学习的效果。如果源任务数据的质量较差，迁移学习可能会导致目标任务模型的性能下降。而且目标任务的数据量也会影响迁移学习的效果。如果目标任务数据量较少，迁移学习可能会导致模型过拟合。

终身学习和迁移学习有很多类似的地方。它们都使用相同的神经网络结构，例如 CNN、RNN 等；它们都使用相同的学习方法，如监督学习、无监督学习等。

另外，在降低功耗方面，终身学习和迁移学习都比深度学习更有优势。深度学习模型通常需要大量的参数来进行训练，这会导致模型的功耗较高。终身学习和迁移学习模型则可以利用现有的模型参数进行训练，因此可以减少训练所需的参数量，从而降低功耗。终身学习和迁移学习也可以通过降低模型的更新频率来降低功耗。例如，终身学习可以只在有新数据到来时更新模型，而迁移学习模型可以只在源任务和目标任务之间存在较大差异时更新模型。

终身学习和迁移学习还有以下 3 方面的差异（见表 3.1）。

（1）训练数据的不同。终身学习通常使用来自多个任务的数据来训练，而迁移学习系统通常只使用来自一个任务的数据来训练。

（2）学习目标的不同。终身学习的学习目标是提高在所有任务上的性能，而迁移学习系统的学习目标是提高在新任务上的性能。

（3）降低功耗的不同。一般来说，如果终身学习使用稀疏模型或压缩模型，则可以比迁移学习模型更省电。但是，如果迁移学习可以使用少量数据进行训练，也可能比终身学习模型更省电。在模型训练阶段，终身学习通常需要更少的数据，因此功耗更低。而终身学习在模型推理阶段通常需要更大的计算量，因此功耗可能更高。

另外，降低功耗与应用场景有紧密联系。终身学习通常具有更少的参数，需要更少的计算来进行训练和推理。因此，在需要进行大量训练的应用场景中，终身学习模型通常更省电。例如，在自然语言处理或推荐系统领域，终身学习模型可以用于提高机器翻译的准确性或推荐的精准度，而无须重新训练整个模型。因此，终身学习在这些应用场景中更省电。而在图像分类领域，迁移学习模型可以用于提高图像分类的准确性，而无须大量的图像数据。因此，迁移学习模型在这种应用场景中更省电。

表 3.1　终身学习与迁移学习的对比

特征	终身学习	迁移学习
模型	随着时间的推移不断学习	先在一个任务中学习，然后迁移到另一个任务
数据	需要较多的数据	需要较少的数据
算法	相对复杂	相对简单
训练方式	在线学习	离线训练为主
任务间依赖性	关联性弱	关联性越强，迁移效果越好
可扩展性	可持续扩展到多个新任务	可扩展性有限，适用于特定的任务
应用场景	个性化推荐、自动驾驶等	医学影像分类、语言翻译、语音识别等

3.4　符号计算

人们总是倾向于只考虑已确认的概念或已经装在脑子中的东西，并把其他未知事物作为次要细节而抛弃。虽然由此造成的不准确性会影响预测的质量，但这种选择性的感知给人们带来了一个决定性的优势：即使没有见过任何例子，也已经有"符号"概念了。人们利用符号可以非常迅速地得出抽象的概念，甚至可以对不熟悉的情况和远在未来的事件做出复杂的预测。因此，人们的广义化泛化速度要快得多，虽然这比较"粗线条"，但效率很高。而效率是对罕见事件做出明智反应的关键。

即使经过多年的 AI 研究，神经网络在长期预测和小型训练数据集方面也存在问题。因为在数据多到人类无法收集的情况下，规模巨大的神经网络模型仍坚持进行肤浅的统计。只有当研究人员用人类的智慧强迫神经网络使用许多参数时（就如下面将要讲到的超维计算），AI 才会取得进展。

在寻觅突破神经网络局限性的下一代 AI 发展方向的过程中，很多研究人员想到了 AI 发展历程中前两次热潮所用的技术：符号处理方法。第一次热潮中 AI 使用问题的符号表示（人类可读）、逻辑及搜索来推理和决策。这种方法通常被称为符号式 AI。第二次热潮中 AI 主要由专家系统推动，它依赖符号表达的各种规则，如 if-then 语句。有一段时间，人们希望专家系统能够成为智能系统的代表，甚至达到与人类思维媲美的智能程度，这类方法被称为符号主义。第三次 AI 热潮所使用的技术被称为连接主义，因为其核心是一层层把神经元连接起来的神经网络。随着深度学习的发展，符号主义和连接主义正朝着融合的方向发展。现在，这种融合已经进行了一段时间，连接主义已经到了可以处理符号的地步，因此，超维计算近年来有了很大进展，使这种融合越来越深入。这种融合又被称为神经符号计算，甚至有人认为它将成为下一次 AI 热潮的核心技术（见图 3.4）。

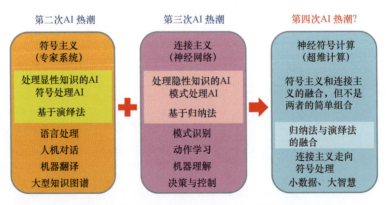

图 3.4　神经符号计算有可能成为下一次 AI 热潮的核心技术

现在，研究人员之所以重新使用符号计算方法，是想利用符号计算的简洁性，用多维向量空间的一个点来定义一个对象或一个概念，由这些海量的点组成一种集体化的状态

（不是序列状态）来获取输出的预测或决策结果，避免像 DNN 那样对一层层神经元连接的权重值进行迭代计算，从而节省大量资源。

神经网络和符号计算各有优势和劣势。神经网络擅长处理非结构化数据，如图像、音频及自然语言。神经网络可以通过学习数据来建立模式，并根据这些模式来进行预测。它的劣势是对知识的表示要求较高，需要大量的标注数据，同时推理能力较弱，无法进行复杂的推理。而符号计算擅长处理结构化数据，如数学公式、逻辑推理及文本处理。符号计算可以通过复杂推理来解决问题，并通过编程来实现特定的功能，并可以解释模型的结果。它的劣势在于对非结构化数据的处理能力和学习能力较弱。

神经网络基于张量计算，符号计算基于符号操作。张量可以表示多维数组，而符号可以表示任意对象，这可以被看作一枚硬币的两面，亦如量子力学的波粒二象性，到底是波还是粒子，取决于问题定义和观测视角。"张量"和"符号"、"波"和"粒子"，相当于数学上的"连续"与"离散"。"连续"和"离散"在概念上对立，但它们在现实世界中是统一的。例如，时间是连续的，但我们可以将时间划分为离散的秒、分钟、小时等。

因此，张量和符号可以结合起来，协同表示更复杂的对象。例如，可以使用张量来表示图像，使用符号来表示图像中的对象。神经网络可以为符号计算提供数据和推理能力，而符号计算可以为神经网络提供解释和泛化能力。

神经网络和符号计算的统一，将为 AI 带来巨大的产业机会。例如，它可以用于开发新的 AI 模型，提高 AI 系统的性能，以及开发新的 AI 产品和服务。

3.4.1 超维计算

进行 AI 计算时，需要对目标对象进行表述。这里的对象不仅指物理上存在的对象，还指可以把神经元与其他对象分开处理的各类符号。这些符号应该分开，以便在多个地方使用，但它们之间也必须根据上下文建立关联。例如，一个对象可以是一把具体的椅子，也可以泛指座椅类家具，还可以是代表舒适、惬意的抽象概念。人类大脑就具备这种性质。

然而，目前作为 AI 主流的 DNN 缺乏对这种对象或神经元符号进行建模的能力。这是一个关键的薄弱点，即对象表示以及关联与分离的问题。而新兴的神经符号计算、超维计算等研究方向弥补了深度学习在这方面的弱点。

超维计算方法可以很好地体现出大脑的上述性质。在这种方法中，每个信息片段（如猫的概念可以包括品种或颜色等）都被表示为一个单一实体：超维向量（Hyperdimensional

Vector，HV，简称超向量）。通过对这种向量元素（符号）进行乘法、加法及置换（移位），就可以迅速完成识别、分类、预测等预定的 AI 任务，而这些任务在传统的 DNN 上运行需要花费大量的算力和时间。

超维计算特别适用于一些新兴芯片架构，这些新兴芯片包括非冯·诺伊曼体系结构、存内计算、基于忆阻器的阻变随机存储器（RRAM）、相变存储器（PCM）等器件，以及自旋电子器件。超维计算与这些新兴器件的天然匹配度较高。

向量是由数字组成的有序数组。例如，3D 向量由 3 个数字组成，即 3D 空间中一个点的 x、y、z 坐标。超向量可以是一个由大量（如 10 000 个）数字组成的数组，可以代表 10 000 D 空间中的一个点。这些数学对象和操作它们的代数足够灵活和强大，可以让现代计算超越其目前的某些局限，并催生新的 AI 计算方法。

这些向量必须是正交的。正交性是指在多维空间中两个向量之间的夹角为 90°，即它们的点积为 0。在 3D 空间中，3 个相互正交的向量分别沿 x、y、z 方向。

如何来表示一个苹果的属性呢？可以创建不同的向量元素来表示苹果的"出产地""形状""颜色""口味"等。因为在高维空间中可能存在的近乎正交的向量非常多，所以可以随机指定 3 个向量来表示，保证它们相互正交（见图 3.5）。创建近乎正交的向量非常容易，这也是使用超维空间表示法的一个主要原因。

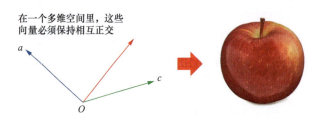

图 3.5　从苹果的各种特性中指定 3 个相互正交的向量来表示其属性

超维计算利用了高维空间（通常是上千维）的数学特性来解释和模拟人类的记忆、感知及认知过程。高维空间中的向量就是超向量，具有独立同分布的（Independent Identically Distributed，IID）的元素。这些超向量能够有效地表示和处理复杂的信息。超向量通常是 d 维（$d \geqslant 1000$）的（伪）随机向量，元素可以是二进制（如 0 和 1）或非二进制（如实数、整数等）。这些元素独立且同分布，确保了超向量之间的高分辨率和高区分度。

如果维度达到数千，就会存在大量准正交超向量。超维计算就能利用定义明确的向量运算将这些超向量组合成新的超向量，这样得到的超向量是唯一的，并且具有相同的维度。许多强大的计算模型都建立在丰富的超向量代数基础之上。超维计算已被广泛应用于认知计算、机器人、分布式计算、通信及机器学习等各个方面。它在机器学习应用中显示出了广阔的前景，尤其是在需要少样本学习、传感器内自适应学习、多模态学习，以及始终在线的智能传感等方面。

就本质而言，超维计算在出现故障、缺陷、变化及噪声时具有极强的鲁棒性，这正是极低功耗计算所需要的。研究表明，与传统分类器相比，超维计算在出现各种故障时都能非常优雅地容错，包括间歇性错误、内存和逻辑电路的永久性硬错误、新兴器件的时空参数变化，以及通信信道中的噪声和干扰。这些都证明了超维计算在低信噪比和高变化条件下能够稳定运行。

使用随机超向量而非布尔或数字标量作为基本对象进行计算的想法，是由 Kussul 等人作为关联映射神经网络的一部分提出的。超维计算可以用不同类型的向量（包含实数、复数或二进制向量）以及几何代数中的多向量来表述。这些超维模型有许多不同的名称，如全息降维表示（Holographic Reduced Representation，HRR）、乘法－加法－置换（Multiply-add-permute，MAP）、稀疏二进制分布式表述（Sparse Binary Distributed Representation，SBDR）等。这些模型都有类似的计算特性。本章提及的超维计算都使用MAP 模型[10]。

3.4.1.1　超维计算的基本要素

超维计算的基本要素包括高维空间、准正交性、相似度测量、种子超向量及条目存储器（Item Memory，IM），介绍如下。

（1）高维空间：超维计算需要高维空间。维度 d 的选择是一个重要的因素。虽然具体的维度选择可能取决于具体问题，但通常的经验是 $d \geqslant 1000$。这种高维度确保了超向量之间的正交性和稀疏性，使得它们能够有效地表示和区分复杂的信息。运算包括两个向量之间的乘法运算、置换运算及加法运算。由于超维计算使用阈值处理，向量加法不是精确的线性操作，而是通过某种非线性方法进行。虽然超维计算有时会利用向量的线性运算，但这里的"向量空间"并不是严格意义上的线性代数，而是指更丰富的类似于场的代数结构。

（2）准正交性：超维计算使用随机（严格来说是伪随机）向量作为数据表示手段。通过使用随机向量作为表示，超维计算可以利用度量集中现象，这意味着在高维向量空间中，随机向量会以很高的概率变得几乎正交。MAP 使用双极随机向量。

（3）相似度测量：超维计算的处理基于超向量之间的相似度。常用的相似度测量是点积（标量积、内积）、余弦相似度、重叠及汉明距离。在 MAP 模型中，通常使用余弦相似度或点积。下文中将使用点积（表示为 <-,-> ）作为相似度测量。

（4）种子超向量：在设计超维计算算法时，通常会定义一组用于给定问题的最基本概念或符号，并为其分配超向量。这些种子超向量被定义为不可还原的概念表述。因此，计算过程中出现的所有其他超向量都是可还原的，也就是说，它们都是由种子超向量组成的。来自某个大小为 D 的字母表的符号由随机种子超向量表示。种子超向量是双极性的，因此有任意超向量 $a \in \{-1,1\}^d$。通过随机生成向量来分配种子超向量的过程被称为映射、编码、投影或嵌入。

（5）条目存储器：种子超向量存储在条目存储器中，这是一个可寻址的内容存储器，可以是一个矩阵，也可以是一个关联存储器。

3.4.1.2 超维计算的运算方式与复合表示

种子超向量是复合超维计算表示法的基本模块。复合超维计算表示法由对种子超向量进行运算而构成。例如，代表图（复合实体）的边的一个复合超向量可以由代表其节点（基础符号）的种子超向量构建。超维计算中数据结构的这种复合组成方式类似于传统计算，而与目前作为主流的 DNN 中向量（尤其是隐藏层中的向量）通常无法轻易解析的情况截然不同。

超维计算的两个关键运算是超向量之间的二元向量运算，即叠加（Bundling）和绑定（Binding）。与普通数之间的相应运算一样，它们与表述向量空间一起构成了一个类似于场的代数结构。另一个重要的超维运算是一个超向量内元素的置换（Permutation）。

叠加又称为捆绑，是用超向量的元素相加来实现的。绑定操作是通过元素乘法实现的。置换操作就是按照预先确定的置换方式（可以随机选择）对超向量的元素进行置换。在实践中，超向量元素索引的循环位移经常使用置换操作。

（1）叠加（又称超维加法）：将两个超向量映射到另一个超向量的二元操作，用于将不同的超向量组合成一个超向量，最后的超向量与叠加中使用的每个组件相似。最后的超向量使用 n 个向量的位和阈值进行二进制化，当向量中的 $n/2$ 位为 0 时，产生 0，否则产生 1。如果 n 为奇数，就会出现这种情况。如果 n 为偶数（0 的数量等于 1 的数量），则在集合中再添加一个随机的超向量来打破平局。叠加运算可将多个超向量组合为一个超向量。例如，对于 a 和 b，它们的超向量的叠加结果 z 可简单地表示为

$$z = a + b \qquad (3.1)$$

两个以上超向量的叠加用 $\sum$ 表示。通常，叠加之后会进行阈值运算，以产生与种子超向量类型相同的结果超向量。种子超向量是双极向量，但算术"和向量"不是。因此，利用每个元素中的正负符号进行阈值运算，可以将"和向量"映射回双极超向量。这种阈值运算有时被称为择多逻辑规则（Majority Logic Rule）求和运算，并用括号表示为 $[a + b]$。除非另有说明，下文的例子均使用非阈值和。

非阈值和具有可逆性的优点，因为和中的单个元素可以通过减法（用"–"表示）去除，而不会影响其余元素。以上面的例子为例。有

$$a = z - b \qquad (3.2)$$

叠加操作可用于从表述记录中所有键对的超向量中创建单个超向量。

（2）绑定（又称超维乘法）：也是将两个超向量映射到另一个超向量的二元操作。该运算用于将两个超向量绑定在一起，通常使用 XOR 位操作来完成。输出的超向量与被绑定的超向量是正交（不相似）的。绑定操作是可逆的。形式上，对于由超向量 a 和 b 表示的两个对象 a 和 b，表示绑定对象（用 m 表示）的超向量是

$$m = a \odot b \qquad (3.3)$$

其中，$\odot$ 表示元素相乘，即 Hadamard 乘积。绑定的多重应用用 $\prod$ 表示，这样就能形成一个超向量，代表两个以上超向量的乘积。

下面用一个表示"国家"的数据库例子来说明。一个国家的数据库记录可以包括国家名称、首都和货币。要进行计算，第一步是形成表示一对键的超向量，这可以通过绑定来完成：国家⊙中国，首都⊙北京，货币⊙人民币。要创建一个代表数据库中一个国家全部数据记录的超向量，还需要另一个操作来组合不同的键对。因此，该数据库中一个国家全部记录的复合超向量可表示为：国家⊙中国 + 首都⊙北京 + 货币⊙人民币。

（3）置换（又称超维转换或移位）：作为一种替代方法，用一个特殊的矩阵来绑定超向量，该矩阵被称为置换矩阵[10]。它对次序很重要的数据和序列很关键。例如，可以使用一个固定的置换把一个序列中条目的位置，绑定到一个代表该位置上条目值的超向量。因为置换只是重新排序，它保留了超向量之间的距离。

目前，超维计算已被应用于多个领域。将实数数据映射到超向量是可能的，这使人们可以将超维计算应用于机器学习。这些应用大多与分类任务有关，如生物医学信号处理、手势识别、癫痫发作检测和定位，以及身体活动识别和故障隔离。超维计算模型也可被用于更通用的分类任务，这些工作的共同特点是训练过程简单，不需要使用迭代优化方法，

只需要少量训练样本即可进行学习。超维计算的学习过程是透明的，通过向量操作可以直观地理解模型的行为和决策过程。

下面举一个给定输入句子的欧洲语言分类的例子。在进行语言分类时，首先要将输入句子（字符序列）转换为二进制超向量序列。通过一个被称为随机投影的过程，将每个独特的字符映射到唯一的超向量（**HV**）。接下来，对超向量序列执行一系列超维运算：超维置换、超维乘法、超维加法（见图 3.6）。超维置换是对一个超维数值进行 1 位旋转移位；超维乘法是对两个超维数值进行逐位 XOR；超维加法是先对多个超维数值进行逐位累加，然后进行阈值操作（转换回二进制超维数值）。超向量中的所有元素都使用相同的阈值。超维编码器对二进制超向量序列进行这 3 种运算后，生成一个代表整个句子的超向量，被称为查询向量（**QV**）。

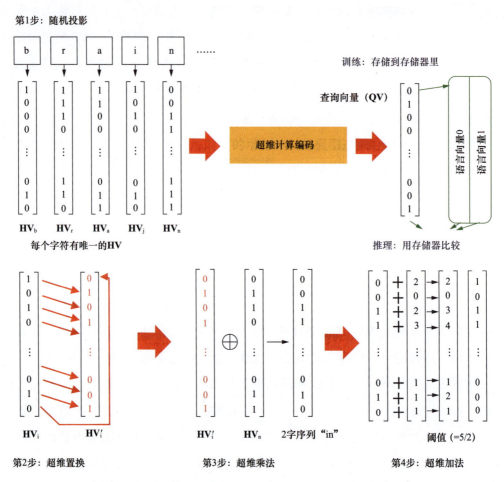

图 3.6　超维计算的主要操作过程（以语言分类中的运算为例）

在进行语言分类时，超向量会通过超维置换和超维乘法运算组合成 2 字序列 bigrams（表示 2 个相邻字母的组合的超向量）。要创建一个 2 字序列，首先要旋转前一个字符对应的超向量，然后与当前字符对应的超向量进行逐位 XOR，这样就对一个 2 字序列进行了编码。接着，将句子中的所有 2 字序列逐位累加，产生 **QV**。在训练过程中，**QV** 作为语言向量存储在内存中。推理过程将 **QV** 与存储的语言向量进行比较[11]。

在训练过程中，选择一个 **QV** 来代表一种特定的语言（对应语言的所有可用句子都被编码到一个 **QV** 中），并将其存储在内存中，这就是语言向量（见图 3.6）。在推理过程中，使用汉明距离（向量之间不匹配元素的数量）将一个 **QV** 与所有存储的语言向量进行比较，最终选择与 **QV** 的汉明距离最小的语言向量所代表的语言作为输出语言。

IBM 苏黎世团队报告了一个完整的基于存内计算的超维计算 AI 芯片[12]，其中超维计算的所有操作都在两个平面忆阻交叉棒阵列上与外围的数字 CMOS 电路一起实现。他们设计了一种方法，即在第一个忆阻交叉棒阵列内完全使用内存中的读出逻辑操作来执行超向量的绑定，并在忆阻交叉棒附近用 CMOS 逻辑进行超向量叠加。这些关键操作一起协作对超向量进行高精度的编码，同时消除了重复编程（写入）忆阻器的环节。相比之下，以前的研究人员发表的成果是采用基于 RRAM 的 XOR 查找表或数字逻辑，这将导致对忆阻器的重复编程。因为忆阻器具有有限的循环耐久性，所以重复编程的方法并不可行。

在这个架构中，第二个忆阻交叉棒阵列对第一个忆阻交叉棒阵列的编码输出超向量进行存内点积运算，用来进行关联存储器（Associated Memory，AM）搜索，实现完整的超维计算功能。该研究团队将模拟存内计算与 CMOS 逻辑结合起来，允许忆阻交叉棒阵列以所需的精度连续运行，用于广泛的多类别分类任务。他们通过大规模的软硬件混合实验验证了该系统的综合推理功能，其中多达 49 个维度等于 10 000 的超向量被编码在 760 000 个执行模拟存内计算的硬件相变存储器中。此外，使用 CMOS 技术合成的存内架构表明，与专门的数字 CMOS 实现相比，端到端能耗减少到不足原来的 1/6。该工作将超维计算的所有操作都映射到内存中或近内存存储器中，并针对 3 个特定的机器学习相关任务展示了它们的综合功能。

图 3.7 展示了与超维计算相关的基本步骤（左），以及如何利用忆阻器存内计算实现这些步骤（右）。实现器件由 3 个与基本超维计算流水线阶段有关的主要组件组成。

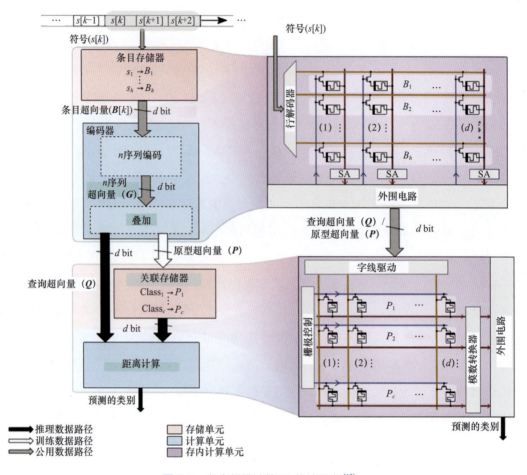

图 3.7　存内超维计算 AI 芯片示意 [12]

（1）条目存储器。它从将输入特征映射到高维空间开始，为给定应用分配独特的种子超向量表示，如图 3.7 所示。例如，拉丁字母被认为是语言识别的种子。集合中的每个种子都被随机分配了一个超向量，并保存在一个条目存储器中。种子超向量的选择可以是正交的（如语言识别中的字母），归一化汉明距离接近 0.5。种子超向量的内存存储是无法避免的，因为需要在训练和测试阶段保留种子。这里的条目存储器存储了 h 个 d 维种子超向量，对应与分类问题关联的符号。

（2）编码器。在训练过程中，基于一个有标注的训练数据集，编码器进行维度处理，通过绑定、叠加和置换对种子超向量进行操作，以产生描述相关对象或事件的 c 个 d 维复合超向量，即原型超向量。也就是说，在训练阶段将所有编码的超向量组合起来，形成代表每个类别的单一原型超向量。同样的编码模型被用来改造查询超向量，稍后在推理阶段将其与所有其他类别进行比较。

（3）关联存储器。所有训练好的原型超向量被存储在一个关联存储器中，以便用于后续的推理。在推理分类过程中，按照与训练阶段相同的程序生成未知对象或事件的查询超向量。关联存储器的基本功能是将传入的查询超向量与存储的类别进行比较，并使用适当的相似度测量返回最接近（相似度最高）的超维类别向量。目前的超维编码算法采用的两种相似度测量方法是利用 XOR 操作的汉明距离和使用内积的余弦相似度。首先，同一个编码器根据一个测试实例生成一个查询超向量。随后，在查询超向量和存储在关联存储器中的超向量之间进行搜索，以确定测试实例所属的类别。通过将信息分散到数千个维度，可以有效避免失败。

对模式的逐个组件进行的算术操作带来了高度的并行性，因为每个超向量元素只需要与一个本地元素或其直接近邻进行通信，从而减少了数据移动量。超维计算的这种高度以内存为中心的特点，正好符合使用存内计算来实现 AI 芯片的趋势。

非易失性的忆阻器非常适合用于实现条目存储器和关联存储器，而且只需要二进制的电导率状态。上述工作使用了 PCM 器件，该器件通过在非晶体（高电阻率）和晶体（低电阻率）之间切换相变材料来实现二进制数据存储。PCM 也被成功地用于神经形态计算和存内计算等新型计算模式中，这使得它成为实现超维计算极有潜力的候选者。

3.4.1.3　超维计算与芯片实现

IBM 的超维计算芯片原型采用了二进制向量作为超维模型的基本单元。但是，还有不少研究人员采用整数向量、实数向量、复数向量及稀疏向量等不同的计算方法。芯片设计除了采用 RRAM、PCM 等非易失存储器，也有人采用碳纳米管场效应管、单片 3D 叠加集成、FPGA 等来实现。超维计算的特点与 FPGA 的固有能力不谋而合。因此，有的研究人员已使用 FPGA 来实现，以加快训练与推理阶段的超维模型，或降低计算成本。另外，有的设计使用了低功耗芯片设计技术，包括近阈值电压（0.5V）实现、RISC-V 开源硬件等较新的技术。

下面介绍超维计算使用实数向量、复数向量及稀疏向量的一些新的进展与芯片实现情况。

（1）实数向量。HRR 模型[13]最初使用 d 维实数超向量，向量元素为均值为 0、方差为 $1/d$ 的 IID 正态分布。归一化向量和进行叠加后，通过循环卷积进行绑定。现在有实验已经证明利用神经工程框架的原理，在脉冲率编码的帮助下将实数超向量映射到脉冲神经元上，可以用类脑芯片实现实数向量的超维计算。

（2）复数向量。在傅里叶 HRR[14] 中，向量元素是随机相位，叠加通过先将向量元素复数相加然后归一化来实现，绑定通过元素复数相乘（相位相加）来实现。这种超维计算模型适合在耦合振荡器硬件（见 3.4.2 小节）上实现，不过还没有出现任何具体的硬件实现方法。另一种方法是将复杂的超维计算映射到神经形态硬件，用脉冲时间表示相位来实现。不过，截至本书完稿之日，还没有关于全复数超维计算类脑芯片实现的报道。

（3）稀疏向量。普通的超维计算使用密集分布式表示法。然而，稀疏性是在芯片中实现节能的重要因素。因此，使用稀疏表示的超维计算模型对将超维计算操作高效地映射到芯片上非常重要。这类模型目前有两种：二进制稀疏分布式表示（Binary Sparse Distributed Representation，BSDR）[15] 和稀疏块编码[16]。在 BSDR 模型中，超向量是稀疏模式，在放置有源器件时没有任何限制；而在稀疏块编码模型中，超向量被划分为相同大小的块，每个块只有一个有源器件。使用稀疏块编码的超维计算可能最适合在神经形态计算（类脑计算）芯片和耦合振荡器硬件上实现。目前，二进制的稀疏块编码的方案已在英特尔的 Loihi 类脑计算芯片上实现。

3.4.1.4　超维计算的实验结果

超维计算已经在数字 ASIC 及一些新兴器件（如 PCM 和 RRAM）上实现。从一些采用数字 ASIC 的初步分类实验结果来看，与使用深度学习或其他机器学习方法相比，超维计算的准确率和它们相当，速度则提高 2 倍，能效也要高 2 ～ 3 倍。

如果使用新兴器件，那么超维计算可以进一步显示其强大的鲁棒性。根据一些实验结果的报告，超维计算对间歇性硬件错误的容错率比其他解决方案高 8.8 倍，对永久性硬件错误的容错率比其他解决方案高 60 倍。这种鲁棒性使超维计算非常符合新兴硬件的低信噪比和高变异性的条件，同时还能防止错误累积。在上述 IBM 的超维计算大规模实验演示中，超维计算在 760 000 个相变存储器件上实现，使用 10 000 维二进制超向量对 3 种不同的分类任务进行模拟存内计算。尽管相变存储器件存在一些不理想的情形，但与优化过的数字 ASIC 实现相比，在达到同样精确度时，功耗小于后者的 1/6。

由于神经形态硬件通常针对稀疏网络连接进行优化，以提升脉冲通信效率，因此神经形态超维计算在可扩展性方面可能优于其他类型的硬件。此外，神经形态硬件还可以通过将超维计算与其他计算框架集成，实现混合方法。例如，基于事件的动态视觉传感器（作为前端传感器）与稀疏超维计算结合，精度相当时，在八核低功耗数字处理器上的能效比优化过的九层感知器高出 10 倍 [17]。表 3.2 所示为超维计算与传统计算和神经网络的比较。

表 3.2 超维计算与传统计算和神经网络的比较

特性	传统计算	神经网络	超维计算
分布式表示	×	√	√
从数据中学习	×	√	√
用变量和绑定进行符号计算	√	×	√
器件缺陷容错	×	?	√
高透明度	√	×	√

超维计算在通用性与专用性之间实现了灵活的折中。它能够无缝地利用分布式表示和并行计算实现高效的算法设计，具备良好的抗噪声能力和对不精确性的容忍性，并在能耗和处理速度方面提供了高效的解决方案。

然而，超维计算并非新兴芯片的唯一候选实现方案。在神经形态计算中，动态神经网络 [18] 是一种可支持完全符号运算的替代计算框架。事实上，通过将动态神经网络的实时动态性与超维计算的计算能力和可扩展性结合，动态神经网络和超维计算可以互为补充。不过，有的研究人员认为超维计算是结构化计算中最透明的方法，也是对不同类型硬件最通用的方法。

超维计算作为一个新的范式，仍然面临着不少挑战。亟待解决的挑战之一是超维计算模型的敏感性，它取决于几个因素，如用于表示输入数据的向量的维度、到高维空间的映射形式（如二进制、三进制、整数），以及“多数求和”（如叠加敏感性）。

尽管超维计算范式在 AI 实现上大有可为，但它在新兴计算芯片上的实用性仍有待详细基准测试和并行比较。超维计算未来的研究方向可能包括以下几个方面。

（1）利用超维计算的固有特性，在安全应用、图像处理及实时应用等不同领域中完成更多的分类、认知任务。

（2）开发一种有效的编码算法，以解决超维计算的容量限制。

（3）研究存储和处理不同数据表示的超向量的维度，以减少内存占用并提高系统效率。

（4）研究将神经网络与超维计算集成的各种方法，并分析系统性能的影响（见 3.4.3 小节）。

（5）紧密结合类脑芯片架构，以及存内计算、数据重用、高效数据流等新方法，根据超维计算的特点优化芯片架构。

3.4.2　耦合振荡计算

3.4.2.1　集体状态计算和序列状态计算

DNN 虽然已经取得了很大的成果，如 ChatGPT 的广泛应用，但是存在着明显的问题，即需要高算力（大量资源）、计算不透明等。神经网络的不足之处主要源于它们的基本结构和构建模块，也就是整个网络由一个个人工神经元组成。每个神经元负责接收输入、执行计算并产生输出。目前的深度学习就是由这些计算单元构成的复杂数字网络，对其经过训练来完成特定任务。

然而，人类大脑感知自然世界不可能通过单个神经元来表示不同的信息。例如识别猫类，人类不会在大脑中有一个专门用来检测橙色波斯猫的神经元。相反，人类大脑中的信息由成千上万个神经元的活动集体来表示，而不是由单个神经元的活动来表示。当这些神经元以不同的方式被激活时，它们可以表示完全不同的概念。这种现象说明了人类大脑信息编码的复杂性和多样性。

如果 AI 的主要架构是以一个个神经元为基础的，那么它的内部信息流会从一个神经元传输到另一个神经元，也就是一种序列状态计算模型。相反，另一个非常不同的计算模型——集体状态计算模型，将计算视为由相互连接的基元（如神经网络中的神经元和振荡器）组成的网络中产生的复杂、多向互动的结果。这样的集体状态计算包含了基于忆阻器阵列的神经形态计算、超维计算、基于振荡器的神经网络计算、储备池计算等，如图 3.8（a）所示，其中红色字体内容为可用振荡器实现的计算范式。

集体状态计算是指在计算过程中，系统的状态是整体的，而不是由多个状态的序列组成。

神经形态计算是一种模拟生物神经系统的计算模型。生物神经系统是由相互连接的神经元组成的，神经元之间的相互作用可以产生复杂的行为。神经形态计算中的基元是神经元（模拟生物神经元），神经元之间的相互作用也模拟生物神经元的相互作用。因此，神经形态计算是一种典型的集体状态计算模型。神经形态计算中的基元是连续的，其神经元之间的相互作用是自然的。在图 3.8（a）中，吸引子是指神经网络在给定初始条件下，经过一定时间的演化，最终会收敛到的一个稳定状态。

忆阻器阵列神经状态计算、量子计算、储备池计算等都属于集体状态计算。

序列状态计算是指在计算过程中，系统的状态是多个状态的序列，每个状态只能依赖前一个状态。例如，在图像识别中，序列计算会先将图像中的像素序列作为输入，然后通过序列计算模型来识别图像中的对象。布尔逻辑、相位逻辑、随机计算等计算模式都属于序列计算。

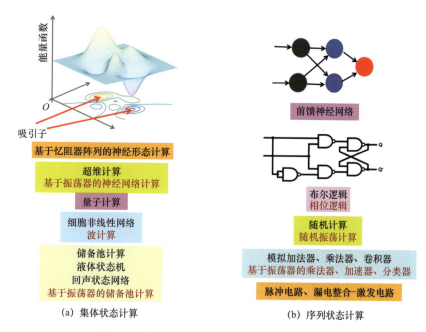

（a）集体状态计算　　　　（b）序列状态计算

图 3.8　集体状态计算和序列状态计算的对比

目前流行的 DNN（包含 CNN、RNN）基本上属于序列状态计算。它的计算流程如下。

（1）输入数据依次通过网络各层，每层都对上一层的输出进行计算和转换，生成新的输出。

（2）每一层的计算都严格依赖前一层的输出，不存在反馈或单元之间的复杂交互。

（3）网络参数优化依赖误差的逐层顺序反向传播来调整权重。

所以，DNN 的计算是基于层与层之间严格的时间和状态顺序，当前层的计算状态依赖前一层的输出状态。这符合序列状态计算的特点。

序列状态计算和集体状态计算的区别如表 3.3 所示。

表 3.3　序列状态计算和集体状态计算的区别

特征	序列状态计算	集体状态计算
基本单元	神经元	基元（如向量符号、神经元、振荡器等）
信息流	序列	多向
计算能力	强泛化能力	强并行计算能力
应用领域	图像识别、自然语言处理等	一些深度学习模型难以解决的问题

序列状态计算中的深度学习模型具有强大的泛化能力，在图像识别、自然语言处理等领域取得了巨大成功。但深度学习的训练过程通常需要大量的数据和计算资源，而且在一些需要实时处理信息的应用场景中存在一定的局限性。

集体状态计算具有较强的并行计算能力，在一些传统深度学习模型难以解决的问题上具有优势。但集体状态计算的理论研究还不够成熟，而且在实际应用中还存在一些挑战，比如如何设计高效的基元网络、如何有效地训练集体状态计算模型等。

超维计算属于集体状态计算模型。振荡计算利用振荡器的集体行为进行计算，被研究人员作为超维计算的一种模拟实现方法。振荡器是一种能够周期性振荡的系统，它的状态与周围的环境相互作用。振荡计算可以利用振荡器的非线性特性来实现复杂的计算任务。另外，与振荡计算有关的波计算（Wave Computing）利用波作为计算单元。波是一种能够在空间中传播的能量形式，它的传播速度和方向取决于所处的环境。利用波的非线性特性可以实现复杂的计算任务。波之间的相互作用可以通过波的干涉来实现。

总体来说，振荡计算和波计算都属于集体状态计算，因为它们都利用了多个独立单元或模块组成的集合来进行计算。在耦合振荡计算中，这些单元或模块是振荡器，在这些单元或模块之间存在相互耦合作用，这种相互作用可以是直接的，也可以是间接的。

为了进行计算，人工神经元应该遵循某些要求。例如，它们是多输入器件，首先计算输入的叠加，然后输出总和的非线性函数。虽然这样的操作在概念上很简单，但要找到物理上可实现的低功耗的、稳健的、行为可重复的元件来作为神经元的构件不是一件易事。

有许多类型的振荡器可以被用于直接实现神经元的功能。大多数物理振荡器受到传入振荡信号的扰动，会显示出合适的非线性相位和频率响应。例如，如果两个相互作用的振荡器，其自由运行频率之差低于某个阈值，它们就以完全相同的频率运行。除了良好的非线性单元，振荡器在物理世界中也是无处不在的，这使得它们很有潜力实现 AI 计算系统。OBC 有两个关键属性要求：在一个 OBC 中，信号由振荡信号的相位和频率来表示，不用信号的振幅来表示；信号必须通过振荡器之间的非线性相互作用进行处理[19]。

从发展历史看，OBC 的想法可以追溯到冯·诺伊曼在 1954 年的专利，他的概念方案是 OBC 的早期但至今仍然非常重要的一个例子。这个方案使用振荡器信号的相位来实现布尔数字计算。OBC 最初的构造基于真空电子管和机械元件，当然这种构造早已被淘汰，人们现在可以使用微电子振荡器，或标准的、便于制造的 CMOS 电路，甚至使用纳米自旋电子器件等新兴的器件或非电子变量。

就像由数十亿个晶体管组成的 AI 芯片一样，OBC 芯片将包含数百万至数十亿个互连的振荡器。OBC 的成功与否取决于是否能找到紧凑、低功耗、高频、低噪声、稳定、能有效互连，以及能容易地与电子电路接口的振荡构件。要全部满足这些要求并不容易。

产生振荡的物理（或化学、生物等）过程种类繁多。几乎任何其他物理量都能产生振荡，其中机械或磁性振荡是使用最广泛的振荡，其次是电振荡。还可以混合使用不同的物理量，例如，只在振荡器之间使用电路，而在振荡器器件"内部"使用其他状态变量。

对 OBC 而言，最直接的物理实现方法或许是使用 LC 振荡器，它可以周期性地在磁场或电场中存储的能量之间进行转换。这确实是早期基于振荡器的计算机的选择之一，但电感占据的芯片面积非常大，串联电阻高，而且通常仅限于低频操作。

自旋电子器件是利用电子自旋来实现计算功能的器件。自旋是一种量子力学性质，可以用来表示电子的磁矩。自旋也是电子的基本属性，具有良好的稳定性，还可以进行远距离耦合，从而实现大规模计算。利用自旋电子的特性，可以构造自旋扭转振荡器，即自旋波动子。自旋波动子的运动状态可表征和控制电子的自旋取向。在外磁场或电流的作用下，电子的自旋态会围绕特定轴产生稳定的旋转运动，即产生自旋振荡。

有一大类振荡器依赖铁磁材料中磁矩（自旋）的振荡运动。自旋力矩振荡器（Spin Torque Oscillator，STO）和自旋霍尔振荡器使用自旋极化电流来激发铁磁层中的自旋跃迁。当电流流过振荡器时，由于磁阻效应，如巨磁电阻（Giant Magnetoresistance，GMR），通过磁隧道结（Magnetic Tunnel Junction，MTJ）或自旋泵浦作用所产生的振荡磁化会对振荡器进行调制。磁振荡器因高振荡频率成为高速计算应用的理想选择，也是神经形态电路最受欢迎的物理实现方式之一。有的研究人员使用 MTJ 来实现耦合振荡器。MTJ 器件具有两个磁性层，这两个磁性层的磁矩可以相互耦合。研究人员将 MTJ 阵列连接起来，形成了耦合振荡器。自旋向上可以表示振荡器处于激发态，自旋向下可以表示振荡器处于基态。此外，还有的研究人员使用量子自旋器件来实现耦合振荡器。量子自旋器件可以实现更高精度的计算。

多个自旋波动子连接在一起可以构成自旋网络，其间通过电荷、磁耦合和自旋-轨道的相互作用进行耦合。这可以形成复杂的耦合自旋振荡器网络，并表现出种类丰富的同步（振荡器之间的相互作用）现象。通过控制自旋波动子的外磁场和电路连接，可以实现对整个自旋网络的控制，使之形成期望的振荡模式，并实现超维计算。

有的研究人员已经使用自旋电子器件来实现耦合振荡计算。根据最新的研究构建的多自旋扭转子网络中，每个节点都是一个磁性体，通过磁性和电容耦合连接。该网络展示出类脑可塑性和流体动力学，实现了基于相位的超向量计算。理论预计，这样的自旋网络可以形成万亿级的超向量空间，支持复杂度极高的振荡计算和自适应控制。

总之，使用自旋电子器件来实现耦合振荡计算具有一定的优势，相关的实验研究已经起步。振荡器之间的相互作用可以用自旋之间的相互作用来实现。计算过程是通过振荡器的状态在高维空间中演化来实现的。

超导器件可能是最接近完美的振荡器：它们消耗极低的能量，能够进行高频操作，而且不一定要占用很大的芯片面积。但超导器件也有缺点，比如需要冷却设备，不容易与输入输出电路和存储单元集成，超导器件相互之间的互连也存在挑战。虽然超导电路是热门研究领域（目前主要是与量子计算有关的应用），但它们在神经网络超导芯片的实现上尚不属于主流。

单电子器件（Single Electron Device，SED）是一种基于单个电子的器件，它为参数振荡器件的实现提供了一种备选技术。在 SED 中，金属岛通过隧道壁垒连接，单个电子可以在这些金属岛之间隧穿。金属岛之间的电容很低，以至于单个隧穿可以显著改变电路的静电场，阻止进一步的电子流动，直到电子离开该岛。隧穿会产生一个脉冲信号，它的时间常数决定了振荡的时间周期。基于 SED 的参数化器件已被证明适用于相位逻辑和神经形态电路。这些器件的优点和缺点均类似超导电路。

此外，化学振荡器也被研究用于计算。电化学反应可以产生振荡电流，人们甚至可以观察到其中由于许多振荡器相互作用而形成的复杂模式。然而，通常情况下，化学振荡的频率很低，而且尚未看到研究人员将多个振荡器与电气接口成功连接起来。

产生振荡的其他具有优势的器件有以下 3 类。

（1）激光振荡器。激光振荡器是一种利用激光谐振的特性来实现振荡的器件。激光振荡器具有频率极高、功率大等优点。

（2）量子振荡器。量子振荡器是一种利用量子力学的特性来实现振荡的器件。量子振荡器具有频率极高、功耗极低等优点，可用于超导计算。

（3）微机电系统（Micro Electro Mechanical System，MEMS）振荡器。MEMS 振荡器是利用 MEMS 技术来实现振荡的器件。MEMS 振荡器尺寸小，具有可以实现高频振荡等优点。

3.4.2.2　振荡器的耦合与互连

在 OBC 中，计算是通过振荡器的耦合来完成的。耦合的相互作用会改变振荡器的相位与频率，甚至振幅。振荡器相互作用的机制通常被称为同步化。同步只需要振荡器之间的弱耦合，而这些弱耦合往往是通过一些寄生效应在系统中自然提供的。因此，振荡器耦合的一种方法是根据振荡器状态变量的物理学原理，利用这种现有的物理互连。STO 通过磁相互作用和自旋波进行耦合。电子振荡器通过电容、电感效应或通过共享地线或电源线进行耦合。

更常见的方法是通过设计来实现耦合和互连，即设计哪些振荡器可以被耦合及以什么强度耦合。然而，大多数非布尔计算方案（尤其是神经形态网络）都是高度互连的架构，所需的互连数大大超过了振荡器数。难以互连的振荡器在 OBC 中实际上是无用的。从高扇出互连（高扇出意味着振荡器的输出能够驱动更多的负载，而不至于失去振荡的稳定性）来耦合的振荡器，就成为振荡器选择的一个重要指标。不难看出，在需要高度互连的振荡电路中，互连将成为瓶颈。

电互连是耦合电子振荡器的直接选择。电互连的强度可以固定，也可以通过简单的电路进行调整。电容或电感元件可能会导致正的或负的耦合系数（推或拉、反相或正相的耦合系数）。图 3.9 所示为一个用阻容（Resistance-capacitance，RC）元件把电子振荡器耦合在一起的例子，并假设基于二氧化钒（VO_2）张弛振荡器。

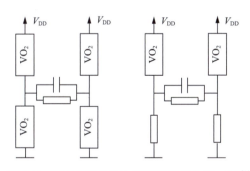

图 3.9　用阻容元件将电子振荡器耦合在一起[19]

自旋振荡器有不同的方法进行耦合：磁矩可以通过它们的偶极（磁场）或自旋波激励来耦合，也可能直接利用自旋极化电流耦合，不需要额外的电路，而拓扑结构的表面态可能会放大这种效应。为了实现直接自旋波耦合，磁振荡器应该共享相同的磁性薄膜。STO 中磁化的振荡行为在磁性薄膜中产生会传播的自旋波，它可以到达并影响邻近的 STO，导致 STO 同步。

新兴振荡器的直接物理耦合使得充分利用新兴状态变量的潜力成为可能，但几何约束可能严重限制可实现的耦合结构。例如，有些研究成果只能实现最近邻的耦合，而大多数被提议在 STO 网络的应用需要所有振荡器与所有振荡器的全耦合。耦合范围也是有限的：自旋波在大多数磁性材料中的传播范围最多为几百纳米。当然，强耦合只发生在附近的振荡器之间。有一些磁性材料所允许的自旋波的传播长度明显更长，如钇铁石榴石（YIG），其中自旋波的传播长度被测量为几十微米。原则上，在这种低阻尼的磁性材料中，成千上万的 STO 可以相互耦合，但要将自旋振荡器集成到这种磁性材料上是一个技术挑战。

3.4.2.3 用于计算的振荡器网络

振荡器网络用于计算时采用集体状态计算范式。同步可以驱动振荡器网络处于集体状态，如吸引子状态。在集体状态下，振荡器的相位和频率不是相互独立的，而是形成某种模式。这种模式代表了计算的结果。一个典型的耦合振荡计算过程如下所述。

（1）输入施加给网络。输入可以是频率模式或相位模式，它被强制作用到振荡器上，使每个单独振荡器处于物理初始状态。通过输入模式（相位或频率）可以表征一个需要处理的图像。

（2）输入被移除，振荡器的相位和频率因其相互作用而演变。同步驱动网络走向能量最小值，这也代表了类似能量约束函数的最小值。这可能是一个静止的相位模式或频率模式，它代表了处理后的输入信号。

（3）通过从振荡器组中提取相位或频率来读出计算的结果。

根据近些年的研究结果，研究人员发现耦合振荡计算可以比较有效地解决 NP 困难问题 [①]。一般来说，人们认为解决 NP 困难问题只有通过未来的量子计算机才能完成。然而，经典系统的集体状态激励中的信息量可能随着系统规模的增加而呈指数级增长。因此，设计一种基于振荡计算的加速器来解决 NP 困难问题是很有意义的，也就是说，设计一种合适的 OBC，甚至可以与量子计算机竞争。

在振荡计算范式方面取得突破的例子是由瑞典哥德堡大学和日本东北大学联合开展的 Topspin 项目，项目全称是"拓扑电子多维自旋霍尔纳米振荡器网络"。这个研究项目的目标是建立一个新的、完全磁性的、受量子启发的伊辛机，它基于自旋霍尔振荡器的

---

① 指信息量随着系统规模的增加呈指数级增长，这类问题虽然可在多项式时间内验证解的正确性，但不一定能在多项式时间内求得解。随着问题规模的增加，找到一个解所需的计算资源会呈指数级增长。一个典型例子是旅行商问题。

2D 网络。2022 年，该项目的研究人员展示了认知计算纳米元件（基于忆阻器）与另一个自旋电子振荡器的芯片集成。

与存储单元相比，把振荡器和忆阻器集成在一起代表了研究上的巨大进步，它所带来的节能优势可能对移动终端等节能技术领域产生深远的影响。该项目已经报告了在开发压控自旋电子微波纳米振荡器方面取得的进展，以及使用电压感应电场调谐微波频率和阈值电流的新进展，能耗可忽略不计。

对研究人员而言，大型自旋霍尔纳米振荡器阵列的同步为超快非常规计算提供了一条具有潜在吸引力的途径。Topspin 项目的一个重要目标是带动从数字计算到耦合振荡计算转变。从短期到长期的目标是展示在 100GHz 以上频率下的计算。现有电路已达到接近 4GHz 的速度限制。

这些忆阻器控制的振荡器阵列将忆阻器非易失性本地存储与纳米振荡器网络的微波频率计算结合，可以非常接近地模仿人脑的非线性神经网络。振荡电路具有以与人类神经元相当的方式执行复杂计算的能力。忆阻器也能够被用作可编程电阻器来执行计算。

认知任务需要强大的计算能力，而移动应用，尤其是无人机和卫星，需要高效节能的解决方案。研究人员认为，如果可以将自旋电子组件制造得足够小，那么数百个组件就可以被装入一部手机中，从而实现高能效的本地处理，并省去对高耗能服务器的需求。在实验室条件下，研究人员已经能够生产出体积非常小的组件，甚至小于单个细菌的体积。

最近，人们对使用耦合振荡器网络改进计算的研究兴趣急剧升高。因为人们相信基于振荡器的系统可能会比传统数字电路开发得更快、更多，有可能创造效率高得多的手机、无人机和自动驾驶汽车。

耦合振荡计算与传统的计算范式（如冯·诺依曼体系结构）存在以下区别。

（1）计算方式不同。耦合振荡计算使用物理系统来实现计算，而传统的计算范式使用逻辑门来实现计算。

（2）计算模型不同。耦合振荡计算使用高维空间来表示符号，而传统的计算范式使用二维空间来表示符号。

（3）计算原理不同。耦合振荡计算使用物理系统的自然规律来实现计算，而传统的计算范式使用人工规则来实现计算。

总而言之，由于具有强大的并行计算能力、非线性处理能力及可扩展性，耦合振荡计算是一种具有潜力的计算范式。随着研究的深入，耦合振荡计算将会在更多的领域得到应用。

虽然耦合振荡计算可作为超维计算的一种实现方法，但也是一种独立的计算范式。它与超维计算类似，目前相关的理论研究还不够成熟，在实际应用中还存在不少挑战。它们最有前途的应用之一是作为 AI 加速器芯片。在 AI 算法中，绝大多数的计算能力都花费在执行简单的重复性计算上，比如计算点积、卷积、应用非线性，以及识别或匹配简单的模式。虽然应用非线性严格来讲不属于简单的重复性计算，但在神经网络的每一层中都会执行这样的操作，因此在模型的训练和推理过程中，应用非线性的计算量是非常大的。而布尔逻辑、基于 CMOS 的电路在完成这些任务时并不是最优的选择。因此，为了最优地实现深度学习算法和 CNN，研究人员在努力探寻新的芯片实现方法，尤其是非布尔逻辑硬件的可能性，目标是高效地执行特定的重复性计算任务。

3.4.3　神经符号计算

神经符号计算是指将基于神经网络的方法与基于符号知识的方法结合的 AI 计算。研究人员已经确定了人类大脑中专门处理感知和认知相关信息的不同系统。这些系统共同支持人类智能，使人能够理解周围的世界并与之互动。Kahneman 将上述系统分为系统 1 和系统 2 并对它们的目标和功能进行了区分 [20]。系统 1 至关重要，它能让人理解在环境中遇到的大量原始数据，并将其转换成有意义的符号（如文字、数字和颜色），用于进一步的认知处理。系统 2 执行更有意识、更深思熟虑的高层次功能（如推理和规划），它利用背景知识对感知模块的输出进行准确定位，从而完成类比、推理及规划等复杂任务。尽管系统 1 和系统 2 具有不同的功能，但它们相互关联、相互协作，共同创造了人类的体验，使人们能够根据对环境的了解进行观察、理解和行动。

在过去的 10 多年中，在大数据基础上训练出来的 DNN 模型展示了卓越的机器认知能力，并且已经为蛋白质折叠、高效矩阵乘法和解决复杂谜题等挑战性问题提供了令人印象深刻的解决方案。目前的生成式 AI 系统（如 GPT-4）可以仅从数据中获取支持认知功能的知识结构。实现机器认知能力的前提是，从来自互联网等源头的许多文本中预测下一个单词，从而产生一个"世界认知模型"，神经网络可利用该模型支持认知。然而，人们对其黑箱性质和由此产生的不可知性的极大担忧阻碍了对机器认知能力的可靠评估。

符号模型虽然不适合大容量数据处理，却非常适合利用知识结构（如超向量、知识图谱）支持人类认知。因此，与其依赖一种系统，不如整合这两种系统：基于神经网络的系统 1（擅长大数据驱动的处理）和基于符号知识的系统 2（擅长处理依赖知识的认知）[21]。

符号化知识结构可以提供一种有效的机制，为安全性施加领域约束，并为可解释性提供明确的推理轨迹。这些结构可以为终端用户创建透明、可解释的系统，从而产生更可信、更可靠的 AI 系统，尤其是在特别关注安全的应用中。

神经符号计算可分为以下两大类。

（1）压缩结构化符号知识，与神经模式整合，并利用整合后的神经模式进行推理的方法。

（2）从神经模式中提取信息，以便映射到结构化符号知识，并执行符号推理的方法。

神经符号计算可以结合神经网络强大的泛化能力和处理非线性问题的能力，以及符号计算的并行计算和高效处理能力。神经网络可以处理大规模数据，而符号计算可以处理复杂的知识；神经网络擅长处理感知任务，而符号计算擅长处理推理任务；神经网络可以通过数据训练来学习，而符号计算可以通过自然规律来进行推理。神经符号计算有以下 3 方面的优势。

（1）更强大的泛化能力。符号计算可以对数据进行更充分的表示，从而提高神经网络的泛化能力。

（2）更快的计算速度。符号计算可以进行大规模并行计算，从而提高计算速度。

（3）更高的准确性。符号计算可以对数据进行更精确的处理，从而提高准确性。

3.4.3.1　超维计算与神经网络相结合

超维计算与神经网络相结合是神经符号计算中一个重要分支。超维计算在相对较小规模的分类任务中已经展现了优势。为了完成规模更大、结构更复杂的任务，一种常见的策略是将一些基本的超维计算元素与神经网络结合。例如，预训练神经网络的表征，与超维计算基本元素一起用于紧凑地表示一组键对，从而生成用于视觉地点识别的图像描述符；或者对从头开始训练 DNN，使其能够直接生成所需的超向量，并通过超维运算进一步绑定或叠加，以表示感兴趣的处理类别。

目前，神经网络与超维计算的结合已经取得了一些进展。例如，在自然语言处理领域，已经有研究人员使用神经网络和超维计算来提高机器翻译的准确性和流畅性。

IBM 苏黎世团队在上述基于超维计算（向量符号架构）实现的芯片的基础上，把神经网络作为控制器加入超维计算中（见图 3.10）[22]。这种方法将神经网络创建的学习表征与分布式高维向量表示的符号结合，从而引导神经网络以完全可区分的方式用不同的高维向量来表示不相关的对象。

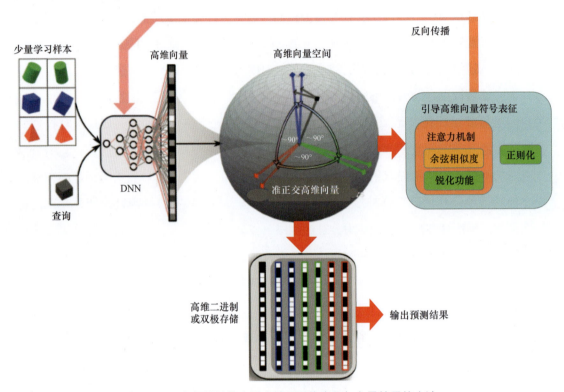

图 3.10　在超维计算中融合神经网络表征与向量符号的方法

研究显示，用于图像分类的 CNN 可以从自身的错误中学习，并在向量符号体系结构中对高维向量进行操作。它通过逐渐学习将不同的向量（如准正交高维向量）分配给不同的图像类别，并将它们映射到高维空间中彼此远离的位置来实现这种操作。重要的是，它永远不会耗尽这种不同的向量。

首先，通过将不相关的对象映射到准正交高维向量上，可以实现对对象的各种操作。同时，通过为存储器中不相关的对象分配准正交高维向量，可以引导 DNN 符合超维计算范式。然后，在学习过程中通过调整 DNN 权重来引导高维向量，使查询向量接近正确的向量集，并使不同类的向量相互远离，从而在存储器中产生相互准正交的向量。这个过程是通过使用适当的相似性和锐化函数、正则化模块，以及在 DNN 和存储器接口处扩展向量维度来实现的。由此产生的实数表示可以很容易地转换为密集的二进制或双极性高维向量，以便在存储器中使用存内计算进行高效、稳健的推理。

这种定向映射有助于系统对对象使用高维代数运算进行更丰富的操作，例如变量绑定（这是神经网络中一个尚未解决的问题）。当这些"结构化"映射存储在 AI 系统的内存中时，它们会帮助系统学习——不仅快速而且终身学习，还具有从少数几个从未见过的数据训练样本中快速学习新对象的能力（少样本学习）。

当在传统的冯·诺依曼体系结构（如 CPU 和 GPU）中进行 AI 计算时，无论是训练还是推理，计算单元对内存的读写都会形成严重瓶颈。而 IBM 苏黎世团队的工作由于使用了高维向量，它们的实数元素可以用二进制或双极元素近似，从而占用了少得多的存储空间。更重要的是，这为使用模拟存内计算硬件（忆阻器件）的高效实现打通了路径。

这种变换后的二进制高维向量被存储在忆阻器件的交叉阵列中。导致非常高密度存储器的高维向量的每个元素，由单个纳米级忆阻器件来表示。通过利用诸如欧姆定律、基尔霍夫定律等物理定律，可以有效地计算对这些宽向量的相似性搜索。

超维计算与神经网络相结合的方法在涉及 100 类图像数据集的少样本图像分类任务中得到了实验验证，每类只有 5 个训练样本，使用 256 000 个噪声大但能效极高的纳米级相变忆阻器运行计算，与传统的高精度软件实现相比，该方法的精度仅下降了 2.7%。

在涉及图像识别的各种任务中，与单独的深度学习解决方案相比，超维计算与深度学习结合的方法达到了领先的准确度。这些方法包括上述的少样本学习[22]、终身学习及视觉抽象推理[23]。这类混合架构的硬件实现可能各不相同。例如，上述用于少样本学习的关联存储器是用相变存储器实现的，以便在恒定时间内执行搜索，而神经网络则在外部实现。另外，视觉抽象推理的整个架构是在 CPU 上执行的，利用超维计算可使执行速度比功能等同的符号逻辑推理快两个数量级。

这种神经网络与符号结合的方法是将神经网络中的学习表征引导到高维符号计算的第一步。这种方法促进了快速学习和终身学习的研究，并为高层的抽象推理和对象操作铺平了道路。

3.4.3.2 其他使用符号计算的 AI 方法

符号计算 AI 方法的一个重要优点是可以与很多新兴器件的特性完美匹配。该方法不仅能提供利用分布式表示和并行操作的算法实现，还能容忍噪声和不精确。当然，超维计算并非新兴器件的唯一候选方法，其他候选方法包括概率计算[24]、基于采样的计算[25]、神经元集合计算[26]、动态神经网络[27]及知识图谱。例如，在神经形态计算中，动态神经网络是一种可支持完全符号运算的计算框架。事实上，动态神经网络的实时动态性可与超维计算的计算能力和可扩展性结合、互补[10]。

知识图谱是一种以图的形式存储知识的结构化数据库。知识图谱中的节点表示实体，边表示实体之间的关系。知识图谱可以用来表示和处理结构化数据，也可以用来表示事实、概念、关系等。知识图谱能够被应用于多种任务，如自然语言处理、计算机视觉处理、机器学习等。对任何 AI 技术来说，都必须确保数据的可访问性、可重用性、可解释性和质量。目前的深度学习 AI 方法要满足这些要求仍是一项重大挑战，机器学习、传统 NLP 技术及统计 AI 的局限性也一再显现。而使用知识图谱可解决所有这些问题，并无须对现有系统进行重大改动。

从符号计算的角度来看，知识图谱是一种符号数据结构。它使用符号来表示实体和关系。因此，知识图谱还可以被用于进行符号推理，如查询、问答、推理等。符号计算 AI 形式的语义知识模型可以有效地丰富和增强数据集。将可解释 AI 作为构建模块的思路也可以通过知识图谱来实现。

另外，知识图谱具有一些非符号计算的特征，如可以通过将非结构化数据转换为结构化数据来处理非结构化数据，也可以通过机器学习来学习知识和关系。

3.5 本章小结

基于大模型的生成式 AI 引发了广泛关注，并取得了显著成果。然而，这些成就的背后伴随着巨大的能耗和对生态环境的影响。此外，基于 Transformer 的模型仍然存在幻觉现象和逻辑错误问题，以及其他一些局限性。面对这一现状，AI 的发展路径亟待作出权衡：是继续依赖算力堆叠，以扩大模型规模来换取有限的智能提升，还是从基础研究出发，探索新的"后 Transformer"模型、架构及算法，以更高效、更可持续的方式推动 AI 进步？显然，前者难以为继，后者才是推动 AI 持续进步的关键方向。

目前，改用小模型，并采用终身学习、迁移学习等新的 AI 算法，已经渐渐成为大模型的发展趋势。大模型通过大量数据进行训练以实现多任务处理，而小模型则不同，它通过特定的数据库在特定的领域进行训练。小模型的参数范围从几百万个到几十亿个不等，不像大模型有几千亿甚至上万亿的参数。因此，小模型需要的资源和投资更少，响应时间更快，安全性更高。尤其在 2025 年正在掀起的代理式 AI（AI 智能体）浪潮中，将会出现很多使用小模型的 AI 智能体，在特定领域解决特定问题。这种小模型可以在资源受限的环境中工作，如用于边缘设备或没有网络连接的区域。人们已经开始研究基于终身学习和迁移学习的专用 AI 芯片，但是还处于初级阶段。随着神经形态芯片（类脑芯片）和新型存储器的发展，这一领域有望取得更大进展。而神经符号计算、超维计算（向量符号计算）等使用或部分使用符号计算的 AI 方法正在迅速崛起。

超维计算是一种受人类大脑启发的计算模型，它建立在对高维二进制向量进行一系列完善运算的基础上。超维计算可以同时表示多个变量，从而实现更高效、更准确的计算。通过使用超向量，AI 系统可以用更接近人类思维的方式进行学习和推理。与 DNN 不同，它不需要强行调整超参数，也不需要使用大量数据进行训练，从而有望实现快速、节能的模型训练和推理。

振荡计算是新兴的集体状态计算的一个代表，它正好巧妙地匹配了自旋电子器件的特性，从而可以利用这种纳米级器件构建模拟电路来实现 AI 计算。

超维计算和神经符号计算也可以利用新兴器件（如忆阻效应的 PCM 或 RRAM）来实现高能效的 AI 芯片。这类芯片有望紧密集成计算和存储，即实现存内计算，以减少能耗和数据传输相关的时延；采用高效电路实现（如近似计算电路、随机计算电路、可逆计算电路等），在节省能耗的同时可达到应用所需的"足够好"（不必达到最优）的精度水平；利用半导体芯片的变异性（而不是将其最小化）来实现符号计算这样具有随机性的计算模型[28]。

由于 RRAM 可以低温（<250℃）制造，这使得单片 3D 集成变得可能。这种方法是把多层晶体管和存储器进行垂直集成，使用短小、高密度的层间通孔，从而提供更高的内存带宽。新兴器件 RRAM 可实现大容量、非易失性及每单元多比特的数据存储。与 DRAM 相比，它的速度、能效和密度都大大提高，性能通常可达到 DRAM 1000 倍的量级。

神经符号计算、超维计算等都是具有潜力的 AI 发展方向。神经符号计算有可能会把 AI 带入第四次发展热潮（见图 3.11），因为这类方法能够通过重用知识、以可预测和系统的方式进行泛化来解决广泛的问题。神经符号计算将远远优于当前只针对特定狭窄领域的深度学习算法。

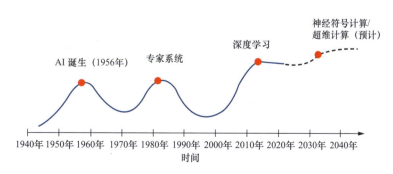

图 3.11　4 次 AI 热潮的核心技术

针对应用领域的各种问题，已经有许多研究人员尝试使用超维计算、神经符号计算来解决。使用超维计算解决问题的一些知名例子包括单词嵌入、类比推理、认知架构和建模，以及分类任务。然而，这些用例大多局限于小范围的问题，未来仍有必要证明解决方案如何扩展到现实世界中较大规模的计算问题，并用大规模的芯片来实现。更重要的是，要确定超维计算、耦合振荡计算、神经符号计算能在哪些领域发挥最大优势。目前，将这些新的计算范式扩展到 AI 领域的趋势仍在继续，未来的研究终将回答这一问题。

研究人员目前正在探索在 AI 系统中实现超向量及与神经网络结合的不同方法，并致力于优化技术，使其能够投入实际应用中。神经网络和符号计算的融合可用于解决新的 AI 问题。这种方法更容易泛化，也能更好地模拟人类大脑的结构，可以为 AI 带来新的突破，因此具有巨大的产业机会。

参考文献

[1] TOUVRON H, MARTIN L, STONE K, et al. Llama 2: open foundation and fine-tuned chat models[EB/OL]. (2023-07-19) [2024-08-20]. arXiv: 2307. 09288v2 [cs. CL].

[2] NVIDIA. NVIDIA GH200 grace hopper superchip architecture[R/OL]. (2023-12) [2024-12-14].

[3] HU E J, SHEN Y, WALLIS P, et al. Lora: low-rank adaptation of large language models[EB/OL]. (2021-10-16) [2024-08-20]. arXiv: 2106. 09685 [cs.CL].

[4] WU J, GAUR Y, CHEN Z, et al. On decoder-only architecture for speech-to-text and large language model integration[EB/OL]. (2023-10-02) [2024-08-20]. arXiv: 2307. 03917v3 [eess.AS].

[5] LEE S, LEE C, KWAK D, et al. Dual-memory deep learning architectures for lifelong learning of everyday human behaviors[C]// Proceedings of the 25th International Joint Conference on Artificial Intelligence, July 9-15, 2016, New York, USA. NY: IJCAI, 2016: 1669-1675.

[6] GRAVES A, WAYNE G, REYNOLDS M, et al. Hybrid computing using a neural network with dynamic external memory[J]. Nature, 2016, 538: 471-476.

[7] PARISI G I, TANI J, WEBER C, et al. Lifelong learning of human actions with deep neural network selforganization[J]. Neural Networks, 2017, 96: 137-149.

[8] LI F F, FERGUS R, PERONA P. One-shot learning of object categories[J]. IEEE Transactions on Pattern Analysis and Machine Intelligence, 2006, 28(4): 594-611.

[9] PALATUCCI M, POMERLEAU D, HINTON G E, et al. Zero-shot learning with semantic output codes[C]// Proceedings of the 23rd International Conference on Neural Information Processing Systems. NY: Curran Associates Inc., 2009: 1410-1418.

[10] KLEYKO D, DAVIES M, FRADY E P, et al. Vector symbolic architectures as a computing framework for emerging hardware[J]. Proceedings of the IEEE, 2022, 110(10): 1538-1571.

[11] Wu T, LI H, HUANG P, et al. Hyperdimensional computing exploiting carbon nanotube FETs, Resistive RAM, and their monolithic 3D integration[J]. IEEE Journal of Solid-State Circuits, 2018, 53(11): 3183-3196.

[12] KARUNARATNE G, GALLO M, CHERUBINI G, et al. In-memory hyperdimensional computing[J]. Nature Electronics, 2020, 3: 327-337.

[13] PLATE T A. Holographic reduced representations[J]. IEEE Transactions on Neural Networks, 1995, 6(3): 623-641.

[14] PLATE T A. Holographic reduced representations: distributed representation for cognitive structures[M]. Stanford: CSLI, 2003.

[15] RACHKOVSKIJ D A, KUSSUL E M. Binding and normalization of binary sparse distributed representations by context-dependent thinning[J]. Neural Computation, 2001, 13(2): 411-452.

[16] LAIHO M, POIKONEN J H, KANERVA P, et al. High-dimensional computing with sparse vectors[C]// Proceedings of the IEEE Biomedical Circuits and Systems Conference (BioCAS 2015), Oct. 22-24, 2015, Atlanta, GA, USA. NJ: IEEE, 2015: 1-4.

[17] HERSCHE M, RELLA E M, MAURO A D, et al. Integrating event-based dynamic vision sensors with sparse hyperdimensional computing: a low-power accelerator with online learning capability[C]// Proceedings of the ACM/IEEE International Symposium on Low Power Electronics and Design (ISLPED '20), August 10-12, 2020, Boston, MA, USA. NJ: IEEE. 2020: 169-174.

[18] SCHÖNE G, SPENCER J, DFT RESEARCH GROUP. Dynamic thinking: a primer on dynamic field theory[M]. NY: Oxford University Press, 2016.

[19] CSABA G, POROD W. Coupled oscillators for computing: a review and perspective[J]. Applied Physics Reviews. 7, 011302, 2020.

[20] KAHNEMAN D. Thinking, fast and slow[M]. NY: Farrar, Straus and Giroux, 2011.

[21] SHETH A, ROY K, GAURL M. Neurosymbolic AI — why, what, and how[EB/OL]. (2023-05-01) [2024-08-20]. arXiv: 2305. 00813v1 [cs. AI].

[22] KARUNARATNE G, SCHMUCK M, GALLO M L, et al. Robust high-dimensional memory-augmented neural networks[J]. Nature Communications, 2021, 12: 2468.

[23] HERSCHE M, ZEQIRI M, BENINI L, et al. A neuro-vector-symbolic architecture for solving Raven's progressive matrices[EB/OL]. (2023-03-03) [2024-08-20]. arXiv: 2203. 04571 [cs.LG].

[24] MANSINGHKA V K. Natively probabilistic computation[D]. MA: Massachusetts Institute of Technology, 2009.

[25] ORBÁN G, BERKES P, FISER J, et al. Neural variability and sampling-based probabilistic representations in the visual cortex[J]. Neuron, 2016, 92(2): 530-543.

[26] PAPADIMITRIOU C H, VEMPALA S S, MITROPOLSKY D, et al. Brain computation by assemblies of neurons[J]. Proceedings of the National Academy of Sciences (PNAS), 2020, 117(25): 14464-14472.

[27] SCHÖNE G, SPENCER J, DFT RESEARCH GROUP. Dynamic thinking: a primer on dynamic field theory[M]. NY: Oxford University Press, 2016.

[28] ALAGHI A, HAYESL J P. Survey of stochastic computing[J]. ACM Transactions on Embedded Computing Systems (TECS), 2013, 12(25): 1-19.

第 4 章 AI 芯片：汇聚半导体芯片产业前沿技术

> "半导体芯片是现代世界的石油，它们推动了经济、国防和整个科技行业。"
>
> ——帕特里克·基辛格（Patrick Gelsinger），英特尔前 CEO
>
> "没有先进工艺，所有计算都会受限。"
>
> ——张忠谋（Morris Chang），台积电创始人
>
> "芯片的计算能力决定了 AI 的极限，技术突破才能打破天花板。"
>
> ——黄仁勋（Jensen Huang），英伟达创始人兼 CEO
>
> "摩尔定律不再是免费的午餐。现在的进步需要更多的努力和突破性创新。"
>
> ——萨提亚·纳德拉（Satya Nadella），微软 CEO

随着科技的迅猛发展，AI 已经成为推动技术革新的核心引擎之一。同时，半导体芯片是现代经济的基石，几乎每个经济领域都离不开芯片。高性能、低功耗的芯片技术，可以使计算机越来越强大，智能手机越来越智能，甚至使机器人、智能汽车等可能成为 AI 产品。

AI 的核心是一系列最先进的半导体芯片。只有依靠芯片技术的进步，才能不断飞速提升 AI 的算力和智力，满足低功耗、低成本等要求。因此，作为产业界焦点的 AI 芯片使用的是半导体芯片产业最前沿的技术，也是最前沿技术的代表产品，带动了整个半导体产业的发展。

半导体芯片早已成为全球最尖端的科技与制造业领域之一，如今正处于新一轮高速增长与技术革新的浪潮之中。一些全新的材料、超越物理极限的新工艺、打破传统计算范式的新型芯片架构，正在成为这个产业最前沿的创新点。

AI 芯片的研发不仅代表技术的进步，还给传统芯片制造业带来了颠覆性挑战。本章将深入探讨几种重要的 AI 芯片技术，包括芯粒、异质集成、3D 堆叠（封装）、"无封装"的晶圆级单片芯片等，这些都是当前半导体芯片领域的热点话题。此外，我们还将关注摩尔定律的延续、新的 2nm 技术的崛起，以及对 EUV 光刻技术的超越。这些先进技术共同

描绘了 AI 芯片领域丰富多彩的场景，也为其未来的发展奠定了坚实基础。

在 AI 芯片的研究和应用中，新材料和制造工艺的运用越来越令人瞩目。2D 材料、固态离子器件、分子器件、3D 打印类脑芯片等新兴技术逐渐崭露头角，为芯片领域带来了全新的可能性。这些创新的材料和工艺的应用，不仅提高了芯片的性能，还为生产工艺带来更高的效率和更低的能耗。在这个充满活力的领域里，技术的不断演进引领着半导体芯片产业走向前景广阔的未来。

AI 芯片是 AI 技术的核心硬件基础，对 AI 的发展影响巨大。在传统的冯·诺依曼体系结构下，AI 芯片面临着内存墙、功耗墙、传输墙等挑战，难以满足日益增长的算力需求。因此，AI 芯片的研发需要突破传统的芯片设计理念和制造工艺，采用新的技术路线。

下面将对 AI 芯片的发展趋势进行分析，重点探讨 AI 芯片在芯片封装、工艺技术和新材料及其制造工艺等方面的技术创新。

4.1 摩尔定律仍在不断演进

有些人认为摩尔定律将在 2028 年失效，也有人给出别的失效时间。但目前摩尔定律仍然在一定程度上有效，并不断演进。不过，摩尔定律的持续有效性并不意味着半导体技术的发展没有遇到挑战。随着晶体管尺寸的不断缩小，制造工艺的复杂性和成本都在增加。此外，随着半导体设备的微型化，物理极限也开始显现，这使得摩尔定律的持续适用性受到了挑战。

4.1.1 晶体管架构从 FinFET 到 CFET

芯片中的晶体管结构正沿着摩尔定律指出的方向一代代演进，不断加速半导体的微型化和进一步集成，以满足 AI 技术及高性能计算飞速发展的需求。CMOS 工艺从传统的平面场效应晶体管（Field-effect Transistor，FET）开始，目前先进的逻辑芯片的主流是鳍式场效应晶体管（Fin Field-effect Transistor，FinFET）、纳米片全环绕栅极场效应晶体管（Gate-all-around Field effect Transistor，GAAFET）（简称 GAA 纳米片，它的大规模生产技术尚处于萌芽阶段），以及代表下一代晶体管架构的叉形片（Forksheet）和互补场效应晶体管（Complementary Field Effect Transistor，CFET）（见图 4.1，其中 NFET 指 N 型 FET，PFET 指 P 型 FET）。

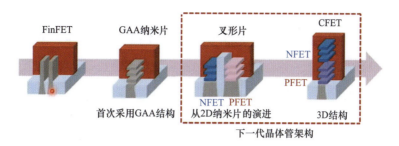

图 4.1 晶体管架构从 FinFET 到 CFET 的演进

4.1.1.1 FinFET、GAA 纳米片及叉形片

传统的平面 FET 在向小型化推进时，即使在关闭（隔离）状态下也有漏电流的问题。漏电流是指在设备关闭时电流继续流动，导致电池电量被耗尽，是需要解决的关键问题。FinFET 的目的是解决漏电流问题。在 FinFET 中，作为源极和漏极之间电流路径的沟道中控制平面（方向）的数量被增加到 3 个，以抑制漏电流。下一代 GAA 纳米片的结构有 4 个控制平面（见图 4.1）。GAA 纳米片的栅极在所有方向上都围绕着沟道，与 FinFET 相比，漏电流问题进一步减少，有助于保障在先进的逻辑半导体中实现高效率。FinFET 在 22nm 及以后的工艺中使用，而 GAA 纳米片将在 3nm 及下一代工艺中使用。

在叉形片中，以前独立的两个晶体管 NFET 和 PFET 被连接并集成在两边，从而进一步提升了集成度。同时，它们之间被放置了一层不到 10nm 的绝缘膜，以防止缺陷（主要是漏电流）的发生。比利时微电子研究中心（Interuniversity Microelectronics Centre，IMEC）预计叉形片将在 2028 年得到采用，但主要的代工厂至今仍未将其排入日程，也有可能直接跳到 CFET 技术。

4.1.1.2 下下一代晶体管架构：CFET

在 GAAFET 之后，下一次晶体管架构的技术革新将会包括 3D 堆叠式 GAAFET（3D 结构的 CFET），面积可缩小至原来的 50%。这一变化至少将 GAA 纳米片提升了几个工艺节点。可以堆叠多少层将决定这项技术的可扩展性。据 IMEC 预测，CFET 将在 2032 年实现量产，因此被称为"下下一代晶体管架构"，也被认为是硅 CMOS 技术的"终极架构"。

CFET 预计出现在 1nm 左右的工艺节点。10 多年来，CFET 一直处于设计阶段，被认为是纳米片和叉形片 FET 的下一个发展步骤。2022 年，韩国三星电子的 GAA 纳米片开始量产，开创了 3nm 工艺芯片的先河。2023 年，台积电、英特尔开始生产 3nm 芯片。2025 年，三星电子和台积电都将量产 2nm 芯片，英特尔在 2025 年下半年将量产 18Å

（1.8nm）芯片。叉形片和 CFET 有望成为下一代晶体管结构，这将加速晶体管的进一步集成。主要的代工厂正在转向大规模生产 GAAFET（英特尔的 GAAFET 被称为 Ribbon-FET），蚀刻设备和控制技术的发展也正在朝着实现这些结构的方向前进。CFET 是先在叉形片上把 NFET 和 PFET 这两个晶体管左右集成在一起后，再上下堆叠在一起（见图 4.2），这种设计进一步提高了器件的集成度，并拥有了面积和密度方面的优势，同时仍然可以限制栅极处的漏电流。FinFET、GAA 纳米片等架构主要是为避免漏电流而设计的。

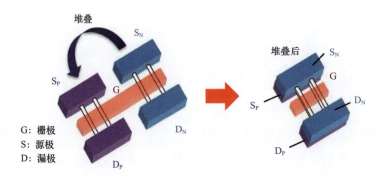

图 4.2 两个晶体管（P 型和 N 型）堆叠示意图

CFET 的概念源于 CMOS 逻辑的互补性，即 NFET 和 PFET 由同一栅极控制，结构如图 4.3 所示。两对堆叠的源极 / 漏极用于接入器件引脚，形成 5 端子（5T）结构。在这种结构中，CFET 需要两层源极 / 漏极接触点，既可以连接到埋入式电源轨（Buried Power Rail，BPR，见 4.1.2 小节），如电源正极 V_{DD}、电源负极（接地）V_{SS}，也可以连接到第一布线层（最靠近晶体管的金属层，一般用 M0 标注，可参考图 4.12）。此配置可以采用鳍片对鳍片结构，也可采用其他结构（如线对线结构、片对片结构）。

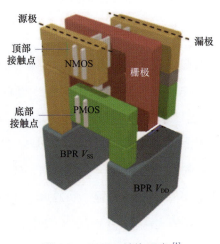

图 4.3 CFET 结构示意[1]

研究人员已经在 CFET 方面做了大量工作。自 Ryckaert 等人介绍 CFET 器件以来 [2]，已有很多研究人员对其工艺设计、器件特性及电路评估进行了全面研究。根据研究结果，4 端子（4T）CFET 的功耗 - 性能 - 面积（Power, Performance and Area，PPA）指标优于 5 端子（5T）FinFET。也有研究人员提出了单片集成和序列集成这两种制造 CFET 的方法。

2022 年，IMEC 提出了 2018—2036 年晶体管架构演进路线图（见图 4.4），并强调"摩尔定律永远不会结束"。图中，Nx（x = 7, 5, 3, 2）表示 $x$nm 工艺节点，Ay（y = 14, 10, 7, 5, 3, 2）表示 yÅ 工艺节点。

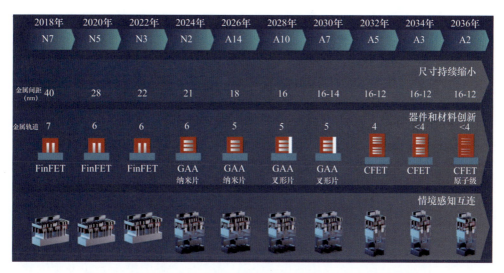

图 4.4　2018—2036 年晶体管架构演进路线图（来源：IMEC）

IMEC 预计在 2036 年，作为"终极晶体管"的 CFET 的沟道材料会采用 2D 材料，这会将沟道的厚度减少到原子级，使控制栅极变得更加容易，而且由于它们使用的沟道材料是 2D 原子排列，所以沟道可以做成像原子那样薄。该路线图预计使用的新材料包括二硫化钼（MoS_2）和二硫化钨（WS_2）。这种技术的实现需要对材料进行原子级的缺陷控制，以及相当成熟的薄膜沉积技术。与 CFET 不同，用 2D 材料制造晶体管的技术成熟度很低，能否在未来实现实用化还是未知数。

在微细化竞赛中，目前只有三四家公司处于领先地位。到底是把纳米线和纳米片横向扩展，还是垂直堆叠，各制造厂家还在规划，因为要考虑的不仅是技术演进问题，这涉及巨大的投资成本。

4.1.2　晶背供电技术——打破传统规则

长期以来，芯片上的信号线和电源供电线都是放在硅晶圆的正面，如图 4.5（a）所示。随着制造的工艺节点进入 5nm、3nm，这些连接用的金属线的间距也缩小到几纳米。这时就会出现金属表面散射和晶界散射等效应，使金属的电阻率显著增加。电阻率的增加加剧了直流电压降问题，这已成为 5nm 以下 CMOS 工艺节点高性能设计的一个显著瓶颈。

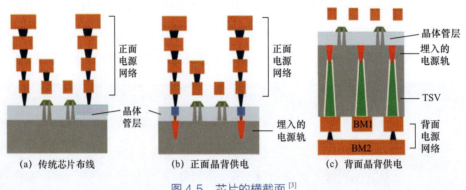

图 4.5　芯片的横截面 [3]

为了确保更低的直流电压降，研究人员设计了一种使用晶背供电技术的新型芯片电源供电网络：把整个配电网络都移到晶圆背面（芯片衬底的那一面），将电源轨埋在硅衬底中，并通过特殊的通孔连接到电源网格（正面或背面），称为晶背供电网络（Backside Power Delivery Network，BSPDN）。

BPR 是一种在芯片前端工艺深嵌进去的垂直导线，与标准单元平行。利用这些电源轨能把微缩化的 FinFET 连接到晶圆的正面与背面。电源经由深度为 320nm 的纳米硅通孔（Through Silicon Via，TSV）从晶背传输至间距仅 200nm 的埋入式电源轨，毫不占用标准单元的空间。晶背工艺也未损害到 FinFET 的性能。

在 BPR 技术中，由于金属线被铺设在没有信号的衬底下方，因此可以实现低电阻、高纵横比的电源轨。高纵横比有助于增加电源与地线之间的去耦电容，从而减少与自发电流脉冲事件相关的片外电压骤降现象。

BSPDN 不仅缓解了逻辑芯片正面在后端工艺面临的瓶颈，还能通过设计工艺协同优化（Design Technology Co-optimization，DTCO），在标准单元实现更有效率的连线设计，进而协助缩小逻辑标准单元的尺寸。

由于 BSPDN 的导线能采用尺寸更大与电阻更小的设计，因此能大幅降低芯片的直流电压降。这将允许设计人员把电源稳压器与晶体管之间的功率损失控制在 10% 以下。因此，在功率密度日益增加的压力下，系统级指标也有望受益。另外，晶圆接合技术还有助于逻辑与存储器堆叠等 3D 单芯片的实现。

2019 年，IMEC 率先提出了晶背供电技术的概念，并与 ARM 合作，以 ARM 芯片为例量化该技术的系统级优势。同时，作为一套考虑布线环境的电源线设计方案，BSPDN 也被纳入了 IMEC 的演进路线图（2nm 以下工艺节点）。近期，一些芯片大厂宣布将在其新一代逻辑芯片的商业量产工艺中导入晶背供电技术。例如，台积电的 2nm 芯片将采用晶背供电技术，预计 2025 年下半年推出，2026 年量产。英特尔定于 2025 年下半年量产的 18Å 芯片也将采用晶背供电技术，英特尔称之为 PowerVia 技术。

BSPDN 有两种：一种是正面晶背供电［见图 4.5（b）］，硅通孔允许电源直接从晶背传输到晶圆正面，电流不用经过那些在芯片正面且结构日益复杂的金属层；另外一种是更先进的背面晶背供电［见图 4.5（c）］，由通孔直接把纳米片源极和漏极的底部连接到晶背金属层 1 和 2（BM1 和 BM2）。

2023 年，IMEC 团队展示了他们在 2nm 及 1.4nm（14Å）纳米片技术的高密度（2nm、6 轨和 1.4nm、5 轨）逻辑芯片设计中采用 BPR 的实验评估情况。当微缩到 1.4nm、5 轨设计时，背面晶背供电［见图 4.5（c）］更适用。与传统芯片布线（正面供电网络）相比，背面晶背供电能在不影响能耗的情况下使其工作频率提高 6%，尺寸缩小 16%；与正面晶背供电的设计相比，背面晶背供电的工作频率提高 2%，尺寸缩小 8%，能耗降低 2%。

针对 BSPDN，IMEC 团队还研究了进一步改进其电源完整性的方法，如通过改变纳米硅通孔的制造材料。以钌（Ru）取代钨（W）制造的纳米硅通孔能降低其电阻，进而把直流电压降减少 23%。

对更高系统性能的持续需求推动着技术的发展，同时导致了严重的电源完整性问题和拥塞瓶颈。造成这一现象的主要原因是后端工艺（Back End of Line，BEOL）（互连等）遇到了严苛的物理和技术限制。在设计片上功率传输网络（Power Distribution Network，PDN）以将直流电压降保持在合理范围内时，功率密度和高电阻率金属层的增加是无法避免的挑战。同样，越来越小的标准单元为信号路由和引脚接入带来了巨大的困难，从而限制了芯片的性能。

在过去，硅晶圆的背面从未被用于布线。晶背供电技术（见图 4.6）为电路供电开了一个先例。IMEC 正在携手产业界伙伴共同探索是否可以把时钟分配网络和其他全局信号网络也移到背面。这些技术被统称为功能性晶背（Functional Backside），或晶背 2.0（Backside 2.0）。功能性晶背是一种颠覆性的技术进步，将在未来的芯片制造中发挥重要作用。BSPDN 是一种特别针对电阻最小化进行优化的电源连线，时钟分配网络则具备不同的特性，所以针对晶背的不同应用可以采取不同的方法。

信号线与供电网络都放在正面

信号线放在正面

硅片

供电网络放在背面

图 4.6　功能性晶背

晶背供电技术已经被证明可以很好地解决 5nm 以下芯片的电源完整性问题。而晶背信号技术也同样被证明是优化特定版图设计任务的有力工具。这方面的挑战还有不少，研究范围包括工艺和集成、EDA 工具和算法，以及该技术对不同应用和系统的影响。与 EUV 光刻机类似，晶背供电技术是开发更精细工艺节点的关键技术，它将成为芯片厂商的又一竞争领域。

4.1.3　EUV 光刻机与其他竞争技术

光刻技术是制造 3nm、5nm 等工艺节点的高端半导体芯片的关键技术。该技术是将设计好的芯片版图图形转移到硅晶圆上的一种精细加工技术。光刻机是光刻技术的核心设备，它的性能直接决定了芯片制造的良率和成本。

光刻技术的基本原理是利用光的照射将图形转移到光致抗蚀剂薄膜上。光致抗蚀剂是一种会在光照射下发生化学变化的材料，在光照射的区域，它的溶解性会变得较低；而在光未照射的区域，溶解性较高。在光刻过程中，光刻机先将掩模版上的图形投影到光致抗蚀剂薄膜上，然后通过刻蚀工艺将未照射的区域刻蚀掉，即可得到与掩模版图形一致的版图图形。

光刻技术的关键指标是分辨率。分辨率是指光刻机能够分辨的最小图形尺寸。分辨率越高，能够制造的芯片就越小，集成度也越高。目前，用于制造 3nm、5nm 等高端芯片的光刻机主要采用 EUV 光刻技术。EUV 波长仅为 13.5nm，是传统光刻技术使用的紫外光波长的 1/10，因此分辨率更高。

光刻技术的难点在于需要精确控制光源、掩模版、光致抗蚀剂等各个环节。光源的波长、强度、均匀性等都对分辨率有影响。掩模版上的图形必须精度非常高，否则会影响光刻的结果。光致抗蚀剂的性能也必须满足光刻的要求。

由于光刻技术的复杂性和难度，目前全球仅有少数公司能够制造高端光刻机。荷兰 ASML 是全球领先的光刻机制造商，其生产的 EUV 光刻机是目前世界上最先进的光刻机。

从历史发展的角度看，最早的投影式扫描曝光机是美国 PERKINELMER 于 1973 年推出的，其数值孔径（Numerical Aperture，NA）为 0.167。1978 年，美国 GCA 推出了 NA 为 0.28 的 g 线（g-line）步进重复式曝光机（简称步进曝光机）。之后的光刻技术经过了图 4.7 所示的几个阶段。

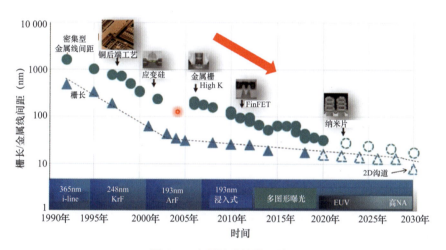

图 4.7　光刻技术的发展阶段

深紫外（Deep Ultraviolet，DUV）光刻技术是最早使用的光刻技术。DUV 光刻机使用氟化氪（KrF）或氟化氩（ArF）准分子激光器作为光源。DUV 光刻技术具有较高的成熟度，但分辨率受到波长限制，无法满足制造更小尺寸芯片的要求。

浸入式光刻技术是 DUV 光刻技术的一种重要改进，它使用氟化氩准分子激光器作为光源，并在光刻过程中将光刻掩模版浸入液体中，以提高光的有效波长，从而提高分辨率。浸入式光刻技术是目前最成熟的光刻技术之一，被广泛用于制造 28nm、14nm 等工艺的先进芯片。

2013 年，ASML 推出了第一款波长为 13.5nm、NA 为 0.33、分辨率为 13nm 半周期的 EUV 光刻机。EUV 光刻技术可以实现更高的分辨率，从而可以制造更小尺寸的芯片。EUV 光刻技术目前是制造 3nm、5nm 等先进工艺节点芯片的关键技术。

制造 EUV 设备最大的挑战是光源和镜片。ASML 的 EUV 光刻系统使用了一种独特的光源生成方法（见图 4.8），具体步骤如下。

（1）把锡熔解为直径约 25μm 的微小的锡液滴（简称微锡滴）。

（2）二氧化碳（CO_2）激光照射。这些微锡滴随后被高功率的 CO_2 激光器照射。CO_2 激光器发出的激光脉冲可将微锡滴加热到极高的温度，导致它们形成等离子体。

（3）等离子体发射 EUV 光。在等离子体状态下，锡原子失去电子，进入高能状态。当等离子体中的这些高能锡原子回到较低能量状态时，会发射出波长为 13.5nm 的 EUV 光。

（4）采集和聚焦 EUV 光。EUV 光非常微弱，因此需要一个高效的采集器。这个采集器通常是一个多层反射镜，专门设计用于最大化 EUV 光，以便采集和聚焦。

（5）发射 EUV 光。经过采集和聚焦的 EUV 光被引导并发射至光刻机的其他部分，用于在硅晶圆上进行光刻。这种 EUV 光可以实现非常精细的图案。

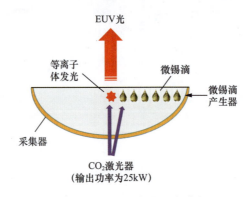

图 4.8　EUV 光刻系统的光源生成示意（来源：ASML）

微锡滴产生器会以 50 000 个 /s 的速度发射微锡滴。为了提高发光效率，微锡滴都要被激光照射两次：首先通过第一次照射使微锡滴变成蓬松的雾团，然后再照射一次。然而，在 25kW 的输出激光中，只有百分之几转化为 EUV 光，剩余的能量主要转化为热量，因此在采集器和其他光源周围安装了水冷却装置。

在 2nm 工艺节点及以后，EUV 光刻设备进一步微型化的技术趋势是提高 NA。NA 是透镜集光效率的指标，NA 越大，曝光越精细。2023 年 12 月，ASML 宣布其首个高 NA（NA = 0.55）系统已交付英特尔。英特尔将在其 1.4nm（14Å）工艺中使用该系统，预计于 2027 年左右开始量产。NA 为 0.75 的 EUV 光刻设备有望在 2035 年前问世。

在 ASML 的光刻设备中，光源输出的 EUV 光经镜面透镜反射后被传送到光掩模上，而光掩模反射的 EUV 光则进一步被传送到晶圆上。镜面透镜由德国卡尔蔡司的一家子公司制造。为了投射出精细的图形，这些镜片的表面处理需要极高的精度。卡尔蔡司在超高精度光学元件的制造方面具有世界领先的技术，可确保这些反射镜具有极高的表面平滑度和精度。

总之，EUV 光刻技术的设计制造成本、能耗及复杂性都非常高，设备的体积和质量也达到了令人难以置信的地步：整个设备由约 10 万个零件组成，重达 180t，相当于 3 架巨型喷气式货机的运输量，而最新的高 NA 机型的体积和质量甚至还将翻一倍。显然，这些问题将是 EUV 光刻技术发展的瓶颈。

上述光刻技术都属于曝光法的范畴。纳米压印光刻（Nano-imprint Lithography，NIL）技术虽然也属于光刻技术，但它是一种"无光刻"的光刻技术，因为 NIL 技术不像 EUV 光刻技术等传统曝光技术需要使用光源来制作芯片，而是使用掩模（模具），即在涂有抗蚀剂（树脂）的晶圆上刻出电路图形。它的原理十分简单，就如同人们日常盖图章一样，盖一次章，就做成一个晶圆。

早在 20 世纪 90 年代中期，哈佛大学的化学家 George Whitesides 和就职于普林斯顿大学的电气工程师 Stephen Chou 等先驱者就意识到压印技术可以扩展到亚微米范围，并发表了开创性的研究成果。1996 年，Chou 与他的研究小组成功地将二氧化硅模具置于厚度为 100nm 的 PMMA[①] 自调节支架，首先在 200℃下以 70nm 的周期性间隔压印出特征尺寸为 25nm 的结构，然后使用反应离子刻蚀将其转移到晶圆上。

NIL 技术与传统曝光技术的基本原理对比如图 4.9 所示。前者先通过喷墨技术把低黏度树脂（光阻剂）涂敷到晶圆上，再将掩模（Reticle[②]）压到树脂上；树脂通过毛细作用迅速流入掩模上的浮雕图形中。填充步骤结束后，树脂在紫外线辐射下发生作用。最后，剥离掩模，在衬底上留下图形抗蚀剂。NIL 晶圆步进机的结构示意如图 4.10 所示。

---

① 压印是在热塑性聚合物树脂中进行的，聚甲基丙烯酸甲酯（Polymethyl Methacrylat，PMMA）是该树脂中的一种。

② 在半导体制造领域，reticle 和 mask 都常被译为掩模。这两者的区别是：reticle 指用于制作 mask 的中间模板，通常为 5in、6in、9in 左右见方的玻璃制品，而 mask 是用于实际光刻工艺的玻璃板或模板，其大小与晶圆的大小相匹配（目前最大直径为 12in）。

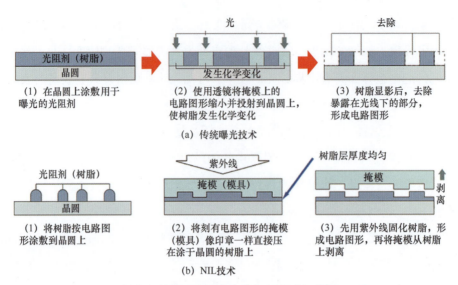

图 4.9　NIL 技术与传统曝光技术的基本原理对比（来源：Canon）

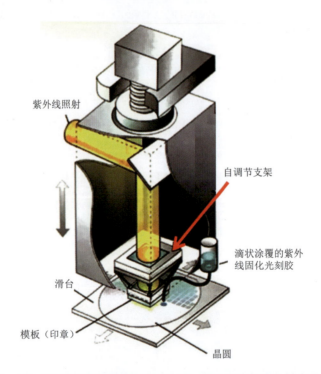

图 4.10　NIL 晶圆步进机的结构示意（来源：美国国家标准与技术研究院）

日本 Canon 于 2014 年收购了美国 MII（Molecular Imprints，Inc.），从而开始了 NIL 技术的研发。虽然 NIL 技术简单，但存在很多问题，所以长期以来一直被认为难以投入实际使用。研发人员致力于克服各种挑战，关键挑战之一是控制施加到晶圆上的树脂的涂敷量和位置。当将掩模压在晶圆上涂敷的树脂上时，无论使用何种掩模图形（凹凸的数量和大小），都会形成厚度均匀的树脂层，同时要防止树脂从掩模的侧面溢出。他们开发了一种高精度（纳米级）控制树脂涂敷量和位置的新技术，从而可以将掩模从晶圆上干净地剥离 [4]。

与其他光刻设备相比，NIL 设备近年来已经有了大幅度进步，能以更高的分辨率和均匀性忠实再现版图图形。掩模的使用次数已经从 2007 年的 4000 次，提升到现在的 10 000 次以上，在某些先进应用中甚至达到 100 000 次以上。掩模和晶圆之间的偏差也已经缩小到 1nm 或更小。由于新产品不需要用于精细电路的特殊波长光源和宽直径透镜阵列，并且不需要像现有的光刻设备那样使用重复蚀刻来形成复杂的电路图形，NIL 设备的设计可以更简单、更紧凑，从而大大节省成本并提高良率。

AI 芯片要求具有更高的性能，而为了追求 2nm 或更先进工艺节点来实现更高的处理速度，芯片制造过程中的能耗在不断地急剧增加，这成为一个严重的问题。从整个制造过程来看，由于 NIL 技术可以一次性形成复杂的 2D 和 3D 电路图形，因此与现有 EUV 光刻技术相比，可以将能耗降低至后者的 1/10 左右（见图 4.11）。

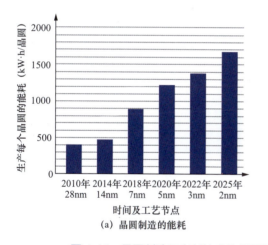

(a) 晶圆制造的能耗

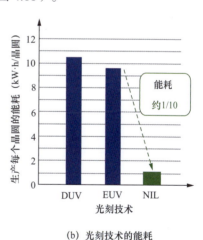

(b) 光刻技术的能耗

图 4.11 晶圆制造和光刻技术的能耗比较（来源：IEDM 和 DNP Survey）

根据日本 Canon 2023 年 10 月的新闻发布会，该公司的 NIL 技术可实现最小线宽为 14nm 的图形，相当于目前生产大多数先进逻辑半导体芯片所需的 5nm 工艺节点，并且具有高良率，可以大大降低芯片制造的成本。此外，随着掩模技术的进一步改进，预计 NIL 技术能够实现最小线宽为 10nm 的电路图形化，相当于 2nm 工艺节点，有望在未来实现高端芯片低成本生产，从而成为芯片制造的主流技术之一，为半导体产业带来一场革命。

除了 NIL 技术，X 射线光刻（X-ray Lithography，XRL）技术一直是下一代光刻技术的候选者。它使用 X 射线产生波长大约为 1nm 的光子来曝光晶圆上的抗蚀剂薄膜，从而实现比目前使用的光学光刻工具更精细的特征。然而，XRL 有一些主要的缺点，如传统镜头无法聚焦 X 射线，因此 XRL 工具无法使用镜头来缩小掩模特征。

为了完全节省掩模成本，直写技术使用电子束或激光束（包含多光子光刻）系统，将布局图案直接写入晶圆抗蚀剂层，无须使用掩模。直写技术需要在抗蚀剂层上沉积额外的导电层，以防止在图形化过程中受到光束的损坏。虽然电子束机器产生的分辨率理论值小于 1nm[①]，但吞吐量要小得多，因为它单独写入每个特征，且没有像差（Aberration）。激光束系统正在以与电子束系统差不多的成本获得市场份额，因为除了更便宜，它还不需要真空环境。由于产量小，目前电子束和激光束的使用仅限于制造小批量样品。然而，在过去 10 多年中，直写技术在提高吞吐量方面已经取得了很多进展。

表 4.1 涵盖了各种光刻技术的关键参数及目前遇到的关键瓶颈。

表 4.1　各种光刻技术的关键参数及目前遇到的关键瓶颈

技术类型	波长	分辨率	生产效率	成本	能耗	良率	适用场景	技术成熟度	关键瓶颈
DUV光刻	193nm（ArF）	约 20nm（浸没式可达 7nm）	高	高	高	高	主流半导体制造（7nm 及以上）	成熟	进一步缩小线宽（受限于光学衍射）
EUV光刻	13.5nm	2～3nm	中	极高	极高	中等	先进工艺（7nm 以下）	发展中（主流 3nm）	光源功率、掩模缺陷、反射光学系统
X 射线光刻	0.1～10nm	<1nm	低	高	高	低	研究级、极高分辨率应用	研发阶段	X 射线掩模制作复杂、设备昂贵
电子束光刻	约 0.1nm	<1nm	低	中	中	低	原型制作、科研	成熟（用于掩模制作）	速度慢，难以用于量产
粒子加速器技术	原子级	原子级	极低	极高	极高	低	未来高端芯片制造	研发阶段	设备巨大、成本极高、工艺复杂
纳米压印技术	依赖模具	5～10nm	高	低	低	中等	低成本纳米制造	商业化初期	模具寿命、缺陷控制
多光子光刻	飞秒激光（约800nm）	＜100nm	低	中	中	低	3D 纳米结构、微纳光学	研发阶段	速度慢、材料选择受限

4.2　从"集成电路"到"集成芯片"

50 多年来，半导体产业在将分立器件集成到芯片方面取得了巨大成功，晶体管数也

[①] 在实际科研应用中，电子束机器的分辨率一般为 2～5nm，掩模制造的量产应用为 10～20nm。

呈指数级增长。在未来几十年中，把许多芯片集成到一个系统中将越来越受关注。与其优化单个逻辑处理器，不如将重点转移到通过整体考虑逻辑电路、存储器及其互连线来优化整个系统。特别是把逐渐缩短和密集的互连架构与不同工艺的逻辑和存储器芯片做成异质3D 集成，这将成为提高系统级面积效率和能效的关键技术。

当前的 AI 计算是一种数据密集型计算。这种计算的高并行性和由此产生的可扩展性使得人们可以通过增加晶体管、存储单元及芯片到芯片互连的数量，来实现系统吞吐量的稳定和可预测的增长。因此，衡量一款 AI 芯片的优劣，不能只根据它的工艺节点（如14nm 还是 3nm），而需要采用更全面的指标，这些指标包括封装系统的逻辑电路密度、存储器密度及互连密度。

目前，AI 芯片面临的最大技术挑战是如何保持或超越过去 15 年数据密集型计算的性能、能效并降低成本。应对这个挑战的措施包括将芯片面积继续扩大并推向极限，同时提高封装能力。然而，这些措施明显不够。除了需要电路设计、架构、软件及算法共同创新和优化，还需要从半导体芯片的制造工艺方面来考虑，也就是最大限度地提高芯片生产的标准化和模块化程度，这也将降低设计成本并扩大应用范围。

在 20 世纪六七十年代，收音机、电视机里面的 PCB 都很大，上面装有大量的电阻器、电容器、电感器，以及少量集成电路（芯片）。随着时间的推移，可压缩到集成电路上的逻辑门数不断增加。这导致在更小的 PCB 上安装更多的元器件。在这个发展历程中，SSI（Small-scale Integration）、MSI（Medium-scale Integration）、LSI（Large-scale Integration）、VLSI（Very Large-scale Integration）分别表示小型、中型、大型、超大规模集成电路。

无论是专用 AI 芯片还是 CPU 或者 GPU，从晶圆切割出来的小硅片（也被称为裸片）都无法直接使用。裸片本身的触点太小，无法焊接到 PCB 上或插入插座中。将触点转化为实用尺寸的过程由封装工艺来完成：用一种通常由有机材料制成的基板，其中内嵌的导线可以让触点在一层一层中越来越宽，最终得到适合日常使用的毫米级的插针阵列封装（Pin Grid Array，PGA）引脚、栅格阵列封装（Land Grid Array，LGA）接触面，或球阵列封装（Ball Grid Array，BGA）焊球。

封装中的底座面积大约比裸片扩大了一个数量级。余下的步骤是连接裸片向外引脚的触点（规格为 100mm 或更大），这一步利用裸片中的金属布线层来完成（见图 4.12）。因为衬底在焊点或相关导线的密度方面有一定的限制，这种布线方式多年来几乎没有变化。

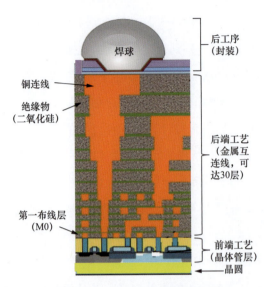

铜连线

绝缘物
(二氧化硅)

第一布线层
(M0)

焊球

后工序
(封装)

后端工艺
(金属互
连线，可
达30层)

前端工艺
(晶体管层)

晶圆

图 4.12　一个芯片封装的横截面

　　随着 AI 技术，尤其是近些年生成式 AI 的急速发展，高性能 AI 计算需要越来越复杂的电路来实现，对 AI 芯片的算力和能效提出了越来越高的要求。也就是说，需要将越来越多的晶体管组装在芯片里。一般的方法是沿着摩尔定律的路线，采用先进的工艺节点，在不增加面积的情况下提高性能。然而，这种方法的成本正在变得越来越高，3nm 工艺的产品化需要 7 亿多美元，2nm 工艺则需要 10 亿多美元。因此，迫切需要找到 AI 芯片的创新开发方法。

　　能够应对上述挑战的新技术中，芯粒与异质集成、3D 堆叠、"无封装"的晶圆级单片芯片都具备发展潜力。尤其是芯粒技术，正在引领相关技术的发展。

4.2.1　芯粒与异质集成

　　应对前文所述挑战的一种创新方法是把过去的集成电路（把分离电子元器件集成在一起的电路）变成集成芯片［把芯粒（也就是分离芯片）集成并封装在一起，或把多片芯片 3D 堆叠在一起］（见图 4.13）。也就是说，先把多个未封装的裸片安装在公共衬底上，然后全部放在单个封装中，这可以被称为多裸片系统。在这种情况下，这种裸片通常被称为芯粒（英文一般对应为 Chiplet 或 Dielet，英特尔曾称之为 Tile）。

　　集成芯片技术支持异质集成，即把不同半导体厂家、不同功能、不同工艺节点、不同材质的芯片集成在一个封装里（当然，同质芯片同样可集成）。这种方法的思路就是过去一直在说的"扩展摩尔"（More than Moore），即创造新的价值来代替不断微细化的"延续摩尔"（More Moore）路线。异质集成方面的项目正在吸引世界各地的投资，部分原因是它具有很高的投资回报率。

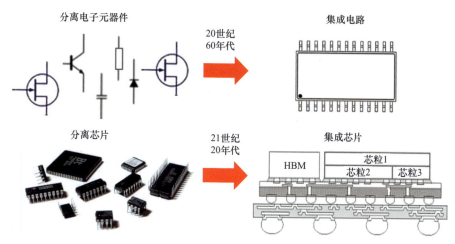

图 4.13 从集成电路到集成芯片

表 4.2 列出了集成电路与集成芯片的对比。

表 4.2 集成电路与集成芯片的对比

特征	集成电路	集成芯片
定义	将多个电子元器件集成在一块小型半导体芯片上的微型电子电路	将多片分离芯片（芯粒）封装在一起，形成更大的复杂电路
类型	单片集成电路	多芯粒封装、多芯片集成电路[①]、3D 堆叠芯片
优点	成本低、易于制造	模块化高、灵活性强、良率高、性能强
缺点	难以制造复杂电路	设计和制造成本较高

不断制造越来越小的晶体管的能力，曾经受到不少人的怀疑。例如在 14nm 工艺节点一代，有人预测最小工艺节点只能到 3nm。现在，事实证明这些怀疑是错误的。然而，我们正在接近另一个限制技术进步的因素，那就是 858mm^2 这个极限。这个芯片面积的限制打破了人们不断扩大芯片面积、以放入更多晶体管的美好愿望。

这是由于掩模的尺寸受到光刻技术的限制。为了保证成像质量和叠加精度，目前的 EUV 光刻机对单个掩模的最大照射面积有严格限制。ASML 的新型 EUV 光刻机 NXE:3400C 的最大掩模尺寸就是 858mm^2（29.1mm×29.5mm），这已经接近理论极限值[②]。要进一步扩大照射范围非常困难，这会导致像差和重叠误差太大，影响曝光质量。

① 这里的"多芯片集成电路"主要包含多芯片模块（Multichip Module），这种方法已经存在几十年，但由于技术不够完善，用途十分有限，而且成本高昂。

② 传统的掩模最小极限值为 26mm×33mm，在高数值孔径（NA）极紫外（EUV）光刻系统中进一步缩小到一半大小。

另外，当超过 600mm²（如 25mm × 25mm）时，良率 ① 开始下降。

所以，在目前和未来较长一段时间内，858mm² 都是 EUV 光刻技术中掩模的最大边界值。超过这个边界值，光刻机很难确保曝光的有效性。

作为参考例子，在 0.8μm 工艺节点推出的英特尔奔腾处理器的芯片尺寸为 300mm²，拥有约 300 万个晶体管。2021 年，以台积电 7nm 工艺节点制造的英伟达 A100 芯片尺寸约为 836mm²，拥有约 540 亿个晶体管（见图 4.14）。

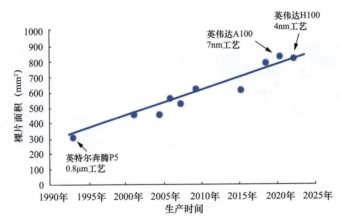

图 4.14　包括 GPU 在内的高端微处理器的典型裸片面积与生产时间的关系

截至本书成稿之时，最新 AI 芯片（采用单片方法）的掩模尺寸差不多已经达到极限。这意味着几乎没有空间来封装更多的晶体管了。而芯片面积越大，造成缺陷的概率就越大，因此良率难以提高。

解决上述问题的一个方案是采用集成芯片方法，即通过用硅在芯片衬底和裸片（芯粒）之间增加一个中介层来实现多个裸片的互连。中介层具有多层互连和硅通孔。由于这是使用硅芯片制造工艺实现的，工艺节点比当前最先进的水平稍显落后，但可实现的掩模尺寸是当今最大单片裸片的 2 倍，相当于约 1700mm²（约 41mm × 41mm）。未来能够实现的掩模尺寸将是当今最大单片裸片的 4 倍，相当于约 3400mm²（约 58mm × 58mm），这就可以在中介层上放置很多块 AI 处理主芯片和高带宽存储器（HBM）等裸片。

为了与完全的 3D 堆叠技术区分开来，放置中介层的技术通常被称为 2.5D 技术。台积电将其中介层技术称为基板上芯片（Chip on Wafer on Substrate，CoWoS），而三星则称之为 I-Cube。

3D 堆叠产品的一个典型例子是 HBM，底部是控制器，上面有 4 ～ 8 个裸片（未来

---

① 良率是指有效裸片数与总裸片数之比。

会更多）的实际存储单元。堆叠的芯片之间通过硅通孔实现连接，即垂直穿过裸片。带存储单元的芯片不再是晶圆的完整高度，而是被磨掉了，几乎比一张纸都薄。

4.2.1.1　芯粒互连

芯粒技术中的难点、出现最多竞争方案的方面，是芯粒与芯粒之间的互连。这种连接要么在中介层内或上部（顶部）实现（台积电 CoWoS 等），要么在硅桥上或内部（底部）（英特尔、IBM 等）实现。

在 2022 年 3 月，全球知名芯片制造商英特尔、台积电、三星联手芯片封测龙头企业日月光集团，与 AMD、高通、谷歌、微软、Meta 等科技巨头公司共同推出了全新的通用芯片互连标准——通用芯粒互连技术（Universal Chiplet Interconnect Express，UCIe）1.0 版本，旨在为芯粒互连制定一个新的开放标准，简化相关流程，并提高来自不同制造商的芯粒之间的互操作性。在这个标准之下，芯片制造商可以在合适的情况下混合构建芯片。目前，UCIe 产业联盟的会员囊括了芯片设计、制造及用户等上下游的上百家重要企业。2023 年 8 月，UCIe 1.1 版本发布。英特尔已经通过 Pike Creek 展示了支持 UCIe 的芯片，并计划在 Arrow Lake 消费者处理器上使用 UCIe。

UCIe 兼容设计方案使用中介层。中介层方法带来了额外的成本，以及制造、热管理的复杂性。有一家名为"Eliyan"的新创公司发明了一项被称为 NuLink 的技术，即在每个芯粒的两侧构建物理互连层，从而可以抛弃中介层（见图 4.15，图中 NuLink 表示为 NuLK）。这种互连技术已于 2023 年 4 月在台积电 5nm 工艺上进行了流片验证。NuLink 是物理层连接，这意味着可以在其上运行任何想要的协议层。

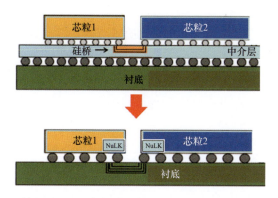

图 4.15　使用 NuLink 加标准封装的多芯粒系统（来源：Eliyan）

为什么要在 NuLink 物理层之上运行 UCIe 协议层，而不是在 UCIe 自己的物理层之上运行它呢？这是因为 NuLink 可在不到此前技术一半的面积区域内提供超过其 2 倍的带宽，同时消耗不到一半的功耗。

使用中介层的唯一优点是连线密度高，可以以低功耗实现高带宽。相比之下，它的缺点是多方面的。最主要的缺点是中介层限制了封装尺寸（基板尺寸最多为 4 个掩模）。另外，还有封装成本高、生产周期长，测试覆盖范围有限且良率较低，以及热串扰较高、电源完整性差等缺点。

而省去中介层的 NuLink 技术可以支持大型且复杂的封装系统（基板最大尺寸可达 10 ～ 12 个掩模）。NuLink 以低功耗提供高带宽，具有封装成本低、生产周期短、测试覆盖率高、良率高，以及低热串扰、良好的信号和电源完整性等优点。

使用这种新颖的互连技术时，芯片面积被扩大，从而可以放置具有更多晶体管的处理器以及更多的存储器。

另一家名为 Chipletz 的新创公司成立于 2021 年，提供智慧衬底（Smart Substrate ™）芯粒异质集成产品，这是一种创新的封装技术。该技术像 Eliyan 的 NuLink 一样省去了中介层，直接在衬底布线，不需要像 NuLink 那样的接口电路，从而再一次简化了互连、提高了性能。Chipletz 以 AI 工作负载、沉浸式应用和高性能计算系统为目标，曾计划在 2024 年向客户和合作伙伴交付首批产品，但截至本书成稿尚无官方消息。

集成芯片时，芯粒的尺寸不能太小也不能太大，有一个最佳尺寸。最佳尺寸的大小需要考虑很多因素，包括芯粒的良率、IP 重用、测试和 I/O 复杂性。将这些考虑因素综合起来，可以得到芯粒的最佳尺寸为 $1 ～ 100mm^2$，以 $2 ～ 10\mu m$ 的间距连接到基板。

除了中介层、硅桥、UCIe、NuLink 等技术，行之有效的芯粒连接方法和标准还有线束（Bunch of Wires，BoW）、混合键合等。未来，这些方法可能会被用于复杂的设计，从而为更多创新打开大门。中国也发布了自己的标准。在 2022 年 12 月举办的第二届中国互连技术与产业大会上，首个由中国相关企业和专家共同主导并制定的《小芯片[①]接口总线技术要求》标准，正式通过工业和信息化部主管的中国电子工业标准化技术协会的审定并发布。这是中国首个原生芯粒技术标准，对中国芯片产业延续摩尔定律、发展芯粒产业具有重要意义。

4.2.1.2　采用芯粒技术的代表性产品

目前，不少知名的芯片生产厂家在高端商用芯片中使用了芯粒技术。

（1）苹果与台积电合作开发了 UltraFusion 封装技术，这也是一种类似芯粒的技术，

---

① 小芯片是 Chiplet 的另一种中文译法。

能同时传输超过 1 万个信号，芯片间的互连带宽可达 2.5TB/s，超过了 UCIe 1.0。苹果此前发布的 M1 Ultra 芯片将两个 M1 Max 芯片的裸片，采用 UltraFusion 封装技术进行了互连，将 CPU 核增加至 20 个，而 GPU 核数更是直接增加至 64 个。M1 Ultra 处理器有 1140 亿个晶体管，它的神经网络引擎也增加至 32 核，能够进行 22TOPS 的运算。

（2）在 2023 年美国消费电子展（Consumer Electronics Show，CES）上，AMD 带来了一款重量级产品——Instinct MI300，这是 AMD 首款数据中心 HPC 级的 APU，AMD 董事长兼首席执行官（Chief Executive Officer，CEO）苏姿丰称其是"AMD 迄今为止最大、最复杂的芯片"，共集成 1460 亿个晶体管，采用了芯粒技术，在 4 块 6nm 芯片上，堆叠了 9 块 5nm 的计算芯片，以及 8 块共 128GB 的 HBM3 芯片。

（3）英特尔数据中心 GPU Max 系列（这些芯片过去被称为 Ponte Vecchio GPU），拥有 47 个芯粒（英特尔称之为 Tile）和 1000 多亿个晶体管。通过英特尔的 Foveros 和嵌入式多芯片互连桥（Embedded Multi-die Interconnect Bridge，EMIB）技术，47 个芯粒被连接起来，形成一个大的整体芯片。实际的计算单元芯粒在台积电的生产线上以 N5（5nm）工艺生产，连接芯粒以 N7（7nm）工艺生产，而英特尔则在自己的 3 个不同工艺中自行生产其余部件。

4.2.1.3　芯粒技术的主要使用场景

目前，芯粒技术有以下 5 种主要使用场景。

（1）简单地将一堆同质芯粒（如 CPU、GPU、NPU 等）安装在同一基板上。

（2）如果需要创建单片同质芯片，但因为它面积大于 $858mm^2$ 而无法做到，可以通过将其按功能拆分为几个较小的芯粒来实现。

（3）已经开发了某种特定功能（如收发器、内存接口等 I/O 功能）的芯片，它已在较早的工艺节点上实现并经过严格测试，并且不会从更先进的工艺节点上重新实现而受益。在这种情况下，可以将这些功能实现为芯粒，这些芯粒围绕用最先进技术节点实现的核心芯片而组成系统。例如，英特尔 Agilex 7 和 Agilex 7 SoC FPGA 中除了包含主芯片，还有 6 个收发器芯粒。

（4）可以把整个要实现的系统分解为在最佳节点（成本、功耗等方面）实现这些功能的异质芯粒。例如，使用 28nm 工艺实现的射频芯片、使用 16nm 工艺实现的 ADC，以及使用 3nm 工艺实现的数字逻辑电路。

（5）芯粒技术的长期愿景是让较小的公司能够购买芯粒 IP（作为如 FPGA、处理器及存储器等类型的 IP 核），并将它们像乐高积木一样连接在一起，以相对快速、轻松地创建自己的多裸片系统。因此，需要形成一个芯粒生态系统（见图 4.16）及芯粒库，有各种用不同技术节点做成的芯粒，按需取用。这样的生态系统有望在未来几年逐渐形成。

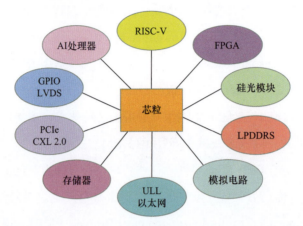

注：GPIO 是通用输入 / 输出口（General Purpose Input Output）；LVDS 是低电压差动信号（Low-voltage Differential Signaling）；ULL 是超低时延（Ultra-low Latency）；LPDDRS 是低功耗双倍数据速率 SDRAM（Low Power Double Data Rate SDRAM）。其中一些芯粒还在开发中。

图 4.16　未来的芯粒生态系统

4.2.1.4　IP 即芯粒

芯粒的开发和迭代周期远短于 ASIC，因此可提升晶圆厂和封装厂的生产线利用率，也可以建立新的可互操作的组件、互连、协议和软件生态系统。有的公司提出"IP 即芯粒"（IP as a Chiplet）理念，旨在以芯粒实现特殊功能 IP 的即插即用，解决 5nm、3nm 及以下工艺中性能与成本的平衡，并缩短较大规模芯片的设计时间，同时降低风险。

目前产业界把芯粒做成 IP 的一些例子如下。

（1）存储器。HBM 本身由几个裸片组成，它是作为一个成品模块交付给 CPU 和 GPU 制造商的生产线，而不是交付单个部件。从 CPU 和 GPU 制造商的角度来看，整个 HBM 封装是众多芯粒中的一个。

（2）光互连。Ayar Labs 的开发人员开展了封装内光互连工作，涉及结合光和电功能的芯粒。这个芯粒的外侧提供光互连，而电功能一侧与主裸片对接。有的公司也在研发硅光芯粒。

（3）片上网络（Network on Chip，NoC）。Arteris IP 是一家可提供先进的片上网络互连 IP 的公司。目前，他们正在开发一种名为"超级 NoC"的技术，可用于多裸片系统中的芯粒与芯粒的互连。

（4）FPGA。YorChip 是一家总部位于硅谷的新创公司，专注于为大众市场开发芯粒。他们采用了 QuickLogic 的 40 000 个查找表（Look-up Table，LUT）eFPGA IP，用带宽为 1TB/s 的 UCIe I/O 围起来，并用他们自己的低时延结构对其进行增强，所有这些组成了一个独特的芯粒（见图 4.17）。开发人员可以将它们包含在自己的片上系统设计中，也可以将多个芯粒连接在一起，如构建最多 6×6 阵列（36 个 FPGA 芯粒）以提供 100 万个以上的 LUT 容量。

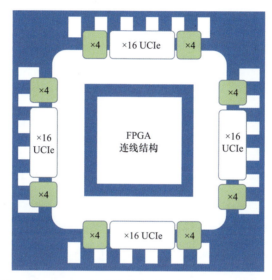

图 4.17　FPGA 芯粒的基本结构（来源：YorChip）

（5）RISC-V。一些芯粒开发者已经在设计时考虑到了 RISC-V。RISC-V 是一种开源的标准指令集架构，基于已确立的精简指令集计算（Reduced Instruction Set Computing，RISC）原理。与专有的 ISA 不同，RISC-V 可以免费实现，无须支付许可费，因此对希望为特定应用定制 AI 处理器的硬件开发人员来说，RISC-V 是一个很有吸引力的选择。从微型微控制器到高性能服务器，它有着不断增加的软件和工具生态系统，应用前景非常广阔。

4.2.1.5　芯粒研发前沿

从 2022 年开始，基于 RISC-V 的 AI 处理器已经进入市场。2023 年初，Esperanto AI 等针对服务器的新创公司和 Kneron 等针对边缘计算的新创公司都已经推出了这种芯片。另外还有一些公司正在努力研发中，例如 Tenstorrent 正在设计一系列非常高性能的多核 RISC-V 芯粒；Ventana 拥有 RISC-V IP，也可以提供 RISC-V 芯粒；Synopsys 虽然是一家 EDA 公司，但他们已经公布了自己的 RISC-V 内核。

芯粒在汽车行业里的应用才刚刚开始。一些公司认为，汽车软件堆栈将在未来的 5 年内支持 RISC-V。这是个非常快的速度，ARM 花了 15 年才实现这一目标。

GPIO、LVDS、CXL2、ULL 以太网等 I/O 和连接接口部件都正在以芯粒的形式进行开发。CXL 技术构建在 PCIe[①] 的物理和电子接口之上，提供缓存一致性协议，用于维护设备和系统内存子系统之间的缓存一致性。

学术界对芯粒的研究走得更远：一些研究人员正在试图把芯粒与芯粒的互连改用无线技术来完成，并在近年出现了一些方案。尽管有人质疑无线技术可能会产生被人恶意攻击的漏洞，但是已有针对性的改进方案。芯粒之间通信的技术被称为芯粒间无线通信（Chiplet-to-chiplet Wireless Communication，CCWC），它可以解决传统芯片内采用金属互连线、硅通孔等通信的瓶颈，提高芯片的性能和能效，同时大大缩小了面积。

目前，CCWC 技术仍处于发展阶段，主要面临以下挑战。

（1）通信距离。CCWC 的通信距离受到芯片内信号衰减的影响，目前 CCWC 的通信距离通常在几毫米范围内。

（2）带宽。CCWC 的带宽受到芯片内信道容量的影响，目前通常在几十兆赫兹（MHz）范围内。

（3）可靠性。CCWC 的通信可靠性需要进一步提高。

深度学习 AI 加速器倾向于使用无线多播 / 广播技术实现空间重用。在无线 NoC 中，电气 NoC 中的铜线链路被无线介质取代。无线传输固有的多播 / 广播特性为使用大量多播信息的 NoC 提供了优势。随着 CCWC 技术的不断发展，这些挑战有望得到解决，CCWC 将在未来成为芯片内通信的重要技术。

随着芯粒生态系统的完善和扩展，芯粒互连技术将会越来越成熟。

建立一个芯粒库，并不像建立传统 IP 库那样路径单一。芯粒的品种很多，如不同的凸点间距、不同的性能和功率、不同的寄生效应和电源完整性问题等。因为技术的变化，需要在整个生态系统中开发的 IP 数量会呈爆炸式增长。

很多公司在过去几年中一直在使用芯粒技术，但只有像 AMD、英特尔这样的大公司才能用好，因为它们拥有丰富的资源，可以控制芯粒开发和部署的各个方面。随着越来越多的新创公司利用 RISC-V 的开源特性以及芯粒和异构集成的灵活性，开发出更好的 AI 芯片的途径将会开源化，从而进一步打开市场，加快采用这种开发的流程。

---

① PCIe 是一种高速串行计算机扩展总线标准，用于芯片到芯片（Chip-to-chip，C2C）或板到板（Board-to-board，B2B）通信。

在未来，除了"仅仅"耦合大型百万晶体管芯粒，还有很大的想象空间。为什么不把一个 CPU 核心的模块分布在几个芯粒上再紧密耦合（如 ALU 在一个芯粒上，FPU 在另一个芯粒上）？为什么不把电路分割开来（如只把电压调节器中耗费空间的线圈放在一个更大的芯粒上）？甚至可以这样划分电路：对于需要高性能的晶体管，选择高掺杂的硅片；对于需要低功耗的晶体管，选择低掺杂的硅片，各部分在不同的晶圆上进行制造。

目前，围绕芯粒和异构集成的生态系统仍在发展之中。据估计，这项技术最大程度地发挥优势并被广泛应用，还需要大约 5 年。到那时，预计半导体领域将继续遵循摩尔定律设计和制造芯片，同时由芯粒技术支撑，为 1nm 及更高工艺节点提供更多低成本、多功能的 AI 芯片。

4.2.2　3D 堆叠

芯粒技术的发展，给 AI 芯片的设计和制造带来了极大的便利，也将给未来 AI 芯片的模块化设计铺平道路。目前，各个厂家在进行芯粒异质集成时较多使用 2.5D 技术，理想的、真正的 3D 堆叠技术仍然是各个厂家追求的目标。

这些 2.5D 技术的芯粒架构可以被想象为硅的小城镇，它们被组装在一起，以建立一个完整的 AI 处理器。那么，在对 AI 计算的需求量不断飙升的同时，硅片的平面扩展只会变得更难、成本更高。这时，向高处发展却有很大的空间。未来是把 AI 处理器从"小城镇"发展成大规模的硅质的"摩天大楼城市"，结合高层内存堆栈、多层次及多类型的计算、高速接口等，利用现有的和新兴的封装和集成技术继续提供高性能 AI 芯片。这种芯片就是堆叠芯粒的单片 3D 集成（见图 4.18），它即将带来集成度超过 1000 亿个晶体管的芯片。英特尔前 CEO 帕特里克·基辛格曾预测，到 2030 年，一个 3D 堆叠芯片中将集成 1 万亿个晶体管。

注：SiP 是 System in Package 的缩写，RDL 指重布线层（Redistribution Layer），FOWLP 指扇出型晶圆级封装（Fan-out Wafer Level Package）。

图 4.18　芯片封装技术的演变

4.2.2.1　3D 堆叠技术的发展

3D 堆叠技术最早被应用于闪存。闪存是目前最常用的非易失性存储器，被广泛应用于移动设备、消费电子产品、数据中心等领域。随着闪存容量的不断增加，传统的平面堆叠技术已经无法满足需求。3D 堆叠技术可以有效提升存储容量，推动了闪存技术的发展。

2008 年，东芝首次推出了 3D NAND 闪存，该技术采用了堆叠式结构来增加闪存的容量。3D NAND 闪存的成功，标志着 3D 堆叠技术的成熟应用。随后，其他闪存厂商也纷纷推出了 3D NAND 闪存产品。随着技术的不断发展，3D NAND 闪存的容量不断增加，性能不断提高，成本不断降低，目前已经成为主流的闪存技术。

SK 海力士在 2023 年 6 月宣布已开始量产 238 层 4D NAND 闪存。238 层闪存是目前产业界技术水平最高的闪存，比之前最高的 224 层闪存增加了 14 层。NAND 闪存的堆叠层数还将继续增加。SK 海力士已开始量产 321 层的闪存。三星公司预计，到 2030 年，NAND 闪存的堆叠层数将达到 1000 层。

3D 堆叠技术也在逻辑芯片（包括 AI 芯片中的逻辑电路）上得到了应用，但目前还处于起步阶段。

英特尔的 Foveros 技术是逻辑芯片 3D 堆叠技术的代表。Foveros 技术可以将两个或多个逻辑芯片堆叠在一起，以提升芯片的性能、能效和集成度。2019 年，英特尔推出了首款采用 Foveros 技术的芯片，该芯片堆叠了两个逻辑芯片，实现了 10nm 和 22nm 工艺的融合。2021 年，英特尔推出了第二代 Foveros 技术，该技术可以将不同工艺的逻辑芯片堆叠在一起，实现了 10nm 和 7nm 工艺的融合。2022 年，英特尔推出了该技术的第三代——Foveros Omni 技术，可以将不同类型的逻辑芯片堆叠在一起，实现了 CPU 和 GPU 的融合。截至 2023 年 12 月，Foveros 技术的最大堆叠层数为 24 层。英特尔预计，到 2025 年，逻辑芯片 3D 堆叠技术的堆叠层数将达到 30 层。

其他芯片厂商也在开发自己的逻辑芯片 3D 堆叠技术。例如，AMD 的 3D V-Cache 技术可以将 L3 缓存堆叠到 CPU 上，以提高 CPU 的性能。AMD 计划在 2024 年推出 32 层 3D 堆叠逻辑芯片，三星计划在 2025 年推出 36 层 3D 堆叠逻辑芯片。随着技术的不断发展，3D 堆叠逻辑芯片的堆叠层数将继续增加，预计到 2030 年将达到 100 层以上。

3D 堆叠技术的最后应用是 DRAM。3D DRAM 的结构将比传统 DRAM 复杂得多。一些公司提出采用 GAAFET 结构来实现 3D DRAM，并预计在 2030 年前后实现。

4.2.2.2　3D 堆叠技术面临的挑战

3D 堆叠技术面临最大的挑战是散热问题（也被称为热管理）。现在常用的散热措施包括开发具有优良导热性的材料，以及设计具有优良导热性的散热机制。目前用作封装材料的底部填充物导热性差，热量不易散发。另外，裸片层次如何摆放也需要特别考虑。低散热的裸片应放置在下层，而高散热性的芯片（如处理器）应放置在靠近散热器的上层，以实现高效的冷却。

IBM 开发的 ICECool 冷却机制是将不导电的液体灌入芯片的微细孔中（见图 4.19）。这种机制通过在硅片上钻出微孔，并将液体注入孔内，使其流动来带走热量。在使用IBM POWER7+ 芯片的测试中，这种用液体冷却的方法比传统的空气冷却方法有效得多，甚至可以让监测温度降低 25℃。

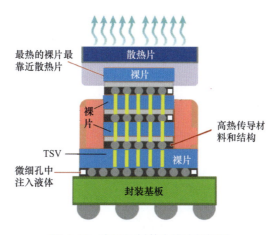

图 4.19　在 3D 封装中的冷却机制

对采用新兴器件实现的 AI 芯片来说，热管理仍然是主要问题。集成到 3D 存内计算架构中的新兴 NVM 器件，如 RRAM 和铁电场效应晶体管（Ferro-electric Field Effect Transistor，FEFET），受到器件特性随机变化的影响，对温度非常敏感。例如，只有当 PN 结温度[①]保持在 85℃以下时，RRAM 才能长期保持推理精度。因此，对于集成到3D 堆栈中的 NVM 器件，热管理是一项重大挑战，否则基于存内计算或混合内存立方体（Hybrid Memory Cube，HMC）的架构可能无法实现。因此，3D 堆叠技术中用于冷却这些器件的嵌入式流体通道至关重要，这也是学术界关注的一个研究领域。

---

① 半导体器件中 PN 结的温度，高于外壳温度和器件表面温度，通常是半导体芯片的最高温度。

4.2.2.3　使用 3D 堆叠技术的 AI 芯片

使用 3D 堆叠技术来实现 AI 芯片是目前创新频出的热门领域。新创公司日本东北微技术公司（T-Micro）已经做出了一款专为边缘应用设计的具有简单学习功能的超低功耗 AI 芯片。设计人员利用 3D 结构做出了非常巧妙的设计：通过在 3D 结构的上下两层神经元芯片中循环重复运算，可在几层内有效完成 100 多层神经运算。

这种简单的学习功能可根据用户需求进行独立定制，无须联网通信，基于这项功能有望开发出一种低功耗、高速计算的名为"个人 AI 芯片"的新产品。

这款 AI 芯片还可以运行 RNN，这是语音识别时间序列信息所必需的。系统还可以根据需要在 DNN、CNN、RNN 等神经网络之间切换，并可用于可重构的神经网络。

这种新型 3D 堆叠 AI 芯片的结构由执行神经运算的神经芯片和存储权重数据的存储芯片等 4 层堆叠组成，包括两层神经芯片和两层存储芯片（见图 4.20）。神经芯片由 64 个输入神经元和 64 个输出神经元组成，这些神经元通过基于交叉棒的突触电路阵列连接。它采用了存内计算技术，在突触电路中使用双晶体管、单电容 DRAM 单元，以低功耗并高速执行神经运算的核心操作——乘积累加运算。乘法运算在突触电路阵列中分批进行，运算结果在输出神经元中相加。突触电路的电容器可容纳 256 个不同级别的模拟权重数据，相当于 8 位。

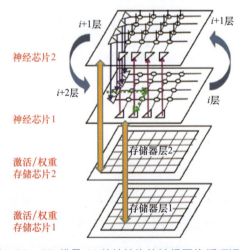

图 4.20　3D 堆叠 AI 芯片结构的神经网络循环运行原理

在 AI 芯片中，神经芯片的输入和输出相对堆叠，但旋转 90°，实现了循环神经操作，即神经操作在顶部和底部芯片之间循环执行。神经运算需要频繁重写乘积累加运算中使用的权重数据，而在此前的神经芯片中，读写这些权重数据需要耗费巨大的功率并经历信号时延。而在这款新开发的 3D 堆叠 AI 芯片中，存储激活和权重数据的存储芯片堆叠在神经芯片的正下方，从而可以低功耗地批量读写数据。

在传统的神经网络中，为了提高计算结果的识别率，需要准备 100 多个神经元层，并从较低的神经元层到较高的神经元层重复进行神经运算。然而，要将这样的神经网络映射到硅芯片上，即使采用 3D 堆叠芯片技术，也需要堆叠 100 多层神经芯片，这样的操作并不现实。而新开发的 3D 堆叠 AI 芯片通过在上下两层堆叠的神经芯片之间循环执行神经操作，就可以有效执行 100 多层神经操作。

开发人员的目标是将这种具有循环神经操作功能的 3D 堆叠 AI 芯片商业化，使其成为可与传感器和其他终端设备集成的边缘 AI 芯片。目前，这种芯片已经在图像识别、语音识别、储备池计算、基于循环神经行为的混沌神经网络等领域进行了应用测试。

4.2.2.4 未来的 3D 堆叠 AI 芯片

未来的 AI 芯片将广泛采用 3D 堆叠技术。因此，芯片将变得很厚，其中集成多片逻辑电路及大量存储器，内存带宽大幅增加。更重要的是，该技术把硅光模块集成在一起，对外采用光连接，从而确保远程内存访问的高带宽。图 4.21 展示了未来使用 3D 堆叠的 AI 芯片示例。

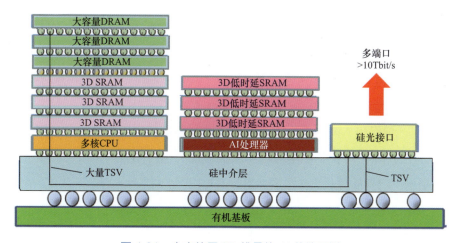

图 4.21 未来使用 3D 堆叠的 AI 芯片示例

用 3D 堆叠技术来制造芯片，需要在很多方面形成标准和统一的路线图，以便让各个厂家的器件连接在一起。2022 年 10 月，台积电成立了 3D Fabric 联盟，以推动在 3D 封装中连接不同的层和器件。因为 3D 堆叠芯片有可能使用不同的材料制成。这个联盟包括

EDA、IP 和设计、测试服务等领域的企业，还在不断增加内存合作伙伴、外包半导体装配和测试（Outsourced Semiconductor Assembly and Test，OSAT）公司（承包后端工艺的公司），以及在 3D 堆叠技术中变得极其重要的基板制造企业。

4.2.3 "无封装"的晶圆级单片芯片

作为一种将多个异构芯片（或芯粒）集成在一个封装内的方法，SiP 虽然正得到越来越多的应用，但封装技术往往会导致性能或能效的降低。此外，用于构建集成系统的 PCB 上的封装到封装链路存在带宽、时延及能耗特性差的问题，往往会使系统性能遭遇瓶颈。这是因为，在过去 20 年里，硅芯片的性能提升了 1000 倍以上，而封装和 PCB 的性能指标仅提升了大约 5 倍。这种系统扩展的缺失会严重限制处理器系统的性能。虽然这种认识推动了技术向 3D 和 2.5D 发展，但并没有从根本上解决问题。

如今，AI 驱动的下一代应用以及其他数据密集型应用正在推动对超大规模系统的需求。传统的横向扩展系统构建和集成方法无法提供这些应用所需的性能。基于上述趋势，未来在性能、功耗和成本方面的改进不可能仅依靠晶体管技术的改进。

那么该如何实现系统扩展呢？有的研究人员提出了一种全新的方法[5]：不用 PCB，也不用把芯片（或芯粒）封装在塑料壳里，而直接用一个晶圆把系统连在一起。

研究人员首先证明了封装会抑制系统扩展性能，因为封装会将处理器芯片的潜在内存带宽降低至少一个数量级，将允许的热设计功率（Thermal Design Power，TDP）降低多达 70%，将面积效率降至裸片的 1/5 ~ 1/18。在他们提出的无封装处理器设计中，封装被移除，芯片被直接安装在使用新型集成技术——硅互连结构（Silicon Interconnect Fabric，Si-IF）的硅板上。

Si-IF 使用一种能提供高密度互连和机械坚固性的硅板来取代 PCB，实现了大规模晶粒与晶圆键合的技术，具有非常精细的互连结构和更小的晶粒间距。这种技术使用基于铜柱的 I/O 引脚，将裸硅芯粒直接放置并黏接在厚硅晶圆上。AI 处理器芯片、内存芯片、非计算芯片（如外设），甚至电感器和电容器等无源元件都可以被直接黏合到 Si-IF 上。图 4.22 所示为 Si-IF 硅板的横截面示意。图 4.23 所示为用 4in 晶圆实现 Si-IF 的一个例子。图 4-23（a）是在 4in 硅晶圆上部分填充了 80 个 $4mm^2$、171 个 $9mm^2$、58 个 $16mm^2$ 和 41 个 $25mm^2$ 的芯片。铜柱间距为 $10\mu m$。图 4.23（b）是显微照片，显示被黏合在硅基片上的 4 个芯片，芯片间距分别为 $41\mu m$ 和 $40\mu m$[5]。

图 4.22　Si-IF 硅板的横截面示意 [5]

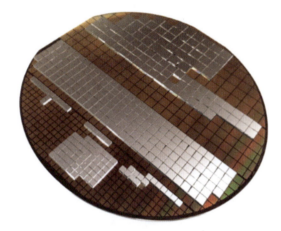

（a）在 4in 硅晶圆上部分填充芯片

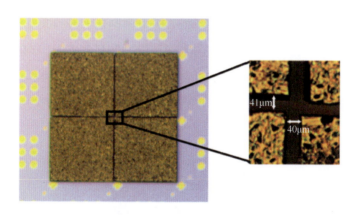

（b）被黏合在硅基片上的 4 个芯片

图 4.23　用 4in 晶圆实现 Si-IF 的一个例子 [5]

　　Si-IF 采用传统和成熟的后端工艺制造，有多达 4 层基于双大马士革工艺 ① 的传统铜互连。Si-IF 允许 I/O 间距小于 10μm，导线间距低至几百纳米至几微米。这样就可以在芯粒之间建立一种类似于片上的并行数据传输接口。定制设计的面积和高能效 I/O 电路有助于

──────────

① 双大马士革工艺是集成电路互连制造中采用最广泛的工艺之一，它将金属线和通孔的形成过程结合在一起，在同一层介质上同时形成金属线和通孔。

在 Si-IF 上实现小于 0.1pJ/bit 的芯粒间通信能效。此外，不同的芯片可以采用不同的材料和相关技术，如硅（Si）、氮化镓（GaN）、磷化铟（InP）、碳化硅（SiC）等。事实上，SoC 可以被分解开来，多个组件芯片可以来自不同的工艺节点，以优化成本和功耗。总之，Si-IF 技术大大降低了将 SoC 分割成许多个芯粒的开销，并为最大限度地降低系统成本提供了一个基础平台。

研究表明，基于 Si-IF 的无封装处理器的性能比有封装的处理器最多高出 295%，这归功于内存带宽的增加、热设计功率的提高和面积的缩小。如果将无封装处理的方法扩展到整个处理器和内存系统，面积占用将会减少 76%。

研究人员还开发了一种芯粒间互连寻路工具，用于探索凸点间距、导线间距、I/O ESD 电容等物理设计参数之间的折中关系。这种窄间距芯粒集成技术允许将大型芯片分解为很多芯粒，并对性能的影响微乎其微。这为构建芯粒生态系统提供了机会，通过从芯粒池中选择芯粒子集，可以构建针对应用进行优化的系统。如果考虑到设计和制造的总成本，与 SoC 相比，这种技术的成本效益可高出达 72%。

虽然 Si-IF 乍看之下与中介层相似，但两者有着本质的区别。中介层使用的是硅通孔，由于硅通孔的宽幅限制，中介层需要减薄，因此变得脆弱且尺寸有限。事实上，为避免拼接，中介层通常被限制在最大掩模尺寸（如 858mm^2，与最大芯片尺寸相同）内。虽然可以使用拼接技术制造更大的中介层，但成本更高、良率更低。此外，中介层需要封装来提供机械支持和空间转换，以适应与 PCB 的更大 I/O 连接（包含更多的信号引脚及数据通道、更高的数据带宽等）。因此，与中介层外芯片的连接仍然存在传统封装的问题。而 Si-IF 有独立的刚性互连基板，能够扩展到整个晶圆的尺寸，并且不需要封装来提供机械支持。

这种无封装技术如果得到进一步验证和优化，并能批量生产，将给半导体芯片产业带来深远影响。首先，不再需要传统的芯片封装厂家和 PCB 生产厂家，价格昂贵的 12in 晶圆也不一定需要，因为原来一块 PCB 上的全部芯片可以用一块 6in，甚至 4in 的晶圆代替。其次，使用这种技术可以让芯粒生态系统发展得更快，使芯片设计走向模块化设计，从而使一个复杂芯片的设计与制造时间大大缩短。这对当前需要迅速抢占市场的 AI 芯片来说尤为重要。

4.3 开发使用新材料、新工艺的芯片

目前，传统的硅基芯片在尺寸缩小、功耗降低、性能提升等方面面临着巨大的瓶颈

和挑战，已经接近物理极限。因此，开发新型的半导体材料和工艺，是实现半导体技术突破的关键，也是半导体产业未来发展的一个重要方向。

以下是使用新材料、新工艺的芯片的一些最新例子。

（1）使用 2D 材料的芯片。2D 材料具有高迁移率、低介电常数等优势，可以被用于制造高性能、低功耗的芯片。目前，2D 材料被用于晶体管、存储器、传感器等器件的研发已经取得初步成果。

（2）固态离子器件。固态离子器件是基于固态离子导体的新型器件。固态离子导体具有高离子迁移率、低功耗、耐高温等优势，可以被用于制造高性能、低功耗、耐高温的芯片。

（3）分子器件。分子器件是基于分子的新型器件。分子具有独特的结构和特性，可以被用于制造具有特殊功能的芯片。目前用到的分子种类包括有机分子、有机 - 无机杂化体、金属配合物（金属离子与一个或多个配体形成的化合物）及生物分子等。分子逻辑器件具有低功耗、高集成度的优势，可以被用于制造新型的逻辑器件。另外，分子忆阻器也已经开发出原型。

（4）3D 打印晶体管。3D 打印晶体管已经在实验室中得到了验证。随着 3D 打印技术的不断发展，3D 打印晶体管将在未来得到更广泛的应用。

4.3.1　0D、1D、2D 材料

材料的维度是指材料在空间中延伸的方向数。简单地说，零维（0D）就是一个点，一维（1D）是一条线（只有一个延伸方向），二维（2D）是一个平面（有两个延伸方向），3D 材料有 3 个延伸方向（如石墨）。这 3 个维度都有各种不同的纳米材料。研究人员以不同方式用这些种类的纳米材料实现了晶体管或具有神经形态功能的器件。这 3 个维度的主要纳米材料和功能实现如下。

（1）0D 材料，如纳米粒子，可以用作晶体管的栅极、源极、漏极等。纳米粒子具有高的比表面积（Specific Surface Area，SSA）[①] 和良好的电子输运特性，可以提高晶体管的性能。量子点是由半导体材料组成的纳米颗粒。

（2）1D 材料，如碳纳米管等，可以用作晶体管的沟道。1D 材料具有高迁移率和良好的热稳定性，可以提高晶体管的速度和功耗。

---

① 比表面积描述材料的表面积相对其质量或体积的一个特定值。这个值在纳米材料中尤其重要，因为纳米材料具有极高的表面积相对其质量或体积的比例，从而显著影响其物理和化学性质。

（3）2D 材料，如石墨烯及其他各种 2D 半导体、2D 绝缘体等，可以用作晶体管的衬底、介质、沟道、绝缘层等。2D 材料具有低介电常数、高迁移率及良好的热稳定性，可以提高晶体管的性能，解决硅材料在尺寸缩小和功耗降低方面的瓶颈。2D 材料还具有一些独特的特性，如量子霍尔效应、超导性等，可以被用于制造新型器件。

碳纳米管是由一张碳原子薄片卷起来形成的直径为 1.5nm 的圆管结构。碳纳米管晶体管的构造与普通晶体管类似，具有由常规半导体材料制成的源极、漏极及栅极端子。但不同的是，它的沟道由微小且平行排列的碳纳米管组成，它的光滑结构使电荷切换速度比硅沟道快 3 倍。2023 年，北京大学的研究人员制造的碳纳米管，可以缩小到 1nm 工艺节点大小。然而，尽管碳纳米管可以提供卓越的性能，并且是 GAAFET 的理想材料选择，但由于制造方面的挑战，它们的性能很难控制。代工厂更倾向于使用 2D 材料而不是碳纳米管，因为 2D 材料更容易制造，也更容易与硅集成。

从目前的研究进展来看，2D 材料比 0D 材料、1D 材料更有可能替代现在的硅材料，在半导体芯片领域具有更大的应用潜力。

在 2004 年，Andre Geim 和 Kostya Novoselov 从石墨中成功剥离出单层石墨烯，并发现了石墨烯具有许多独特的电子特性，如高迁移率、量子霍尔效应等。这些特性引起了学术界和产业界的广泛关注，也为 2D 电子学的发展奠定了基础。因此，石墨烯是 2D 电子学概念的起点。

用于 2D 电子学的 2D 半导体，厚度为原子级。2D 半导体被视为只有长度和宽度。这种材料制成的半导体可以传导更多的电和热，需要更小的功率，并表现出更高的机械强度和稳定性。

2D 材料是表现出特殊性质的超薄层，在尺寸小于 10nm 时仍然是稳定的，传统材料正是在这个尺寸时开始失效。这是因为采用传统材料的半导体尺寸缩小到一定程度时，电子会发生量子隧穿，导致器件性能下降。石墨烯对入射光线是高度反射的，它只吸收入射光线的 2%。这意味着它可以被用于制造光学器件，如太阳能电池、光电探测器等。

石墨烯在被用于数字电子技术时有一些技术挑战。石墨烯在原子水平上是零带隙的，这意味着它不像硅这样的传统半导体材料那样工作。为了使石墨烯具有带隙，需要对其进行掺杂或合金化。

目前，2D 材料正越来越多地出现在半导体领域的各种会议上。一些研究人员预计，2028—2030 年，1nm 芯片推出之后就将引入 2D 材料（IMEC 则预计 2034 年将量产使用

2D 材料的半导体芯片）。英特尔预计届时第一批芯片所包含的晶体管总数将超过 1 万亿个，尽管这种芯片可能由几个芯粒组成，但这个数量级对 CMOS 逻辑芯片来说已经相当惊人。

二硫化钼（MoS_2）（也被称为硫化钼）是目前最热门的 2D 材料之一。它更为人们熟知的用途是机油添加剂。英特尔正在研究用于生产未来芯片的超薄 MoS_2 层。在 2022 年 IEEE 国际电子元件会议（IEEE International Electron Devices Meeting，IEDM）上，包括台积电在内的团队展示了一种用单层 2D 材料二硒化钨（WSe_2）制成的 PFET 的横截面，其中单层二硒化钨形成导电沟道（见图 4.24）。北京大学和华中科技大学的团队展示了一个双层二硒化钨组成的 PFET。已经有很多研究机构在开发基于二硫化钼和二硒化钨的处理器芯片。

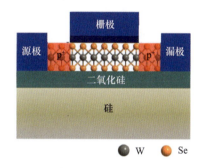

图 4.24　一种用单层 2D 材料二硒化钨制成的 PFET 横截面

2D 电子学在太阳能领域的应用也很有前途，它可以帮助纸张、墙壁、窗户、耐用消费品的玻璃等多种表面转化为太阳能电池。目前，2D 电子学在超级电容器、燃料电池等方面都有应用。

4.3.2　用于类脑芯片的固态离子器件

在深度学习应用中，基于忆阻交叉棒阵列的存内计算架构可以提供比传统硬件更高的计算效率。不过，核心存储器件必须能够执行高速、对称、变化小的模拟编程。它们还应该与硅技术兼容，并可扩展到纳米尺寸。与两端忆阻器相比，电化学突触晶体管具有高对称性和低变异性。它们的沟道电导可以通过电化学插层反应精确调制，这种反应由施加在独立栅极端的偏压控制。因此，它们支持多态模拟编程。

电化学突触晶体管在 20 世纪 60 年代首次被用于构建人工神经网络。由于它的特殊性质，最近又重新成为实现基于存内计算架构的深度学习 AI 加速器的候选元件。然而，目前的电化学随机存储器（Electrochemical Random Access Memory，ECRAM）与硅 CMOS 的兼容性很差。

为此，Cui 等人开发了一种全无机质子 ECRAM[6]，它通过质子从氢化二氧化锆（ZrO_2）电解质和氢化氧化钨（H_xWO_3）栅极可逆地插入 H_xWO_3 沟道来运行。这样的器件在栅极电压脉冲下表现出高度对称的编程特性，周期与周期之间和器件与器件之间的时空变异很低，可靠的读写操作超过 1 亿次，而且每次读写的能耗低于飞焦耳（$10^{-15}J$）级别。它们的沟道电导率可以在很宽的范围内进行调节，从而能够构建具有优良功率和性能的大尺寸阵列。质子插层的小半径导致了快速的离子动态变化，用于高速读写编程，频率接近 1MHz。

WO_3 和 ZrO_2 都与硅 CMOS 技术和相关的晶圆级微加工技术兼容，这使得 ECRAM 的尺寸可以缩减到 150nm×150nm。由于非晶态二氧化硫既是层间电介质又是质子扩散屏障，ECRAM 可以在硅电路上方而不影响底层逻辑晶体管的性能。它们可以在高真空和高温等恶劣条件下发挥作用，其非易失性电导率表现出低漂移和长保留的特性。为了证明并行操作和单片集成特性，研究人员制作了 ECRAM 伪交叉棒阵列，并将其与集成硅选择器晶体管一起处理。这些 ECRAM-CMOS 混合存内计算加速器可以实现与基于 SRAM 的数字加速器媲美的训练精度，同时降低了芯片面积成本和能耗。

与 CMOS 兼容的全无机质子 ECRAM 的结构和电气特性如图 4.25 所示。其中，图 4.25（a）所示为原型的结构和操作示意；图 4.25（b）所示为 ECRAM 栅极堆栈横截面的扫描透射电子显微镜（Scanning Transmission Electron Microscope，STEM）照片（比例尺为 50nm）[6]。研究人员首先选择通过反应性溅射从 WO_3 靶材上沉积的随机无定形 WO_3 作为 ECRAM 沟道，因为它既能提供低基底电导，又能提供长质子保留期。然后利用氢气溢出过程将精确控制的质子浓度引入晶圆规模的 WO_3 中，接着通过原子层沉积（Atomic Layer Deposition，ALD），沉积一层超薄的 ZrO_2 薄膜，将其作为固态质子门电解质。通过二次离子质谱（Secondary Ion Mass Spectroscopy，SIMS）深度剖析表明，在 ALD 过程中，大量的质子从氢掺杂的 WO_3 沟道扩散到 ZrO_2 中，这有助于用羟基钝化 ZrO_2 的表面和晶界，形成快速质子传导的途径。栅极是一个 H_xWO_3 和金属双层，其中富含氢的 H_xWO_3 作为质子库，有助于最大限度地减少器件的内置电位。器件沟道电导率 G 可以通过 64 个离散状态（6 位）进行编程，这种方式对称性高、周期间变化小。

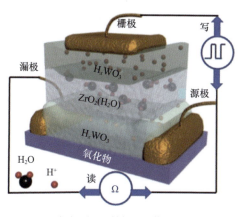

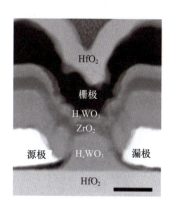

（a）原型的结构和操作　　　　　　（b）栅极堆栈横截面

图 4.25　与 CMOS 兼容的全无机质子 ECRAM 的结构和电气特性 [6]

全无机质子 ECRAM 与硅金属氧化物半导体场效应晶体管（Metal Oxide Semiconductor FET，MOSFET）单片集成，采用一个晶体管、一个 ECRAM 单元的形式。图 4.26（a）所示为由 ECRAM 和硅 MOSFET 组成的存储单元的光学图像，在不同层上制造（白色和绿色的虚线分别标记了 ECRAM 和选择器晶体管的边界，比例尺为 200μm；S、D 和 G 分别代表源极、漏极和栅极）来验证 CMOS 的兼容性，其中硅晶体管作为选择器来解决写入干扰问题。由于在已完成的硅 MOSFET 和金属互连的顶部所沉积的氧化铪（HfO₂）作为层间电介质和质子扩散屏障，这样底层硅器件的性能就不会受顶部添加 ECRAM 层的影响。除了单个单元，该研究还通过 ECRAM 与硅晶体管的单片集成，形成了作为存内计算加速器的伪交叉棒阵列，图 4.26（b）所示为 ECRAM 单元阵列（比例尺为 500μm）的光学图像，其中 BL、WL、SLN 和 SLS 分别代表位线、字线、"权重更新"源线和"权重和"源线[6]。图 4.26（c）所示为 ECRAM 带引出线的芯片（比例尺为 5mm）的光学图像。

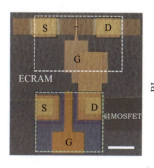

（a）由 ECRAM 和硅 MOSFET 组成的　　（b）ECRAM 单元阵列的光学图像　　（c）ECRAM 带引出线的芯片的光学图像
　　存储单元的光学图像

图 4.26　ECRAM 与硅 MOSFET 的单片集成的伪交叉棒阵列

这款芯片使用了氢化 ZrO_2 作为质子电解质，以确保兼容 CMOS，并提供高质子扩散率来达到接近兆赫兹范围的快速运行。它采用由一个 H_xWO_3 沟道和栅极组成的对称栅极堆栈，以实现对称的电压编程。最小的侧向 ECRAM 的有源器件面积为 150nm × 150nm。一个由 ECRAM 突触存储单元组成的伪交叉棒阵列单片被集成在硅选择器晶体管之上，可以进行并行模拟编程和向量矩阵乘法。这些结果说明，这种电化学突触晶体管阵列在高能效和成本效益的存内计算深度学习加速器中具有很大的技术潜力。剩下的关键挑战是通过扩大规模和改进固态质子电解质，将器件运行时间进一步降低到 50 ～ 100ns。

4.3.3　分子器件与分子忆阻器

4.3.3.1　分子器件

分子级电路的概念作为电子产品微型化的终极形态可以追溯到 20 世纪 50 年代。1956 年，麻省理工学院物理学家亚瑟·冯·希佩尔（Arthur von Hippel）提出了一种激进的、基于分子工程的、自下而上的电子设计和组装方法。他认为，与其采用预制材料并试图设计符合其宏观特性的工程应用，不如从原子和分子层面构建材料，以实现理想的目标。然而，在 1957 年半导体芯片发明后，芯片技术飞速进步，人们的注意力都转到研究开发由硅或锗为基本材料的芯片上。

尽管雄心勃勃的分子电子项目因硅芯片的快速发展而被搁置，但单分子作为电路元件的想法并没有销声匿迹。如今，硅晶体管的尺寸已降至几纳米级别，并迅速接近物理极限，从而限制了进一步的微型化发展。因此，单分子电子学研究再次复苏。

制造分子尺度的器件需要在金属电极和半导体基质上操控和排列有机分子。有机单层和亚单层（低至单分子）通常通过在溶液或气体中的化学反应沉积在电极和固体基底上，这些分子的两端带有能与所考虑的固体表面发生化学反应的功能基团（如连接金属表面的硫醇基团等）。

在 20 世纪 50 年代，由于许多技术障碍，这一概念未被付诸实践。研究人员没有办法将单个分子整合到功能电路中，更不用说连接芯片上所需的数百万到数十亿个分子了。如今，半个多世纪过去了，人们在克服最关键的技术障碍——接触并操控单分子方面已经取得了重大进展。扫描隧道显微镜（Scanning Tunneling Microscope，STM）被广泛用于测量数量非常少（几十个到一个）的分子的电子特性并且形成图像（见图 4.27）。在 STM 中，电接触是通过分子或分子单层与 STM 探针之间的气隙（或经常是真空）发生的。

这导致了对分子的真实电导率难以估计。澳大利亚科廷大学的研究人员意识到不仅可以对分子成像，还可以与它们进行电子接触。作为成像仪器，显微镜尖端保持在样本表面上方。而改进显微镜使其与单个分子接触，就可以用单个分子形成电路。这开启了单分子电子学。

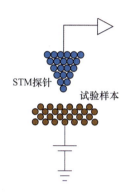

图 4.27　STM 的探针尖与试验样本进行电接触

为了在 STM 中获得最大的精度，需要一个非常细的金属探针尖，它是 STM 扫描样品的点。钝的针尖会降低 STM 的分辨率，因为它可能导致电子隧道在比预期更宽的空间范围内发生。制作这种针尖最常用的方法之一是对金属线进行电化学刻蚀。一般通过基本溶液在阴极和金属线之间施加一个电位差来刻蚀。STM 探针的典型基准是尖头顶点的曲率半径为 50nm 或更小。对分子施加可控的机械压力以改变其构象的能力是研究构象和电子传输之间关系的有力工具。

研究人员使用的方法是将两端带有硫基锚固组的线性有机分子放置在 STM 的金基板上。先用金做的尖头降低到分子表面，然后轻轻抬起。如果幸运的话，分子的一端粘在尖头上，而另一端仍固定在基板上，这样这个分子就弥合了间隙——形成了一个电路，之后就可以测量通过分子的电流。但是由此产生的电路非常脆弱，只能持续几分之一秒。这是因为分子与金的接触属于半共价键，不如共价键强。于是，研究人员设想与电极建立共价键，以获得一个在每一侧都有共价键的分子。他们选择硅而不是金来制作 STM 探针尖和基板。硅可以与碳、氧、硫形成共价键，可以使上述结点存活时间达到几秒。在这个时间范围内，研究人员可以研究由刺激响应分子形成的电路来打开和关闭电流，类似于晶体管，还可以通过在氧化态和还原态之间切换来进行一些电化学门控，或者发光并显示开关切换能力。目前，产生稳健分子-电极连接的方法已经能达到室温下数小时甚至数天的单分子电路稳定性。

把真正的晶体管效应（通过器件的两个终端的电流由施加在第三个终端上的信号控

制）嵌入到单一的三终端分子（如星形分子）中，截至本书成稿还没有公开展示的有效方法，只有混合晶体管器件被研究过。混合晶体管典型的配置包括一个单一的分子或一个分子的集合体（单层），连接在两个源极和漏极之间，被一个纳米级的间隙隔开，与下面的栅极被一个薄电介质膜隔开。

北京大学郭雪峰和他的团队采用了与 STM 类似的方法，但使用碳纳米材料代替金，与单分子形成牢固的共价键，从而弥合间隙。据介绍，他们的研究方向之一就是开发可靠的方法来制造单分子连接。他们的第一代方法使用基于碳纳米管电极的单分子器件，第二代方法使用基于石墨烯电极的单分子器件。目前，他们正在开发基于石墨烯的第三代制造工艺，以形成具有原子精度、可靠和稳定的单分子电路。

该团队最近甚至使用他们的第二代方法，创建了当今计算机电路的关键构建模块——场效应晶体管（FET）的单分子版本[7]。FET 的工作原理是电流从源极到漏极流过晶体管，可以通过施加到栅极的电压来控制，从而在导通和关断状态之间切换晶体管。该晶体管是在金属氧化物栅极上，在石墨烯源极和漏极电极之间共价连接的一个双核钌双烯复合物。这个过程中的关键技术是使用了超薄高 k 金属氧化物作为电介质层，从而使最大开 / 关比率超过 3 个数量级，达到了非常高的性能。

由于复合物保留了其固有的光异构特性，流经分子的电流使用光驱动的开环和闭环反应，能够可逆地进行开关切换。然而，在开环形式中，也可以使用施加到栅极的电压来控制电流。因此，该器件作为固态单分子 FET 运行，在室温下稳定。

上述操作证明了在固态架构内的单分子水平上实现了罕见的高性能 FET 行为，成功地将光开关和晶体管整合到一个单一的器件中，实现了两个基本的有源电子元素。实验和理论结果都证明了这些独特的双门行为在单分子水平上是一致的，这有助于开发不同的技术来创建超越摩尔定律的实用的超微型功能电路。下一步需要解决将这些器件集成在一起的问题。

厦门大学洪文晶和他的团队也正在从事这方面的研究工作。他们在 2019 年已经发布了研究成功的分子晶体管[8]。该晶体管由一个锚定在金电极之间的噻吩基分子构成。他们采用了电化学门控技术来微调单分子噻吩结的电荷传输特性，通过在室温下改变施加在电化学门上的电压，达到了电导率的最小值。这种分子系统能够在非法拉第电位区域内实现接近两个数量级的电导调节。

他们的想法和上述北京大学的团队是一致的，即希望将多个晶体管连接在一起，以组成一个逻辑门。然而，尽管他们付出了相当大的努力，仍无法将两个单分子串在一个电路中，更不要说把大量分子连接到电路中了。于是，他们考虑使用新的化学方法，不用连接，而是设计一种可以自行作为逻辑门运行的多功能分子。

一种化学方法是静电催化，即使用强电场选择性驱动特定键的形成或断裂过程，从而影响电子转移。目前，厦门大学的团队正在使用单分子实验来探索静电对有机反应的催化作用，试验是否可以利用这种效应来操控单分子逻辑门。与其将多个分子连接到电路中以实现逻辑功能，不如让多功能单分子（一种可以使用电场在两种状态之间翻转的分子）实现相同的效果，从而无须将多个分子连接到电路中。

2022 年 7 月，厦门大学的团队发布了他们的最新进展——实现了一种室温稳定的基于金属富勒烯的单分子忆阻器器件[9]。他们所实现的 C_{88} 富勒烯笼包含一个 $[Sc_2C_2]$ 基团，它的方向可以使用电压脉冲在两个稳定状态之间翻转（见图 4.28）。图中状态 1 和状态 2 被嵌入两端金电极，P 代表分子的极化永久偶极子方向，状态 1 和状态 2 可以通过外部电场可逆地切换。由于流经分子的电流在每个状态下都不同，因此该分子可以用作逻辑门，也可以被用于存储数据，即在不同的偶极子状态下记录的数字信息可以在原地可逆地编码和存储。单金属富勒烯可以进行 14 种布尔逻辑操作。密度泛函理论计算显示，非易失性存储器的行为来自富勒烯笼中 $[Sc_2C_2]$ 基团的偶极重定向。

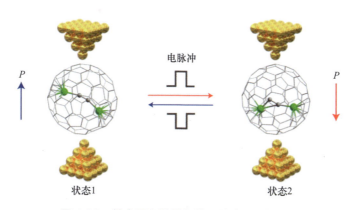

图 4.28　单金属富勒烯存储器件的结构与机制

他们进行这项研究工作最初并不是为了电子学，而是为了研究化学反应，但在工作过程中发现这种效应可以用来旋转这些富勒烯中金属簇的偶极子，从而成就了分子逻辑门。也就是说，原理上，他们设计了一个带有分子器件的芯片，它具有一些基本的逻辑功能。由于 $[Sc_2C_2]$ 基团被封装在笼子里，相邻器件之间的偶极子耦合有望低于能量屏障，因此这些器件有可能实现高密度集成。

从上述机制可以联想到存内计算或忆阻器等目前很受关注的电子器件。由于自旋或电偶极的随机取向，在室温下使用自旋或电偶极来实现存内逻辑功能还没有实现。而这种单分子器件为未来存内计算和神经形态计算的发展提供了新的契机，也被认为是高密度集成和极低功耗操作的最终解决方案。

上述工作下一步的目标是在一块芯片中集成 100 个，甚至 1000 个富勒烯逻辑门。即使在近年内制造出芯片原型，这项技术离产业化也还有很长的路要走，但它已经朝着分子计算的未来迈出了重要的第一步。

为了得到可行的应用，一些研究人员在测试分子器件与硅 CMOS 电子器件的集成（混合式分子-CMOS 纳米电子器件）。这种混合硅－分子晶体管配置也适合研究和控制分子的自旋状态和自旋传输。在单层水平上，自组装单层场效应晶体管已经在室温下被证明。只有当源极和漏极的长度低于约 50nm，即或多或少与单层中组织良好的分子域的大小相匹配时，才能观察到晶体管效应。这些器件大多是两端的，真正的分子三端器件仍然稀少。分子与电极的耦合和结构会强烈改变分子尺度的器件特性。尽管最近有许多改进得以实现，但更好地控制界面仍然是必需的。除了研究单一或孤立的器件，还需要进行更多关于分子结构和电路的工作。

制备单分子晶体管需要对分子进行高度精确的尺寸和结构控制。目前的技术在制备单分子器件时，往往难以实现高度一致的尺寸和结构控制，从而影响器件的性能和可靠性。让分子与电极进行有效的电子接触并实现高效的电子传输也是一个挑战。分子与电极之间的接触通常受到界面效应、电荷传输和空间限制等因素的限制，从而制约了分子器件的性能；单分子晶体管在长期使用和稳定性方面也面临挑战。分子可能受到环境中化学和物理因素的影响，从而导致器件性能稳定性和可靠性的下降。

通过在分子排列中存储信息，分子计算可以超越摩尔定律的限制，并有可能在任何方案下，以物理上可能的最小空间存储信息。目前，研究正集中于构建分子结（Molecular Junction），即将单个分子连接在两个电极之间，以实现其与外部电路的耦合，这是实现分子电子器件的关键步骤。除了与外部世界的接口，悬而未决的问题还涉及分子间器件连接的正确方法、与 CMOS 的混合以及 3D 集成等。在 CMOS 之外，可能还需要关注并不基于电子电荷的器件。实现使用其他状态变量（如自旋、分子配置）来编码逻辑状态的分子器件仍然充满挑战，但也是一个令人振奋的研究目标。

分子电子器件是实现神经启发器件的合适对象，也有一些研究人员在研究分子器件用于量子计算的可能性。

4.3.3.2　分子忆阻器

分子计算需要创新的方法，以便将材料的固有物理特性与计算算法所需的逻辑功能联系起来。近年来，由新加坡、印度和美国研究人员组成的国际研究团队用有机分子代替传统忆阻器中的金属氧化物，实现了一种动态可重构的分子忆阻器，开辟了分子计算的新途径[10]。

Goswami 等人展示了分子忆阻器的系统构造，它带有记忆性质的电学特性可被用来形成支持各种算法的复杂逻辑功能。这个系统的基础是一个由 3 个配体包围的铁离子和一个六氟磷酸盐离子（PF_6^-）组成的分子的电学行为（见图 4.29）。

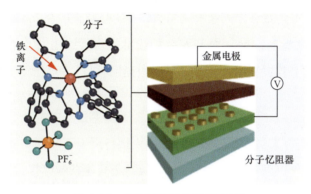

图 4.29　分子忆阻器构造示意[10]

将这些分子薄膜夹在两个金属电极之间，就成为一个忆阻器，一种无须电源就能存储信息的电子器件。另外，最底下还有一层电极，这是一层厚度为 60nm 的氧化铟锡（Indium Tin Oxide，ITO）薄膜，表面涂有用于增强电场的金浸润的纳米盘。

在施加正或负电压时，传统基于氧化物的忆阻器只是在高和低电阻状态之间切换。当研究人员改变分子忆阻器上的电压时，他们观察到配体轨道（电子可以存在的空间区域）的电子占有率的变化。这种分子器件的电子行为比传统的忆阻器更复杂。根据分子的初始状态和施加的电压是增加还是减少，该器件可以保持相对恒定的高电阻或低电阻状态，或者在低导电性和高导电性之间发生突然的转变。这些突然的转变会反复发生，而且每次都是在相同的电压下发生，表明它们是由分子变化引起的。最重要的是，分子忆阻器的电导率既取决于当前的状态，也取决于它以前通过其他状态的情况。

这个分子忆阻器可以被想象成一个开关，当施加负电压时，分子材料中的配体会还原或获得电子，器件会首先从开切换到关，再从关切换到开，继而在开关两个状态之间不断反复切换。通过这种"两极开关"的特性，逻辑操作的输出就能被数字化并存储。分子忆阻器分子结构像一个"电子海绵"，最多能可逆地吸收 6 个电子，产生 7 种不同的氧化还原状态。这种控制开关的氧化还原机制是由分子内在的能级结构决定的，因此开关的触发条件非常精准。

大脑中的网络是动态可重构的，这提供了灵活性和对不断变化的环境的适应性。相比之下，最先进的半导体逻辑电路也是基于阈值开关的，这些阈值开关是硬连接的，以执行预定的逻辑功能。研究人员正在颠覆基本的电子电路元件的特性，用纳米级的材料特性来表达复杂的"动态可重构"逻辑。他们利用电压驱动的条件逻辑互连性（在一个金属有机复合物的 5 个不同分子氧化还原状态之间），在单个忆阻器中嵌入有 71 个节点的决策树"丛林"（由多个 if-then-else 条件语句组成）。

为了从数学上描述分子器件相当复杂的电流－电压曲线，研究人员没有采用基于物理现象总结出基本方程式的传统方法，而是先用计算机常用算法来理解这些曲线，例如描述"有一个角色做某事，然后另一件事就会发生"这样的算法编程语句：if-then-else。他们使用带有"if-then-else"语句的决策树算法来描述分子的行为，最终得到了满意的结果[11]。更进一步，研究人员利用这些分子器件来运行用于不同现实世界计算任务的程序。实验表明，他们的器件可以在单个时间周期内执行相当复杂的计算，之后重新编程以在下一个瞬间执行另一项任务。

图 4.30 展示了一个 4 位奇偶校验器的决策树（XNOR4）。$V_A \sim V_D$ 和 V_R 同时施加，在一个时间周期中进行计算并将结果写入输出电路元件中。紫色、蓝色、黄色和绿色的电流脉冲图样表明通过树的逻辑传播。输出中的红色和绿色方块代表 0 和 1，方块内也标出了相应的分子状态。

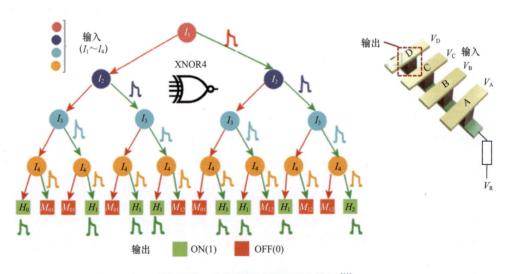

图 4.30　4 位奇偶校验器的决策树[11]

这种分子级的计算颠覆了使用传统电子元器件的计算方式。它可以做到动态可重构，也可以在单个时间周期完成很复杂的计算，如图 4.30 所示的一步完成决策，这将在边缘 AI 计算中发挥重要作用。

然而，由分子尺度的晶体管所组成并进行分子计算的芯片，能否成为硅芯片路线图中的终极芯片，还有待进一步的实验确认。许多研究人员正在不断努力，希望能够克服挑战，将单个分子应用于晶体管等电子器件中，从而推动半导体芯片技术在后摩尔定律时代的进一步发展。

4.3.4　打印类脑芯片

近年来，人们发掘的新材料品种已经不胜枚举。而用这些新材料来制造芯片的工艺方法，与传统的硅芯片制造工艺迥然不同。除了一些新颖的芯片会采用化学、生物加工方法制造（见第 5 章），新的芯片制造工艺流程的一个重要变革是，把原来的减材工艺变成颠覆性的增材工艺。也就是说，传统芯片制造过程需要对硅原材料进行切割、抛光、光刻、腐蚀等一系列要求极为严苛的工艺步骤。这是在从上到下做"减法"，不仅成本高昂、造成大量材料浪费，还必须把剩余垃圾设法处理掉，以避免造成严重的环境污染。而从下到上的"加法"制造，直到最近才被证明可以用于制造半导体芯片。这种"加法"制造使用喷墨或激光打印、3D 打印等快速制造技术，或者是通过分子纳米级的组装技术。这些技术既不需要价格高昂的光刻机，也不需要高质量的防蚀剂。

4.3.4.1　喷墨、激光打印忆阻器

德国卡尔斯鲁厄理工学院（Karlsruhe Institute of Technology，KIT）的研究人员在 2023 年展示了 3 种通过喷墨打印或激光打印制造的忆阻器[12]。此前忆阻器都是通过真空沉积法、光刻法或 CMOS 兼容工艺等传统薄膜技术制造的。使用喷墨或激光打印来制造忆阻器的优点是材料使用效率高、成本效益高、制作原型速度快。

他们展示的第一个器件是全喷墨打印的对称银 / 氧化锌 / 银（Ag/ZnO/Ag）结构，它显示出了数字电阻的开关特性。打印该器件时所使用的氧化锌前驱体墨水（Precursor Ink）是水基的，需要一个沉积后退火的步骤。这种全喷墨打印的忆阻器表现出优异的性能指标，如高达 10^7 的 R_{off}/R_{on} 比、超过 10^4s 的长保持时间、良好的耐久性，以及几乎不需要像一般存储器那样进行初始状态预制备的特性。这些都是作为非易失性存储器应用的优势。

第二个器件部分采用喷墨打印技术，基于银 / 氧化钨 / 金（Ag/WO$_{3\sim x}$/Au）结构。该器件本身可通过施加偏压进行动态探测，以显示由导电丝体现的数字电阻开关特性；也可作为模拟电阻开关器件运行，而无须形成导电丝。模拟电阻开关特性可用于模拟生物突触

或神经元的行为，包括短期可塑性、元可塑性和整合多个输入信号。

第三个展示的器件是全激光打印的忆阻器，由银（Ag）和铂（Pt）作为电极，氧化锌（ZnO）作为活性层。半导体氧化锌通过激光诱导的水热综合，从一种创新的前驱体墨水转化而来。此外，忆阻器还被集成到了一个 6×6 全激光打印交叉棒结构中，并成功用于物理不可克隆功能（Physical Unclonable Function，PUF）的实现。

4.3.4.2　3D 打印的有机电化学晶体管

有机电化学晶体管（Organic Electrochemical Transistor，OECT）是许多（生物）电子应用中的一项新技术。有机电化学晶体管的成功主要源于几个令人瞩目的特点，如简单的器件结构、可调整的电子特性、生物相容性及简单的制造工艺。OECT 已经被成功地应用于生物电子学，利用其高跨导率进行生物传感，以及用于低功率器件的可打印电子组件。此外，最近的研究强调了使用 OECT 来模拟生物突触和神经元功能的可能性，为开发超越冯·诺依曼体系结构的神经形态硬件提供了机会。

人们越来越需要快速的设计改变和数字化直接写入技术。这种需求在 AI 芯片领域尤为明显，因为 AI 算法发展太快而经常需要变更，直接打印方法可以实现对新材料和器件方案进行大量、迅速的筛选。与常用的丝网印刷、凹版印刷或喷墨印刷相比，3D 打印显示了一些优势，如在材料选择、油墨制备和图案设计与更改方面的灵活性。3D 打印允许沉积广泛的材料（从绝缘体到半导体和导体），具有很大的黏度范围。与喷墨打印相比，3D 打印能够以良好的分辨率对高黏性塑料材料进行图案设计，从而使 OECT 与传统的微流体技术结合，在生物传感和 AI 类脑芯片领域开辟新的可能性。

瑞典林雪平大学（Linköping University）的研究人员提出了一种简单的直接写入 3D 打印方法来制造 OECT[13]，这些 3D 打印的晶体管在耗尽模式下工作，使用 3D 打印出来的导电、半导电、绝缘及电解质墨水，可以在柔性基底上进行制造应用，从而使制成品获得较高的机械稳定性和环境稳定性（见图 4.31）。

他们为每个晶体管的组件（源极、漏极、栅极、半导体沟道、绝缘体、栅极电解质及衬底）开发了 3D 打印功能墨水，并展示了全 3D 打印的晶体管。PEDOT:PSS 被选为 OECT 晶体管的沟道材料，这是一种混合离子–电子传导聚合物。全 3D 打印的 OECT 显示出优良的电气和机械性能，可用于生物传感和神经形态计算（类脑芯片）应用。由于基于湿法挤压的 3D 打印机可以用来制作细胞、组织和器官的图案，全 3D 打印 OECT 有可能为电子学与生物学更轻松地对接铺平道路。

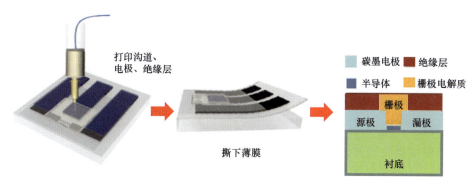

图 4.31　用 3D 打印方法制造 OECT 的过程和最终器件布局示意[13]

湿式 3D 增材制造通常用于微流体和打印生物结构，是有机电子领域中的一种相对较新的方法。与传统的制造技术（如丝网印刷和凹版印刷）相比，它的优势包括能够制作出结构复杂但具有灵活性的器件，并将材料浪费降到最低（典型的按需生产）。光刻技术虽然在半导体工业中被广泛使用，但对低成本加工来说并不具有成本效益，而且会产生大量的材料浪费。上述研究表明，优化材料和使用 3D 打印技术能制作具有良好电气性能、能够检测生物信号和神经形态行为的灵活的独立晶体管。有的研究人员正在考虑器件垂直方向的几何形状，以实现进一步的微型化和更高的性能。

4.4　本章小结

随着生成式 AI 时代的到来，AI 在各个领域的应用不断深化，人们对 AI 算力和能效的需求正在急剧增加。这一趋势推动了 AI 芯片技术的迅猛发展。因此，AI 芯片使用最先进、最前沿的半导体技术就不足为奇了。本章剖析了 AI 芯片在半导体芯片产业中的引领作用，通过对芯粒、异质集成、RISC-V、3D 堆叠等先进硅 CMOS 技术的探讨，揭示了这一领域的前沿动态。同时，也关注了摩尔定律的延续发展、新的 2nm 技术的崛起，以及对 EUV 光刻技术的超越，并分析了这些因素如何推动芯片性能的飞跃式发展。

4.4.1　工艺技术创新

随着摩尔定律的逐渐逼近物理极限，半导体行业需要不断创新以延续芯片性能的提升趋势。2nm 工艺的崛起代表了这一趋势。与目前广泛使用的 7nm 和 5nm 工艺相比，2nm 工艺将进一步缩小晶体管尺寸，从而实现更高的计算密度和更低的功耗。然而，2nm 工艺的开发和量产面临巨大的技术挑战，包括材料科学、制造工艺和设备的突破。

EUV 光刻技术是实现 2nm 及以下工艺的重要工具。通过使用波长为 13.5nm 的光和高 NA，EUV 光刻可以在硅片上刻画出更精细的图案。然而，EUV 光刻技术也面临光源效率低、设备复杂度高等问题，需要持续的技术突破。NIL 作为一种新兴的竞争技术，具有能耗低、成本低、分辨率高的优势，有望在未来的先进工艺中发挥重要作用。通过机械压印的方法，NIL 可以在纳米级别上精确复制图案，为半导体制造提供了一种新的选择。

4.4.2 芯片架构创新

芯片架构创新是 AI 芯片发展的关键方向之一。传统的冯·诺依曼体系结构难以满足 AI 应用对高算力、低功耗的需求。因此，AI 芯片需要采用新的芯片架构，以提高算力和能效。

半导体芯片技术从开始时的单片集成电路，已经发展到了今天的由多片芯片组合而成的更复杂、更大规模的集成芯片。芯粒、异质集成、3D 堆叠等技术都是 AI 芯片架构创新——做成集成芯片的重要方向。

芯粒是一种模块化设计方法，该方法通过将功能不同的芯片模块集成到一个封装中，可以显著提高系统的性能和灵活性。与传统的单一芯片设计相比，芯粒的设计可以在更短的时间内实现更高的性能，同时降低开发成本和风险。这种方法特别适用于 AI 芯片，因为 AI 任务的多样性和复杂性需要高度定制化的解决方案。一旦芯粒技术进一步成熟，就可以让芯片开发者以很低的价格来设计更多特定功能的 AI 芯片。也就是说，无须从头开发 ASIC，因为这将会付出高昂代价。同时因为 AI 算法在不断更新，使用芯粒就可以更快进入市场。异质集成是一种将多个芯粒组合在一起的技术，可以实现灵活的模块化设计，提高芯片的性能和能效。

使用 RISC-V 核可降低芯片的设计成本和复杂度。RISC-V 作为一种开源指令集架构，近年来在 AI 芯片领域迅速崛起。它的开放性和可定制性使得开发者可以根据具体需求设计专用处理器，从而大幅提高 AI 算法的执行效率。与传统的封闭指令集架构相比，RISC-V 提供了更多的创新空间，可以更好地适应 AI 领域快速变化的需求。

集成芯片不仅是芯粒的组合，还包括多片芯片垂直方向的 3D 堆叠。要支持当前和未来的 AI 应用，就必须将 2D 封装和 3D 堆叠结合起来。随着摩尔定律的放缓，至少在未来 10 年内，先进的封装方法是延续摩尔定律的必经之路。在过去几年中，2.5D 技术的能力有了显著提高，这一趋势需要继续保持。未来的先进芯片需要支持数字、射频和光学功能芯片的 3D 堆叠，这可以大幅增加芯片的功能密度，同时减少信号传输的时延和功耗。这种技术对 AI 芯片尤为重要，因为 AI 处理需要大量的数据传输和计算资源。虽然 HBM 已经普及，但逻辑和存储器的 3D 堆叠仍然会带来热管理问题，除非在 3D 堆叠内部开发出嵌入式冷却方法，否则这个问题将继续存在。

4.4.3　新材料与制造工艺

在材料科学方面，2D 材料如二硫化钼、二硫化钨等由于具备优异的电学性能和独特的 2D 结构，被认为是未来制造半导体器件的重要候选材料。这些材料不仅可以实现更高的电子迁移率和更低的功耗，还可以在柔性电子和透明电子等新兴领域中发挥作用。

固态离子器件和分子器件代表了未来半导体技术的一种可能性。通过利用离子迁移和分子开关的特性，这些新型器件可以实现传统硅基器件难以企及的功能和性能，为半导体的发展开辟了新的应用路径。

3D 打印技术在芯片制造中的应用也正在探索之中。通过 3D 打印，可以实现复杂结构的快速制造和定制化设计，显著缩短产品开发周期。这对 AI 芯片的快速迭代和创新具有重要意义。

AI 芯片预计在 2040 年左右迎来 0.1nm（1Å）时代。虽然目前还无法预测哪种技术会作为 0.1nm 工艺芯片的最佳候选，但是有必要在延长 CMOS 技术寿命的同时，探索隧穿 FET（Tunneling FET，TFET）、超导、自旋、铁电、分子器件等被称为"超越 CMOS"（Beyond CMOS）的新原理器件的实用化。TFET 有可能大幅降低工作电压，从而大幅降低耗电量。IBM 研究人员在 2022 年的论文中，介绍了美国纳米电子研究倡议（Nanoelectronics Research Initiative，NRI）的"超越 CMOS"路线图 [14]（见图 4.32），其中总结了未来很有发展前景的半导体器件。这些器件将使用新材料和制造工艺，具有极低的功耗、极高的性能和集成度，有的已经开发出了原型，有的还只是概念设想。当然，创新路上会遇到各种困难和挑战，需要努力加以克服。最终的优胜者将会替代现有的 CMOS 工艺，或者至少能够与 CMOS 共存。

在这个充满挑战和机遇的时代，技术的不断创新将持续引领半导体芯片产业向前发展。AI 芯片作为半导体技术的先锋，通过工艺技术创新、芯片架构创新，以及新材料和制造工艺的应用，为 AI 和其他领域的发展开拓了更加广阔的空间。我们有理由相信，半导体芯片技术最辉煌的时期还在前方。持续的技术突破和创新，将为 AI 技术的广泛应用提供强有力的支撑，推动整个行业迈向新的高峰。

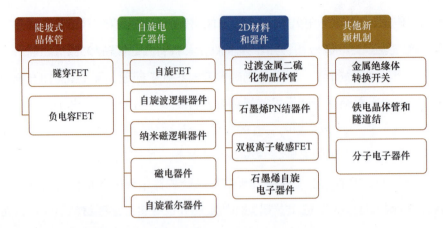

注：隧穿 FET（Tunneling FET，TFET），负电容 FET（Negative Capacitance FET，NC-FET），纳米磁逻辑（Nano-magnet Logic，NML），过渡金属二硫化物（Transition Metal Dichalcogenids，TMD），双极离子敏感 FET（Bipolarion-sensitive FET，BiSFET）。

图 4.32 "超越 CMOS" 路线图

参考文献

[1] ZOGRAFOS O, CHEHAB B, SCHUDDINCK PIETER, et al. Design enablement of CFET devices for sub-2nm CMOS nodes[C]// Proceedings of the Design Automation & Test in Europe Conference & Exhibition (DATE 2022), March 14-23, 2022, Antwerp, Belgium. NJ: IEEE, 2022: 29-33.

[2] RYCKAERT J, SCHUDDINCK P, WECKX P, et al. The complementary FET (CFET) for CMOS scaling beyond N3[C]// Proceedings of the IEEE Symposium on VLSI Technology, June 18-22, 2018, Honolulu, HI, USA. NJ: IEEE, 2018:141-142.

[3] NIBHANUPUDI S S T, PRASAD D, DAS S, et al. A holistic evaluation of buried power rails and back-side power for sub-5 nm technology nodes[J]. IEEE Transactions on Electron Devices, 2022, 69(8): 4453 - 4459.

[4] HARA H, MARUYAMA N, HIURA M, et al. Nanoimprint performance improvements for high volume semiconductor device manufacturing [C]// XXVIII Symposium on Photomask and Next-Generation Lithography Mask Technology (Photomask Japan 2022), April 26-28, 2022. WA: SPIE, 2022.

[5] SAPTADEEP PAL. Scale-out packageless processing[D]. Los Angeles: University of California, 2021.

[6] CUI J, AN F, QIAN J, et al. CMOS-compatible electrochemical synaptic transistor arrays for deep learning accelerators[J]. Nature Electronics, 2023, 6: 292-300.

[7] MENG L, XIN N, HU C, et al. Dual-gated single-molecule field-effect transistors beyond Moore's law[J]. Nature Communications, 2022, 13: 1410.

[8] BAI J, DAAOUB A, SANGTARASH S, et al. Anti-resonance features of destructive quantum interference in single-molecule thiophene junctions achieved by electrochemical gating[J]. Nature Materials, 2019, 18: 364-369.

[9] LI J, HOU S, YAO Y, et al. Room-temperature logic-in-memory operations in single-metallofullerene devices[J]. Nature Materials, 2022, 21: 917–923.

[10] MARINELLA M J, TALIN A A. Molecular memristors for ultra-efficient computing[J]. Nature, 2021, 597(2): 36-37.

[11] GOSWAMI S, PRAMANICK R, PATRA A, et al. Decision trees within a molecular memristor[J]. Nature, 2021, 597: 51-56.

[12] HU H R, SCHOLZ A, Yang L, et al. Printed memristors for memory, computing and hardware security[EB/OL]. (2023-4-12) [2024-08-20].

[13] MASSETTI M, ZHANG S, HARIKESH P C, et al. Fully 3D-printed organic electrochemical transistors[J]. npj Flexible Electronics, 2023, 7: 11.

[14] CHEN A. Beyond-CMOS roadmap—from Boolean logic to neuro-inspired computing[J]. Japanese Journal of Applied Physics, 2022, 61(SM): 1003.

第 **5** 章 从 AI 硬件到 AI 湿件：用化学或生物方法实现 AI

> "21 世纪是生命科学的世纪，生物技术的潜力将比电子技术更深远。"
>
> ——里卡多·戈蒂尔（Ricardo Gattier），未来学家
>
> "在底层（纳米级）有充足的空间。"
>
> ——理查德·费曼（Richard Feynman），物理学家
>
> "硅最终会达到极限，而大自然早已找到高效计算的方法。"
>
> ——卡弗·米德（Carver Mead），神经形态计算奠基人
>
> "智能并不局限于硅。思维可以有多种载体。"
>
> ——尼克·波斯特洛姆（Nick Bostrom），《超级智能》作者

半导体芯片制造主要是通过光刻、蒸发、扩散、离子注入等物理方法来实现晶体管等元器件的生成和互连。芯片被封装在一个带有大量引脚、不断耗电并发热的方形硬壳内，这与大脑的结构完全不同。

随着 AI 热潮的兴起，大脑的抽象模型已被提炼成各种 AI 算法，并使用半导体芯片技术加以实现。但该方式会消耗大量的计算资源。特别是当 AI 模型（如大模型 GPT-4 等）变得更大、更复杂时，AI 模型的训练和 AI 软件的应用消耗了大量能量和处理时间。

生物大脑是一个由无数神经元通过突触连接而成的复杂网络，极其复杂和精密。大脑本质上是一台湿润的软组织生物化学计算机，通过离子、分子之间的相互作用进行复杂的并行计算。这样的化学和生物计算，有着极高的能效。尽管生物大脑的能耗和计算机非常不同，但根据一些研究，可以估算出大脑的功率约为 20W，而在进行智力活动时，这个数字可能会增加到 $25 \sim 50W$[1]。如果按每千瓦时（kW·h）的能耗计算，生物大脑完成的计算量上限可能在 $10^{15} \sim 10^{16}$OPS/kW·h^{-1} 之间（见图 5.1）。

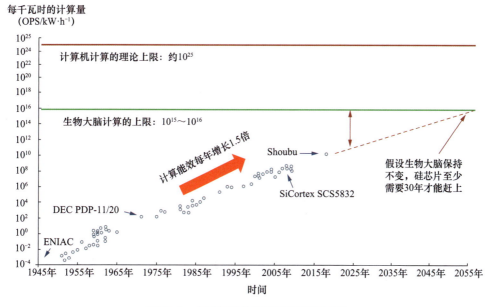

每千瓦时的计算量
(OPS/kW·h⁻¹)

图 5.1　大脑与计算机的能量效率对比

自从 20 世纪 40 年代人类发明第一台计算机以来，计算机能效平均每年约有 1.5 倍的增长，但是几十年过去了，目前其能效水平与生物大脑相比仍然相差几个数量级。显然，如果一直在硬件及现有计算架构上下功夫改进能效，速度远远不够。如果生物大脑的进化停滞，那么要达到生物大脑的能效，计算机至少还需要 30 年的努力。

因此，一些想法更超前的科学家想到，除了研究大脑的抽象数学模型，可否完全抛弃传统的芯片实现方式，使用以前看起来与信息处理无关的化学物质和生物组件、材料及相关现象，来构建人工神经网络或提取其功能并用于 AI 处理，甚至直接用生物体（或者利用新兴的合成生物学人工合成生物体）实现 AI 功能。这就向生物大脑功能的重现直接迈进了一大步。目前，许多相关研究已经取得一些进展，以此为基础的新创公司也正不断诞生。

用化学或生物方法实现 AI 芯片与传统方法实现芯片完全不同。首先，使用的材料不同。传统的芯片由硅制成，而化学或生物芯片可以由多种材料制成，包括有机聚合物、DNA、蛋白质及细菌等。其次，制造方法不同。传统的芯片使用光刻等工艺制成，而化学或生物芯片可以使用多种方法制成。例如，利用化学反应或生物分子相互作用来自组装纳米结构、制备纳米材料等，利用大脑细胞培养物、DNA、蛋白质等生物大分子和分子间的相互作用来构建纳米结构，或者使用化学方法来制造纳米线、纳米管等微小结构等。这些新方法的出现，将使芯片的制造技术更加多样、灵活，也会为未来的电子器件和设备带来更多的可能性和潜力，具有不同于物理方法的优点和应用前景。

根据本书撰稿期间的最新研发进展，化学或生物方法可以用来实现晶体管、忆阻器、神经网络及一些复杂电路的功能。与传统的物理方法相比，这些方法有如下优点。

（1）低功耗。化学或生物器件的耗电量要比传统电子器件低几个数量级。这是因为它们不需要使用硅这样的高耗能材料，而且可以在室温下工作。

（2）高密度。在液态下，分子或离子间的距离极小，从而可以进行高密度运算和高密度存储，有的甚至实现了存内计算结构。在同样的面积或体积下，化学或生物器件的密度要比传统的芯片高几百甚至几千倍，而且如此高密度的计算不会出现发热问题。

（3）可扩展性。化学或生物器件可以用各种方法制造，很容易扩大规模，创建大型电路。

（4）生物相容性。化学或生物器件具有生物相容性，更有可能在人体中安全使用。这使它们成为未来脑机接口、脑－脑通信、植入式医疗设备及药物输送系统等应用的理想选择。

（5）分子自组装能力强。化学或生物方法可以形成高精度、高可控性的纳米结构。分子之间的相互作用可以使材料具有特殊的性质和功能。

对主要通过化学或生物学方法来实现神经形态（类脑）计算的做法，目前的期望是要实现像人类大脑这样的低功耗运行，并实现微型化和低成本。它们具有作为专用程序处理特定任务的能力，就像人类大脑一样。通过利用化学或生物方法制造 AI 湿件（Wetware）——湿润的 AI 芯片（见图 5.2），可以使芯片的制造更加灵活、高效，并且可以在材料、器件性能等方面拓展更多的可能性，从而推动信息处理技术的不断发展和创新。

神经形态计算旨在模仿人类大脑的高能效信息处理。人类大脑的数十亿个神经元通过数万亿个突触相连，它优化了信息流，避免了数据在处理器和存储器之间不断穿梭的昂贵代价——这是经典计算机架构的一个标志。为了实现类脑的处理，需要放弃僵硬的 0 和 1 的计算语言，采用一种新的器件架构。如果器件使用在液体中移动的离子来携带和存储信息会怎样？这样的纳米流体计算（或者神经形态离子计算）有望大大降低能耗，具有可塑性，并有多种信息载体。

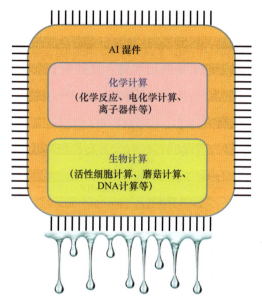

图 5.2　类脑芯片的前瞻性研究领域：AI 湿件

神经元用电脉冲进行通信，并使用时间序列对模拟输入数据进行编码（见第 7 章）。截至本书成稿之日，已实现的类脑芯片的绝大多数神经形态功能都是基于固态器件对电脉冲模式的模拟。这类芯片需要大量的晶体管，造成了大部分原本可以节省的能耗。神经形态计算可能会用实现关键突触功能的忆阻器来替代晶体管开关。研究人员已经在各种传统平台上实现了忆阻器行为，包括相变、光学、磁性、铁电及有机半导体材料等。但是，与人类大脑灵活的突触相比，这些器件大多局限于单一的信息载体，通常是电子，而且不能使用化学信号。

本章将分别介绍几种备受关注的最新研究方向与成果。这些研究工作都处于不同的阶段，即 AI 芯片中的不同组件是使用湿件做成的：从最初步的晶体管实现开始，到可控互连线、数字逻辑门、忆阻器、乘积累加计算单元及存储器，一直到较复杂的线路。预计在接下来的几年中，这个领域会有重大突破。

5.1　化学计算

化学计算是应用计算机科学和化学原理进行计算和模拟的跨学科领域，旨在研究化学反应、分子结构、化学性质等方面的计算方法和技术，涉及范围相对较广，有多个理论可以说明其如何运作。其中，研究最多的理论是 Belousov-Zhabotinsky（BZ）计算，也被称为反应 - 扩散计算，也就是使用周期性反应的扩散和浓度之间的相互作用来计算。该反应可以被改进为对光敏感，因此被研究用于图像处理，显示出作为有效处理图像工具的潜力。化学计算的另一个范式是分子计算，它使用单个分子作为数据和逻辑门。

化学计算在信息处理和存储方面，与经典计算从根本上完全不同。由于化学反应的非顺序性（非串行），所有形式的化学计算都显示出成为优秀并行处理工具的潜力。分子计算已经显示出巨大的并行处理潜力，甚至比 BZ 计算还要大。通过在分子排列中存储信息，分子计算可以超越摩尔定律的限制，并有可能在任何方案下，以物理上可能的最小空间存储信息。本节先简要介绍 BZ 计算，然后介绍分子计算、离子计算及最近取得的进展。

5.1.1 用酸碱反应实现逻辑门和神经网络

在过去的几十年里，半导体器件引领了信息技术革命。然而，我们有充分的理由去探索信息存储和数据处理的替代方法，这些方法可能具有更高的能效、更低的成本和更好的生物相容性，并有潜力适应传统半导体技术可能不适合的环境条件。其中一个有趣的研究方向是依赖化学反应的计算方式。与数字电路相比，这种计算方式的空间利用率和能效要高得多。BZ 计算是典型代表之一。

BZ 计算是利用化学反应扩散过程，使用 BZ 反应作为化学振荡器，利用周期性化学反应的扩散和浓度之间的相互作用进行计算。具体来说，可将化学反应看作一种计算单元，扩散则可以看作一种信息传递方式。通过控制化学反应的条件和参数，实现不同的计算功能。为了提高计算效率和精度，可对 BZ 反应进行改进，如利用光敏化学反应，这种改进方法主要应用于模拟逻辑门及图像处理领域[2]。虽然这些振荡器的动态行为可用于执行分类等任务，但它们包含复杂的时空信号而不是稳定的端点[①]，并且它们对主动样本混合和温度等因素敏感。为了解决这个问题，可采用具有稳定端点的化学反应，如使用酶促反应来实现稳定端点。

BZ 计算的模型构建、算法设计、计算能力等方面的研究也取得了一些进展。研究人员在研究 BZ 反应的动力学行为、非线性特性、耦合效应等方面有了深入的认识，为 BZ 计算的进一步发展提供了理论基础[3]。

虽然 BZ 计算在化学计算领域具有潜在的应用前景，但它目前仍然面临许多挑战，包括实现可控的计算精度、提高计算速度、解决器件稳定性和可靠性等。所以它无法完全

---

① 端点指的是化学反应的最终状态。在化学计算中，化学反应的最终状态通常是可以被检测到的，如化学物质的颜色、形状或光学特性的变化。

替代晶体管等传统的电子器件。BZ 计算在制造、集成及规模化方面也存在许多技术难题，包括如何实现可控的分子组装、集成多个计算单元、实现大规模并行计算等，仍然需要进一步的研究和技术改进。

近年来，研究人员尝试利用更简单、直接的酸碱反应来实现逻辑门进行计算，进而实现一个人工神经网络[4]。他们使用酸碱浓度来编码数字信息。强酸（HX）和强碱（YOH）的混合物可以概括为在 3 个反应之间达到的一种平衡。

$$HX + H_2O \rightarrow H_3O^+ + X^- \tag{5.1}$$

$$YOH \rightarrow Y^+ + OH^- \tag{5.2}$$

$$H_3O^+ + OH^- \leftrightarrow 2H_2O \tag{5.3}$$

这个简单化学系统的一个有趣特性是由中和反应提供的，见式（5.3）。它结合了酸和碱反应的结果，留下更丰富的产物。令 x_i 表示液滴 i 的类型（如酸或碱）。如果考虑具有相同容量和浓度的奇数 n 个液滴的混合物，其中 m 个液滴是酸，则有

$$Majority(x_1, x_2, \cdots, x_i, \cdots, x_n) = \begin{cases} Acid(=1) & 2m > n \\ Base(=-1) & n > 2m \end{cases} \tag{5.4}$$

这个 Majority 函数类似于布尔逻辑中的多数表决函数，它的输出值为一组输入值中出现次数最多的值。重要的是，多数表决函数与反相运算相结合形成了一个功能完整的集合，这意味着这些运算可以对任何布尔逻辑函数进行模拟。

然而，反相算子在化学计算中很难实现，因为反相需要一个条件双稳态化学网络，该网络可以在不知道当前状态的情况下切换。众所周知，没有一种简单的反应既可以将酸变为碱，又可以将碱变为酸。为了避免使用复杂的反应网络，利用式（5.1）和式（5.2）的对称性，有可能在酸性和碱性溶液之间的差异中编码信息。

因此，研究人员提出了一种双轨酸碱编码［见图 5.3（a）］的方法，即用一对互补的溶液来表示每个比特，其中 (酸, 碱) 代表值 "1" 或 "真"，而 (碱, 酸) 代表值 "-1" 或 "假"。编码值通过一条轨道上 $[H_3O^+]=x$ 离子（pH=$-\log x$）的浓度，和另一条互补轨道上的 $[OH^-]=x$ 离子（pH=14.0-$\log x$）的浓度来表示。如果使用这种差分编码，在计算时简单地交换互补轨道的角色，就可以执行反相操作。以双轨形式执行的计算可以方便地产生输出及其逻辑补充码，如 D 触发器等一些常见的数字结构。

研究人员还提出了一种液体处理器来模拟神经元的工作［见图 5.3（b）］。每个计算操作都涉及将部分输入的溶液输送到输出孔板上。对于正在编码的信息序列中的每个值，

如果该值是正的，指示液体处理程序先分配一个酸液滴，然后在下一个孔位上分配一个碱液滴。反之，如果该值是负的，液体处理程序则先分配一个碱液滴，然后在下一个孔位上分配一个酸液滴。图 5.3（b）中，交叉线表示执行反相（乘以 -1）。在计算的最终输出中加入一个 pH 值指示剂，如果该指示剂测出的是 (酸，碱)，则表示输出为"1"，(碱，酸)则表示输出为"0"。

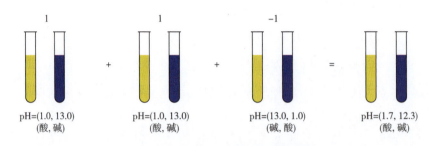

（a）用于先加法后减法的双轨酸碱编码（使用反相表示）

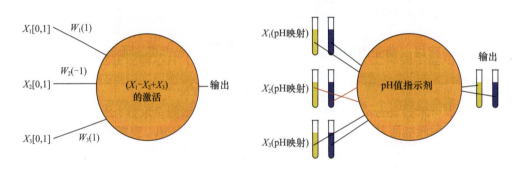

（b）传统神经元（左）和使用双轨酸碱编码的等效神经元（右）

图 5.3　双轨编码示意

除了神经网络，研究人员还提出了一种使用酸碱反应来表示基本逻辑门的方法。当混合时，酸和碱自然地执行多数功能，并且可以通过交换互补对的角色来实现反相。由于多数表决函数和反相操作在功能上是完整的，因此它们可用于表示任何逻辑功能。图 5.4 描述了以酸碱反应表示的与门（AND）、或门（OR）、非门（INV）、与非门（NAND）和或非门（NOR），"+"表示输入的解决方案是混合的，交叉输出线表示已执行反相。为了避免输出中性 pH 值，所有构建块的输入数量都应是奇数。如果要构造双输入逻辑门，第三个输入是恒定偏置，用于保障实现功能并消除中性 pH 值。

这样一个酸碱反应系统可用于对各种计算进行建模，而无须使用其他复杂的时空编码。此外，考虑到强酸 / 强碱反应的速度，这些反应可以进行快速计算，而无须昂贵的设备或其他复杂的操作。

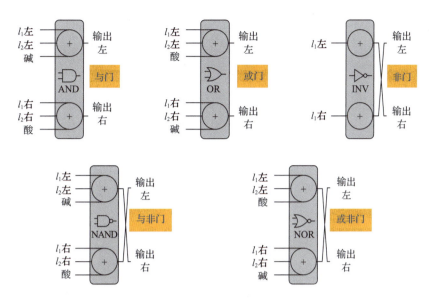

图 5.4　用酸碱反应表示的基本逻辑门

为了证明这个方法的有效性，研究人员使用酸碱反应系统实现了图像分类神经网络。他们利用二元神经网络和二元交叉熵损失函数来生成与其方法兼容的互补输出，并使用 pH 值指示剂的颜色变化来代表不同的图像类别，成功地对 MNIST 数字数据集进行了分类（两位和三位数字）。基于该方法的模拟实验，图像分类准确率达到了 99%。他们还扩展了编码和计算方法，以处理非二进制输入。使用可能浓度的动态范围，可以生成多样化更强、信息量更大、动态范围更大的数据表示形式，这种表示形式可以支持更高效的计算。

研究人员也正在研究其他非线性化学反应的可能性。以上仅介绍了强酸 / 强碱反应，如果将较弱的酸和碱作为 pH 缓冲剂，就可以在 pH 曲线中引入非线性、阈值及平台期。平台期是指 pH 曲线中出现的平稳区域。在这些区域内，即使加入大量的酸或碱，pH 值也不会发生明显变化。引入非线性 pH 运算符可以产生更复杂的基本组件（如激活函数），这是 DNN 的关键组成部分。通过开发可级联的化学非线性激活函数，将能够扩展上述的方法，以支持具有多个隐藏层的 DNN。

5.1.2　液态的忆阻器、MAC 计算单元及存储器

如果用液体来计算，就可以利用液体的流体力学特征做一个纳米级微流体系统，用水柱来实现逻辑门。这些逻辑门可被聚合成一个物理系统，像芯片一样执行计算。例如，可以用两个汇合成流的水柱来模拟一个或门，任何一个喷水器打开，水就会流过管道，门

就被激活。微流体系统在空间、时间及能量上都很受限，并且对热敏感。虽然以前斯坦福大学的一些学生曾设计和建造这类计算机，但只能用于非常专门的领域，也未宣布任何技术指标。

从 AI 芯片的角度来看，要模仿人类大脑的计算功能，就需要跳出目前最流行的固态芯片的思维模式，研究与人类大脑工作相仿的计算环境。人类大脑的计算环境是液态的，工作组件是湿件而不是硬件。人类大脑的工作模式并不像流体力学系统，而更适合用液体离子学来解释。生物体所依赖的生理过程是由离子在液体环境中的选择性传输所控制的。例如，细胞膜上的生物通道实现细胞内外离子和分子的交换。这些交换会形成一定程度的相互连接，从而变成一种电路或者网络，不过这种电路或者网络与传统意义上的电路与网络完全不同。

固态电子学（典型例子是目前最常用的硅基芯片）为开发生物启发信息处理系统、忆阻器、类脑芯片等提供了主要舞台，而液态离子学（或者水基离子学）可以为生物启发/生物模仿工程、神经形态计算增加一个额外的维度——它们在水溶液中使用离子进行信号处理的过程与生物回路类似。让液态离子学特别有吸引力的是，存在大量具有不同物理和化学性质的离子种类，它们可以实现种类丰富的信号处理，就像在生物回路中一样。

下面介绍的这些类脑湿件研究都是基于溶液的化学计算，它们的很多优点是固态器件无法企及的。这些类脑湿件虽然只有很初级的功能，但是发展迅速。除了神经形态计算，它们在生物启发的传感和运动控制、脑机接口和未来的脑－脑通信方面，也有着广阔的应用前景。

5.1.2.1　用有机聚合物溶液实现互连、忆阻器和神经网络

有机聚合物计算通常被归类为化学计算。近年来，一些研究旨在通过巧妙地利用各种材料的独特电学特性，来实现大脑突触的功能。有一种聚合物材料可以实现很独特的功能——能够任意连接或断开并任意调节电导率，而这种功能是目前所有硅芯片所缺乏的。

具体来说，突触器件是利用一种广泛使用的导电聚合物 PEDOT:PSS 所研发的 [5,6]。它由两种主要成分组成：一种是聚 (3,4- 乙撑二氧噻吩)，也就是 PEDOT；另一种是聚苯乙烯磺酸盐，也就是 PSS。PEDOT 是一种具有良好导电性的共轭聚合物，而 PSS 是一种水溶性聚合物。PSS 作为一种稳定剂，能够帮助 PEDOT 在水中形成稳定的分散体。当这

两种聚合物以特定比例混合时，它们会形成一种具有高导电性、高透明度及高柔韧性的复合材料，可进行热电转换，并具有化学敏感性和生物适应性。

掺有 PSS 阴离子的 PEDOT 导电聚合物 PEDOT:PSS 的分子结构如图 5.5 右上角所示。其中的 PEDOT 阳离子和 PSS 阴离子是静电结合的，PSS 从 PEDOT 链上拉出电子并注入正载流子。这一特性导致了该聚合物的高导电性。通过在单体 EDOT 溶液中施加高频方波电压［50kHz，20V（峰峰值）］，导电聚合物 PEDOT:PSS 以导线的形式生长，如图 5.5 所示。聚合物导线的生长和连接是在电极间隙的尖端之间进行的。当继续施加电压时，聚合物导线会一根接一根地布满电极之间的空间，所以电极之间的电导率呈线性增长。该电导率值在停止生长时会被保留，而且在饱和之前可以重新开始生长任意次数。换句话说，它可以作为一个非易失性的电阻变化功能器件。由于金具有良好的导电性、稳定性及抗腐蚀性，因此在这里被用作电极材料。

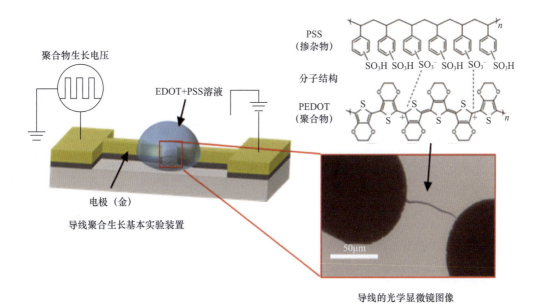

图 5.5 PEDOT:PSS 导电聚合物 [5]

线状 PEDOT:PSS 具有优良的布线性能，因为在各向异性的聚合过程中，聚合物导线会沿着电场延伸。这使得任意电极之间的 PEDOT:PSS 导线可以形成一个电路网络（见图 5.6）。聚合物导线在电极之间生长和连接的外观类似于新生儿大脑中独立形成的神经元，这些神经元由轴突延伸到其他神经元组成的神经网络。因此，聚合物导线显示出有可能简单而廉价地生产出与实际人脑相似的 3D 结构和空间分布的信息处理电路，从而通过从零开始的布线和学习来有效地响应外部刺激。

 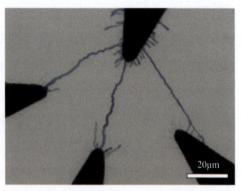

(a) 导线生长为树枝形状　　　　**(b) 4个电极之间的分支布线形成的网络**[6]

图 5.6　PEDOT:PSS 导线形成的电路网络

这项研究展示了在溶液中连接任意电极的导电聚合物导线的突触功能。通过控制导线的电导率，可以实现长时程增强（Long-term Potentiation，LTP）和短时程可塑性（Short-term Plasticity，STP）等突触功能，这与突触改变其连接强度的方式相似。一般的电子突触器件通过调整电阻来再现突触强度的变化。然而，PEDOT:PSS 是一种稳定的材料，需要在连接后选择性地解除或增加桥接线来调整突触强度。

研究人员还根据神经网络的架构，用 54 对独立的电极模拟了一个神经网络，说明聚合物导线可以布线到多个电极。他们没有使用增减桥接线数的办法，而是通过改变桥接线直径和掺杂水平来增加或减少电导率。未来的目标是结合这些技术，构建一个 3D 布线的聚合物神经网络结构。

由于聚合物导线的连接，电极之间的电导率得以提升，从而可以实现突触的长时程增强效应。而突触的 STP 描述了突触连接强度的暂时变化，这也是通过控制桥接线的导电性实现的。STP 允许电极之间的电导率暂时降低。这种人工聚合物导线突触在高度集成的信息处理电路中将有可期的应用前景，因为它们可以从头开始形成，选择输入信息进行记忆，并有效地实施学习，这个过程模仿了人脑的结构和学习机制。

如图 5.6 所示，这种聚合物导线也可以形成树枝形状，或通过多电极实现一个网络。基于这种使用导电聚合物溶液制作人工突触的新颖思路，研究人员已经实现了一种权重可变的自适应神经网络，并实现了储备池计算。这里构建神经网络的主要方法是将聚合物导线的电导率作为权重，并通过组合来构建网络结构。权重通过学习而改变，学习后必须保持其数值，所以需要非易失性的电阻变化功能。

近年来，具有这种功能的固态器件通过交叉棒连接来进行操作，交叉棒结构使器件可以完全耦合在一起。采用聚合物溶液后，这种耦合用聚合物导线来完成，这些导线可以自由地连接或断开。而硅芯片的固态开关不可能有这种能力。这种电化学开关器件，又被称为电化学随机存储器，它的能耗与器件通道面积呈线性关系。不仅如此，使用额外的 PSS 稀释 PEDOT:PSS 还可以降低其电导率，从而保证低噪声和高度线性的写、读质量。在 0.1V 读取电压下，通道电流只有 50nA，如此低的电导率对扩展为大规模阵列来说是很理想的。

对使用 PEDOT:PSS 等有机聚合物做成 ECRAM 方面的研究，已经取得了不少进展。有的已经可以做到很大的动态范围，同时保留了所有其他神经形态器件的优良特性，如 20ns 的开关速度，亚微秒级的写读循环，低噪声、低电压及极低能量的运作，以及出色的耐久性等。

写入噪声是传统忆阻器的一个普遍问题，ECRAM 已经解决了这个问题。PEDOT:PSS 具备 500 种不同的电导状态和极低的写入噪声，使这些状态可以被清楚地分辨出来。由于共轭聚合物能够在受控的离子提取或注入时可控地进行掺杂，与无机忆阻器（如 RRAM 和 PCM）相比，实现这种多层次的电导率并不困难。通过离子掺入来调节共轭聚合物的导电性而不会使其材料退化，这对实现突触行为来说是相当有吸引力的。

开关速度对忆阻器来说是一个很重要的指标。虽然人脑通过长期的训练和突触之间的有效传递，能在 1 ~ 100Hz 的范围内运行，但这样的速度对高效的神经网络计算是不够的，因为它们缺乏人脑那样的大规模连接和并行处理能力。在神经网络阵列中，每个突触节点都需要以兆赫兹级别的频率更新相应的权重。只有达到这样的频率，深度学习加速器或类脑芯片的速度与时延指标才能跟传统数字处理芯片竞争。

寻找和设计快速开关的有机材料是一个新兴的研究领域。基于聚合物的 ECRAM 已经实现了 50MHz 的开关速度（20ns 的写入脉冲），随着器件进一步缩小，其运行速度会更快。根据模型预测，$1\mu m \times 1\mu m$ 的器件在使用每次写入耗能小于 10fJ 的情况下，开关速度将超过 1GHz。也就是说，基于有机材料的电化学计算可以达到比无机材料忆阻器更快的开关速度［常见的 HfO_2 或 TiO_2（二氧化钛）氧化物忆阻器的开关速度范围仅为 1 ~ 10MHz］。

人脑中的神经网络是处于 3D 空间中的结构，通过发育和学习而进化。而忆阻交叉棒的 2D 结构基本上是为全连接的神经网络而优化的，这导致未使用的忆阻器数显著增加。上述研究展示了一个由浸在溶液中的不占用物理空间的突触介质组成的分子神经网络原型。在该介质中，导电聚合物导线仅在必要时通过学习在多个电极之间生长，不需要预先放置聚合物导线而占用物理空间，而且把 2D 突触介质扩展到了 3D 突触，这与目前的 2D 交叉棒器件不同。该研究利用聚合物生长演示了简单布尔函数的学习和数据编码的两个机器学习任务。

上述研究成果的性能离实际应用还有较大差距，但有着极高的潜在研究价值。研究表明，高级认知功能的两个特征学习和记忆，都有可能用非生物聚合物导线实现[7]。

5.1.2.2　用电解质溶液实现 MAC 计算单元

从多方面来看，当今的数字计算机与人脑都相差甚远，这让研究人员想去了解差异在哪里，以及如何缩小这些差距。人脑和数字计算机之间的最大区别是计算的方式。在数字计算机中，电子是通过半导体材料操控的；而在人脑中，离子在液体中被操控。

尽管溶液中的离子可能比半导体中的电子迁移率要低，但许多人相信，离子种类的多样性可用于处理更丰富的信息类别，从而使机器学习等应用受益。

研究人员一直在尝试寻找基于液体的离子电路，利用离子作为电荷载体进行信号处理。截至本书成稿之日，研究人员已经成功地为液体离子电路创造了元器件，如离子二极管或离子晶体管，但还没能用离子元器件构建出更复杂的完整离子电路。

哈佛大学研究人员在发明离子晶体管之后，于 2022 年展示了一个液体离子电路，这是一个在 CMOS 芯片表面实现，并由其进行操控的 256（16×16）个离子晶体管组成的阵列[8]。这 256 个离子晶体管组成了一个具有模拟 MAC 计算功能的电路，展示出了液体离子电路的潜力。

这种离子晶体管在没有流体导向、通道材料及离子选择性介质的醌类水溶液中进行电化学操作。它有一个中心圆盘电极，周围有一对同心环电极［见图 5.7（a）］。电极放置在醌类水溶液中。

同心环电极通过产生或捕获氢离子来操控中心圆盘周围的 pH 值。中心圆盘可以在醌类水溶液中产生与其 pH 成正比的离子电流。也就是说，以电化学方法，只调整封闭式（"局部化"，即大同心圆环内）的醌类水溶液中醌和氢离子（H^+）的浓度，可使两个环由符号相反的电流驱动，具有相同的可调谐幅度门控电流 I_g。由于中心圆盘的电化学反应速率受到圆盘周围水溶液中电解浓度的影响，圆盘的离子电流 I_{out}（输出电流）不仅取决于施加在圆盘上的电压 V_{in}（输入电压），还取决于调整电解浓度的 I_g。因此，在给定的圆盘电压 V_{in} 下，这一对同心环电极的 I_g 对圆盘电流 I_{out} 进行门控调节（水溶液的 pH 值相当于一个普通晶体管的栅极）。这就是离子晶体管的基本原理[8]。

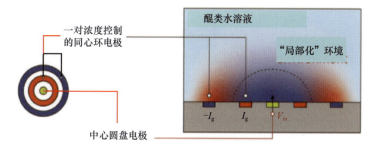

一对浓度控制
的同心环电极

醌类水溶液

"局部化"环境

$-I_g$　　I_g　　V_{in}

中心圆盘电极

(a) 离子晶体管由一对同心环电极和一个中心圆盘电极组成

由I_g调控W

ΣI_{out}

(b) 使用一列（这里显示为一行）离子晶体管模拟MAC操作的概念[8]

图 5.7　离子晶体管的结构和模拟

　　这些实现在 CMOS 芯片表面的电化学门控离子晶体管被排列成 16×16 的阵列，具有可扩展性。通过执行物理或模拟的 MAC 操作，可以证明这种阵列规模的离子电路的效用。大量的 MAC 操作涉及突触权重向量和输入数据向量之间的点积。

　　为了降低基于数字逻辑门与布尔代数的数字 MAC 操作的功耗，很多研究人员正在探索用基于物理现象的模拟计算来执行 MAC 操作。忆阻器就是一个典型例子：由可调固态电阻组成的交叉棒阵列已被用于模拟 MAC 操作。每个交叉点的电导率代表一个突触权重。输入电压施加到阵列的各行，根据欧姆定律，每个交叉点的电流等于输入电压乘以该点的电导率（权重）。根据基尔霍夫定律，每个列的电流等于该列所有交叉点的电流之和。因此，每个列的电流代表输入数据向量与该列突触权重向量之间的点积结果。上述离子晶体管阵列也可以根据物理现象，在醌类水溶液中进行模拟 MAC 计算［见图 5.7（b）〕。

　　在每个离子晶体管中，施加有圆盘电压 V_{in} 的圆盘电流 I_{out} 是由 I_g 门控的，可以找到一个 V_{in} 区域，其中 $I_{out} = W \times V_{in}$，其中的比例常数或权重 W 可由 I_g 调控，即在这个区域，离子晶体管在权重和输入电压之间进行物理乘法。随后，来自多个离子晶体管的 I_{out} 依据基尔霍夫定律在一个全局参考电极中累加，从而完成一个 MAC 操作。这个能够进行模拟计算的功能性离子电路的演示，指出了通往更复杂液体离子计算的路径。

　　研究人员在一片 CMOS 芯片上开发了一个同心阳极－阴极环对阵列，以电化学方式控制电解质溶液的浓度。CMOS 芯片表面有 64×64=4096 个铝电极，通过后道工序转化为 16×16=256 个电化学单元的阵列，每个单元包含一个同心铂（Pt）环对。这对铂环中的任何一个都接触 4 个铝电极，与 4 个相应的 CMOS 电路相连，从而成为一个有效的电路（见图 5.8）。每个单元都具备离子晶体管功能，整个阵列可以进行模拟 MAC 计算。

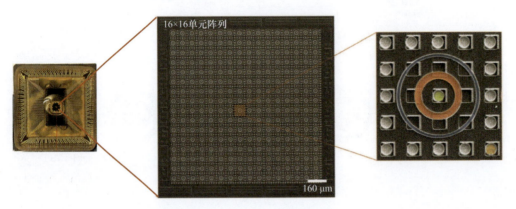

图 5.8　在一个作为基底的 CMOS 芯片上进行后期制造的 256 个电化学单元阵列[8]

这项工作也揭示了需要解决的技术问题。例如，由于缺乏独立的离子通路（类似于电子电路中的金属连线）来引导离子流动，以及缺乏独立的局部参考电极来测量电流，如果并行执行各列的 MAC 操作，则无法同时分辨来自不同列的离子电流，必须按顺序逐列执行 MAC 操作，这会降低计算吞吐量。因此，通过电化学手段创建单独的离子路由通路是下一步要解决的问题。

这种形式的离子晶体管的响应时间为 26ms，尺寸为几十微米，内环和外环直径分别为 36μm 和 62μm，消耗的门控功率约为 11nW。虽然醌类水溶液中低离子迁移率的离子晶体管永远不可能像电子晶体管那样快，但 26ms 的响应时间可以通过使用一个近似的局部参考电极大大缩短。另外，模拟结果显示，环对结构缩减到 1μm 以下仍然可正常工作，同时门控的功耗可降低近 3 个数量级。然而，如果把尺寸进一步缩小下去，尚不清楚离子晶体管是否还能正常工作。这是因为电化学反应涉及离子在电场中的运动，当器件尺寸缩小到深亚微米尺度时，电场行为和离子运动特性可能会发生未知的改变。

总之，离子晶体管可以做得更快、更小、更省电，尽管仍没有达到电子晶体管的水平。事实上，离子晶体管追求的不是与电子晶体管竞争，而是为了补充后者。它具有自身的特征，如使用多样化的离子电荷载体等。研究人员希望离子电路作为一种更高效和丰富的计算资源，用于边缘 AI 计算等应用场景。

5.1.2.3　具有神经形态功能的流体忆阻器

基于流体的晶体管非常有希望在水环境中实现神经形态的功能，因为它与生物系统有很好的兼容性，而且通过引入不同的化学成分，可以赋予神经形态器件更多的功能。以前的尝试表明，基于离子微流控的器件（如离子二极管、离子晶体管等）的先进功能，可以通过限制电解质进入微纳米通道来实现。

尽管这方面的研究取得一些成果，但在水介质中实现神经形态的功能仍然很可能因为水环境中强大的屏蔽效应大大阻碍了离子间的相互作用，从而限制了基于流体的系统中记忆的形成。2021 年，法国巴黎高等师范学院的 Robin 和英国一些大学的研究人员提出了一个里程碑式的理论模型，它预测离子记忆功能可以通过纳米厚度的封闭 2D 狭缝离子通道来完成，并在后来由同一研究小组在实验中实现[9]。

Robin 等人制造了两种 2D 狭缝器件。一种由两片光滑的二硫化钼（MoS_2）薄片组成，由石墨烯间隔物隔开，形成高度小于 1nm 的狭缝。另一种是较厚的（约 10nm）刻蚀石墨狭缝状通道，表面带有大量电荷。当任一器件充满电解质溶液并承受时变电压时，它表现出类似于忆阻器的电流-电压（I-V）行为，具有异常长的记忆时间尺度，从几秒到几小时不等。在 I-V 关系图上，该行为表现为一个非线性的"收缩"滞后环路，其中 I-V 关系取决于过去输入该器件的电压历史。

研究人员进一步实现了一种 Hebbian 学习（脉冲时间依赖的可塑性），这是人脑中掌握新技能的一个基本过程。Hebbian 学习的核心是当两个神经元同时被激活时，它们之间的突触连接得到加强。在他们的研究中，当两个模仿神经元输入的脉冲接近时，纳米流体忆阻器的电导率会增加，而当脉冲相隔较长时间时则保持不变，从而记录了两个输入信号之间的时间相关性。

中国科学院化学研究所毛兰群研究团队用一个不同的装置取得了类似的结果[10]，他们称这个可实现神经形态功能的器件为聚电解质限域流体忆阻器（Polyelectrolyte-confined Fluidic Memristor，PFM）。PFM 以超低的能耗模拟了各种电脉冲模式。PFM 的流体特性使其能够模仿化学调节的电脉冲，即反复向装置中输送离子刺激引发一系列的电流脉冲。更重要的是，用一个 PFM 就实现了从化学效应到电信号的转换。由于其与离子通道的结构相似，PFM 具有多功能通用性，并且很容易与生物系统对接，为通过引入各种化学设计来构建具有高级功能的神经形态器件铺平了道路。

获得可靠的 LTP 和 STP 是神经形态计算的关键之一。纳米流体忆阻器的电导率在接受多个后续电压脉冲后会增加，模仿生物突触中的短期和长期电位。在中国科学院化学研究所的实验中，脉冲时间编码也可以通过刺激强度和时间间隔的相关性来实现。

虽然 PFM 具有一系列的优势，例如多种神经形态功能、可进行化学调节、多离子载体的共存，以及与生物系统方便的接口等，但在实现更广泛的应用方面仍面临很大的挑战。例如，延长离子记忆、实现长时程可塑性功能是基于流体的系统要实现的关键目标。

另外，在能效方面，PFM 距离生物系统还有不小的差距。研究人员估计其大型器件的能耗为每个脉冲约 0.7pJ，这比生物系统的每个脉冲 0.1 ～ 1fJ 的能耗要高很多。因此，需要更好地了解这些系统中支配离子扩散、平衡及传输的物理机制。为了能够进行神经形态计算，PFM 还需要被扩展成一种互连的液态电路，并引入神经形态电路的其他关键元件和部件，使其具有高度的可靠性和稳定性。如果把流体忆阻器用于存内计算，则是另一个挑战。针对这个挑战，多孔微流体或纳米流体阵列或许能提供解决方案。

与基于其他机制的神经形态器件相比，基于流体的器件不仅具有某些方面与生物系统相当的性能，而且具有更先进的神经形态功能，特别是与化学相关的功能，也具有神经形态功能的多样性、多种离子载体的调节和共存的可能性，以及与生物系统的方便接口的优势。实现 LTP 功能是基于流体的系统的重要挑战，引入更强的界面识别互动可能有望实现延长离子记忆的目标。

5.1.2.4 用电化学实现的液体存储器

大容量、高密度存储器一直是所有 AI 芯片和设备厂商所追求的。尽管现在的硅存储器可以做到 3D 堆叠，已经大大提高了存储容量，但是仍然满足不了日益增长的数据存储需求。比利时微电子研究中心的研究人员提出了一个创新的设想：利用电化学实现高密度液态存储器[11,12]。他们做出了两种不同的存储器：胶体存储器和电石存储器。

1. 胶体存储器

胶体存储器使用纳米颗粒胶体，这些颗粒可以按照特定的顺序排列并存储在毛细管内。图 5.9 所示为胶体存储器的结构示意。它包括一个含有 A 和 B 两种颗粒的胶体的储液器。液体（如水）用作存储介质。储液器与毛细管阵列相连，只要颗粒略小于毛细管的直径，就可以进入毛细管，颗粒的顺序就能存储在里面并得到保持。颗粒的顺序可以通过设置在每个毛细管入口处的电极来诱导和感应。阵列的外围有一个 CMOS 控制电路来控制电极。如果直径为 5nm 的纳米颗粒可以存储在高度为 8μm、间距为 40nm 的毛细管中，就可以实现 1Tbit/mm^2 的超高存储密度。

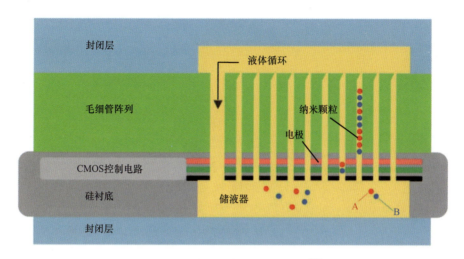

图 5.9 胶体存储器的结构示意 [11]

目前，研究人员正在从理论上和实验上研究使用介电电泳（Dielectrophoresis，DEP）将单个用作数据符号的纳米颗粒选择性地插入毛细管（有效地"写入"纳米颗粒的序列中）的可行性。他们相信这是实现胶体存储方法可行性的第一个重要里程碑。按照这种机制，电极上产生的交变电场会对纳米颗粒施加力。这种力是吸引还是排斥，取决于颗粒的类型和诱发电场的频率。通过选择两个对施加的频率有不同反应（吸引与排斥）的颗粒可以创建选择性的写入过程。

胶体存储技术目前正处于研发和探索阶段。但所需技术仍需要提升，在此前微米尺度实验的基础上，研究人员正在准备在纳米尺度上进行实验。

2. 电石存储器

除了纳米颗粒，研究人员还研发了另一种在毛细管内有序排列物质的方法，他们把这种器件称为电石存储器。该器件在 2022 年的 IEEE 国际存储器研讨会（International Memory Workshop）上做了展示。

与胶体存储器一样，电石存储器也使用储液器和毛细管阵列。但这种方法没有使用纳米颗粒，而是采用了溶解在液体中的金属离子。写入和读取操作是通过更简单和成熟的电淀积和溶解技术完成的。

电石存储器包括一个含有液体的储液器，其中溶解了两种不同的金属离子：钴镍（CoNi）和铜（Cu）。储液器连接到一个毛细管（也被称为阱）阵列。每个毛细管的底部都有一个工作电极。工作电极由惰性金属［如钌（Ru）］制成，位于每根毛细管的底部。再加上一个与储液器接触的公共逆电极，由每个毛细管建立的电化学单元的电路就完整了。密集的工作电极阵列与一个 CMOS 控制电路相连，用于单独处理每个电极。通过操作工作电极的电位和脉冲时间，可以淀积出厚度和成分可控的薄金属层（见图 5.10）。

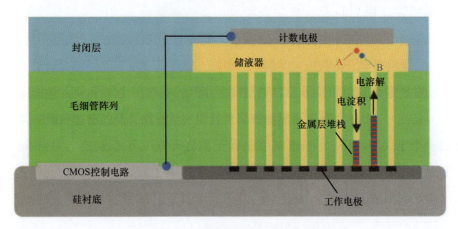

图 5.10　电石存储器结构示意 [11]

众所周知，电子器件是用晶体管的电流导通或者关断来代表"1"和"0"的，但是在液体离子计算中，就要用完全不一样的状态来代表。人们可以想到多种对数字信息进行编码的方法。在电石存储器中，研究人员使用淀积金属层的不同厚度来分别代表"0"和"1"。通过在毛细管内的工作电极上施加一定的电位，钴镍薄层可以淀积在电极上。先淀积一层钴镍层，再淀积一层固定厚度的铜层，接着淀积一层钴镍层，以此类推，交替淀积两种不同的层。钴镍层淀积的厚度为 1nm 代表"0"，厚度为 2nm 代表"1"。铜层是固定厚度（如 0.5nm），仅用于在钴镍层之间做区分。"0"和"1"的信息体现在不同合金的交替层中，让人联想到地质岩石地层，因此该器件被称为电石存储器。

该器件中数据的读取可以通过逆向单元电流和监测溶解电位来实现。单个单元连接到外部仪器，可以在电压和电流控制的测量中运行，分别用于恒定电位淀积（"写"）和电泳溶解（"读"）。

深度为 1μm 的毛细管的存储量多达 500bit。这与同样深的 3 层 3D-NAND 存储器中仅存储 60bit 形成鲜明对比。因此，该器件在理论上能够达到非常高的存储密度（> 1Tbit/mm^2），这些深度约 3.3μm、直径为 20nm 的毛细管排列在一个方形阵列中。要达到 1Tbit/mm^2 的存储密度，需要使毛细管的间距为 40nm。此外，研究人员必须能够分别为胶体存储器和电石存储器制造长宽比约为 400∶1 和 165∶1 的毛细管。这类似于制造未来 3D-NAND 闪存产品所需的存储孔的纵横比，因此被认为是一个可以实现的目标。

研究人员正在进一步努力改进上述方案，例如达到直径更小、孔更深及间距更小的毛细管，使用更平滑、更薄的金属层，以及研究新的器件架构（读写策略、编码方案、并行化及配套电路）。液体存储器要成为真正可行、能大规模应用的存储解决方案，还必须具有足够优良的响应时间、带宽（如 20Gbit/s）、循环耐久性（如 10^3 个写入 / 读取周期）、能耗（如写入 1bit 消耗几皮焦）和保留期限（如超过 10 年）等指标。这些将是进一步研究液体存储器的主题。

液体存储器代表一类新的超高密度存储技术，具有满足未来 10 年要求的巨大潜力。分别基于纳米颗粒和电化学的胶体存储器和电石存储器，将有可能成为 2030 年之后替代 3D NAND 闪存的后继产品，这是因为 3D NAND 闪存的存储密度已经接近极限。IMEC 已经在存储器路线图中，把液体存储器列入了 2030 年引入的产品中。

5.1.3　化学计算的总体现状与前景

化学计算作为一门前沿交叉学科，在最近几年取得了不少新的突破。尽管如此，化学计算仍有不少挑战。例如，它的单个计算步骤需要较长时间（其他新兴电子器件则不然，例如自旋电子器件的单个计算步骤比经典计算机要快）。化学反应从根本上说是缓慢的，所以当不可能利用并行处理的时候，化学计算就不一定能跟上步伐。

从化学计算中提取答案也可能是困难的，因为直观地测量结果需要添加指示化学品，而这些过程可能很慢或不可靠。主要的障碍是用冗长的指令对化学计算进行编程，因为这样做所需的分子可能是不稳定或难以合成的。

化学处理比较特别，因为它的功能从根本上说是随机的、非序列的。因此，有必要把线性处理和并行处理作为指标，以此来比较处理速度。对化学存储来说，BZ 计算可能会降低数据存储密度，分子计算则可以提高数据存储密度。因为访问数据对化学存储来说相当困难，读取和写入时间也应该被考虑。

然而，这些挑战在未来有可能会得到解决。因此，化学计算作为计算器件极具发展潜力。AI 任务可以利用化学反应、离子特性等来进行计算，从而为 AI 技术发展开辟一个前景光明的全新领域。如果再结合生物材料（如活性细胞等）产生生物化学反应，则在某些应用场合会带来更好的效果。

5.2　生物计算

生物计算是一个新兴的交叉学科领域，研究灵感来源于自然界中生命系统的神奇功能。它将生物学和计算机科学的原理和方法结合，旨在利用生物分子、生物系统或生物过程进行信息处理和计算。它涉及目前生物学研究的前沿领域——合成生物学。合成生物学旨在构建具有特定功能的细胞，这些细胞可能是从头开始设计的，也可能通过修改现有生物体的细胞得到。这些细胞具有自我复制、代谢、响应环境等基本生命特征。虽然这些细胞可能不同于自然界中已存在的细胞，但它们通常被认为一定程度上是"活"的，因为它们具有生命的一些关键特征和功能。

5.2.1 用活细胞实现 AI

现在 AI 芯片的主流架构都基于 DNN，离真正的大脑工作机制还很远。本书第 7 章介绍的类脑芯片，虽然更类似于生物大脑的工作机制，但仍然是用电子学方法在硅片上实现的。这样的电子芯片，因为要不断消耗电能，不管今后能达到多高的 AI 处理性能，在能效方面也是无法与生物大脑相提并论的。

脑细胞是一种有趣的生物材料系统，它可以有效地实时处理信息，而无须大量输入样本。举例来说，一只苍蝇的大脑在生物界属于相对简单的类型，但在周边环境导航方面比目前最好的 AI 算法深度学习体现出更强的通用智能，并且能耗极低。这正是可以模仿的对象。

要达到与生物大脑相似的能效，最好的方法就是摆脱电子学的思维模式，直接跳到化学、生物学领域，并且利用生物学、生命科学的最新成果来大胆创新。

5.2.1.1 大脑的能效远高于目前的 AI 芯片

虽然人类大脑在处理简单信息（如做算术）方面比计算机慢，但在处理复杂信息方面的能力远远超过计算机，因为大脑可以更好地处理只有少量或不确定数据的情形，不需要深度学习 AI 所必需的大数据。大脑可以执行序列和并行处理。在对大型、高度异构和不完整的数据集，以及其他具有挑战性的处理形式进行决策时，它们的表现大大优于计算机。

目前的 AI 算法和芯片虽然在尽量模仿大脑的工作机制，看上去也能处理不少复杂的任务，例如 ChatGPT 能画画和写小说，但是目前的 AI 芯片与大脑的构造有着本质区别。单个人类大脑的存储容量约为 2500TB，这是基于其 860 亿～ 1000 亿个神经元和超过 10^{15} 条连接的估算结果。大脑的学习机制与机器学习的机制截然不同，导致了不同的能效。

首先，生物学习使用更少的能量来解决计算问题。例如，一条斑马鱼幼虫成功捕获猎物并避开捕食者仅需要 $0.1\mu W$ 的功率，而成年人类约为 100W，其中大脑约占 20%。相比之下，用于掌握最先进 AI 学习模型的计算机集群通常以 10^6 W 左右的功率运行。美国的 Frontier 是世界上最强大的超级计算机之一，它使用了 8 730 112 个 AMD CPU 核，在 LINPACK 基准测试中达到了 1102PFLOPS（1.102EFLOPS，简称 1.1E，即已达到 E 级运算水准）。该超级计算机的功率为 21MW。

目前能在纳米尺度上工作的各种技术中，没有一个像生物大脑一样，能够完全自组织、存储及处理分布在整个网络中的信息。当然，神经元的速度很慢。但人类大脑中大约有 10^{14} 个突触。如果每一个突触每秒只运行几个计算，那么整个大脑的计算量就能达到 EFLOPS 级别，而这还只是在 20W 的功率范围。目前没有任何技术可以做到这一点。

其次，生物学习使用较少的观察来学习如何解决问题，也就是说，只需要"小数据"就可以解决问题。例如，人类学习一个简单的"相同与不同"任务需要大约 10 个训练样本，而更简单的生物（如蜜蜂）只需要 100 个左右的样本。相比之下，即使有 10^7 个样本，计算机也无法学习同一个任务。因此，至少在这个意义上，人类大脑的能效是现代计算机的 10^6 倍。

AlphaGo 使用 50 个 GPU，进行了为期 4 周的训练，需要大约 4×10^{10} J 的能量——这与一个活跃的成年人维持新陈代谢 10 年所需的能量大致相同。这种高能耗阻碍了 AI 实现许多理想目标，如在驾驶等复杂任务中达到或超过人类的能力。

总之，这些观察导致人们对生物性的、大脑导向的计算替代基于硅的 AI 芯片的计算产生了很高的期望，这可能在计算速度、处理能力、数据效率及存储能力方面取得前所未有的进步——尤其是能量需求非常低。

5.2.1.2　细菌神经网络

直接使用生物体(细胞培养物等)来实现 AI 芯片功能,这是一个非常大胆的想法。目前,已经有研究机构和新创公司开始向这个目标进发了。这些研究人员认为,目前所有正在进行的芯片研发技术都只是过渡性技术,先对大脑进行建模、仿真,然后用复杂的工艺过程、非常高的成本来制作 AI 芯片的做法将被摒弃,直接使用生物神经元进行信息处理将在未来大行其道。

直接使用生物体进行 AI 计算,也可以摆脱对大数据的需求带来的困扰,而现在的 AI

处理太过依赖大数据。我们生活的世界是高度可变的，通常我们对这个环境只有一些少量的不确定信息。生物大脑非常善于处理这种不确定性，它是我们所知的唯一真正的智能计算机。当前的计算机、人工智能实际上与之相差甚远。

使用活细胞来实现人工神经网络的首个实验是印度学者在 2020 年完成的[13]。他们利用经过人工处理的细菌创建了一个单层神经网络（称为细菌神经网络）。该实验让单个细菌充当人工神经元，并演示了用于处理化学信号的一个 2-4 解码器和一个 1-2 解复用器。输入信号是细胞外的化学信号。这些信号经过线性组合，并通过非线性对数似然激活函数进行处理，从而产生荧光蛋白输出。激活函数由合成基因回路生成，每个人工神经元的权重和偏置值都是通过细菌神经元内部的分子相互作用人工调整的，以表示特定的逻辑功能。人工细菌神经元以神经网络架构连接，实现了化学解码器和化学解复用器。代表单一基本逻辑功能的单个细菌神经元只需要通过单层网络连接更多神经元，就能激发出更复杂的功能。

N-$2N$ 解码器是一种电子组件，它以一对一的方式简单地将 N 位输入映射到 $2N$ 位输出。例如，图 5.11（a）所示为 2-4 解码器示意，图 5.11（b）展示了其行为。真值表中的每一行显示解码器的输入以及该解码器应该期望的相应输出。例如，如果 2-4 解码器的两个输入均为 0，则 D_0 为 1，其他所有输出均为 0。

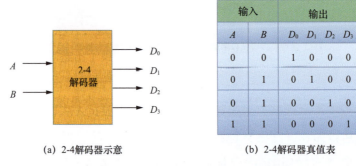

（a）2-4解码器示意　　　　（b）2-4解码器真值表

图 5.11　2-4 解码器示意图及其真值表

一个由细菌细胞组成的简单神经网络，经过训练可以学习非常简单的功能。这是怎么做到的呢？这就需要从深度学习领域跨越到生物化学领域。

首先，必须为电子学中简单的"1"和"0"找到合适的化学替代表示。显然，活细胞检测环境的变化是通过周围物质浓度的变化，而不是通过"1"和"0"。解码器中的输入 A 和 B 是两种不同的化学物质。该实验中是脱水四环素（AT）和异丙基 β-D-1-硫代半乳糖苷（IP），分别用信号分子 A 和信号分子 B 代表。细菌神经网络用这两种分子的存在或浓度的高低来表示信号。输出 D_0、D_1、D_2 和 D_3 现在则变成了 4 种不同的荧光蛋白。至于激活函数［如神经网络中的修正线性单元（ReLU）或双曲正切函数（Tanh）］，则通过对细菌神经元的基因进行改造、创建"基因回路"来实现，行为与其软件对应物类似。基因回路更正式的说法是合成基因回路，是一种人类设计的分子遗传排列，遵循工程设计原理并在活细胞内工作。通过创建新的催化剂来表示神经网络所需的权重和偏置。表 5.1 展示了人工神经网络和细菌神经网络的对比。

表 5.1 人工神经网络与细菌神经网络的对比

人工神经网络	细菌神经网络
人工神经元	细菌神经元
输入 A（或第一个神经元的输入值）	信号分子 A
输入 B（或第二个神经元的输入值）	信号分子 B
输出 D_0	荧光蛋白 1
输出 D_1	荧光蛋白 2
输出 D_2	荧光蛋白 3
输出 D_3	荧光蛋白 4
激活函数	基因回路
权重与偏置	新的催化剂

这种细菌神经网络为 AI 生物计算提供了一个很好的范例。从那以后，越来越多的研究人员进入了这个领域。近年来，一种利用器官类似物来实现智能计算的方法受到了研究人员的重视和关注。

5.2.1.3 类器官智能：合成生物智能

近 20 年来，科学家们一直在使用微小的类器官（Organoid）（从干细胞生成的类人体器官的实验室培养组织）进行脑、肾脏、肺及其他器官相关的实验，这样就无须进行人体或动物实验。

类器官是在实验室里人工培养的 3D 组织结构，模拟和反映了人体器官的某些特征和功能。一般来说，开发制备类器官需要以下 7 个步骤。

（1）确定开发哪种类器官。例如，要做出具有 AI 功能的大脑模型，就需要选择细胞组成类脑器官。

（2）选择适合的细胞来源。例如，干细胞、诱导性多能干细胞或组织特定的原代细胞。培养细胞时，需要提供合适的培养基、生长因子及细胞外基质来模拟器官的微环境。

（3）3D 培养。将细胞在 3D 环境中进行培养，以促进组织形成。常见的方法包括使用悬浮培养、基质支持（如基质凝胶）或生物印迹技术。

（4）组织物的培养和分化。根据研究目标，通过调节培养条件和添加特定的信号分子，促进类器官的组织物发展和细胞分化，以获得更接近目标器官（如大脑器官）的特征和功能。

（5）维护和培养。维护类器官需要注意细胞的健康和培养条件的细致管理。这包括定期检查细胞的形态和生长状况，避免细胞感染；定期更换培养基，确保培养基的新鲜和适当的成分，提供所需的营养物质和生长因子。

（6）实验和分析。利用类器官进行实验和研究，如 AI 功能测试、药物筛选、疾病建模等。使用适当的技术（如免疫组织化学、基因表达分析）对类器官进行分析和表征。

（7）不断优化和改进。根据实验结果和研究需求，对照 AI 功能需求，不断改进类器官的培养条件、分化方法及分析技术，以获得更准确和可靠的结果。

1. 类器官智能研究

最近，新创公司与一些研究机构（如约翰斯·霍普金斯大学应用物理实验室等）的研究人员在研究类脑器官。一个笔尖大小的球体，就具有神经元和其他有望维持学习和记忆等基本功能的特性。这开启了对人类大脑如何工作的研究，从而为使用生物细胞实现 AI 功能提供了一条更直接的路径——类器官智能（Organoid Intelligence，OI）[①]。

在过去的 10 年中，脑细胞培养领域经历了一场革命，类脑器官从传统的单层培养转向更像器官、有细胞组织的 3D 培养。与传统的 2D 单层细胞相比，3D 神经元培养物在生物学习方面具有重要优势，包括细胞密度高得多、突触发生增强、髓鞘形成水平较高。这些组织通常从皮肤样本的提取物中生成，也可以从胚胎干细胞中生成。研究人员已经生产出具有高水平的标准化和可扩展性的类脑器官[14]。每个类脑器官的直径小于 500μm，由不到 100 000 个细胞组成，大约是人脑体积的 1/3 000 000（理论上相当于具有 800MB 的记忆存储量）。

---

① 也有人译为有机体智能。

约翰斯·霍普金斯大学的 OI 研究，目标就是利用脑细胞培养物（类脑器官）来实现生物计算，并把生物计算的定义扩展到以大脑为导向的 OI 计算，即利用 3D 类脑器官的自组装机制来存储和计算输入信号，实现比目前的 AI 芯片更快、更高效、更强大[14] 的计算能力。

要实现 OI 计算能力并让它们进行学习（训练），需要在脑细胞培养物和计算机的接口方面取得重大进展。研究人员设想，首先使用生物反馈系统地训练具有越来越复杂的感官输入和输出的细胞培养物，然后将这些培养物与计算机、传感器和接口连接起来，以进行有监督和无监督的学习。

约翰斯·霍普金斯大学的研究人员将人类皮肤样本中的细胞重新编程为胚胎干细胞状态，诱导这些干细胞分化为神经前体细胞。这些神经前体细胞在进一步培养和特定生长因子的作用下，被分化为功能性脑细胞，包括神经元和胶质细胞等。最后将脑细胞培养并组装为功能性类器官，包含复杂的神经网络。每个类器官包含大约 50 000 个细胞，大约相当于一个果蝇脑的大小。他们设想用这种大脑类器官建造一台未来计算机。他们认为，在这种"生物芯片"上运行的计算机可能会在未来 10 年内开始降低高性能计算的能耗需求，而传统计算的能耗需求是不可持续的。尽管计算机处理涉及数字和数据的计算比人类更快，但大脑在做复杂的逻辑决策（如分辨猫和狗）时要聪明得多，大脑的效率仍然是现代计算机无法比拟的。

OI 的方法刚好与 AI 相反：在当前的 AI 系统中，计算机旨在执行大脑完成的任务，通常是通过模拟人类对学习的理解，让计算机更像大脑；但 OI 的方法是让 3D 脑细胞培养物更像计算机。

图 5.12 所示为一个用于生物计算的 OI 系统架构示意。OI 的核心是执行计算的 3D 脑细胞培养物（如图中的类脑器官）。集成微流体系统可支持类器官的可扩展性、存活性及耐久性，并向类器官提供各种类型的输入，包括电信号、化学信号、来自机器传感器的合成信号，以及来自连接的感官类器官（如类视网膜）的自然信号等。通过专门设计的2D/3D 微电极阵列（柔性壳状）以及植入式探针，可进行电生理记录，获得类脑器官结构和功能特性的高清图像（如共聚焦显微图）等。这些输出既可直接用于计算，也可作为生物反馈来促进类器官学习。

在这种 OI 系统中，还可加入 AI 和机器学习算法来用于编码和解码信号，并与大数据管理系统结合，开发混合生物计算解决方案。

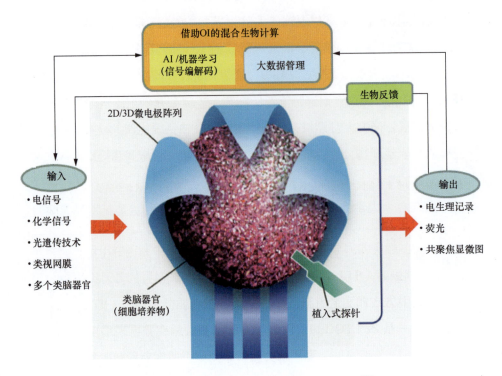

图 5.12　用于生物计算的 OI 系统架构示意 [14]

　　用于记录类脑器官电生理输出的稳定且可重复的系统对开发 OI 系统至关重要，并且需要解决读写复杂神经组件的各种问题。脑机接口技术已经发展了至少 20 年，但仍然很原始。用于刺激和记录的微电极阵列构成了许多此类接口的核心，还能提供前所未有的并行性和独立寻址能力。然而，当前大多数脑机接口技术主要采用基于 2D 微电极阵列芯片的格式，适合单层细胞培养。但类脑器官是球形 3D 结构，与 2D 芯片的接触有限。此外，大多数 2D 微电极阵列芯片界面都是刚性的。如果记录界面和细胞系统的刚度不匹配，就会影响性能。

　　因此，为类器官设计的新型 3D 微电极阵列界面产生了，该设计的灵感来自用于记录头皮脑电模式的 EEG（Electroencephalogram）帽。在该界面的模型中，类器官生长在柔性、超软涂层、自折叠和弯曲的外壳内，外壳上覆盖着图形化的纳米结构和探针（见图 5.13）。该模型允许在类器官的整个表面进行多通道刺激和时空记录，具有前所未有的分辨率和高信噪比，这是由于大大增强了记录表面积和电极数：标准 EEG 帽有 25 个电极，高密度 EEG 帽有 256 个电极 [14]。

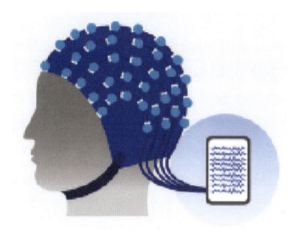

图 5.13　为类器官设计的 3D 微电极阵列界面模型

（1）用"盘中大脑"实现 AI。

为了挖掘类器官巨大的潜力，澳大利亚新创公司皮质实验室（Cortical Labs）及一些研究机构的研究人员已经制作了一个由小白鼠神经元组成的 AI 系统。在该系统类似芯片的网格上面，每隔 17.5μm 就有一个微电极，小白鼠神经元在这些微电极上生长（见图 5.14）。

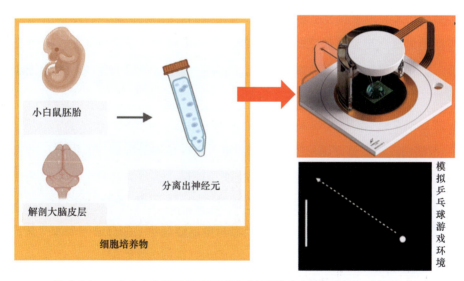

图 5.14　一个由小白鼠神经元组成的 AI 系统（来源：Cortical Labs）

这些电极可以检测到微伏范围内的电压，因而可以测量到单个神经元何时被激活。然而，单个神经元激活还不能支撑有意义的计算。要形成计算，必须把神经元连接起来，也就是说，要创建抑制和激活细胞的网络，才能完成学习。研究人员计划依靠神经元的自组织能力来完成这项任务。

神经元具有动作电位，它们会响应细胞膜上某个序列的电压变化而放电。这使得它们的行为就像数字电路中的门电路一样。

这种利用神经元的自适应计算系统被称为"盘中大脑"（Dish Brain）[15]，即把人类或啮齿类动物的细胞培养物形成的神经网络与计算机集成，通过高密度多电极阵列进行计算。通过电生理刺激和记录，细胞培养物被用来模拟一种类似乒乓球的游戏。研究人员以给定的速度，通过微电极阵列从网格上特定位置的神经元发送和读出信号。因此，阵列上的电极可以在不同位置发生作用，以告诉系统"球"在哪里，信号频率可以指示"球"离"球拍"有多远。通过激发特定的预编程电极排列，即可以触发运动，游戏中的"球"就会动起来。

研究人员发现实时游戏的前 5 分钟内有明显的学习行为。进一步的实验证明了细胞培养物表现出以目标导向的方式组织活动的能力，以响应相关感官信息。这可以被称为合成生物智能。

研究人员制作了一种微型透析装置，不断用新鲜液体替换用过的营养液，从而供养神经元。细胞的相互连接可以存活数月。通过这种方式，这种生物芯片也可以在实验室外使用。目前，芯片的原型已经准备就绪，正在实验室中进行测试。除了弄清楚"盘中大脑"究竟是如何产生可以被感知到的智能，下一步该团队还希望通过人工神经网络测试其性能——将神经元集成到数字系统中，可能会实现一些单独使用硅芯片无法实现的功能。

（2）"盘中大脑"的优势与挑战。

OI 技术利用人类大脑细胞培养物（类器官）来模拟人类大脑神经网络，并将此作为计算单元，通过与计算机交互来实现信息处理和计算。这些类器官可以自组装，并形成具有多种细胞类型的复杂结构。这些细胞之间可以建立复杂的突触连接，并产生电信号，从而实现信息的传递和处理。此外，这些类器官可以通过学习和自适应来改变其连接方式和功能，从而表现出一定程度的智能。

因此，这种技术可以看作在一个培养皿中创造出了一种具有智能的生物体，从而也被称为"盘中智能"。虽然这种智能与人类大脑相比还有很大差距，但是它对研究人类大脑的结构和功能、探索认知和学习等基础科学问题，以及最终在此基础上开发 AI 处理器具有重要意义。

与传统 AI 芯片相比，OI 技术具有以下 4 个优势。

第一，处理某些数据时更高的计算效率和准确性。与传统 AI 芯片相比，OI 技术在处理复杂、不确定、模糊的数据时更加高效和准确。

第二，更强的自适应性和学习能力。类器官具有高度的可塑性和自组织能力。通过学习和适应，类器官可以改变连接方式和功能，并且可以进行各种类型的运算任务。

第三，更好地模拟人类大脑。由于类器官由人体活细胞组成，可以直接模拟大脑神经网络的结构和功能，从而更好地应对复杂的 AI 任务。

第四，特殊应用场景下更好的表现。虽然 OI 技术目前还无法完全取代 AI 芯片，但是在某些特定的应用场景下，OI 技术可能会成为更优先的选择。例如，在医学、机器人、智能家居等应用场景都可以发挥 OI 技术的作用。此外，随着 OI 技术的不断发展和完善，它有可能成为未来 AI 系统的重要组成部分之一，并与 AI 芯片共同构建更加强大、高效、智能的计算平台。

OI 技术目前仍然存在一些限制和挑战。例如，类器官的生长和维护需要复杂的培养条件和技术，而且生命周期较短，难以长期、稳定地工作。类器官的规模和复杂度远远不及人类大脑，处理速度和存储容量也较低。此外，OI 技术还需要与其他设备（如电、化学、生物方面的设备）连接，并通过输入输出接口进行数据交互和控制。这需要打造新的模型、算法及接口技术来与类脑器官进行通信，深入了解它们如何学习和计算，以及处理和存储它们所生成的大量数据。这将是一个多学科交叉、长期发展、涉及面很广的超大规模项目。

目前，全球范围内有许多知名的研究机构和实验室正在联合开展类器官的研究，如约翰斯·霍普金斯大学应用物理实验室、加州大学圣迭戈分校细胞与分子医学系、卢森堡大学系统生物医学中心等。同时，许多优秀的科学家和工程师在这个领域做出了重要贡献，并获得了广泛认可。这个领域的研究人员数量也在不断增加，推动着这项技术的发展和应用。

5.2.1.4 “片上大脑”芯片用于生成新的 AI 算法

德国老年神经学研究所和德累斯顿工业大学的研究人员在 2023 年进行了一项开创性研究[16]，制造了一款被他们称为“片上大脑”的神经芯片。该芯片具有 4000 多个电极，能够同时记录小鼠数千个神经元的“放电”。该芯片的工作区域比人类指甲盖的面积小得多，但覆盖了整个小鼠海马体，能检测脑细胞的电活动。海马体在学习和记忆等功能中发挥着关键作用。

这种"片上大脑"与前面讲述的"盘中大脑"是不一样的。"盘中大脑"使用活细胞培养物，通过芯片引出细胞培养物产生的电信号；"片上大脑"则直接从活的生物大脑中引出电信号。因此，"盘中大脑"可以批量复制，而"片上大脑"只能用于少数实验。然而，"片上大脑"探测的大脑电信号非常精确，可以精确到单细胞级别，为了解大脑结构带来非常大的帮助。

在该研究中，科学家们比较了不同饲养方式的小鼠的脑组织。一组小鼠在标准环境里长大，不提供任何特殊刺激；另一组小鼠则被安置在一个多样环境中，其中包括可重新排列的玩具和迷宫般的塑料管。结果发现，外部的经历会影响大脑回路的连接。来自多样环境的小鼠的神经元比那些在标准环境中长大的小鼠的神经元之间的联系更加紧密。这个发现为研究大规模神经网络的复杂性和大脑可塑性提供了新的见解。

海马体回路的重要特性和独特的多层维度，再加上神经再生的可塑性，对近年来一些由大脑启发的 AI 算法和计算模型的开发起到了促进作用，同时启发了神经形态计算的新方法。尽管有了这些进展，但由于人们对动态神经元组合的相互作用所产生的海马体连接组的了解很有限，因此可扩展片上生物计算网络的新学习算法的实际研发还是遇到不少挑战。德国研究人员使用大规模记录方法来记录细胞的活动规律，对这些挑战做出了一定程度的回应，并且通过揭示塑造大脑的连接和活动规律，突破了大脑研究的界限，由此产生的见解可以增强当前的 AI 方法，并可能为开发新的神经学习算法带来启示。

5.2.2　真菌计算

真菌是地球上最大的生物群之一，它的种类数可能高达 500 万种，其中已知的约有10 万种。真菌的生物量也非常可观，仅土壤中的真菌生物量就相当于所有植物生物量的20 倍。同时，真菌也是地球上分布最广的生物群之一，几乎遍布地球的各个角落。科学家 Dehshibi 曾断言，真菌与动物相似，它们拥有一些明显不同于植物的能力。例如，它们可以"感知和处理一系列外部刺激，例如光、拉伸、温度、化学物质，甚至电信号"。此外，它们可以被利用来为人类工作。

蘑菇是被人类熟知的一种真菌，它是由菌丝体发育而来的成熟体。菌丝体通常位于地下，由许多细长的丝状单元（菌丝）组成。菌丝在真菌体内分支延伸，形成一个复杂的网络结构。真菌通过这个复杂网络可以与周围的植物和微生物进行交流和物质交换。这种交流包括信息传递、养分共享、警报传递及病原体防御等方面，运行方式类似于互联网，因此被称为木维网（Wood-wide Web）[17]（见图 5.15）。木维网已有 5 亿年的历史，估计连接着 90% 的陆地植物。

图 5.15　大量菌丝体与树木一起连成一个木维网

通过研究这种木维网的运作方式、破译真菌用该网络发送信号的语言，研究人员可以深入了解地下生态系统中生物之间的关系和相互作用，从而可以将其应用于信息技术，来改进网络通信和信息交流的方式。

首先，研究人员发现菌丝体可以充当导体，以及计算机中的电子元件。它们可以接收和发送电信号，并保存记忆。英国西英格兰大学计算机科学系有一个湿件实验室，这是全球第一个开发真菌计算和真菌电子器件的实验室。他们首先将菌丝体培养物与木屑基质混合，然后将其放入封闭的塑料盒中，让菌丝体得以在基质中繁殖，并插入电极来记录菌丝体的电活动。菌丝体会产生类似动作电位的脉冲，与人脑神经元产生的脉冲相同。

研究人员将脉冲的存在或不存在分别作为 1 或 0，并对检测到的脉冲的不同时间点和空间位置点进行编码，使其与逻辑门电路相关联（见图 5.16）。此外，如果在两个独立不同的点刺激菌丝体，那么它们之间的电导率就会增加，它们之间的交流也会更快、更可靠，使得记忆被建立。这就像脑细胞形成习惯的过程。

具有不同几何形状的菌丝体表现出不同的逻辑功能，它们可以根据接收到的电响应来绘制出相应的电路。如果给予电刺激，它们就会出现脉冲，因此实现一个神经形态电路是可能的。

脉冲	逻辑门	符号
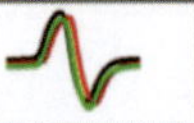	或门	$x + y$
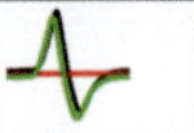	选择门	y
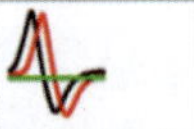	异或门	$x \oplus y$
	选择门	x
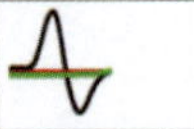	非与门	$\bar{x} y$
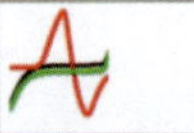	与非门	$x \bar{y}$
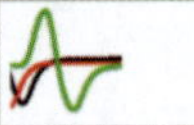	与门	$x y$

图 5.16　由脉冲组合形成的逻辑门电路 [18]

　　研究人员将菌落建模为串行和并行的电阻电容网络。电阻是千欧级的，电容是皮法级的。输出电压被二进制化，阈值为 9V，即 $V > 9$ 象征着逻辑上的真，否则为假。对两个输入和一个输出，可以实现 16 个可能的逻辑门。图 5.16 列出了 7 种可能性（图中黑线表示当网络被输入"01"激励时的电位，红线表示被"10"激励时的电位，绿线表示被"11"激励时的电位）。总之，菌丝体本身（或者与其他材料结合形成的复合材料）可以作为计算介质，实现广泛的布尔逻辑电路。这种电路的工作过程又与大脑神经形态十分相似，从而为生物模拟和混合计算开辟了新的视角。

　　以上述研究为基础，研究人员就可以设计一台真菌计算机 [19]：信息由电活动的脉冲表示，计算在菌丝体网络中实现，接口通过成熟体实现。在一系列的实验中，研究人员证明在成熟体上记录的电活动可以作为真菌对热和化学刺激反应的可靠指标。对一个成熟体的刺激会反映在集群中其他成熟体的电活动变化上，也就是说，真菌成熟体之间存在远距离的信息传递。在真菌计算机的自动机模型中，研究人员展示了如何用真菌实现计算，并证明计算的逻辑功能的结构是由菌丝体的几何形状决定的。图 5.17 所示为一个基本的真菌计算机结构，图中菌丝体网络 C 是一个分布式计算装置，成熟体 $D_1, D_2, \cdots, D_8$ 是 I/O 接口。

　　真菌计算机的目标不是取代硅芯片计算机，因为这种计算机的动作太慢了。但是真菌的特性可以用作大规模的智能环境传感器。真菌网络可以监控大量数据流，作为其日常活动的一部分。如果能够连接到它们的网络并解释它们用来处理信息的信号，就可以更多地了解生态系统中正在发生的事情并采取相应的行动。

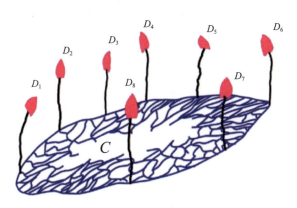

图 5.17　基本的真菌计算机结构[19]

目前，真菌的电子特性已经有了实际应用，如嵌入菌丝体的感知电路（生物传感器）和计算电路，可以利用储备池计算进行传感。关于环境的信息被编码在储备池忆阻性计算介质的状态中，可以被用来制作活体真菌的传感忆阻性器件的原型。

5.2.3　生物计算

脱氧核糖核酸（Deoxyribonucleic Acid，DNA）是由 4 种脱氧核糖核苷酸经磷酸二酯键连接而成的长链聚合物，它存在于各种生物体的细胞中，存储着大量的信息。人类 DNA 就是人体产生所有蛋白质的蓝图。研究人员已经开发了合成 DNA 和对其进行测序的技术。

DNA 可以存储的数据量取决于 DNA 的密度和长度，以及所使用的编码和解码技术。1g DNA 理论上可以存储 215PB（约 2.25 亿GB）的数据。整个互联网估计包含约 1.2ZB 的数据，大约是 1228.8PB。因此，理论上可以把整个互联网的数据存储在约 5.6g 的 DNA 上。

微软在 2017 年宣布开始 DNA 数据存储技术的研究，并与生物技术公司 Twist Bioscience 合作开发相关技术。他们成功地将《战争与和平》等文学名著、一些音乐作品及其他一些文件存储在了 DNA 分子中，并将其成功解码至数字格式。与传统的数据存储介质相比，DNA 数据存储具有非常高的数据密度，而且数据保存时间可以长达数千年。

研究人员现在已经掌握了 I/O 接口技术，输入和输出的信息能以分子形式表现。因此，DNA 不仅可以用于存储，而且可以用于计算，并做成分子级的可编程计算机。人类的身体每时每刻都在用 DNA 进行计算和复制，并利用它来生长新的细胞。由于是分子级的结构，DNA 的空间利用率极高，而且非常适用于大规模并行运行。利用 DNA 的化学特性，DNA 计算可以将问题转换为 DNA 分子之间的相互作用和变化，从而处理大量信息。DNA 计算具有优良的并行度和容错性，可以在很短的时间内处理大量信息，同时具有非常高的精度和准确性。

DNA 计算已经被用于解决多种问题，如实现逻辑运算、模式识别、图搜索、密码破解等。研究人员使用 DNA 计算解决组合优化问题，如旅行商问题和集合覆盖问题。他们首先将问题表述为 DNA 序列，然后使用 DNA 的自组装和互补配对规则来搜索问题的解。

目前，研究人员正在探索利用蛋白质和 DNA 构建神经形态器件的方法。例如，他们利用蛋白质纳米管构建了一种模拟神经元的器件，可以模拟神经元的兴奋和抑制过程，具有高度的可编程性和可塑性。此外，研究人员还利用 DNA 分子构建了一种模拟突触的器件，可以实现突触前后神经元之间的信息传递和调节。这些实验表明，利用生物大分子构建神经形态器件是有发展潜力的，可以为神经形态计算的研究和应用提供新的思路和方法。

生物计算通常使用活细胞或无酶的非生命分子来完成。活细胞可以自我培养并且自愈，但将细胞从其普通功能转向计算可能很困难。非生命分子解决了活细胞的一些问题，但输出信号较弱，难以调节。2023 年，在《自然—通讯》（*Nature Communications*）杂志上发表的新研究[20] 中，美国明尼苏达大学的一组研究人员开发了一款被称为 Trumpet 的生物计算芯片（见图 5.18）。

图 5.18　Trumpet 生物计算芯片（来源：明尼苏达大学生物科学学院）

Trumpet 使用生物酶作为基于 DNA 的分子计算的催化剂。研究人员使用 DNA 分子在试管中执行逻辑门操作，类似于所有计算机所做的操作。栅极连接导致磷光发光。DNA

创建了一个电路（见图 5.18），当电路完成动作时，荧光核糖核酸（Ribonucleic Acid，RNA）化合物就会亮起，就像测试电路板时的灯泡一样。研究小组证明了 Trumpet 平台具有分子生物计算的简单性，并增加了信号放大和可编程性。

该平台可以可靠地编码所有通用布尔逻辑门（NAND、NOT、NOR、AND 及 OR），这些是编程语言的基础。逻辑门可以组合构建更复杂的电路。

不过，当前 DNA 计算仍然处于实验室研究阶段，需要首先克服许多技术难题，如 DNA 序列设计和合成、分子操作和测量，以及 DNA 计算的可扩展性和可靠性等，然后才能实现在实际应用中的大规模应用。

DNA 计算受制于编辑、复制和读取的反应速度。因此，即使是大规模并行运行，DNA 计算的速度也受限于基本计算的低效率。此外，阅读和解释由 DNA 计算机产生的数据是一个巨大的挑战，因为它是尺度非常小的微观过程。最后，在 DNA 计算机上编程和运行算法需要相对较大的化学资源。

另外，目前 DNA 大规模合成和测序是非常昂贵和费时的。微软曾经计划将 DNA 存储添加到他们的云服务中。虽然技术上很有希望，但这种部署的障碍是成本。DNA 存储需要读写能力，目前每兆字节数据的写入成本是几千美元，这对大规模的云存储来说太昂贵了。但是，随着成本的降低和读写速度及准确性的提高，未来云计算上的数据可能会被存储在我们的细胞中所依赖的材料上。

DNA 计算也在不断发展。有研究人员把随机计算方法和 DNA 计算结合，例如，可先以 $1/n$ 的频率随机抽出一条 DNA 链，再以 $1/m$ 抽出另一条链。通过对这些链进行逻辑和（AND）运算，可以得到近似 $1/mn$ 的结果，即可实现简单的乘法计算。最近也有研究人员提出让一台 DNA 计算机在计算过程中"成长"，也就是说，让计算载体（DNA）在计算过程中自我复制，以更快地找到一个特定的答案。这与固定不变的硅集成电路的设计思路完全不同。

除了 DNA，其他分子也已经被用于生物计算，如 RNA 和蛋白质。这两种生物大分子彼此之间以及与环境之间的互动比 DNA 的程度更高。

一些敢于创新的研究人员已经开始创办 DNA 计算的公司。例如，爱尔兰 Rebel Bio 最近展示了一种基于 DNA 的生物计算机，先使用真实的 DNA 进行编程，然后对其进行数字控制，可以用它玩俄罗斯方块游戏。它也可以让客户远程输入 DNA 序列，并使用实验室的细胞提取物进行原型设计。随着该领域投资的增加，预计 DNA 计算系统将在通用性、灵活性及便利性方面继续改进。

5.3 本章小结

由于传统的硅基晶体管正在迅速接近物理极限，因此必须寻求替代它的候选材料。它们应该与微纳电子学兼容，甚至在未来取代微纳电子学。本章所介绍的化学和生物物质就是非常有潜力的候选材料。

如果从漫长的宇宙发展历史来看，开始找寻这类候选材料的思路是有一定道理的。研究人员认为物理定律与 137 亿年前的宇宙同时起源于某个地方。直到恒星形成并在其中产生更重的原子时，化学才开始变得重要。随着生命的进化，生物学才开始出现，据估计是 40 亿年前。这就是说，在宇宙演化的不同阶段和时间点，出现和发展的顺序先是物理学，然后是化学，之后是生物学。

人类的科学研究活动同样如此。直到 17 世纪，物理学家开始使用实验方法来研究自然现象，这标志着现代科学的开始。随着实验方法的发展，化学和生物学等学科也开始逐渐发展起来。化学和生物学分别在 19 世纪和 20 世纪得到了极大的发展，成为现代科学的重要分支。21 世纪以来，随着技术的高度发展，在分子尺度和量子尺度上的研究不断取得新的突破。人类的科学研究也从过去对宏观世界的研究，更多地转向了微观世界。

化学计算和生物计算目前并不能作为高性能、高算力的计算方法，用于像深度学习这样需要高密度计算的场合。但是它们的并行度、能效及信息密度非常高，制作成本非常低，还具有生物相容性。在这些方面，化学计算和生物计算比硅基晶体管的性能提升程度达 1000 倍或者更高。举例来说，一个相当于骰子大小（体积约 $1cm^3$）的 DNA 组装的器件，就可以把全世界所有图书馆的书籍内容存储进去。它们的低速度运行，也恰恰相当于人类大脑的运转速度。如果找到一种替代深度学习的高效率的算法，它们同样可以非常有效地进行 AI 处理。

近年来，基于化学计算和生物计算的各类器件已经成为神经形态计算应用有前途的候选者。这类器件由于具有生物相容性，对未来的脑机接口、脑-脑通信的应用很有吸引力，并且由于其柔软性和化学可调性（可通过化学合成进行调整），与目前使用的硅材料芯片相比，具有独特的竞争优势。在某些类型的复杂优化问题上，生物计算已经表现出较大优势。

然而，如何把这类器件有效地与生物接口（界面）连接并提高计算性能，还存在各种挑战。对于高性能计算，主要的挑战在于实现亚微米大小的器件，同时保留有利的性能（编程线性度、快速开关、低工作电流和电压、低开关能量、高耐久性、低器件间的变异性等），并为与 CMOS 电路的大规模集成提高前端工艺的兼容性。除了器件，像量子计算一样，生物计算在操控算法和如何打造有效架构来匹配算法方面还有不少问题需要解决。

用化学或生物方法实现 AI 功能需要经过 5 个阶段（见图 5.19）。本章介绍的许多方法，有的刚到第一、第二阶段，有的已经达到第三、第四阶段，正在努力进入第五阶段。不过，就算到达了第五阶段，即已经诞生了可以展示结果的原型，离批量生产（也就是产业化）还有一段相当长的路程。

图 5.19　用化学或生物方法实现 AI 功能的 5 个阶段

为了像硬件那样可以方便地进行组装及运输，研究人员也已经开始为湿件开发新的封装方法。例如，有的湿件看上去和普通芯片没什么不同，只是在芯片上面有一个圆形玻璃罩，里面放着液态物，液体与下面的电极连接。我们相信在未来的几年里，将会出现更多种类的湿件封装方法。

神经形态是一种更高层次的神经网络集成，是从对生物计算系统的观察中借鉴而来的，有可能进一步模仿和共同使用生化信息处理系统也就不奇怪了。如果用基因组中的材料来设计一台能够实现 AI 的计算机，这将是先进计算机架构中最独特的一种，有朝一日可能会开发出高适应性的并行处理和高内存存储密度的集成电路。

生物计算和化学计算并没有一个十分严格的分界线。在生物计算中，很多是化学反应在起作用。在物理形态上，化学计算所采用的物质往往呈现液态，而生物计算则是通过人造或天然的细胞进行计算，通常也涉及黏稠的液态物质（细胞通常需要在营养液中进行生长和繁殖）。由于真菌细胞需要在湿润的环境中生长和繁殖，因此制造真菌电路时需要保持基质的湿润状态。DNA 分子也需要在湿润的环境中进行反应，因此 DNA 计算也被认为是"湿的计算方法"。这类计算组件被称为湿件，与我们平时所讲的硬件相对应。

类器官智能是在 2023 年迅速崛起的新研究领域。研究人员预计这类生物计算系统将带来更快的决策（包括在不完整且异质的大数据集上），在任务中不断学习，并提高能源和数据效率。此外，"盘中智能"的发展阐明了人类认知、学习及记忆的生物学基础，并提供了了解、认知与缺陷有关的各种疾病的机会。这可能有助于确定新的治疗方法，以解决一些相关的重大难题。一些大胆的新创公司已经活跃在这一领域。

应用活性细胞的类器官智能要实现真正的实用化，可能还需要较长时间的发展。但通过扩大类脑器官的生产并用 AI 对其进行训练，在未来，这种"盘中智能"会成为一种 AI 生物芯片，并在此基础上构建出 AI 超级计算机。这种计算机将具备很快的计算速度，以及强大的数据处理能力、处理效率及存储能力。这样的 AI 超级计算机由独特、新颖的化学神经网络或细胞神经网络组成。它们的主要特征是"具身"（Embodiment），即计算的形式、系统、网络通过物理交互（不是基于 AI 典型的抽象表示）进行，并且具备可塑性、自主性及自适应性能。相较而言，目前的机器人都是机械"硬件"，不具备这些特性。

人们期待着化学和生物领域有新的重大突破，也期待着这类基于湿件的计算机成为 AI 发展竞赛中的"黑马"。虽然生物计算可能是最具前瞻性的 AI 实现路径，但它面临着独特的挑战，因为它与人类意识的起源紧密相关。这不仅涉及科学方面的问题，还涉及深刻的伦理问题，必须认真对待、谨慎前行，确保这些技术被用于造福人类。

参考文献

[1] SOKOLOFF L. The Metabolism of the central nervous system in vivo[J]. Neurophysiology, 1960, 1(3): 1843-1864.

[3] CASSANI A, MONTEVERDE A, PIUMETTI, M. Belousov-Zhabotinsky type reactions: the non-linear behavior of chemical systems[J]. Journal of Mathematical Chemistry, 2021, 59(3): 792-826.

[2] RAMBIDI N G , SHAMAYAEV K E , PESHKOV G Y. Image processing using light-sensitive chemical waves[J]. Physics Letters A, 2002, 298(5-6): 375-382.

[4] AGIZA A A, OAKLEY K, ROSENSTEIN J K, et al. Digital circuits and neural networks based on acid-base chemistry implemented by robotic fluid handling[J]. Nature Communications, 2023, 14: 496.

[5] AKAI-KASAYA M, HAGIWARA N, HIKITA W, et al. Evolving conductive polymer neural networks on wetware[J]. Japanese Journal of Applied Physics, 2020, 59(6): 1347-4065.

[6] HAGIWARA N, SEKIZAKI S, KUWAHARA Y, et al. Long- and short-term conductance control of artificial polymer wire synapses[J]. Polymers, 2021, 13(2): 312.

[7] LOEFFLER ALON, DIAZ-ALVAREZ A, ZHU R, et al. Neuromorphic learning,

working memory, and metaplasticity in nanowire networks[J]. SCIENCE ADVANCES, 2023, 9(16) :edga 3289.

[8] JUNG W, JUNG H S, WANG J, et al. An aqueous analog MAC machine[J]. Advanced Materials (IF 27. 4) , 2022, 2205096.

[9] ROBIN P, EMMERICH T, ISMAIL A, et al. Long-term memory and synapse-like dynamics in two-dimensional nanofluidic channels[J]. Science, 2023, 379(6628): 161-167.

[10] XIONG T, LI C, HE X, et al. Neuromorphic functions with a polyelectrolyte-confined fluidic memristor[J]. SCIENCE, 2023, 379(6628): 156-161.

[11] ROSMEULEN M, ROSA C L, WILLEMS K, et al. Liquid memory and the future of data storage[C]// Proceedings of the IEEE International Memory Workshop (IMW 2022), May 15-18, 2022, Dresden, Germany. NJ: IEEE, 2022.

[12] FRANSEN S, WILLEMS K, PHILIPSEN H, et al. Electrolithic memory: a new device for ultrahigh-density data storage[J]. IEEE Transactions on Electron Devices, 2022, 69(5): 2377-2383.

[13] SARKAR K, BONNERJEE D, BAGH S, et al. A single layer artificial neural network with engineered bacteria[EB/OL]. (2020-01-03) [2024-08-20]. arXiv: 2001. 00792 [physics. bio-ph].

[14] SMIRNOVALENA L, CAFFO B S, GRACIAS D H, et al. Organoid intelligence (OI): the new frontier in biocomputing and intelligence-in-a-dish[J]. Frontiers in Science, 2023.

[15] KAGAN B J, KITCHEN A C, TRAN N T, et al. In vitro neurons learn and exhibit sentience when embodied in a simulated game-world[J]. Neuron, 2022, 110(23): 3952-396.

[16] EMERYA B A, HU X, KHANZADA S, et al. High-resolution CMOS-based biosensor for assessing hippocampal circuit dynamics in experience-dependent plasticity[J]. Biosensors and Bioelectronics, 2023, 237: 115471.

[17] NEWMAN E I. Mycorrhizal links between plants: their functioning and ecological significance[J]. Advances in Ecological Research, 1988, 18: 243-270.

[18] HU C. Inside the lab that's growing mushroom computers [EB/OL]. (2023-02-27) [2024-08-20].

[19] ADAMATZKY A. Towards fungal computer[J]. Interface Focus, 2018, 8(6) :20180029.

[20] SHARON J A, DASRAT C, FUJIWARA A, et al. Trumpet is an operating system for simple and robust cell-free biocomputing[J]. Nature Communications, 2023, 14: 2257.

第6章 AI 在科学发现中的创新应用

> "当人工智能能在没有人类明确指引的情况下提出科学假设时,诺贝尔奖级别的突破将不再遥远。"
>
> ——德米斯·哈萨比斯(Demis Hassabis),DeepMind 联合创始人兼 CEO
>
> "AI 在科学中的作用就像蒸汽机对工业革命的影响,它将彻底改变科学研究的方式。"
>
> ——约书亚·本吉奥(Yoshua Bengio),蒙特利尔大学教授,深度学习奠基者之一,图灵奖得主
>
> "AI 实现诺贝尔奖级别的发现并非遥不可及,而是下一代科学进步的自然结果。"
>
> ——吴恩达(Andrew Ng),人工智能专家
>
> "人工智能可能成为科学的显微镜、望远镜和理论构建者。"
>
> ——埃里克·施密特(Eric Schmidt),谷歌前 CEO,AI 研究的推动者

人类一直以来都在追求科学的真理和智慧。科学发现一直是人类文明的核心驱动力之一。它揭示了世界运行的原理,带来了新的技术,提高了人类的生活质量:治疗疾病,提高工业、农业的生产率,探索未知,并引导我们建立一个可持续发展的更文明、更美好的社会。因此,加快科学发现的速度是现代社会最重要的工作之一。

如今,AI 作为一种引领科技革命的力量,正推动着科学发现领域的革新。AI 的快速发展和广泛应用,为研究人员提供了前所未有的工具和方法,能够帮助他们加速科学研究的进程,发现新的知识和洞见。

AI 驱动科学(AI for Science)已经被认为是科学发现的第五个范式,与实验科学、理论科学、计算科学、数据驱动科学一起构成了科学发现的重要组成部分。实验科学通过观察和实验来验证假说,理论科学通过构建逻辑框架来解释观察到的现象,模型科学通过

数学模型来描述和预测自然现象，数据科学通过挖掘和分析数据来发现现象的模式和关联性，AI 驱动科学则研究和模仿人类思维和认知过程。这些范式相互交织，为构成科学发现的方法和流程奠定了基本模式。

科学发现的流程包括溯因、假说、预测及实验等步骤。研究人员首先通过溯因的方式，追溯已有的知识和发现，寻找规律和因果关系；随后通过提出假说来解释观察现象；接着进行预测，以验证假说的准确性；最后通过设计实验来收集数据和证据，以支持或证伪假说。这个过程是一个不断循环的过程，通过实验结果和观察反馈，研究人员修正和改进假说。AI 的出现为研究人员提供了更高效和准确的工具，以处理大规模数据、发现隐藏模式和关联性，并辅助科学家们进行更深入的推理和分析，推动科学的前进。

科学发现不仅依靠严谨的实证和分析，直觉和灵感也起着重要的作用。直觉是研究人员多年积累的知识和经验的产物，是他们在面对复杂问题时的洞察力和启发的来源。灵感则是突然的灵光一现，常常在思考和放松的状态下出现，为研究人员带来新的思路和研究方向。随着 AI 的发展，生成式 AI 技术已经能够在某种程度上模拟和替代人类的灵感，生成新的想法和概念，为科学发现带来全新的可能性。

诺贝尔奖被普遍认为是全世界最有声望的奖项，分为物理、化学、生理学或医学、文学、和平及经济这 6 个学科。诺贝尔奖被颁发给那些在相关领域做出最重要发现或发明的人，这些发现或发明为人类进步做出了重大贡献。要达到这个科学研究的最高峰，不仅需要丰富和扎实的科学理论知识、敏锐的科学头脑，还需要极强的实验动手能力。这对普通的研究人员和科学工作者来说，是一个非常大的挑战。

人类所面临的重大科学难题仍然非常多，靠少有的"天才"来攻克这么多的难题是杯水车薪。随着 AI 时代的到来，人们设想有没有可能用 AI 产生出一种方法，可以让机器自动、自主地进行科学发现或技术发明。一旦这样的方法实现，就可以突破目前"小作坊"式的科学发现过程，大量（甚至批量）产生科学发现或技术发明。

随着 AI 的发展，一种新型的科学家角色也逐渐崭露头角——AI 科学家。这种 AI 科学家不仅是机器学习算法的应用者，更是能够独立进行科学发现的实体。通过自主的学习和推理，AI 科学家能够探索未知领域、发现新的理论和现象，并提出具有启发性的假设和研究方向。尽管 AI 科学家还处于早期阶段，但其发展潜力和可能性令人振奋。

本章将讨论如何开发这样一个基于新颖 AI 芯片的、高度自主的 AI 系统——AI 科学家。该系统可以执行前沿科学研究，研究质量与最优秀的人类科学家无异，其中的一些发现可能值得诺贝尔奖级别的认可，甚至超过这个级别。当然，本书所讲的"赢得诺贝尔奖"是一个象征性的目标，意在说明 AI 科学家所要达到的科学发现水平。AI 科学家的价值在于开发能够持续和自主地进行高水平科学发现的机器，而不是赢得任何奖项，包括诺贝尔奖。

AI 科学家所做的工作可能与人类科学家的科学发现过程不一样。它可能是一种替代性的研究形式，打破目前科学实践所受到的人类认知和社会规范的限制。它可以产生一种人类与人工智能混合的科学发现形式，将一些科学领域带入新的阶段。AI 科学家自主完成具有诺贝尔奖水准的科学发现，可能是 AI 发展过程中最有前景的应用之一。

本章先从科学发现的 5 个范式说起，介绍科学发现的一般方法和流程，以及直觉与灵感在科学发现中的作用；然后讨论如何让 AI 来自动完成科学发现，哪些 AI 芯片可以组装成一个 AI 科学家。通过对这些关键问题的深入探讨，我们将更好地理解 AI 在科学发现中的作用，揭示 AI 与人类科学家之间的相互关系，以及 AI 对未来科学研究的影响和面临的挑战。

6.1 科学发现的 4 个传统范式与正在开启的第五范式

有人曾这样描述科学发现：如果说艺术的核心是表达，工程的核心是实现，那么科学的核心是发现。科学发现是指科学研究人员在探索自然、社会及人类的过程中，发现新的科学知识和现象的过程。它涉及的学科范围非常广泛，包括自然科学（如物理学、化学、生物学、天文学、地球科学等）、工程技术科学（如机械工程、电子工程、航空航天工程、计算机科学、材料科学等），以及社会科学和人文科学等。

科学发现包括基础研究和应用研究两个方面。基础研究通常是为了增加对自然、社会及人类的了解而进行的，应用研究则是为了解决实际问题和改善人类生活而进行的。不同学科的科学发现的过程、方法及价值观可能会有所不同，但它们都是在追求科学真理、探索未知及推动人类文明的进步。

人类历史上发生过多次的科学革命，产生了对人类发展进程起到巨大作用的科学和技术，推动了人类文明的进步。

在每次科学革命期间，科学家需要进行持续的渐进式改进和实验来解决难题。在这个时期，科学革命的成果也会变成主流，并得到普及（见图 6.1）。

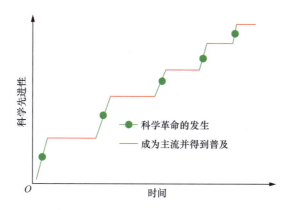

图 6.1　科学革命随着时间的推移带动了科学的不断进步

科学革命对应科学范式的更新，而新的科学范式的出现，又进一步带动了新的科学革命。

随着数字化技术的进展，21 世纪的科学和技术的性质正处于一个重要的转折点。信息技术开始对科学领域的新发现产生影响，并逐渐降低研究和开发的成本。它将数据驱动的方法与计算理论融合，以进行更复杂的仿真和更准确的预测，并将测量、传感器、机器人技术与 AI 结合，以进行更大规模和更有效的数据收集和分析。除了降低研发成本，信息技术也对新的科学发现产生影响。互联网交流也在改变研究平台，如开放科学和开放式创新的出现。

美国计算机协会设立的图灵奖的获得者詹姆斯·格雷（James Gray）在 2007 年 1 月提出的 4 种范式描述了科学发现的历史演变。它们的起源可以追溯到 1000 多年前 [1]。

第一范式产生于公元 1000 年左右的阿拉伯世界和欧洲的科学革命时期。这种科学发现主要是自然现象的经验描述，被称为实验科学（或经验科学）。它以实验和观测为基础，通过实验验证假说和理论。虽然在这些观察中有许多规律是显而易见的，但没有系统的方法来捕捉或表达它们。

第二范式在过去几百年间大显身手，被称为理论科学。它以数学模型和理论为基础，研究现象的基本原理和规律。例如 17 世纪的牛顿运动定律，19 世纪的麦克斯韦方程。这种科学发现通过从经验观察中归纳并得出理论，可以泛化到比直接观察更广泛的情况。虽然这些理论可以在简单的情况下被解析、求解，但直到 20 世纪数字计算机发明后，人们才可以在更一般的情况下求解它们，这也推动了向基于数值计算的第三范式的变化。

自 ENIAC 于 1946 年被推出以来，尤其是 FORTRAN 在 1987 年面世以来，使用计算来仿真复杂现象的科学发现行为，被称为计算科学（或仿真科学）。它利用计算机仿真和分析现实世界的系统和过程。

21 世纪初至 2010 年，数据驱动将理论、实验及仿真统一起来，催生了数据密集型科学（也被称为数据驱动科学），这就是科学发现的第四范式。它利用大量的计算和数据处理来研究复杂的问题和现象，有如下 4 个特点。

（1）利用由仪器捕获的数据或由仿真产生的数据。

（2）信息和知识被存储在计算机中。

（3）利用数据管理和统计学来分析数据库中的文档，允许对大量实验科学数据进行建模和分析。

（4）深度学习等 AI 算法以及 AI 芯片是该范式的重要组成部分。

第四范式已经给科学带来了如下 3 方面的质变。

第一，各种现象和事件的大数据积累，使传统上严重依赖人的主观性和有限观察的研究和策略设计，能够基于数据进行高度客观的分析和验证。

第二，利用 AI 技术、机器人及物联网设备等先进的自动化技术，可以对大量条件和案例进行组合式的快速、重复实验及假设检验，其规模和吞吐量是人类无法实现的。

第三，科学发现有可能超越人类的认知局限和认知偏差。在科学研究中，人们不可能阅读所有与自己研究相关的论文。而认知局限和认知偏差，例如只关注符合自己假设的数据或只严格检查不符合自己假设的案例，往往限制了科学发现的潜力。AI 技术的使用可能使假设搜索和测试超越这些局限和偏差，并带来与过去不同质量的科学发现。

然而，第四范式使用的是统计学的方法。目前如火如荼的 AI 应用，绝大部分是基于深度学习算法，它本质上仍然是统计学的方法。

统计学在科学发现中有许多优点，但也存在一些不足。首先，许多统计方法依赖特定假设，如数据分布的正态性和独立性，这些假设若不成立，结论就可能偏离实际。其次，机器学习和深度学习模型可能过度拟合训练数据，导致在新数据上的泛化能力不足。再次，统计方法揭示变量相关性，但不能确定因果关系，而科学发现需要深入理解因果关系。此外，统计分析依赖高质量数据，如果数据有偏差或不完整，统计结果可能受影响。深度学习模型复杂且不透明，难以解释，限制了科学理解和应用。最后，现代深度学习算法需要大量的计算资源和时间，对资源有限的研究人员是个挑战。

另外，科学发现过程中的一个重要步骤是产生假说。截至本书成稿之日，假说的产生和评估，包括第四范式，都是由人类进行的，自动化程度有限。

总之，实验科学是通过实验和实证研究来证明和验证科学理论的方法，理论科学则更加依靠数学模型和理论的推导来研究科学问题，计算科学是利用计算机技术和数学模型、算法来研究科学问题的方法，数据驱动科学则是利用大规模计算能力来模拟和研究科学问题。这 4 种范式是相辅相成且并存的，每一种范式所经历的时间也越来越短。

第五范式的概念最早是由美国能源部的布鲁克海文国家实验室（Brookhaven National Laboratory，BNL）的 Nikolay Malitsky 和 Matt Cowan 以及英特尔的 Ralph Castain 等人在 2017 年提出的 [2]。他们认为，第五范式代表了一种新的认知计算应用的范式，结合了计算和数据密集型科学的资源（涵盖了第三范式和第四范式），通过智能体在其环境中执行知识获取过程，以构建更广泛的视野和更强大的认知能力，因此被称为 AI 驱动科学。

科学发现的第五范式代表了机器学习和自然科学最激动人心的前沿领域之一。尽管这些模拟器在速度、强度及通用性上达到主流地位还有很长的路要走，但它们对现实世界的潜在影响是显而易见的。例如，小分子候选药物的数量估计为 10^{60} 种，稳定材料的总数被认为约有 10^{180} 种（大约是已知宇宙中原子数的平方）。找到更有效的方法来探索这些广阔的候选空间，将极大提升人类发现新物质的能力。这些新物质可能是更好的药物、电池材料或更高效的二氧化碳捕获材料等。

基于逐渐成形的第五范式，研究人员可以开发出 AI 科学家，通过高度的机器智能，使整个科学研究过程自动化和自主化，从而加速科学研究。这种范式模仿了人脑的认知功能，可以替代人类产生假说，并跨越学科之间的鸿沟，打破科学研究的边界。

上述科学发现的 5 种范式的演变如图 6.2 所示，从中可以看出，每个范式持续的时间在不断缩短。

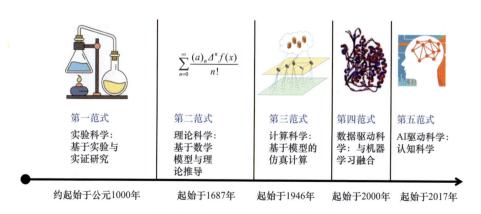

图 6.2　科学发现的 5 种范式的演变

6.2　科学发现的过程与方法

如图 6.3 所示，科学发现是一个先从知识开始，到假说、预测、实验，再到知识，反复循环来积累和完善的迭代过程。这个循环的起点之一是对事件（多为意料之外）的观察（获得新知识）。当意外情形被观察到时，需要一个新的假说来解释它。新的假说引出可演绎的预测，在自然科学的许多分支中，这种预测可以被实验所证实或证伪。在实验验证的过程中，新的观察决定了假说是被接受、被修改，还是被证伪。

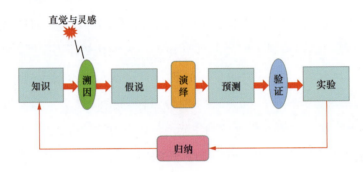

图 6.3　科学发现的循环迭代过程

科学发现通常要经历以下 3 个主要步骤。

（1）溯因。

科学发现中假说的产生，需要基于一种推理方法，不是归纳或演绎，而是假设推理（Abduction），也被称为溯因。

在科学研究中，溯因通常用于在研究过程中帮助研究人员理解问题的背景和原因。研究人员可以通过收集数据，对现有的理论进行评估，分析前人的研究成果等方法来进行溯因。溯因在整个研究过程中可能会不断重复。

在溯因过程中，如果某个假说比其他假说能更好地解释事实，则该假说会被选作可能正确的假说。因此，可以将溯因看作由两步操作组成：形成假说和选择可能正确的假说。事实上，目前的 AI 技术就采用了这种推理方法，来完成各种各样的任务，如医疗诊断、自动故障检测及语音识别等。

（2）假说。

假说是对所研究事物的本质或规律进行初步设想或推测，对所研究的课题提出可能的答案或尝试性理解。有时甚至一个疯狂的想法、一个"妄想"，也可能带来重大的科学发现。

1900 年，德国科学家马克斯·普朗克（Max Planck）提出了一个大胆的假说：辐射能不是连续不断的流的形式，而是由一小份一小份离散的能量单元组成的，不可分的能量单元就是量子。普朗克的假说与当时流行的物理概念完全对立，但他利用这一假说在理论上推导出了正确的黑体辐射公式。普朗克的假说具有彻底的革命性，他也由此被认为是"量子力学之父"，于 1918 年获得诺贝尔物理学奖。

假说可以帮助研究人员很快找到一个研究方向或课题，或者为下一步做出决策。假说可能不正确，需要通过实验来验证。如果假说被证明不正确，那么应该重新评估，或者放弃并尽快提出另一个假说。

（3）实验。

假说需要做实验来验证。如果实验结果与假说一致，则该假说得到了支持，并可通过进一步的实验和研究来改进假说。然而，相当一部分问题可能无法完成严格的科学意义上的实验。但是，通过引入深度学习等 AI 算法进行高精度的计算机仿真，也可以帮助解决一些问题。

6.2.1　科学推理的类型

古希腊哲学家亚里士多德将推理分为演绎（Deduction）和归纳（Induction）两大类。就科学发现过程而言，第一范式和第四范式都采用归纳法，以数据为起点寻找规律；第二范式和第三范式则采用演绎法，通过预测从假说到假说检验。我们通过图 6.4 所示识别白天鹅的例子，来说明演绎法、溯因法及归纳法的逻辑与区别。

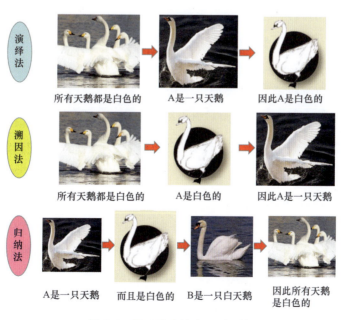

图 6.4　用 3 种方法来识别天鹅

在科学发现过程中，AI 科学家使用的方法跟人类一样。第一种是演绎法，这也是数学与计算机科学的基础。演绎推理是"可靠"的，也就是说，真理的推论也一定是真理。可惜世界上并非事事都有完善的理论，科学光靠演绎是不够的，那只能延伸已知事物。

第二种是溯因法，从图 6.4 中天鹅的例子就可以知道溯因法并不可靠，因为有很多东西是白的，却不是天鹅。然而，溯因法确实能用来拟出可能成立的假说。如果 AI 科学家提出 "C 是天鹅" 的假说，那么想判断此假说是否成立，就要逮个 C 来检验，看看它是天鹅、鸭子还是别的什么。

归纳法和溯因法一样，可用来生成新的假说。如果一个人见过的每只天鹅都是白的，很自然就会推论所有天鹅都是白的。但归纳法也不可靠，一只黑天鹅就能驳倒图 6.4 中的归纳推论。

由于神经网络运算是以归纳法给出答案的系统，因此有人认为它与理性的演绎法相比不够可靠。

在科学研究中，归纳法和演绎法通常是相辅相成的。科学家可能先使用归纳法提出假设，然后使用演绎法来测试和验证这些假设。这种综合使用可以增加科学结论的可靠性。

6.2.2 自动化科学发现框架

2023 年，IBM 的研究人员开发并构建了一个自动化科学发现框架，被称为 AI- 笛卡儿（AI-Descartes）[3]，它利用数据和知识来生成和评估候选的科学假说。

据称，AI- 笛卡儿的灵感来自法国哲学家勒内·笛卡儿（René Descartes）所提出的基于以下 4 项规则的科学研究方法。

（1）接受任何不言而喻的事实。

（2）将每个问题尽可能多地分成几个部分。

（3）从最简单到最复杂。

（4）检查所有内容以避免错误。

AI- 笛卡儿遵循这些规则，使用严谨的逻辑和数学来发现和解释自然现象或过程。AI- 笛卡儿的自动化科学发现过程（见图 6.5）与图 6.3 基本一致。理论科学家和实验科学家可以用该框架来解释尚未被理解的自然或人工现象。IBM 已经发布了一个开源套件，研究人员可以用他们自己的数据和理论进行实验。AI- 笛卡儿能够促进更多自动化科学发现领域的研究和发展，为科技进步造福人类做出贡献。

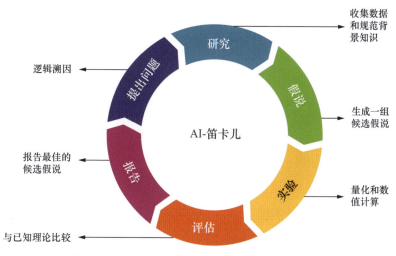

图 6.5　IBM 的 AI- 笛卡儿框架的科学发现过程 [3]

6.3　直觉和灵感与诺贝尔奖和重大科学发现

在科学发现中，直觉可以是重要的起点。它是许多研究人员进行研究时灵感和想法的重要来源。

直觉往往是基于经验、情感及知识的模式识别和类比能力，而不是基于逻辑和推理。灵感通常指新的、有创意的想法或突破性的思维，是突然而来的、意外的启示。灵感往往与艺术、文学、科学等领域的创作有关，它有助于获得新的、创造性的想法和更好的解决方案。灵感通常是在经过思考和探索之后突然获得的，可以说是一种联想。

总的来说，直觉是一种快速反应能力，是直接的感知；灵感则是一种通过思考和探索获得的创造性的想法，是一种创意。它们在不同的情境下有不同的应用和价值。

在科学哲学界，相当有影响的一种观点是科学发现与直觉和灵感紧密相关。灵感与直觉一般是从心理学的角度来研究的。它们与意识（或更准确地说是潜意识）有关。

从历史上看，很多重大的科学发现与科学家的直觉和灵感有关。例如，伽利略在研究自由落体问题的过程中提出惯性原理；达尔文创立进化论；门捷列夫梦见一张张扑克牌被放进一个大表中，醒来制成元素周期表等。

关于 AI 是否能具有意识（显意识）或者下意识（潜意识）地行动，已经成为 AI 界的热门话题。有一些研究人员认为在未来某个时间点，AI 一定会有意识；但也有研究人员认为 AI 永远不可能具有像人类那样的显意识和潜意识。因此，在目前的 AI 研究阶段，或许还不能直接创造出类似"人工直觉"或"人工灵感"的芯片、机器或算法，但是可以利用现有的大数据和知识库，来模拟出类似直觉或灵感的点子和思路。

一般来说，直觉很少会发生在那些不熟悉目标领域的人身上，研究人员的直觉也仅表现在他所熟悉的领域中。另外，灵感往往是人脑在常规思维受阻时，在强烈的解决问题的意愿作用下，各种相关的信息突然重新组合、排列、匹配，实现有序化的一种思路。灵感具有偶然性、突发性及深刻性的特点，它源自某种随机过程。

为了模拟直觉和灵感，可以应用 AI 专门制定一种信息搜索策略，把这种在一定范围内的随机过程转换成一种科学假设。

为此，首先需要定义一个巨大的单个科学领域或跨领域的知识空间，然后使用大规模 AI 技术（如量子机器学习）进行搜索。搜索过程应从当前的问题情境出发，沿着问题目标的大方向进行顺向或逆向搜索，逐渐积累信息。当信息积累到一定程度时，就可以通过再认识，得到一个新的问题状态。最后，找出符合要求的候选者，并生成假说。

这些假说可能有成百上千个。然而，直觉和灵感本身也不是可靠的科学方法，不能证明自身结论是正确的。因此，研究人员必须通过实验和数据来证明 AI 生成的假说是正确的。

6.4　AI 替代人类生成假说

通过 AI 技术，现在已经有许多不同的方法可以模拟人工灵感，包括生成式 AI、判别式深度学习模型、强化学习等。

人工灵感是指 AI 系统产生的灵感或创造性思想。除了 10 多年前出现的生成式对抗网络（Generative Adversarial Network，GAN），这几年又有了 ChatGPT 等大模型，还有一些陆续问世的大型多模态模型，共同组成了可以让机器自动产生想法的智能平台，从而给 AI 产生灵感带来了巨大希望。

这些生成式 AI 模型之所以有很好的性能，并引起人们的极大兴趣，主要原因是最近几年 AI 芯片的性能有了飞速提高，从而可以把一个神经网络模型做得足够大，并可以将网络的训练时间限制在可以接受的范围。那么是不是网络做得越大，就会越容易产生人类所期待的有价值的灵感呢？在很多情况下，答案是肯定的。

在这次 AI 热潮的早期阶段（20 世纪 10 年代），深度学习被应用于图像识别和语音识别等模式识别领域，与传统方法相比，深度学习的准确率有了显著提高。然而，随着语义的分布式表示、使用注意力机制的 Transformer 模型、用于自监督学习的掩码语言模型（Masked Language Model，MLM）等技术的发展和引入，以及超标量的进一步发展，自然语言处理的准确率在过去 5 年中得到了大幅提高。模型预测的准确度随着计算资源、数据集规模和模型规模这 3 个变量的某种幂律而增加（而不是线性增加），更多的计算资源允许使用更大的模型，更大的数据集能够提供更多的训练样本，而更大的模型规模通常意味着模型能够捕捉更复杂的语言模式。换句话说，通过大量数据训练而建立的模型规模越大，预测精度就越高。当模型规模超过一定程度时，性能会突然迅速提高，这种现象被称为（智能）涌现能力（Emergent Ability）。如图 6.6 所示，每条线代表一个模型，当一个模型达到一定规模之前的性能是随机的，而在达到一定规模之后，模型的性能就会显著提高，远远超过随机水平。这时，通过少量提示执行任务的涌现能力就会出现[4]（这一观察结果也引发了一些问题和争议，如这类结果是否取决于所设定的衡量指标）。

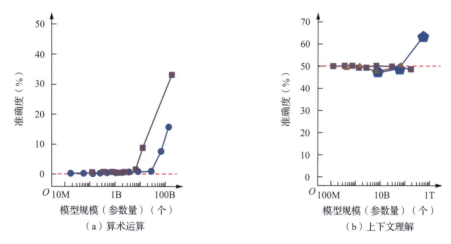

注：图中，"M"表示兆（Million）个，"B"表示十亿（Billion）个，"T"表示万亿（Trillion）个。模型规模（参数量）量级不同时，行业中习惯采用不同的单位表示，本书尊重业内习惯，未做统一，以便读者参考。

图 6.6　涌现能力的两个示例[4]

许多现代深度学习模型，包括 CNN、ResNet 及 Transformer，在不使用提前停止或正则化时，都会表现出所谓的深度双降现象[5]（见图 6.7）。误差峰值可预见地出现在临界状态，模型几乎无法适应训练集。当增加神经网络中的参数量时，测试误差最初会下降，然后又增加；而当模型能够拟合训练集时（内插阈值附近，即接近零训练误差），误差会经历第二次下降，之后随着模型规模的增加而不断下降。

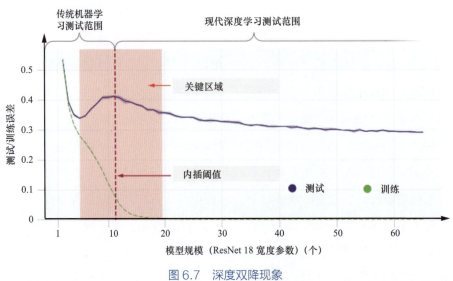

图 6.7　深度双降现象

　　这种现象在传统机器学习中从来没有出现过，只出现在了现代深度学习模型中（"深度双降"也是由此得名）。谁也不知道深度学习模型为什么会拥有这种神奇的能力，人们猜测可能是一个系统复杂到一定程度后，内部就会"涌现"出一些特殊的性质。不管怎样，依靠着这种泛化性，深度学习模型的能力远远超过了传统机器学习模型。更令人惊奇的是，即使到现在，人们也没"摸"到其上限，如果模型参数再增加几个数量级，说不定还能发生更特殊的质变。

　　2023 年 8 月，清华大学电子工程系与北京抖音信息服务有限公司的火山语音团队携手合作，推出认知导向的开源听觉大模型——SALMONN（Speech Audio Language Music Open Neural Network），这是一种全新的听觉大模型。它不仅能够感知和理解各种类型的音频输入，还"涌现"出了多语言和跨模态推理等高级能力，包括一些训练时没有学习过的跨模态能力。与仅支持语音输入或非语音输入的其他大模型相比，SALMONN 对语音、音频事件、音乐等各类音频输入都具有感知和理解能力，相当于给大模型加了个"耳朵"。

　　在围棋领域，AlphaGo 利用 AI 技术取得了令人信服的胜利。当时的棋手李世石就说过："机器突然下了一个高手棋步，这是我从学习下棋到现在从未想到过的。"AlphaGo 通过大量可能性搜索得出的棋步包括了人类棋手从未想到过的棋步，这些棋步随后被人类棋手作为新的棋步采用。这样的棋步已经超出人类智力，相当于一种智能涌现。

　　虽然深度学习中这种涌现现象似乎相当普遍，但人们还没有完全理解它发生的原因，并将对这种现象视为重要的研究方向。

在未来的科学发现中，类似的涌现现象也完全有可能发生，并且会首先发生在最关键的生成假说这一步。

生成假说是科学发现过程中至关重要的一步。用机器生成假说可以使用图 6.8 所示的不同方法，也可以使用这些方法的组合。

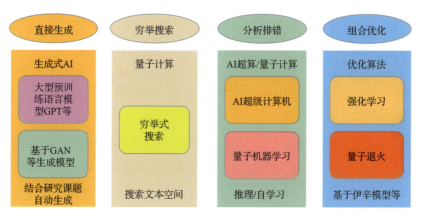

图 6.8　用 AI 技术和量子计算生成假说的 4 种方法

6.4.1　直接生成

生成式 AI 和量子计算是两项新兴技术，将在生成假说这个方面发挥重要作用，从而有望彻底改变科学发现的范式。

生成式 AI 是一种能够创建新数据（如图像、文本或音乐）的人工智能技术。这些数据可用于产生新的见解和假说，有助于产生灵感，并探索新的可能性；也可以用于生成新的实验数据，帮助研究人员探索更广阔的数据空间。

生成式 AI 已被用于生成新的候选药物、设计新材料及创造新的艺术形式等场景。目前热门的技术是生成式预训练变换器（Generative Pre-trained Transformer，GPT）。它是一种使用深度学习技术预先训练的大模型，可以自动生成新的文本。GPT 系列模型包括 GPT-3、GPT-4、GPT-4o 等。GPT 等类似的大模型可以帮助研究人员更好地理解现有的数据和研究成果，还可以用于科学文献获取和分析、概念澄清、数据分析、理论建模、方法指导、实验设计、代码开发，以及通过分析先前实验数据来进行预测等。最关键的是这类大模型可以生成假说。通过连接各子领域（如化合物、蛋白质、材料等）的不同信息，它们可以提出新的假设，供研究人员在实验室进行测试，这可能会启发他们探索新的领域和问题，从而扩大研究范围。

此外，较常见的还有 GAN，它是一种由两个神经网络（一个生成器网络和一个判别器网络）组成的系统，通过两个网络相互对抗的方式来生成逼真的图像、音频等内容。基于 GAN 的方法也可以用于生成新的分子结构、材料等，以帮助研究人员进行材料的发现和设计。例如，首先可以用 GAN 生成新的分子结构，然后使用计算机模拟和实验验证这些分子的性质和用途。这种方法可以加速材料发现和设计的过程，并节省时间和成本。

其他的生成式 AI 模型还有自编码器、变分自编码器、受限玻尔兹曼机等。总之，生成式 AI 模型有多种不同的类型和变体，每种模型都有独特的优点和应用场景，需要根据具体任务和数据类型选择合适的模型。

大模型和 GAN 虽然都可以用于生成文本，但它们的生成方式和效果不尽相同，在生成文本方面各有其优缺点。

大模型通常能够生成具有连贯性和逻辑性的文本，因为它们基于统计学习的方法，通过学习大量文本来建模语言的规律和结构。大模型首先从海量的现有语料库中进行学习，然后可以理解用户的语言指令，或进一步根据用户的指令生成相关的文字输出。由于它们能够预测下一个单词或字符的概率分布，因此生成的文本和假说通常有一定的可预测性，这使它们在某些应用场景中表现得更好。

ChatGPT 或 Stable Diffusion 等大模型能够完成问答或图像创作等任务。这些模型对相关行业和社会的影响是巨大的。科研领域也有类似的大模型工具，如 Galactica。

Galactica 是由 Meta AI 和学术分享平台 Papers with Code 共同开发的，可以总结学术论文、解决数学问题、生成 Wiki 文章、编写科学代码，以及注释分子和蛋白质等。

通过学习大量科学文本和代码数据，Galactica 可以生成把自然描述语言转换成数学表达式的 AlphaTensor 等算法，也可以自动生成数学公式、帮助学生学习数学等。遗憾的是，由于会产生偏见和不正确的结果，Galactica 在推出后不久遭到广泛的批评而被"暂停"。从生成假说的角度看，Galactica 是非常有意义的。

大模型由于是基于历史文本的生成模型，因此可能会出现重复、模板化、歧义等问题，生成的假说也可能缺乏准确性和可解释性。

与大模型相比，GAN 在文本生成方面具有更大的创造性和多样性。由于 GAN 的生成器可以从随机噪声中生成文本，因此它们可以生成一些新颖、奇特的文本，这在某些强调创意的应用中可能会更加有用。此外，GAN 还可以通过生成条件来控制生成文本的样式和主题，这可以使它们在某些任务中表现得更好。

然而，GAN 基于对抗训练的方法，训练比较困难，并且需要调整多个超参数。此外，GAN 的生成过程是非确定性的，所以生成的文本可能会出现语法错误、不连贯或不自然的问题。GAN 生成的分子结构可能不符合物理规律，需要进行进一步的优化和验证。

总之，生成式 AI 在科学发现方面的应用有巨大的潜力，但是它们都需要结合研究人员的专业技能、领域能力及实验验证，才能真正发挥作用。它们的优点是可以自动生成假说，缺点是需要大量的数据和计算资源来进行训练，并且生成的假说可能会受到模型的偏见和局限性的影响。

如果要使用当前热门的大模型技术生成真正有价值的假说和猜想，那么根据领域专业知识库进行预训练模型是必要的。把大模型的功能与专门为科学发现任务设计的更专业的工具和模型（如分子对接软件或蛋白质折叠算法）结合起来将会是有益的。这种结合可以帮助研究人员充分利用 GPT 和特定领域工具的优势，获得更可靠、更准确的结果。

6.4.2　穷举搜索

凭直觉和灵感所得到的科学发现在一定程度上依赖偶然性。因此，人们会思考是否科学发现的多少取决于假说的数量，即有多少个假说可以被产生和检验，包括那些可能看起来极不可能的例子。机器可以在很短的时间内搜索可能的巨大状态空间，并揭示出人类因为内在的认知偏差可能永远不会发现的可能性。

如果在一个大型文本空间里进行穷举式搜索，可以找出符合要求的最优文本，也就在一定程度上起到生成灵感的作用。这在 AlphaGo 和 AlphaGo Zero 的运行过程中，已经得到证明。

但是，科学知识文本的搜索空间，比围棋棋步的空间要大得多。例如，如果搜索所有长度为 10 个单词的句子，每个单词有 1000 个可能的取值，那么总共有 $1000^{10} = 10^{30}$ 个句子，这是个极其庞大的搜索空间。即使是目前的超级计算机，也需要耗费大量的计算资源和时间，几乎是不可能完成的。而量子计算将有希望在可接受的时间范围内完成这样的搜索。

即便进行穷举式的搜索资源和时间不是问题，找到符合要求的最优文本也不是一件容易的事情。这是因为在一个大型文本空间里，可能存在很多符合要求的文本，它们之间可能存在很大的差异，而这些差异可能很难直接用搜索算法来度量和比较，除非事先由人工设定目标函数。因此，穷举搜索时可能需要结合深度学习等 AI 技术来辅助搜索并评估符合要求的文本。

在实践中，可能需要使用传统计算机、量子计算机或其他计算方法的组合来进行搜索。通过大规模搜索，将不同领域的各种见解和方法组合在一起，就能够发现新的关联和潜在的解决方案，从而提出有重大意义的假说。

总之，对假说空间进行穷举搜索可以得到一些答案，但在科学研究中，人类的直觉和灵感仍然是非常重要的。在实践中，人类的直觉和灵感经常可以提供关键的指导。因此，可以通过人工选择特定的搜索空间和搜索策略，来生成一组假说，并通过验证来寻找最优的假说。这样做的优点是可以利用人类的领域知识和经验来指导搜索，使得研究人员能够快速、准确地找到解决问题的路径。而缺点是可能会受到人为因素的影响。

6.4.3 分析排错与组合优化

法国数学家亨利·庞加莱（Heri Poincaré）说过："发明就是辨认和选择"。分析排错是生成假说的重要手段。因为在知识搜索空间中发掘出的众多候选假说，其中充斥着无价值和错误的假说。用专门的算法和量子计算，把绝大多数无意义、无价值、错误的假说排除掉，从而选出最优的假说，这可能就是有用的灵感。

强化学习算法适合解决大型优化问题，如芯片布局和布线的优化。谷歌的芯片设计团队已经通过这种算法，把原来的芯片面积缩小了一大圈，并提高了芯片的能效和性能。ChatGPT 引入 RLHF 技术，提高了内容产生的质量和效率，帮助该系统达到与人类价值观、常识和需求相一致的效果。ChatGPT 和之前的 AlphaGo Zero 一样，采用了强化学习算法，这对生成更准确的文本起到了关键作用。

同样，强化学习也将在优化假说组合、寻找科学发现灵感的过程中发挥关键作用。一个例子是美国华盛顿大学 2023 年发表的方法 [6]，该方法利用蒙特卡罗树搜索，在整体结构和特定功能的约束条件下对蛋白质构象进行采样，从而能够自上而下地设计出具有所需特性的复杂蛋白质纳米材料。这证明了强化学习在蛋白质设计中的强大作用，以及强化学习在大规模搜索、采样及其优化方面的能力。常用于优化的量子退火（Quantum Annealing，QA）技术也可以在一定程度上帮助科学研究创造灵感和产生假说。

用上述 4 种方法来生成假说各有利弊，而且这些方法并不一定适用于所有的科学领域。这 4 种方法也可以组合使用，或进行多次迭代以取得最佳效果。在科学发现方面，生成式 AI 和量子计算可以结合使用，实现优势互补。例如，可先用生成式 AI 生成新数据，然后使用量子计算对其进行分析。这可以带来新的洞察力和发现。

除了上述方法，还有一些方法可以自动生成假说。例如，基于概率推理的方法，可以使用贝叶斯网络来生成假说；还有基于进化算法的方法，可以通过模拟进化的过程来生成假说，并使用遗传算法等方法来搜索最优解。

总之，自动生成假说是一个复杂的问题，需要考虑多种因素，包括问题类型、数据量、计算资源等。不同的方法各有优缺点，应根据具体问题和需求选择合适的方法。

6.5　用 AI 实现诺贝尔奖级别的科学发现

构建一个达到人类顶级科学家水平的科学发现引擎，从而自动出现诺贝尔奖级别的科学发现，是一个雄心勃勃而且非常大胆的想法。这项旨在创建基于 AI 的科学发现引擎的大挑战正在成为一个国际目标。英国艾伦·图灵研究所（Alan Turing Institute）发起了"图灵人工智能科学家大挑战"，日本科学技术振兴机构（Japan Science and Technology Agency，JST）等也开始了类似的项目。而在几年前，索尼计算机科学实验室首席执行官北野宏明（Hiroaki Kitano）已提出了"AI 新的重大挑战：开发一种 AI 系统，该系统可以在生物医学科学领域做出重大科学发现，并且值得获诺贝尔奖"。他和其他一些科学家提出开发一种足够智能的 AI 系统，目标是在 2050 年之前赢得诺贝尔奖[7]。

事实上，迄今为止，还没有 AI 系统能够产生如此重要的科学成果，所有科学发现系统都由人类精心管理。实现这个目标的基本条件，就是在接下来的许多年内，开发出更智能、更高效的 AI 芯片和算法，构建一个高度自主化的 AI 科学发现系统。根据目前 AI 技术的发展速度，这个目标有可能会实现，而且实现的时间点甚至很可能会提前。

基于 AI 的科学发现引擎应该是一个由知识整合、假说生成和大范围搜索、实验验证、产出理论等组成的可不断迭代的闭环系统。从 2021 年开始，自动化实验系统已经被陆续开发出来，它将假说产生、实验计划和执行实现了闭环。2022 年兴起的基于大模型的生成式 AI 为这种系统进一步增添了主要工具，成为自主 AI 科学发现引擎的一个重要组成部分。虽然这些开创性工作多集中于某些特定任务或特定领域（目前在生物和化学领域），但是为应对未来的挑战铺平了道路。

从根本上说，假说以及对假说生成和初始验证过程施加的限制，将来自从出版物、数据库及自动执行的实验中提取的大量知识。成功验证的假说将被添加到知识体系中，使知识引导过程继续进行。在这个过程中，AI 系统需要进行推理与排错。

基于 AI 的科学发现引擎挑战诺贝尔奖的目标不是所有的成果都达到诺贝尔奖级别，而是其中最优秀的成果达到这个级别。

6.5.1　AI 科学家的构建

科学发现是人类面临的最重要和最具挑战性的任务之一。它不仅需要创造力，依靠直觉和灵感来生成假说，还需要找到数据中的模式和关系，用与现有知识一致并能做出新颖预测的模型来解释它们。此外，科学发现还需要统计、推理、用实验验证，并总结出新理论。AI 科学家在这个过程中面临许多挑战，包括必须筛选大量（通常很复杂）的、多数情况下不完整的主题背景知识，还难以大规模地生成和验证假说。

从历史上看，科学发现的实践可以被分为两种路线：第一性原理[①]推导和数据驱动推理。传统上，符号数学模型是先使用领域知识和逻辑推理步骤以第一性原理推导（通常由研究人员手动完成），然后根据实验数据进行评估。现在，有了大数据和大模型，人们可以对主题背景知识进行大规模的搜索，并有效地生成有价值的假说。

下面，我们讨论一个自主科学发现的 AI 引擎，也可以称其为 AI 科学家或机器人科学家。

自主科学发现 AI 引擎的框图如图 6.9 所示。它通过软件和硬件模块的组合，动态地相互作用来完成任务。这个引擎包含了一个巨大的科学知识数据库（也可以由几千个大模型组成）、生成式 AI 芯片（或者量子计算硬件），以及完成假说生成、推理优化、自动实验、数据验证、新理论形成等步骤的各种 AI 芯片。

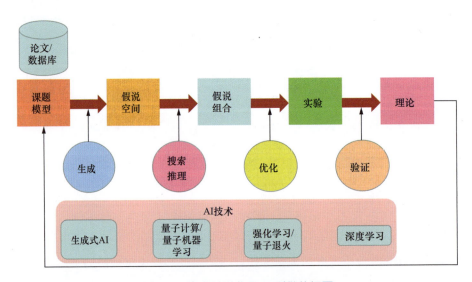

图 6.9　自主科学发现 AI 引擎的框图

新理论形成非常重要。对深度学习算法来说，无论其"深度"和数据驱动方法的复杂程度如何，它们最终都只是对现有数据进行了曲线处理。这些方法不仅总是需要远超大

① 第一性原理（First Principle）是一种基于最基本、公认的基本定律或原理进行推理和推导的方法，而不是依赖经验或类比。在科学研究和工程计算中，它通常指从物理、数学或逻辑的基本定律出发，逐步推导出更复杂的结论。

数据分析人员预期的大量数据才能产生统计上可靠的结果，而且无法处理训练数据范围之外的情况，因为它们并不是为了模拟真实系统的结构特征而设计的。因此，使用某种理论作为实验设计的指导至关重要，这样才能最大限度地提高数据收集的效率，并产生可靠的预测模型和概念性知识[8]。

该引擎运行的过程是先按照上述科学发现的步骤，在每一个节点上进行 AI 计算，经过多次迭代之后，再把结果传送到相关的自主式实验室进行实验检验。实验结果如果满足需要，就可停止进一步计算；如果不符合要求，则须从头进行循环，进行多次迭代，直至产出满意的结果。

通过对假说空间进行穷举式搜索来找到最合适的假说候选者，是 AI 科学家的特点。由无偏见的假设空间搜索驱动，这可能类似于从直觉驱动的实验设计过渡到无偏见的详尽评估，由一系列实验设备进行测试验证，其中包括一系列机器学习和推理系统以及基于机器人的实验系统。这是科学模式的逻辑演进，以无偏见的方式搜索庞大的假说空间，而不是依赖人类的直觉和灵感。

以围棋为代表的棋类游戏和科学发现的搜索空间结构之间有共同点，也有不同点。围棋棋步的搜索空间是被明确定义的，但科学发现的搜索空间是无限大的。一个实用的初始策略是在当前科学知识的基础上，用以人为中心的人机融合系统来增加搜索空间。一个极端的选择是将搜索空间设定为庞大的假说空间，在这种情况下，AI 科学家可能会发现人类科学家永远无法发现的知识（见图 6.10）。

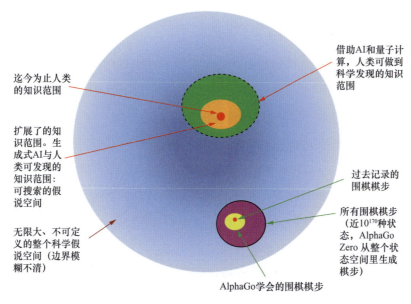

图 6.10　AI 科学家的潜在探索空间 [7]

AlphaGo 已经击败了最好的人类棋手。AlphaGo 结合了深度学习、强化学习及蒙特卡罗树搜索来探索可能的状态空间，并学习在已探索的状态空间内的最佳棋步。AlphaGo 能够学习人类如何下棋，并知道在与过去人类的棋局有接近可能的棋局状态中如何下棋（见图 6.10 右下紫色图中的黄色图形）。AlphaGo Zero 从一个随机的动作开始，在没有人类知识的情况下，纯粹使用强化学习来学习下棋，不仅超过了最好的人类棋手，还超过了 AlphaGo。这证明了无偏见探索状态空间的优势，因为 AlphaGo Zero 探索了整个围棋的状态空间（见图 6.10 中的紫色区域），而 AlphaGo 只是在过去记录的围棋棋步附近逐步搜索。

这种方法的一部分可以应用于科学发现。通过 AlphaGo 的方法，可以先利用迄今为止人类积累的知识体系（见图 6.10 上方的红色区域）生成一套假说，并可以用知识体系来测试其一致性，然后通过实验来验证，形成新的知识体系（假设空间，见图 6.10 上方的橙色区域）。随着假说复杂性的提升和实验验证自动化程度的提高，探索范围可以扩展到更广泛的假说空间，而这是对当前科学实践的渐进式扩展（见图 6.10 上方的绿色区域）。挑战在于实施 AlphaGo Zero 策略，为整个假说空间随机生成假说，因为整个科学假说空间（见图 6.10 中的蓝色区域）是无法确定的。然而，通过利用问题领域的内在结构，或许可以找到解决这一问题的可行方法。

要想让 AI 科学家自动进行科学发现，一个全自主的科学实验室是必不可少的。除了使用机器人和设备联网来实现实验的自动化和加速，实验对象的开发也是一个重要问题。要有一个能操纵和观察研究对象本身的实验基础设施，以及能从假设中演绎出预测供实验验证的数字模拟环境。

例如，在细胞生物学中，被研究的细胞可以保存在受控环境中，其中包含装备微流体芯片或器官芯片的测试平台，并且有机器人操纵它们进行实验。另外，还需要使用下一代测序仪和荧光显微镜进行高通量质量数据采集，为建立基于数据的预测模型打基础。在材料科学中，需要在受控环境中使用组合合成设备进行样品制备，使用成像传感器进行高通量测量，并使用第一性原理计算进行数值模拟等。

现在有一些这样的全自主实验室已经建成并投入使用，如专门用于生物化学或材料科学实验。一个全自主科学实验室可能需要包括以下 7 个部分。

（1）自动实验设备。这些设备需要自动化运行，可以完成实验流程、收集实验数据，同时需要配备传感器、显微镜、控制器、执行器、通信设备等硬件。

（2）流程管理系统。管理整个实验的工作流程不是简单的事。合成、纯化、分析准备及分析等很多步骤都必须无缝集成，以便平台在无须人工干预的情况下自动运行。

（3）数据处理和分析系统。系统需要能够自动地对实验数据进行处理和分析，包括数据清理、可视化、建模、统计分析等功能。

（4）微流体芯片，也就是片上实验室（Lab on a Chip，LoC），包括器官芯片（Organ on a Chip，OoC）等。这些新颖的芯片可以模拟化学过程或人体器官的功能，被应用在不同的科学发现研究中。

（5）AI 计算平台。利用 AI 算法来指导实验设计、优化实验参数、分析实验数据等，以提高实验效率和准确性。

（6）基于 AI 的自主决策系统。对某些实验任务，需要设计一套自主决策系统，使得实验设备能够自动地根据实时数据和预设的策略做出决策，如怎样采集数据、调整实验参数等。

（7）基于 AI 的自主学习系统。在实验过程中，自主学习系统能够自动根据实验数据学习、发现规律、改进实验设计和实验参数等，从而提高实验效率和成果质量。

以上是一个全自主科学实验室所需要的一些组件。实现这些组件需要综合应用机器人、传感器、自动控制、计算机、通信、AI 算法等多种技术。

目前，个别的这类实验室仍然停留在初级阶段，并且只用于某个课题研究。虽然有一些实验室正在尝试实现自动化和 AI 技术来协助科学研究，但是它们通常仍然需要人类科学家的干预和监督来确保实验的设计和执行的正确性和可靠性。这些实验室通常会先使用自动化仪器和设备来收集数据和执行实验，然后使用 AI 和机器学习算法来分析和解释数据，以便从中提取出有用的信息和知识。

如前所述，当前的大数据分析是由非理论研究驱动的。对纯统计估计背后的潜在机制进行理论化是非常重要的步骤。单独的估计或单独的理论都不是强有力的科学证据。然而，当很好地结合在一起时，它们会相互加强。因此，所有的估计都必须有可靠的理论支持。

AI 科学家在科学发现方面与人类相比具有一些显著的优势，除了提出人类没有想到甚至无法想到的假说，以及具有高效的文献分析和研究能力，它还能进行自动化实验和仿真，在持续性和一致性方面是人类无可比拟的。

AI 科学家也可以进行大规模的实验和仿真，以测试假说和理论。它甚至可以设计实验、控制执行实验的机器人。很多实验需要在不停歇的情况下运行，以便更准确、更快速地获得实验结果。AI 科学家可以在一天 24 小时内实时监控下运作，不会疲劳或分心，从而确保科学实验和数据收集的持续性和一致性。它将能够执行人类能够完成的所有科研任务。随着时间的推移，人类在科学领域的贡献可能会逐渐减少。

6.5.2 AI 科学家取得诺贝尔奖级别成果面临的挑战

构建全自动、全自主的科学发现系统是极具挑战性的任务，涉及多个复杂的领域，包括人工智能、领域知识、创造性思维等。如果想要建立一种真正自主的 AI 科学家，就需要在 AI 技术的基础上进行更深入、更复杂的研究和开发。以下是 AI 科学家取得诺贝尔奖级别成果可能面临的一些挑战。

6.5.2.1 需要造就一个跨学科、全面性覆盖的知识库和科学基础模型

目前，在各个科学研究领域都充斥着数据（包括实验数据）和出版物，其生产速度远远超过了人类的信息处理能力。每年有几百万篇论文被发表，而且这个速度还在迅速增加。研究人员已经被大量的论文和数据淹没了，终其一生也不可能阅读完这些文献，更不用说理解如此庞大的信息，以保持得到准确和最新的知识。

科学研究往往涉及多个学科领域的交叉，需要对不同领域的知识进行融合和应用。这对 AI 系统来说是一个复杂的问题。

科学领域的知识是非常广泛和深刻的。一个全自动系统需要准确而全面地理解多个领域的知识，缺乏领域知识可能导致生成的假说不准确或不切实际。大水漫灌般的出版物和数据，使人们无法观察到所发现和所收集数据的全貌，也就是说，目前还做不到对已有知识的"全覆盖"。对生成式 AI 来说，基于现实生活中已有的数据（目前绝大多数来自互联网）来训练模型只能解决一些已知问题。对于一些还没有发现的、潜在的、未知的问题，现在的模型未必能解决。这是实现自主科学发现的挑战之一。

因此，需要开发一种能够支持多模态和多尺度输入的统一的大规模科学基础模型，以满足尽可能多的科学领域和任务的需要 [9]。大模型的优势部分源于其广度，而不仅是规模。因此，构建跨领域的统一科学基础模型将是区别于以往特定领域模型的一个关键因素，并将大大提高模型的有效性。与传统的大模型相比，这种统一模型将具有以下两个独特的功能。

（1）支持多种输入，包括多模态数据类型（文本、1D 序列、2D 图形及 3D 构象 / 结构）、周期和非周期性分子系统，以及各种生物大分子（如蛋白质、DNA 及 RNA 数据）。

（2）将物理定律和第一性原理纳入模型架构和训练算法（如数据清理和预处理、损

失函数设计、优化器设计等）。这种方法承认了物理世界（及其科学数据）与一般 AI 世界（及其自然语言处理、计算机视觉和语音数据）之间的根本区别。与后者不同，物理世界受规律支配，而科学数据则代表了对这些基本规律的观察。

6.5.2.2　需要解决信息不准确和认知偏差的问题

论文是用语言写成的，经常涉及含混不清、不准确和信息缺失的问题。开发大规模知识库都会遇到这些问题。研究人员的解释都或多或少带有主观性，结果是对文本中的知识进行仲裁式解释。另外，研究人员的思维过程不可避免地会有偏差和偏见，这些偏差和偏见会体现在论文和会议交流中，这会对科学探索造成严重的限制。

科学发现需要依赖大量的数据，但数据的质量和可靠性对科学研究至关重要。自动收集和整理可靠的数据也是一个挑战。

在科学领域中，很多学科是经验科学，这意味着知识的积累是基于实验结果的。由于系统的复杂性、个体的多样性、实验条件的不确定性及其他因素，研究结果中存在大量的偏差和错误。虽然大多数论文或研究报告的共识可以被认为是最可能或者最正确的结果，但也存在着少量与大多数观点不一致的研究结果。这就出现一个问题：那些少数人的意见和论点应该被视为是错误的而抛弃吗？大多数人的观点就一定是对的吗？这个问题需要谨慎回答，因为少数人的观点，有时可能预示着重大的科学发现。这就需要 AI 系统能够准确区分出哪些是错误的研究报告、哪些是有可能促进重大发现的报告。

另外，当前基于生成式 AI 的大模型生成的结果并不完美，往往存在诸多错误。在许多科学领域，准确率都不足 90%。

这些问题涉及生成假设和验证假说，并对自动化实验过程带来影响。现在的大多数实验设备都已经实现高度自动化，并与网络相连。在将来 AI 系统不仅能够获取数字信息、还能设计和执行实验时，实验结果的每一个细节，包括不完整或错误的数据，都可能被存储和访问，这就需要后续系统做好区分的准备。

6.5.2.3　在 AI 系统中配备科学发现仍需要人类的直觉和灵感

尽管 AI 或机器在科学发现的过程中可以提供一些产生灵感的方法，但仍有局限，不能完全替代人类的直觉和灵感。

如果对整个假说空间进行穷举式搜索来发掘灵感，即便未来有实用的量子计算机，也需要大量时间和计算资源。

另外，AI 系统还不能像人类一样全感官观察，只有等未来的具身智能（见第 8 章）

成熟之后，才有可能补上这一关键元素。因此，目前的情况下，人类的直觉和灵感仍然是必需的。

6.5.2.4　增加可解释性和透明性

目前，基于深度学习的 AI 系统往往被认为是"黑箱"模型，它的决策和生成的结论难以解释。而在科学研究中，可解释性和透明性是至关重要的，因为科学家需要理解决策的基础和过程。

6.5.2.5　解决伦理和道德问题

全自动科学发现系统可能涉及伦理和道德问题，例如关于隐私保护的考虑、AI 是否应该被允许做出可能影响人类社会的重大决策等。因此，在使用 AI 系统进行科学研究之前，需要进行伦理审查，确保研究不会损害人类或动物的权益，也不会导致不道德的结果。

总之，要构建一个全自动、全自主的科学发现系统，需要在多个方面克服许多挑战。目前的技术还无法完全实现这一目标。解决这些问题需要科学家和技术界的共同努力，以确保 AI 在科学发现中的应用能够得到有效和可靠的推进。同时，人类科学家的角色仍然不可替代，他们的专业知识、创造力及判断力在科学发现过程中仍然不可或缺。

6.6　AI 芯片用于"AI 科学家"系统

在科学研究和科学发现领域，AI 从人类的助手和工具逐步变成可以独立运作系统的"科学家"的过程中，AI 芯片可以在以下 6 方面发挥关键作用。

（1）大规模、全面的假说生成和搜索。这需要进行海量数据的搜索和分析。AI 芯片可以快速处理大量科学数据，加快数据分析的过程。

（2）全面的假设评估和验证。AI 芯片可以支持复杂的模拟和模型评估，帮助预测不同的科学现象。

（3）获得优化结果。在巨大的科学假说空间内，AI 芯片可以帮助研究人员获得全局优化结果。

（4）自动推理。AI 芯片可以通过自动推理的方式，帮助研究人员快速发现科学原理。

（5）创造性思考。通过生成式 AI 技术，AI 芯片可以帮助研究人员进行创造性的思考。

（6）科学发现流程循环的整合。

当然，上述各方面的任务也大都可以用软件在通用硬件上实现，但在流程和算法经过验证的情况下，定制的 AI 芯片完成效率要高得多。

自主科学发现系统需要大量的高算力 AI 芯片（目前主要依靠云端 GPU），甚至在未来需要用到量子芯片。这些芯片一般安装在超算中心或者数据中心，以完成诸如大模型的训练、穷举式搜索等任务。如果要把这种计算与自己机构的实验设备连接并且高度保密，就要使用类似边缘 AI 设备的小型设备，即在各个研究所、公司的研发所在地都配备分布式的 AI 科学家。要实现这个目标，需要具有高性能、低能耗的 AI 芯片，如带有专门 GAN 内核、Transformer 内核、量子退火内核，以及其他与新颖 AI 算法匹配的 AI 芯片。最新开发的 GPU 和 TPU 已包含了 Transformer 内核和 GAN 内核，或者对这些功能做了优化。

在一个 AI 科学家系统中，除了装备高算力的 GPU、TPU 及一些专门定制的深度学习 AI 芯片（未来将装备在巨大的假说空间中，对进行穷举式搜索至关重要的量子计算芯片），还有一些专用的 AI 芯片可以被用到系统中（见图 6.11），具体介绍如下。

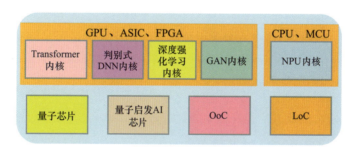

图 6.11　AI 科学家需要装备的 AI 芯片

（1）基于 Transformer 及后续模型的 AI 芯片。2022 年底以来流行的大模型都基于 Transformer 模型，需要对其算法进行架构定制（英伟达的 GPU H100 也针对 Transformer 内核进行了优化）。2024 年以来，一些新创公司的 AI 芯片都在开发专门对 Transformer 内核进行架构定制的 ASIC，其目标是能效比 GPU 高。

（2）量子启发 AI 芯片（量子退火芯片），可以对假说空间的候选者进行最优化分析，并根据设定的目标函数得到一个或多个最佳的候选假说。

（3）基于判别式深度学习或者深度强化学习的高性能 AI 芯片，可以对实验结果进行检验，从而产生决策和预测。

（4）包含多个 DNN 的 AI 芯片，可以对中间结果进行推理和分析。DNN 可以增强芯片的功能和灵活性，使其能够应用于更广泛的领域。通过在一块芯片上实现多个 DNN，可以减少系统中的组件数，降低能耗和成本，并提高系统性能和效率。这对需要高度定制化和实时响应的应用尤其有用。

（5）用于全自动、全自主实验室（主要是先进的生物和化学实验）的芯片，包括 OoC 和 LoC 等半导体芯片。LoC 是通过微加工技术在芯片表面制造出微米级别的通道和反应腔室，并在芯片上实现样品处理、反应和分析。这些芯片的尺寸非常小，通常只有几毫米，但是可以集成多个实验所需的步骤，并在非常短的时间内完成高效、高精度的分析。它可以把一些传统实验室（化验室）的功能，包括采样、稀释、加试剂、反应、分离、检测等都集成在芯片上，且可以多次使用。OoC 是一种新型仿生学技术，它是利用微流控和生物材料学技术制造出来的一种微型芯片，可以模拟人体器官（如肝脏、肺、肾脏、肠道等），用于生物实验、药物筛选、毒理学研究及疾病模型的开发等方面。

OoC 和 LoC 已经发展出了一些成熟的产品，并正在被广泛应用于生物医学研究和药物开发中。

当前，药物开发是一个复杂、高风险的过程，往往需要 10 ～ 15 年的时间，每一种新药获并批用于临床的平均成本达 1 亿～ 20 亿美元。达到人体试验这一步的候选药物，10 款中就有 9 款无法获批。其中一个关键障碍是确定化合物是否足够有效和安全，以进入临床的动物模型的可移植性试验。新药进入临床后，很多时候无法预测人类的反应，因为动物的身体和生物过程与人类并不相同。动物研究在药物进入临床之前仍然受到监管机构的高度重视和要求，因此人们正在探索替代方法。而器官芯片技术使研究人员能够复制组织和器官的功能，弥合动物和人类系统之间的差距。在药物开发中，OoC 被视为一种令人振奋的"体外"替代方法，不仅可以评估药物的安全性，还可以评估药物的有效性。

要成功实现自动科学发现，需要用不同类型的 AI 芯片组成一个异构计算系统。在这样的硬件平台上，开发针对不同领域的应用软件。

6.7 用量子启发 AI 技术发现新型超材料的案例

近年来，超材料（Metamaterial）和超表面（Metasurface）已经成为非常热门的研究课题。它们的光明前景将主要体现在即将到来的 6G 通信中的应用，其愿景也包括成为可持续发展的工业和社会的支撑技术。

超材料的主要特点是可以控制能量载体（如光子、电子及声子），关键是能在能量载体的特征长度范围内操纵传输特性。在过去的几十年里，自上而下的制造（如传统制造）和自下而上的合成（如 3D 打印）的进步，结合原子学和光谱学，使人们有机会对具有增强能量传输特性的结构进行几乎无限的探索。这种科学探索推动了光伏、热辐射器、电池、热电及其他方面的一些突破性进展。超材料就是这种探索的一个代表性案例——材料内部的人工结构给材料带来了非凡的特性。

探索超材料中的人工结构带来了一个新的问题，即结构中存在太多的自由度需要探索，也有着太多候选材料等待探索。因此，让 AI 技术自动发现材料是当务之急。

机器学习可以利用现有的材料特性数据预测未观察到的候选材料的特性，并在设计空间中定义一个获取函数（Acquisition Function）。求解这个获取函数是设计空间中的一个全局优化问题。所求得的最优候选材料（如同找到一个候选的科学假说）被选为下一个实验验证的材料。

利用所选候选材料的观察属性更新机器学习模型，并为下一次迭代定义不同的获取函数。在机器学习的帮助下重复这个程序，可以大大减少实验验证的次数，有助于更快设计出具有预期性能的材料。

这个过程中有两个障碍，即统计和计算方面的障碍，它们阻碍了自动材料发现在复杂材料设计中的应用。统计上的障碍指的是很难用有限的训练数据通过机器学习来预测材料的特性。计算方面的障碍则是因为由获取函数定义的全局优化是 NP 困难问题。随着 AI 算力的不断增强，可以研发一个非常快速的模拟器，在很短时间内计算出目标材料的特性，这种模拟结果可以用来代替实验。因此，统计障碍可以在一定程度上得到克服。然而，要解决 NP 困难问题，需要系统的算力有指数级的增长，不然只能得到局部优化解，不能得到全局优化解。

为了克服这一计算障碍，Kitai 等研究人员提出了采用量子退火的量子 - 经典混合算法 [10]。这种基于量子退火模型的计算机最早由 D-Wave 用超导方法实现，之后不少公司用 ASIC 实现了量子退火算法（量子启发的 AI 芯片）。这些芯片能以惊人的速度准确地解决一些特殊类型的组合优化问题，截至本书成稿之日，已经被应用于药物发现、新材料开发、物流路线、电力传输及金融投资组合等领域。

图 6.12 所示为量子 - 经典混合算法的原理。这种算法首先用现有的数据训练一个因式分解机（Factorization Machine，FM），以建立目标材料属性模型。随后，基于训练好的因式分解机的获取函数，选择一个新的候选者，并将下一步归结为一个二次无约束二元优化（Quadratic Unconstrained Binary Optimization，QUBO）问题，由量子退火机解决。新的候选材料的特性是通过原子模拟得到的。接下来，一个新的点被添加到训练数据中，并重新训练因式分解机。

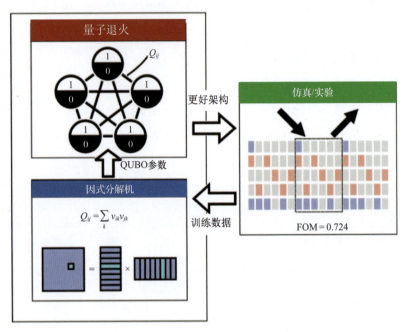

图 6.12　量子 – 经典混合算法的原理 [10]

量子退火被设计用来解决困难的组合优化问题，其中解决方案被编码为时间相关的量子哈密顿的最终基态。量子退火执行一个缓慢的绝热过程，让哈密顿的初始基态演化为哈密顿的最终基态，从而得到问题的理想解。组合优化问题通常是多个优化问题的组合，需要在一个巨大的解空间中寻找最优的解。在科学发现问题中，也需要在大量的假说空间中寻找最优的解，以解释实验数据、现象或预测未来的趋势。因此，科学发现问题可以被等效为一种组合优化问题。

组合优化问题属于 NP 困难等级，这使得它们在一些领域中具有巨大的意义，包括人工智能、机器学习、生物学中的晶格蛋白模型，以及工业和商业中的许多其他领域。

用 ASIC 实现量子退火算法，可以直接使用 CMOS 工艺，在常温下即可工作，但是精度要比超低温超导量子退火机差一些。最近几年，由于退火算法不断改进，量子退火芯片常常采用 FPGA 来应对这种经常改动架构的情形，同时也采用速度更快的 GPU 来实现。在解决同样一个组合优化问题时，有研究人员提出了可扩展多个 FPGA 的解决方案，这种方案的速度比装有 4GHz CPU 的 PC 快 584 倍，能效高 46 倍 [11]。另外，一些厂家则仍然致力于超导量子退火机的研发（目前已经可做到 2000 量子比特以上），可用于解决更大规模、精度要求更高的优化问题。

6.8　本章小结

科学发现一直是人类追求真理和推动文明进步的核心活动。如今，AI 作为一项颠覆性的技术，正在以前所未有的方式改变着科学发现的方式和进程。AI 的快速发展和广泛应用为研究人员带来了新的工具和方法，以加速科学研究、挖掘新知识及推动学科发展。

AI 科学家能提升研究生产力和成本效益。有些科学问题太复杂，需要大量研究，而研究人员人力不足，这种情况下，自动化是理想的解决方案。AI 大模型已经在药物设计等领域发挥作用。AI 科学家的目标是结合这些技术，从拟定假说、设计及进行实验来检验假说、解读结果，重复上述流程，直到发现新知识，让整个流程自动化。

诺贝尔物理学奖得主弗朗克·维尔切克（Frank Wilczek）曾写道："100 年后，最棒的物理学家会是机器人。"无论如何，笔者所看到的未来是，人类和 AI 科学家将携手合作。科学知识会被写成逻辑表达式，通过网络即时传播。科学发展的路上，AI 的角色将越来越重要。

本章讨论了 AI 所面对的一个大挑战，也是大机遇：开发一个能够在科学领域实现诺贝尔奖级别重大科学发现的 AI 系统。由于人类有一系列的认知限制，制约了科学发现的加速。AI 系统可以提高科学发现的效率，使人类以前所未有的方式扩展知识。这种系统可能会覆盖目标领域所有可能的假设，并可能提供新的直觉和灵感，从而重新定义科学发现的过程。

近年来，大模型和生成式 AI 技术的飞速发展，使 AI 助力科学发现出现了更大的转机。2021 年，DeepMind 发布了拥有 2800 亿个参数的大模型 Gopher。Gopher 在人文科学、社会科学、药学、通用知识、科学技术、数学等细分领域的大规模多任务语言理解基准性能测试中的表现优于 GPT-3。DeepMind 的研究人员专门在用于科学研究方面，对一些大模型做了分析，并与人类专家在科学研究上达到的准确率做了对比。由图 6.13 所示，如果与人类专家相比，这些大模型所能达到的准确率还落后一截。此外，大模型目前难以生成超出人类认知边界的内容，无法发现新的现象或建立新的理论。然而，随着新算法的涌现和大模型的持续优化，AI 的准确性正迅速提升，并逐步接近人类水平。

随着 AI（尤其是"AI 驱动科学"）的发展，科学发现过程的生产力和基本模式将得到极大的改善。真正的挑战是引发一场相当于工业革命的科学革命。在这个过程中，正在不断进步的大模型将会发挥极其重要的作用，它们可以成为跨学科科学发现更强大、更可靠的工具。这将使研究人员受益于大模型的先进能力和洞察力，加快药物发现、材料科学、生物学、数学和其他科学探索领域的研究和创新步伐。

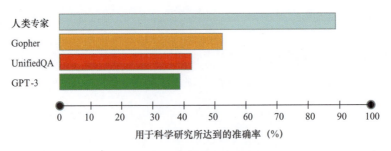

图 6.13　3 种大模型用于科学研究的准确率对比（来源：DeepMind）

　　未来，AI 科学家作为一种新型的科学家角色将成为现实。这些 AI 科学家不仅是机器学习算法的应用者，更是能够自主进行科学发现的实体。通过自主学习和推理，AI 科学家能够探索未知领域，发现新的理论和现象，并提出具有启发性的假说和研究方向。它们将与人类科学家相互协作，共同推动科学的进步。

　　一些科学家把 AI 实现诺贝尔奖级别科学发现这个大挑战的达成时间定为 2050 年。如果以这个时间点为目标，我们可以把 21 世纪初开始的研究工作分为 5 个阶段，如果参照自动驾驶汽车的等级划分，那么也可以视为 5 个不同的自动化级别（见图 6.14）。第 1 级和第 2 级分别是计算科学（第三范式）和数据驱动科学（第四范式），计算机只执行归纳和演绎操作，假设推理和实验验证都没有自动化。而第 3 级及以上是 AI 驱动科学（第五范式），可以使科学研究自动化，并最终可以达到全自动产出的目标。

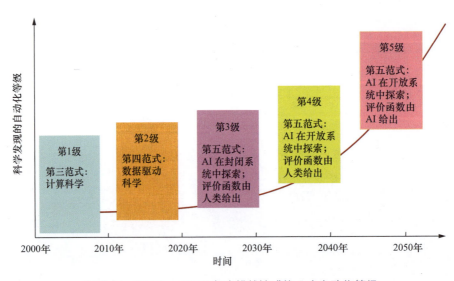

图 6.14　2000 ～ 2050 年大挑战达成的 5 个自动化等级

　　随着系统自动化水平的提升，人类的角色也将发生变化。在第 1 级和第 2 级，人类需要执行假设推理、模型规范、实验验证、归纳、对结果的解释等大部分步骤。在第 3 级及以上，人类的角色将转变为设定搜索的目标和范围，提出价值标准（评价函数），解释和理解结果，并做出总体决定。到第 4 级，人类只进行科学发现的新颖性和重要性的评价（价值判断）。到了第 5 级，连评价函数也由 AI 系统自己给出。

AI 芯片在实现 AI 在科学发现的应用中起着关键作用。这些芯片提供了高性能基础设施，能够快速处理大规模的数据和复杂的算法，为研究人员提供了强大的工具来加速科学研究和发现。

人类现在正在迈出后工业社会导向的新文明的第一步，其主要驱动力就是科学技术的进步。世界正在进入 AI 新时代，人们要拥抱在科学发现第五范式指导下的新科学技术革命，充分利用信息技术和 AI 带来的研发流程数字化、智能化转型。下一次科学革命的核心因素将是生物技术、纳米技术、基因工程、信息和通信网络、人工智能、能源技术（核聚变）、复合材料，以及空间技术。

这些技术的创新突破，不是靠"小作坊"式的科学研究方法所能解决的。通过使用新的 AI 技术，让人工介入的"AI 驱动科学"变成针对特定问题量身定制的全自动、全自主的"AI 驱动科学"，让科学发现和发明"批量"产生，同时产生新的科学方法。这将是应对长期悬而未决的复杂科学难题、应对各种全球危机的最佳解决方案。

在过去几年中，我们见证了统计人工智能算法的兴起。这些算法可以快速生成数据驱动模型，但依赖大量可用数据。自动获取与现有知识一致的模型，以及用很少的数据建立新模型，仍然是悬而未决的问题。这不仅是 AI 本身需要解决的问题，也是"AI 驱动科学"和更大范畴的科技进步需要解决的底层问题。

参考文献

[1] HEY T, TANSLEY S, TOLLE K, et al. The fourth paradigm: data-intensive scientific discovery[M]. Microsoft Research, 2009.

[2] MALITSKY N, CASTAIN R, COWAN M. Spark-MPI: approaching the fifth paradigm of cognitive applications[EB/OL]. (2018-05-16) [2024-08-20]. arXiv: 1806. 01110v1 [cs. DC].

[3] CORNELIO C, DASH S, AUSTEL V, et al. Combining data and theory for derivable scientific discovery with AI-Descartes[J]. Nature Communications, 2023, 14(1777).

[4] WEI J, TAY Y, BOMMASANI R, et al. Emergent abilities of large language models[EB/OL]. (2022-10-26) [2024-08-20]. arXiv: 2206. 07682v2 [cs. CL].

[5] NAKKIRAN P, KAPLUN GAL, BANSAL Y, et al. Deep double descent: where bigger models and more data hurt[EB/OL]. (2019-10-04) [2024-08-20]. arXiv: 1912. 02292v1 [cs. LG].

[6] LUTZ I D, WANG S, NORN C, et al. Top-down design of protein architectures with reinforcement learning[J]. Science, 2023, 380(6642): 266-273.

[7] KITANO H. Nobel turing challenge: creating the engine for scientific discovery[J]. npj Systems Biology and Applications, 2021, 7: 29.

[8] COVENEY P V, DOUGHERTY E R, HIGHFIELD R R. Big data need big theory too[J]. Philosophical Transactions of the Royal Society A: Mathematical, Physical and Engineering Sciences, 2016, 374(2080): 20160153.

[9] MICROSOFT RESEARCH AI4SCIENCE, MICROSOFT AZURE QUANTUM. The impact of large language models on scientific discovery: a preliminary study using GPT-4[EB/OL]. (2023-12-08) [2024-08-20]. arXiv: 2311. 07361v2 [cs. CL].

[10] KITAI K, GUO J, JU S, et al. Expanding the horizon of automated metamaterials discovery via quantum annealing[J]. Physical Review Research, 2020, 2: 013319.

[11] YAMAMOTO K, KAWAHARA T. Scalable fully coupled annealing processing system and multi-chip FPGA implementation[J]. Microprocessors and Microsystems, 2022, 95, 104674.

第 **7** 章　实现神经形态计算与类脑芯片的创新方法

"我们能否构建一种模仿大脑的计算机？"

——约翰·冯·诺依曼（John von Neumann），现代计算机的奠基人

"人类大脑有 1000 亿个神经元，每个神经元与 1 万个神经元相连。这是一个超越我们想象的网络。"

——加来道雄（Michio Kaku），物理学家

"人类大脑是模拟的，而非数字的。"

——卡弗·米德（Carver Mead），神经形态计算奠基人

除了目前占据主流的深度学习 AI 加速器，AI 芯片的另一个主要类别是类脑芯片。类脑芯片是模拟人脑神经网络架构的芯片，它结合微电子技术和新型神经形态器件，模仿人脑神经系统计算原理进行设计，实现类似人脑的超低功耗和并行处理信息能力。类脑芯片的理论基础是神经形态计算，即借鉴生物神经系统信息的处理模式和结构，以人脑为蓝本，旨在构建能够像人脑一样学习、感知及决策的计算系统。

"神经形态"一词，可以追溯到 20 世纪 80 年代美国加州理工学院卡弗·米德（Carver Mead）所倡导的构建计算机的方法。该方法的前提是大脑和计算机有着根本的不同，而构建智能机器的最佳方法是构建更像大脑的计算机。当然，计算机在某些方面优于人类，例如利用计算公式进行精确运算。然而，在许多关键领域，人类仍然远胜于机器，例如常识推理、自然语言理解及复杂图像的解读。

实现神经形态计算的关键技术是 SNN，这是实现类脑芯片的基本模型。SNN 中的神经元通过短的电脉冲相互沟通。脉冲之间的时间间隔起着重要作用。SNN 模型比传统的神经网络更接近生物学原理。

最有利于硬件实现的脉冲神经元模型是"漏电整合－激发"模型。如图 7.1 所示，该

模型引入了时间维度（时延特性）。其中，神经元整合了来自突触的尖脉冲，当其膜电位超过阈值时，会激发一个自己的尖脉冲，通过突触传播到其他神经元。神经元还有两个受大脑启发的功能：一个是不应期（Refractory Period），即神经元只有在其最后一个输出脉冲间隔一定时间后才被允许激发；另一个是突触行为，即在两个连续输入脉冲之间，膜电位下降，突触接收脉冲，进而通过电流刺激突触后改变神经元的膜电位。SNN 中最常见的信息表示法是速率编码（Rate Coding），即把信息编码为观察期内的激发率。也有人提出了首次脉冲时间和间隔脉冲时间等其他表示法。与传统的神经网络不同，SNN 中的神经元并不同步激发。

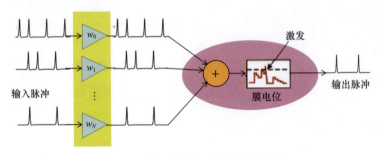

图 7.1 "漏电整合 – 激发"模型

与 DNN 相比，SNN 主要有两个优势。其中一个关键优势是 SNN 能够并行处理信息。在 DNN 中，信息是按顺序处理的，这对某些任务来说既耗时又低效。SNN 则能够并行处理，这使它能够快速而高效地处理大量数据。另一个优势是 SNN 能够适应不断变化的环境。在大脑中，神经元为了适应外部条件不断地改变相互之间的连接，以对新信息做出响应。SNN 模仿了这个过程，从而能够适应新信息并从经验中学习。因此，SNN 非常适合处理像模式识别和分类这样对适应新信息的能力要求很高的任务。

DNN 通常使用多个比特激活函数，即神经元的输出可以有多种数值。计算时，DNN 需要进行大量的乘积累加操作，计算负担相当重。而 SNN 则采用基于事件的二进制表示，即神经元仅输出 0 或 1 来表示是否激活。这样就避免了多位数值的问题，不需要代价较高的 MAC 计算，而是采用效率高得多的条件化累加计算。条件化累加就是指只累加满足特定条件的输入信号（如只累加来自特定连接的神经元的脉冲信号，忽略其他连接的信号）。

SNN 的独特属性之一是持续激发，指的是神经元以稳定的频率激发脉冲，即具有实时异步脉冲流。而 DNN 由于有一个基于帧的操作，如果一个层要执行计算，该层必须等待一段时间。频率可变是 SNN 的另一个重要属性。在大脑中，神经元可以根据不同的刺激改变激发频率。SNN 模仿了这个过程，从而能够适应不同的任务和刺激。

在 SNN 中，信息是由脉冲的时序表示的，而不像 DNN 中那样由神经元之间的连接强度表示。这意味着网络的输入层和输出层的脉冲精确时序能够对更多信息进行编码，也就是说，这种编码方式能够比 DNN 提供更多的信息。

然而，由于脉冲神经元传递函数的连续性，以及脉冲神经元携带的附加参数（如阈值、泄漏率等）的敏感性，SNN 与 DNN 相比更难训练。深度学习中的训练算法（如反向传播）依赖对网络参数误差的梯度计算，然而这种方式对 SNN 来说效果不佳。这是因为网络中的脉冲时序引入了在 DNN 中不存在的时间组成部分，使得计算梯度和传播误差更加困难。为了克服这些挑战，研究人员近年来已经提出了新的 SNN 训练算法。这些算法考虑了脉冲的时序，使用了脉冲时间依赖可塑性（Spike Timing Dependent Plasticity，STDP），可以根据脉冲的精确时序修改神经元之间的连接强度。通过使用 STDP，SNN 能够学习识别输入中的时序模式，从而能够处理和分类比 DNN 更高维度的信息。

与 DNN 相比，SNN 在时间维度上有关键优势。因为 SNN 可以在时域中运行，能够实时处理信息，因而非常适合语音识别和自然语言处理等应用。SNN 也能通过使用时间作为额外维度来更高效地执行某些类型的卷积操作，而不像 DNN 那样执行一系列计算密集的矩阵乘法。但时间维度也给 SNN 带来了额外的挑战。例如，SNN 不能接受原始图像或数值数据作为输入，而需要代表数据时间结构的脉冲序列。这意味着输入数据必须经过预处理，转换为脉冲序列，而这是一个计算密集型的过程。

在 ChatGPT 引领的大模型时代，基于深度学习的 AI 计算所需的算力和功耗已经接近当前人类技术和基础设施的承载能力的极限，AI 的可持续发展面临前所未有的挑战，因而比之前任何时候更需要低功耗、高智力的 AI 芯片。由于类脑芯片的能效出色，它们已被视为深度学习 AI 加速器的潜在替代者。由于具有稀疏性并使用基于事件的处理方式，SNN 能够以较低的功率运行，因而能效极高。

SNN 中脉冲的稀疏性是由于在任何给定的时刻只有小部分神经元是活跃的。因此，SNN 可以通过使用基于事件的处理方式来利用这种稀疏性，这比 DNN 中使用的常规数据并行处理更节能。在基于事件的处理中，每个神经元在膜电位超过一定阈值时会产生脉冲。只有当脉冲超过一定阈值时，这些脉冲才会被传递到其他神经元，从而减少了通信和计算需求。此外，因为 SNN 神经元生成的脉冲列是稀疏的，所以可以进行压缩，从而降低内存需求。

尽管现有的 SNN 可以在 CPU 或 GPU 上以软件方式比较灵活地实现，但这种方式在更高维度中涉及的计算可能带来极高的计算成本，并且可能导致吞吐量显著降低。因此，研究人员正在探索更有效和可扩展的替代方法，那就是研制专门针对 SNN 的类脑芯片。这样做旨在提高脉冲神经网络的效率，并减少能耗，使其更有利于实际应用。这些类脑芯片除了使用常见的数字 CMOS 电路来实现（如英特尔的 Loihi 2），还有很多研究人员在探索用近似计算、模拟计算，或者基于忆阻器、磁性材料、相变材料、铁电器件、光电器件及最新的基于自旋波 / 磁子的器件来实现。基于这些器件的神经形态实现依赖器件的内在物理特性，从而可以逼真地模拟生物行为。然而，就能效和紧凑性而言，虽然这些类脑芯片比起 DNN 有很大的提高，但它们仍然远远落后于人脑。此外，工艺不稳定性是 SNN 大规模架构实现的主要问题。针对这些挑战，研究人员正在不断探索、改进，以做成可靠性更高、能效更高、可扩展性更强的类脑芯片，并可以大规模批量生产，最终实现取代目前的深度学习 AI 芯片的目标。

本章接下来将讲述最近几年在神经形态计算和类脑芯片方面所取得的重大进展。首先介绍可在云端使用的一些类脑芯片，并介绍一些对当前最热门的 AI 技术——大模型至关重要的 SNN 架构，这些架构为高能耗的生成式 AI 提供了可持续发展的可能。随后探讨先进的低温类脑芯片，这是一种新型类脑芯片，运行在超导量子计算所需的低温环境下；然后讨论以树突为中心的"合成大脑"（Synthetic Brain），即将传统神经网络侧重神经元、突触和轴突的结构模式，替换为以树突功能为核心的模型；最后介绍一种正在探索中、有可能被用于自动驾驶汽车的基于自旋波 / 磁子的类脑芯片。

7.1 云端使用的神经形态计算与类脑芯片

基于 DNN 的深度学习 AI 技术在许多任务中取得了成功，包括文本生成、图像识别和分类、语言翻译、语音识别、医学图像重建、医学诊断及机器人制造等。目前在云端服务器中部署的 AI 芯片，绝大多数是深度学习 AI 芯片。

云端数据中心是管理和存储海量数据的计算机和设备的枢纽，在部署和维护 AI 系统方面发挥着至关重要的作用。目前流行的以 ChatGPT 为代表的生成式 AI 技术，对 AI 计算算力的需求正在呈指数级增长。然而，传统计算芯片（如 CPU、GPU）及一系列深度学习 AI 加速器的进步并未满足这一日益增长的需求，云端的能耗已经给地球环境带来巨大挑战。因此，迫切需要跨硬件、软件及算法的创新解决方案，以确保数据中心的高效、高吞吐及高能效的可持续运行。

在潜在的候选方案中，受人脑启发、具有高能效并行处理特点的神经形态计算正逐渐成为应对这些挑战的可行方法之一。神经形态计算旨在设计和构建包括硬件和软件在内的计算机系统，通过模拟大脑神经元和突触的工作方式，更高效地执行认知任务。神经形态系统利用突触可塑性的特性，允许脉冲神经元之间的突触根据输入模式进行变化和适应。神经形态计算的目标就是设计和制造商用的类脑芯片并将其部署到云端。

基于 SNN 的类脑芯片近年来已经取得重大进展，有些离大规模商用的级别已经不远，有些甚至已经可以被部署在云端服务器中。其中最大的进展是让类脑芯片可以进行 AI 训练，这在过去几乎不可能实现，因为研究人员认为它们不适合基于梯度的学习。然而，已经有研究人员提出了多种方法来解决这个问题，实现了基于梯度的端到端 SNN 学习[1]，进而在神经形态硬件（类脑芯片）上实现了 SNN 学习。其中，基于脉冲的反向传播和其他混合方法已经被证明在图像分类任务中具备与 DNN 相当的性能。此外，基于脉冲的生成网络通过在终身学习环境中的应用等训练技术，也已经被证明了在图像分类和生成任务中的有效性。

这些成功部署的类脑芯片使用传统的数字 CMOS 电路实现，而没有使用模拟计算、忆阻器或其他非易失性存储器执行的存内计算、光子计算等最先进的技术，因为这些技术目前还面临各种挑战。

截至本书成稿之日，最强大的 SNN 模型在软件中的表现已经接近深度学习模型的当前性能。最近，人们开始对将基于 Transformer 内核的大模型转移到 SNN 产生了极大兴趣，这将在下一节讨论。

至今已经被大规模集成到云端的类脑芯片包括 SpiNNaker 系列、TrueNorth 与 NorthPole、Loihi 系列、BrainScaleS 系列及天机（Tianjic）。下面简单介绍这些类脑芯片。

1. SpiNNaker 系列

SpiNNaker 1 是英国曼彻斯特大学用 130nm 工艺开发的基于 ARM 处理单元的定制 18 核芯片，该芯片采用大规模并行架构，专为使用 SNN 进行大规模实时大脑模拟而设计。曼彻斯特大学目前保持着拥有世界上最大的神经形态超级计算机的纪录，该计算机包括总计 1 036 800 个 ARM 处理核，排列在 1200 块 48 节点板上，以环形网状结构高度互连。这台超级计算机有可能模拟大约 10 亿个神经元和 1000 亿个突触。之后的 SpiNNaker 2 在欧盟人脑项目（The Human Brain Project）的支持下，由德累斯顿工业大学和曼彻斯特大学采用 22nm 的 FDSOI 技术开发而成。SpiNNaker 2 具有 152 个基于 ARM

的处理单元，可根据软件灵活运行神经网络。它可扩展至 1000 万个内核。除了可扩展的大脑模拟，SpiNNaker 2 还利用基于事件的 DNN 和通用计算，实现了高效的实时 AI 处理。

2. TrueNorth 与 NorthPole

IBM 的 TrueNorth 和 NorthPole 是受大脑结构启发的 AI 芯片的先驱。TrueNorth 集成了可编程数字神经元，2023 年推出的 NorthPole[2] 则包含模拟生物神经元的计算单元。NorthPole 包含 256 个内核，由两个高密度 NoC 相互连接。受大脑结构的启发，其中一个用于附近内核之间的短距离通信，另一个用于所有内核之间的长距离神经元激活通信。NorthPole 包含 100 万个可编程神经元和 2.56 亿个可编程突触连接，256 个内核共拥有 224MB 片上内存，向量矩阵乘法器可执行 8 位、4 位及 2 位定点数据格式的计算。该类脑芯片适用于从云端到自动驾驶汽车的各种场景，并实现了前所未有的低能耗指标，即大于 1000f/J（每消耗 1J 的能量就能够处理超过 1000f 的数据）。NorthPole 采用 8 位、4 位、4/2 位混合和 2 位层设计，实现逐步提升吞吐量和能效，同时逐步降低内存占用。

表 7.1 列出了 NorthPole 与其他几款著名深度学习 AI 芯片的性能对比。从表中可以看出，在吞吐量约比 H100 低一半时，该芯片的功耗只有 H100 的约 1/10；在吞吐量比 A100 高出约 1/3 时，该芯片的功耗不到 A100 的 1/5。

表 7.1　NorthPole 与其他几款著名深度学习 AI 芯片的性能对比 [2]

型号	工艺（nm）	晶体管数（亿个）	频率（GHz）	功耗（W）	吞吐量（f/s）	能效（f/J）	时延（ms）	精度	类型
TPU v4	7	160	1.050	175	9005	79	15.00	BF16	ASIC
A100	7	542	1.410	400	30 814	80	4.20	INT8	GPU
H100	4	800	1.830	700	81 292	116	N/A	INT8	GPU
NorthPole	12	220	0.425	74	42 460	571	0.75	INT8/4/2	ASIC

3. Loihi 系列

英特尔 Loihi 1 是一个可编程的数字多核神经形态计算系统，它通过模拟生物神经元的行为来提高计算效率。2021 年推出的 Loihi 2 是第二代芯片，由 128 个神经元内核组成，每个内核包含 8192 个神经元和 192KB 内存，可在神经元和突触之间灵活分配。神经元内核通过 NoC 相互连接，并支持基于脉冲的通信。芯片包括一个芯片间通信接口，便于创建大型 3D 芯片集群。由于具有良好的可扩展性，Loihi 芯片在集成到云端数据中心方面展现出巨大的潜力。Loihi 2 采用了异步设计，芯片面积为 625mm²，包含 137 亿个晶体管。

4. BrainScaleS 系列

BrainScaleS-1（BSS-1）和 BrainScaleS-2（BSS-2）是德国海德堡大学开发的模拟混合信号神经形态芯片。BSS-1 不是可编程芯片，而 BSS-2 包含可编程突触连接。BSS-2 包含 4 个模拟神经元核和数字突触阵列，并通过脉冲路由器连接。每个模拟核包括 512 个脉冲神经元和 32 768 个突触。BSS-2 系统由多个单芯片组成，通过计算集群相互连接。

5. 天机

清华大学的天机类脑芯片基于 156 核架构，具有本地化内存和精简的数据流，可模拟 40 000 个神经元和 1000 万个突触。该芯片采用 28nm 工艺制成，尺寸为 3.8mm×3.8mm。它可以同时支持人工神经元和脉冲神经元，并可以模拟各种神经网络，如 DNN 和 SNN。与 SpiNNaker 2 等可灵活使用非神经代码构建状态机的混合芯片相比，天机使用神经状态机来组装应用程序，以高集成度换取灵活性，由此可以实现各种神经网络模型的并行化运行，并实现多个模型之间的无缝通信。所有系统都用 PCB 集成到标准的 19in 服务器机架中。

通常情况下，类脑芯片通过以太网进行访问，只有 TrueNorth 使用 PCIe 与主芯片进行通信。一些系统已经集成了主机 CPU，例如英特尔 Pohoiki Springs 或天机服务器，而其他系统需要外部主机 CPU 服务器来配置和控制神经形态系统并进行预处理。

这些例子说明，由各种类脑芯片组成的神经形态系统已被成功集成到标准的数据中心服务器架构中。因此，从技术上讲，硬件集成并不构成问题。但是，神经形态系统的操作方式与其他 AI 加速器或 GPU 有很大不同。神经形态系统没有用于在神经形态内核上按顺序调度计算任务的操作系统或运行时环境。相反，神经形态系统的所有核和芯片首先配置突触权重和神经元参数，然后输入数据（如脉冲或标量事件）进入神经形态系统，由神经元和突触进行处理。大多数系统都以实时方式运行，这意味着各个芯片以异步方式运行，并且当脉冲事件到达时就立即进行处理[3]。

上述列出的可以部署到云端的类脑芯片都是使用传统的数字 CMOS 电路和相应半导体工艺来实现的。对基于忆阻交叉棒构成的 RRAM 等器件来说，虽然已经有大量的成果报道和讨论，但实现的规模都还很小（神经元数有限），可能只能用于边缘侧一些小型设备中进行 AI 推理。但未来这些新兴器件可能会在可扩展性、稳定性等方面有所突破。

为了在云端实现高效的神经形态 AI 处理，还需要克服不少困难。其中之一是如何让神经形态系统的实时运行与云端数字计算系统更好地匹配和集成。类脑芯片具有时间维度，这个时间维度再加上异步计算，如果能够与 CPU、GPU 这些基于同步计算的系统协同起来，就可以提高 AI 运算的实时性，在一些应用场景有着特殊的意义。

在云端运行实时 AI，还需要先进的软件工具。现在已经有许多用于在 PyTorch 或 Jax 中训练 SNN 的软件框架，而且很多神经形态系统都提供自己的软件框架。然而，它们都尚未发展为工业标准。缺乏广泛采用的 SNN 标准使得为 SNN 加速器开发软件和优化硬件变得困难。

总之，当前神经形态计算支持的 AI 模型只能部分匹配 AI 数据中心中普遍运行的 AI 模型。为了跟上生成式 AI 的热潮，新开发的神经形态 AI 模型将基于最先进的 Transformer 大模型技术。下一节将介绍该技术目前取得的进展。

7.2 基于大模型的神经形态计算架构

深度学习 AI 算法一直是以卷积计算的 CNN 模型为主，同时包含一些 RNN 模型。随着 ChatGPT 等生成式 AI 模型的兴起，深度学习的研发人员已经把重点转到以注意力模块为主的 Transformer 模型上面。同样，对基于 SNN 神经形态计算的研究来说，如何把已经取得巨大成功的 Transformer 模型用于 SNN，创建基于大模型的类脑芯片，已成为近年来的热门话题。

现在，已经出现了用于 SNN 的 Transformer 模型，这类脉冲 Transformer 有望将已有的 Transformer 网络架构提升到一个新的水平。脉冲 Transformer 通过创新（如加入脉冲自注意模块）为神经网络的发展开辟了一条新的道路，并在自然语言处理和计算机视觉任务方面取得了进步（见图 7.2）。

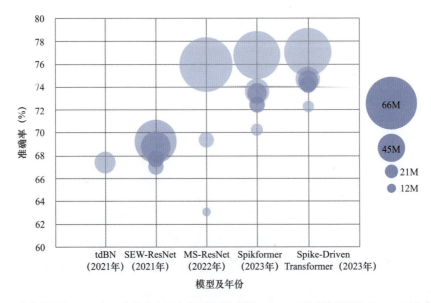

注：M 代表百万（Million），在行业中用于表示模型的规模，如 66M 代表该模型具有 6600 万个参数。

图 7.2　近年来一些脉冲 Transformer 的规模增长趋势以及在 ImageNet 上测试的准确率 [4]

在视觉任务方面，脉冲 Transformer 已经通过多达 6600 万个参数的模型证明了其能力超越了现有的 SNN 模型，甚至可以在 ImageNet-1K 等基准测试中与同等规模的 DNN 视觉 Transformer 模型媲美。

北京大学深圳研究生院的 Zhou 等人开发了 Spikformer[5]，开创性地将视觉 Transformer 应用于 SNN。他们把自注意机制和 SNN 的生物特性结合起来，提出了一种新颖的脉冲自注意（Spiking Self Attention，SSA）机制（见图 7.3），并在其中融入了以下 3 项关键创新。

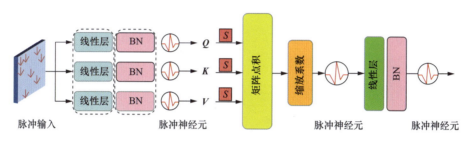

图 7.3　Spikformer 中的 SSA 机制概览

首先，他们用全连接脉冲神经元架构取代了 Transformer 中的全连接层。

其次，Spikformer 利用了 cosformer[6] 中引入的操作，即将键矩阵转置 K^T 与值矩阵 $V \in n \times d$ 相乘，从而得到一个 $d \times d$ 的注意力图。该注意力图使用的是整数而不是脉冲表示。因为在大多数模型中，$d \ll n$，因此，计算复杂度从 $O(n^2d)$ 降至 $O(nd^2)$。

最后，Spikformer 中的 SSA 机制通过使用脉冲形式的查询（Query）、键（Key）和值（Value）对稀疏的视觉特征进行建模，而不使用计算量巨大的 Softmax 操作来进行归一化。由于计算稀疏且避免了乘法，因此 SSA 的效率高、计算能耗低。

研究表明，在神经形态和静态数据集的图像分类中，采用 SSA 的 Spikformer 都能超越最先进的 SNN 框架。与 SEW-ResNet-152（6020 万个参数，准确率为 69.26%）大小相当的 Spikformer（6630 万个参数）在 ImageNet 上使用 4 个时间步长就能达到 74.81% 的 top1 准确率，这在直接训练的 SNN 模型中是最高的。

该研究团队在 2024 年发布的 Spikformer V2[7] 中，引入了一个具有补充卷积层的脉冲卷积干预（Spiking Convolutional Stem，SCS）机制，以增强 Spikformer 的架构。为了训练更大、更深层的 Spikformer V2，他们做了 SNN 中引入自监督学习（Self-Supervised Learning，SSL）的开创性探索。他们受主流自监督 Transformer 的启发，首先使用掩码和重构样式对 Spikformer V2 进行预训练，然后使用 ImageNet 数据集微调 Spikformer V2。实验证明，Spikformer V2 在超越先前的替代训练和 ANN2SNN 方法方面表现出色。一个

8 层的 Spikformer V2 在 4 个时间步长内达到了 80.38% 的准确率，在引入 SSL 之后，包含 1.72 亿个参数的 16 层 Spikformer V2 模型仅在 1 个时间步长内就达到了 81.10% 的准确率。这是 SNN 第一次在 ImageNet 上实现 80% 以上的准确率。

研究人员根据经验发现，Transformer 的层归一化不适用于 SNN，因此使用批量归一化（Batch Normalization，BN）来代替。图 7.3 中的线性层是指全连接层，它负责将输入数据映射到查询（Query）、键（Key）和值（Value）矩阵 Q、K、V；缩放系数用于控制注意力机制的强度，可以确保注意力机制的输出具有合理的范围；S 为脉冲序列[5]。

上面介绍的脉冲 Transformer 适用于图像识别和处理。而用于自然语言处理的脉冲 Transformer 仍不多见。加州大学圣克鲁兹分校和北京快手科技有限公司的研究团队提出的 SpikeGPT[8] 是目前唯一一个在语言建模中融入脉冲自注意模块的大模型，也是第一个生成式 SNN 语言模型。该模型的 2.16 亿个参数的版本实现了 DNN 级别的性能，同时保持了基于神经形态计算的能效。

尽管 RNN 在自然语言处理中面临诸多困难，但语言数据的序列结构为 SNN 的应用提供了独特的优势。SNN 通过利用神经元活动的稀疏性、事件驱动的数据嵌入以及二值化脉冲激活等特性，在处理自然语言数据时，比传统 DNN 展现出高得多的能效。SpikeGPT 结合了大模型的高性能和 SNN 的计算效率。此外，它把依赖昂贵内存访问的突触操作减少到原来的约 1/20，但在性能上仍然能够与相同等级的传统 Transformer 媲美。通过预训练，SpikeGPT 在分类和生成任务中的性能都很有竞争力。

SpikeGPT 的实现基于在 Transformer 模型中引入循环结构，使其兼容 SNN，并以事件驱动的脉冲形式表示单词。同时，消除了二次计算复杂度，即把二次计算复杂度 $O(N^2)$ 降低到线性复杂度 $O(N)$。为了与 SNN 兼容和提高效率，允许将单词表示为事件驱动的脉冲。该 Transformer 模型能够逐字处理输入数据流，并在句子完成之前开始计算，同时仍能保留复杂句法结构中的长程依赖关系。

该研究团队引入了以下 3 种技术来提高 SpikeGPT 的有效性。

（1）使用二进制嵌入，将嵌入层的连续输出转换为二进制脉冲，以保持 SNN 二进制激活的一致性。

（2）使用 token 移位运算符，将来自全局上下文的信息与原始 token 的信息组合在一起，赋予 token 更好的上下文信息。

（3）使用接收加权键值（Receptance Weighted Key Value，RWKV）[9] 取代传统的自注意机制，以降低计算复杂度。

RWKV 由 Peng 等人在 2023 年提出。它结合了 Transformer 架构的高效并行化训练和 RNN 的高效推理，利用线性注意机制，将模型表述为 Transformer 或 RNN，从而在训练过程中并行化计算，并在推理过程中保持恒定的计算和内存复杂度。这是一种具有线性复杂度的注意力变体。

与视觉脉冲 Transformer 相比，SpikeGPT 架构的一个高明之处在于它纳入了脉冲神经元，这就需要为前馈计算过程增加一个维度。在视觉任务中，视觉脉冲 Transformer 在前馈计算过程中整合了一个额外的时空维度来适应脉冲神经元，从而获得很好的性能。同样对于 NLP 任务，SpikeGPT 将脉冲神经元的前馈维度与序列维度匹配，利用语言数据固有的序列时间性来实现最佳结果。这种架构适应性体现出了 SpikeGPT 的优越性及其适应不同语言输入的独特要求的能力。

脉冲驱动 Transformer[10] 是在 2023 年由 Yao 等人提出的。它具有以下 4 个独特的特性。

（1）使用事件驱动，当 Transformer 的输入为 0 时，不会触发任何计算。

（2）用二进制脉冲通信，与脉冲矩阵相关的所有矩阵乘法都可以转化为稀疏加法。

（3）自注意计算在 token 和通道维度上都具有线性复杂性。

（4）脉冲形式的查询、键和值之间的操作是掩码和加法。

总之，在脉冲驱动 Transformer 中只有稀疏加法操作。

研究人员设计了一种新颖的脉冲驱动自注意（Spike-driven Self-attention，SDSA）机制，它只利用掩码和加法运算，而不进行任何乘法运算，因此计算量是普通自注意机制的 1/87.2。特别是在 SDSA 中，查询、键和值之间的矩阵乘法被设计为掩码操作。此外，在激活函数之前重新排列了 Transformer 中的所有残差连接，以确保所有神经元都能传输二进制脉冲信号。结果表明，脉冲驱动 Transformer 在 ImageNet-1K 上达到了 77.1% 的 top-1 准确率。

Transformer 模型虽然在各种自然语言处理任务中取得了巨大成功，但是在 SNN 中的应用相对有限。最初适用于 SNN 的脉冲 Transformer 模型只适用于视觉应用。这是因为自注意的计算复杂度与序列长度呈二次方关系 $[O(N^2)]$，而额外的时间维度则进一步将计算复杂度提高到三次方数量级 $[O(N^3)]$。此外，SNN 面临的极度稀疏性、非差分算子、近似梯度及单比特激活等额外挑战，使训练收敛更加困难。直到近几年，尤其是 2023 年开始，才陆续出现了一些基于脉冲 Transformer 的大模型，这些模型能有效完成语言处理任务。

脉冲 Transformer 模型在 SNN 中的应用潜力尚未得到充分挖掘。在未来几年，脉冲 Transformer 的架构以及建立在这种架构上的大模型将会不断出现并得到完善，与此匹配的 SNN 硬件架构，包括基于脉冲 Transformer 的专门处理器／引擎将会成为类脑芯片的基本组件。由于这种类脑芯片的处理速度与现有的深度学习 AI 芯片相当，而将事件驱动的脉冲激活应用于语言生成显著减少了大模型的计算负担，因此其功耗会比后者低几个数量级。因此，这类基于大型 SNN 的类脑芯片一旦试验成熟、进入批量生产，将会有非常广阔的市场前景。

7.3　超导与非超导低温类脑芯片

低温器件（Cryogenic Device）是指在低于绝对零度（-273.15℃）的温度范围内工作的器件。这类器件通常需要在低温环境下才能正常工作，如超导器件、量子器件及一些非超导材料组成的器件。

大型神经形态网络功耗的主要来源是神经元和突触之间的大规模互连。在这方面，超导体和超导器件具有无损耗特性，可用作神经形态网络中的低功耗互连器件。此外，超导器件还具有前所未有的低功耗和超高速开关特性。还有一些非超导材料（如氧化铌），在低温条件下也能表现出神经形态特性。这些器件的超常功耗等特性表明，低温器件可以开启超低功耗、紧凑型神经形态芯片的新时代。

利用超导体或非超导低温器件来模拟大规模生物神经元网络是 AI 芯片发展的重要方向。如果利用超导约瑟夫森结（JJ）来模拟与实时突触电路相连的神经元，神经网络运行的速度要比目前的数字或模拟技术提升几个数量级。截至本书成稿之日，已经有几种低温芯片被提出，用于设计神经形态网络中的神经元和突触，从而实现类脑芯片。图 7.4 给出了几种主要的低温类脑芯片的分类。

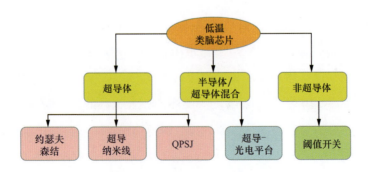

图 7.4　主要的低温类脑芯片的分类 [11]

7.3.1　超导低温类脑芯片

在超导体中，当温度降低到临界温度以下时，电阻变为 0 并且磁通量被完全排斥的现象被称为超导现象。尽管根据热力学第二定律，将系统的温度降到绝对零度是不可能的，但某些材料在接近绝对零度时确实展现了超导性质。这种现象的产生是因为超导材料中的电子形成了一种特殊的凝聚态，使得电子之间的相互作用减弱到了极低的程度，从而导致了电阻的完全消失和磁场的完全排斥。

超导现象于 1911 年由荷兰物理学家海克·卡末林·昂内斯（Heike Kamerlingh Onnes）发现。他发现，当汞的温度降低到 4.2K（约 -268.95℃）时，电阻突然消失。这一发现引起了科学界的极大关注，并引发了对超导现象的研究热潮。目前，已发现的超导材料有数百种，包括金属、合金、陶瓷和有机化合物。超导材料的超导临界温度（Superconducting Critical Temperature，用 T_c 表示）各不相同，从几开尔文（Kelvin，K）到几百开尔文不等。

由于超导材料和器件具有无损耗特性，因此是设计高效神经形态电路的极佳选择。JJ、量子相位滑移结（Quantum Phase Slip Junction，QPSJ）和超导纳米线（Superconducting Nanowire，SNW）是用于单磁通量子（Single Flux Quantum，SFQ）和快速单磁通量子（Rapid Single Flux Quantum，RSFQ）电路的常用器件。SFQ 和 RSFQ 电路利用这些器件的超导特性来进行超高速、低功耗的数字逻辑运算。它们有望在未来应用于高性能计算和通信等领域。用于类脑芯片的几种低温器件如图 7.5 所示。

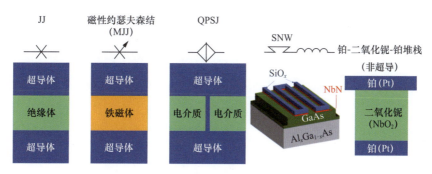

图 7.5　用于类脑芯片的几种低温器件[11]

JJ 由两层超导体薄膜和中间的绝缘体组成，表现出超导隧穿效应。当电流通过时，约瑟夫森结可以呈现超导电流和准粒子电流两种成分。磁性约瑟夫森结（Magnetic Josephson Junction，MJJ）在此基础上引入磁性层（铁磁体），使临界电流具有动态可调性。通过调控磁性层的磁化状态，MJJ 可实现多稳态逻辑功能，并具备非易失性存储特性，因而在超导逻辑器件和神经形态计算中具有很大的应用潜力。

QPSJ 是一种特殊的 JJ，允许超导相位以量子方式滑移而不是隧道效应传输，从而实现低功耗的超导逻辑操作。QPSJ 被认为具有比 JJ 更快的操作速度和更低的功耗，但目前仍处于研究阶段。

SNW 是由超导材料制成的纳米级细线，在特定电流下可以表现出量子相位滑移现象。SNW 可以用于构建 SFQ 和 RSFQ 电路的逻辑门和存储器。

与传统的非低温器件相比，这些器件消耗的开关能量要低几个数量级。此外，这些器件的超快开关行为使其能够在数百吉赫兹的频率下工作。除了超导器件，非超导器件（如铂－二氧化铌－铂堆栈）也能在低温条件下表现出快速开关特性，它们能在低温神经形态电路中产生高频（几吉赫兹）振荡。此外，这些器件的固有特性适合设计生物仿真神经形态电路，设计复杂度低，硬件资源占用少。

超导器件（如 JJ、QPSJ 和 SNW）已被用于设计高能效神经形态电路。这些器件具有适合脉冲产生过程的陡峭开关特性。与开关特性同样重要的是，神经形态架构必须能够在不耗费大量功率的情况下长距离传输脉冲。在超导传输线中，不存在电阻损耗，而且在一定频率范围内色散很低。这个频率被称为间隙频率 f_g（$= 2\Delta_{sc}/\hbar$）。Δ_{sc} 表示超导能量间隙。$\hbar$ 是普朗克常数，用于将超导能间隙 Δ_{sc} 的单位从能量单位转换成频率单位。

大多数超导电路都使用铌传输线，据说其带隙频率高达 650GHz。据报道，持续时间为 1ps 的 SFQ 脉冲的传播距离可以长达 10mm，而不会产生明显的损耗和色散。如果考虑到固有功耗，那么超导电路的能耗要低得多。

在 JJ 中，两个超导体区域由一个绝缘体区域隔开，库珀对（电子对）可以通过这个绝缘体区域从一个超导体区域隧穿到另一个超导体区域。数字信号可以通过这个隧道结以超高速（约为光速的 1/100）进行弹道输运（Ballistic Transport）。当电流超过临界值（临界电流 I_c）时，JJ 将从超导状态转变为非超导状态，即具有了电阻性，并且电压降开始出现在结上。从超导态到电阻态的切换以 ps 为时间尺度。JJ 的超快开关速度（约 1.5 次/ps）和简单的结构使其适用于各种类型的设计考虑。当两个超导区域的相位差旋转一次时，就会产生一个磁脉冲，这就是所谓的 SFQ。该磁通具有一致的形状和持续时间。利用 JJ 的这些优点，人们提出了一些神经元和突触设计。

下面介绍两种基于 JJ 的超导神经元和突触。这两种模拟神经元和突触的电路分别如图 7.6（a）和图 7.6（b）所示。图中，蓝色、黑色和红色分别代表突触前神经元、突触和突触后神经元。一般来说，一个 JJ 神经元可连接多个突触。

图 7.6（a）所示为一种基于电流偏置 JJ 的脉冲神经元 [JJ 神经元（左回路）与化学

突触模型（右回路）连接的电路。在左回路中，结相位的方向选择为顺时针方向］，于 2010 年由 Crotty 等人提出[12]。该 JJ 神经元是已开发成熟的 RSFQ 电路的变体，因此可以直接制作。当时已经制造出使用 20 000 个结点的 RSFQ 电路，因此他们估计单个芯片可以模拟多达 10 000 个神经元，大约相当于一个大脑皮质柱中神经元的数量。为了模拟更大的脑区，也可以把芯片连接在一起。

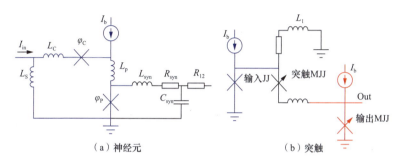

（a）神经元　　　　　　　（b）突触

图 7.6　两种基于 JJ 的神经形态电路（$L_1=L_2=10\text{pH}$，$R=10\text{m}\Omega$）

在这个设计中，两个 JJ 共同作用，产生神经元脉冲。这些 JJ 被分别称为控制结（φ_C）和脉冲结（φ_P）。神经元回路与另一个模拟电和化学突触的回路相连。当施加偏置电流 I_b 时，偏置电流被分流到两个 JJ。I_b 使两个 JJ 均保持在临界电流以下。如果施加足够大的输入电流 I_{in}，通过脉冲结的电流就会超过其临界电流 I_c，并将磁通注入回路。磁脉冲在脉冲结上产生电压降（非超导状态），从而产生脉冲电压，也被称为动作电位（Action Potential，AP）。随着磁通量的增加，通过控制结的电流达到 I_c，并最终耗尽回路中的磁通量。这样，脉冲结就保持了最初的超导状态，并为下一个周期的再次激发做好了准备。

临界电流 I_c 的值取决于 JJ 的结构和材料参数。不同的超导材料具有不同的临界温度（T_c）和能量间隙（Δ）。T_c 和 Δ 会影响 I_c 的值；另外，绝缘层的厚度和材料会影响库珀对的隧穿概率，从而影响 I_c 的值；JJ 的尺寸会影响其电感和电容，从而影响 I_c 的值。

据报道，这种设计的激发率为 2.0×10^{10}AP/ 神经元 /s。理论表明，两个单独的神经元可以耦合在一起，根据偏置电流的符号实现兴奋和抑制突触耦合。对于正或负偏置电流，第二个回路起兴奋或抑制突触的作用。电路的固有能耗（不考虑冷却功率）是通过每个 JJ 的 SFQ 脉冲测得的，输入神经元、突触 MJJ 和输出 JJ 的 SFQ 脉冲分别为 70zJ、35zJ 和 150zJ（zJ 是非常小的能量单位，$1\text{zJ}=10^{-21}\text{J}$）。

虽然上述设计展示了兴奋和抑制突触行为，但这个设计并未包含多态突触权重的实现及其动态可调性。Schneider 等人设计了一个神经形态元件[13]，其中既使用了非磁性 JJ，又使用了 MJJ。MJJ 的临界电流是动态可调的。该设计只使用电流偏置的 JJ 作为神经元素。MJJ 位于两个神经元的中间，用来给从输入神经元到输出神经元的传输脉冲加权，如图 7.6（b）所示。突触前神经元的 JJ 产生被突触 MJJ 加权的脉冲。该突触 MJJ 的临界电流（1 ～ 100μA）类似神经形态网络中的突触权重，并且可以通过改变超导序参量来动态调节（超导序参量的非零值是超导态存在的必要条件，当序参量为 0 时，系统就处于正常态）。

图 7.6（b）中的输出 MJJ 起着输出阈值"神经元"的作用，但临界电流范围更大，可以从 100μA 调整到 500μA，因此类似神经网络的偏置。在物理上，可以通过改变 MJJ 的大小来调整其临界电流的范围。在电流为 1 ～ 100μA 的情况下，器件直径约为 1μm，而临界电流范围（5 ～ 500μm）可通过直径为 3μm 的 MJJ 实现。

图 7.6 所示设计的脉冲频率为 0.35GHz。单个分类任务的总能量大约是 2aJ（制冷时约为 2fJ），与单个人类突触事件的能量（约为 10fJ）相当。所提出的基于 JJ 的电路表现出微小能量的神经突触行为。然而，由于突触 MJJ 之间的串扰，I_c 调制在实践中可能具有挑战性。考虑到神经网络的可扩展性，研究人员希望利用这项技术可以在纳秒级时间尺度内处理大型图像。

为了在网络中实现并行性，技术平台需要足够的入射和出射容量。Schneider 等人后续进行了一个 1 对 10 000 的扇出和 100 对 1 的扇入的理论演示。对于给定的临界电流值，一个 1 对 128 的基于通量的扇出电路的能耗大约是 44aJ。他们分别分析了基于电流和基于通量的扇入，并且表明对于较大的网络，基于电流的扇入电路的信号电流显著减小。因此，对于更大的网络，基于通量的耦合更有效。

典型 JJ 的最小直径为 500nm，而用于神经形态计算的 MJJ 的截面积为几平方微米（μm²）。这比传统的 CMOS 设计大几个数量级。然而，对于低温存储应用，已经有人提出了横截面尺寸仅为 50nm × 100nm 的 MJJ。因此，基于 MJJ 的低温神经形态硬件预计会达到类似的尺寸。虽然基于 JJ 的神经形态电路在速度和功率效率方面表现出很有前景的性能，但所有基于 JJ 的设计都需要恒定的电流偏置并有具体的数值。这在实践中有挑战性。此外，MJJ 突触的 I_c 调制存在需要高外部磁场和额外的硬件资源以增加可靠性的问题。因此，实现基于 JJ 的高效可扩展神经形态网络仍需要大量的研究工作。

7.3.2 半导体与超导体混合式神经形态网络

光信号以光速传播，因此在光信号基础上建立快速神经形态网络是很值得研究的一个方向。另外，光信号没有电容和电感衰减，这使其适用于长距离传输。SNW 对光的检测非常敏感，因此被用于基于超导体的光子探测器（Superconductor-based Photon Detector，SPD）。Shainline 等人首次提出了一个混合的半导体 – 超导体硬件平台[14]，其中 LED 与 SPD 结合起来作为脉冲神经元。电机耦合的光波导把神经元连接在一起，并提供可变的连接强度。利用调制电压可以改变两个波导之间的距离。通过这种电子机械过程，可以实现高度的可调性，耦合强度则充当突触权重。为了对光子进行检测，研究人员使用了超导纳米线单光子探测器（Superconducting Nanowire Single-photon Detector，SNSPD）。光子的检测效率高于 90%，可以使衰减忽略不计。SNSPD 可以集成波导，尺寸紧凑并且易于制造。

SNSPD 由超导纳米线构成，用于探测单个光子并将光信号转换为电信号。在某些光子集成系统中，SNSPD 可与光源（如 LED）并联连接，使探测器具备光子信号积分功能，此类结构被称为并行纳米线探测器（Parallel Nanowire Detector，PND）。LED 具有有限的非零电阻。在没有任何入射光子的情况下，SNSPD 保持超导状态。对于 PND，如果任何一个 SNSPD 保持超导状态，那么所有偏置电流都通过它。然而，当 PND 中的所有探测器都检测到光子时，它们都会变成有电阻的状态，形成一个非零的净电阻。换句话说，偏置电流超过 PND 的临界电流，并被重新定向通过 LED。这个电流会产生一个光信号，并通过波导传播到后续的神经元。两个 SNSPD 还可以被串联起来，以便吸收一个 SNW 中的光子，降低另一个的激发阈值。这种排列被称为串联纳米线探测器（Series Nanowire Detector，SND）。在这个网络中，吸收上游纳米线中的光减少了穿过分支的电流，并且因此需要更多的光子被串联的另一个纳米线吸收。

这项工作通过光波导连接了个别神经元。光波导连接的方式与电连接相比具有显著优势。它允许单个神经元从许多神经元收集和整合光信号，并且不需要进行时间复用。例如，有人提出了一种仿照电鳗神经元的结构设计，该设计方法通过包含 PND 阵列的平台，可以将来自多个波导的模式进行无损组合。

在这种混合网络中，电机驱动的波导耦合器被作为突触权重。同样，通过施加电压在电机上调节波导之间的距离，就可以改变耦合。两个波导之间的最大距离（最小耦合）在 0V 时出现。在活动时，两个波导之间会产生电压差，增加耦合强度。如果上游神经元和下游神经元的近距离放电事件在电容器上放置电荷，那么可以实施 STDP。

这种超导电子和光电子的混合平台有非常高的能效。与目前性能最优的 CMOS 工艺相比，能效提升超过 100 倍。

7.3.3 非超导低温类脑芯片

HfO$_2$（二氧化铪）、VO$_2$（二氧化钒）和 NbO$_2$（二氧化铌）等多种氧化物在低温下表现出从导体向绝缘体转变的特性，即当温度降低到某个阈值时，它们会从导电状态变为绝缘状态。人们将这种特性称为阈值开关特性，并将具有这种特性的材料用于高效神经突触行为。

这些材料的开关切换行为可归因于某些基本物理学原理。例如，莫特转变（Mott Transition）等非线性传输机制为氧化铌（NbO$_x$）材料带来了独特的优势。图 7.5 中最右边的图为铂 - 二氧化铌 - 铂（Pt-NbO$_2$-Pt）的堆栈。当在基于 NbO$_2$ 的器件上施加足够的电压时，它将经历从绝缘体到导体的转变。在其两端的电压降低期间，材料在低于一定电压时保持绝缘状态。这种切换行为在其 *I-V* 特性中表现为滞后，已被用于设计新型神经形态电路。

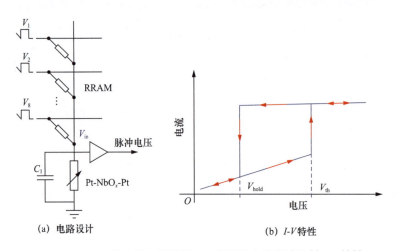

(a) 电路设计　　　　(b) *I-V* 特性

图 7.7　Wang 等人提出的神经元和突触的电路设计及其 *I-V* 特性

如果使用这类非超导复合材料来做类脑芯片，首先要完成神经元和突触的电路设计。Wang 等人[15] 提出了一个串联电路，其中振荡神经元基于 NbO$_2$，低温 RRAM 突触基于 HfO$_x$，如图 7.7（a）所示。图中，RRAM 的振荡频率与电导率成正比，因此可将其有效地整合到交叉棒突触阵列中。他们证明了在极低温度下，NbO$_2$ 仍保持其滞后行为。超过阈值电压（V_{th}）时，它切换到低电阻态（Low Resistance State，LRS）；而在低于保持电压（V_{hold}）时，它保持高电阻态（High Resistance State，HRS），如图 7.7（b）所示。当施加电压时，寄生电容 C_1 会被 NbO$_2$ 上的电压充电。如果电压大于阈值电压，那么神经元就会切换到 LRS。如果神经元上的电压小于 V_{hold}，那么神经元就会返回到 HRS，并且

C_1 会被放电。这样，神经元就会在阈值电压 V_{th} 和保持电压 V_{hold} 之间振荡。从温度频率分析可以看到，尽管振荡频率随温度增加而升高，但在超低温（4K）时的振荡频率仍然处于吉赫兹级别。

在 Pt-HfO$_x$-TiN 结构中，无论是 HRS 还是 LRS，都随温度升高而减小。低温时观察到高 HRS/LRS，说明在低温条件下性能突出。这对基于 RRAM 的突触来说是一个潜在需求。

对于特定的开关时间，阈值电压越高，振荡频率就越低。根据一份研究报告，上述 Pt-NbO$_x$-Pt 器件在交叉棒结构中的有效尺寸为 $10\mu m \times 10\mu m$，约为等效的 CMOS 器件的 1/13。

7.3.4　低温 AI 类脑芯片的巨大发展潜力

上面介绍了一些超导与非超导神经形态计算方面的进展。JJ 和 SNW 可以直接在器件层面实现生物启发功能，如 JJ 会表现出自然的脉冲行为，类似大脑神经元表现出的动作电位。根据所需的特性，只需要几个器件的小规模电路就能极大地扩展这种功能。例如，两个 JJ 可以模拟在激发神经元中观察到的离子通道动态，而一个纳米线电阻器组合可以模拟在大脑中观察到的多个神经元连接时的弛豫振荡。如果把这些小型模拟块与数字通信模块进一步连接，就可以形成功能更强大的网络。这种模拟数字混合的超导神经形态系统将能实现更多类型的 AI 计算。

光器件与超导电子器件的集成特别有效，因为高灵敏度的低温单光子探测器降低了对集成光源的要求，光源本身也会受益于低温操作。虽然光电子器件需要半导体和超导混合实现，但这种系统能以光速传输信号，可以实现神经元和突触之间更快的通信。由于有大量的突触事件，它们适用于具有并行度更高的网络。

近年来，芯片领域的一个重要研究课题是低温 CMOS 器件，这是随着超导量子计算机的发展而兴起的，因为在超导量子计算机里要用到很多数字控制芯片。尽管目前低温 CMOS 器件实现的神经元和突触在超低温下性能会有所降低，但由于 CMOS 技术非常成熟且集成度高，规模可以被做得很大，因此低温 CMOS 仍将是一个广阔的研究领域，有可能会在神经形态应用方面有新的突破。

虽然已经有人做成了很小规模的超导处理器，但要想利用超导器件制造出在规模上接近当今深度学习处理器的超导芯片，目前还有较大难度。与 CMOS 相比，目前最先进的数字 JJ 电路的集成度仍然相对较低。部分原因在于数字计算要求严格，故障容忍度低。而超导神经形态计算在本质上是近似的，因此它有潜力实现与模拟计算类似的能力，即在一些故障情况下（如磁通量捕获所造成的性能下降），仍然可以保证可接受的运行水平。超导神经形态处理器的集成度能否有大的提高，还需要看未来的实验结果。

研究人员最近还发现超导神经元和突触有一个特殊功能，即它们对微波信号具有非凡的感知能力。人类的听觉系统最高只能识别数十千赫兹（kHz）的频率，但 JJ 电路能使超导认知系统感知频率高达数百兆赫兹（MHz）至数百吉赫兹（GHz）的信号，也就是能感知和处理高频微波。同样，在视觉领域，能够探测从微波到伽马射线光子的超导传感器为超导神经系统提供了直接看到电磁频谱的机会。

总的来说，超导神经形态计算在速度和能效方面的优势非常明显，尤其是对已经在低温环境中运行的应用而言。基于 JJ 的神经元和突触的工作电压在微伏范围内。由于低工作电压，基于 JJ 的神经元在本质上只消耗几阿焦（aJ）的能量。即使考虑到制冷所需的额外能量，它的总体能耗仍然比传统平台低几个数量级。这种优势加上利用数字超导制造技术的能力，使超导神经形态计算成为一个非常有吸引力的研发领域。

7.4 以树突为中心的"合成大脑"

生物神经元的树突是一种奇妙的突触结构，它有多个分支（树枝），承载着多个突触群，使复杂网络中的通信和处理成为可能。神经元之间的通信包括在突触水平接收动作电位（脉冲电压），产生振幅与突触权重成正比的突触后电流，以及将所有电流的加权和传播到细胞体（神经元）。脉冲在神经元内产生，并通过其轴突向目的神经元的突触传递（见图 7.8）。树突表现出多种对计算有用的行为，如时空特征检测、低通滤波和非线性整合等。因此，有人认为树突分支可被视为大脑中半独立的计算单元。尽管树突具有这些显著特点，但无论是 DNN 还是 SNN，它们使用的大多数神经元模型都没有将其考虑在内，而是使用所谓的点神经元（所有突触都连接到同一个节点的神经元，没有空间上的差异）。虽然采用点神经元模型的 DNN 在处理静态输入（或静态输入的离散序列）时能取得显著效果，但在处理动态输入模式的时间方面并不理想。

树突和轴突分支繁多，可以使一个神经元与成千上万个其他神经元进行通信。在这种网络中，神经元组成小的集合，例如由十几个神经元组成的群。在一个神经元群中，神经元以特定的顺序可靠地发出脉冲，该顺序代表一种特定的排列组合。这些脉冲间隔约 10ms，序列持续约 100ms。每个神经元都参与多个神经元群，因此网络包括许多不同的神经元群。这种机制已经在脑神经生物学中得到了证明。

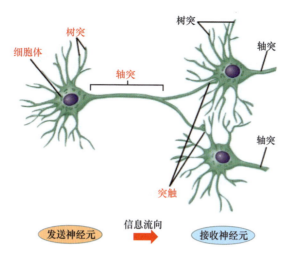

图 7.8　生物神经元的结构和信息流向示意图

研究发现，树突接收分支信号的方向会影响其反应强度。当信号按顺序从树突尖端传向茎部时，它的反应比信号从茎部传向尖端时更强烈。

基于这些发现，美国斯坦福大学的 Boahen 开发了一个树突的计算模型[16]，该模型只有在接收来自神经元特定序列的信号时才会做出响应。这意味着每个树突可以编码的数据不仅是当今电子元件采用的二进制（0 或 1、开或关），它将使用更高基数（如三进制、四进制、十进制或更高）的系统，这个基数具体取决于其拥有的连接数和接收到的信号序列长度。

在由 n 个神经元组成的一层中，S 个脉冲序列可以传达一个基数为 n 的数字，其中 S 个数字的计数为 n^S。在由两个神经元组成的层中，向下一个神经元激发脉冲有两种选择。由于每个脉冲可将序列数乘以 2，因此，一个脉冲传递一个二进制数字（基数为 2），由于 2 等于 2^1，因此传递了 1bit 信息。在一个由 10 个神经元组成的层中，有 10 个神经元可以选择向下一个神经元激发脉冲。由于每个脉冲可将序列数乘以 10，因此，一个脉冲传递一个十进制数字（基数为 10）。由于 10 约等于 $2^{3.3}$，因此传递 3.3bit 的信息。在由 n 个神经元组成的层中，有 n 个神经元可以选择为下一个要传递的单元，这时一个脉冲传递的是一个基数为 n 的数字，由于 n 等于 $2^{\log_2(n)}$，因此传递信息量的是 $\log_2(n)$（单位为 bit）。

为了避免计算效率下降，网络中每层的信号数需要保持不变。在信号数固定的情况下，除了比特数以对数形式增加外，如果把二进制编码换成 n 进制编码，热密度将降至二进制的 $1/(0.5n)$。这时 n 根导线中只需要一根导线传输信号，而传统系统中两根导线中就有一根需要传输信号。这种随着 n 的增大而变得更加稀疏的信号传递，可以使神经网络各个层并行运行。

换句话说，这使得包含更多神经元的层可以用越来越稀疏的信号来传递越来越多的信息。也就是将目前在 GPU 和其他深度学习芯片中使用的二进制振幅电压模式，替换为大脑中长期观察到的单一振幅脉冲序列。

如果以 GPT-3 为例，把二进制编码换成 n 进制编码，那么可以将 GPT-3 的信号数减少到原来的 1/400。也就是说，将单词嵌入 12 288 维空间，以 1750 亿个参数、830 万个神经元来计算的 GPT-3，换成 n 进制编码后，原先每层神经元传递的大约 6000 个激活信号可以用 15.5 个信号来替换。在每层信号数固定的情况下，神经网络的能耗不会随神经元数的增加而呈二次方递增，而是呈线性递增，就像哺乳动物大脑的能耗一样。不过，为了检测 n 进制编码信号的特定序列，必须对突触输入进行空间和时间上的排序。而电子器件可以通过模仿树突的工作原理来实现这种时空不可分割的操作。

这种电子器件可以由专门设计的铁电晶体管来完成，即把晶体管改成多栅极，成为一个树突状纳米器件。具体来说，可以由一串铁电电容器来模拟一段树突，并取代 FET 的栅极，从而形成铁电场效应晶体管（FeFET）。

铁电电容器的极化能量随施加电压呈现双势阱。这种电压会产生电场，该电容器铁电绝缘层中的电偶极子倾向于与之对齐。当电场足够大、可以克服分隔两个势阱的能量壁垒时，电偶极子就会翻转。如果两个铁电电容器的电偶极子倾向于对齐，那么在一个铁电电容器中翻转电偶极子会降低另一个铁电电容器中翻转电偶极子的能量壁垒。因此，一串铁电电容器可以模拟棘突状树突延伸。

为了检测脉冲序列，施加的电场也必须扩展到相邻的电容器。施加于电容器 j 的电压脉冲将翻转其电偶极子以及电容器 $j+1$ 的一些电偶极子。施加于电容器 $j+2$ 的电压脉冲将翻转电容器 $j+1$ 的剩余电偶极子，之后翻转电容器 $j+2$ 的电偶极子。因此，这个扩展到相邻电容器的电场（被称为边缘场）允许交换连续脉冲，以及删除或替换非连续脉冲。

如图 7.9（a）所示，研究人员用一串铁电电容器代替 FET 的栅极，从而制作出多栅极 FeFET。从左到右连续向所有 5 个栅极施加电压脉冲，使铁电绝缘层中的所有电偶极子从下向上翻转。施加到第一个栅极的脉冲必须增强，以克服第一个铁电电容器中较高的能量势垒，并且脉冲之间的最小间隔时间必须足够长，以便让前一个翻转完成。当电容器受到施加的连续脉冲并适当偏置时，多栅极 FeFET 就会传导电流。这个偏置电压必须超过一个阈值，才能将电容器下方的半导体从绝缘状态切换为导电状态。通过翻转电容器的电偶极子来降低阈值。当所有阈值都降到偏置电压以下时，电子就会从源极流向漏极。这种阈值降低能在小至 $0.2\mu m \times 0.2\mu m$ 的电容器中均匀、快速地发生。这样，一个长为 $1.5\mu m$、有 5 个栅极的多栅极 FeFET 就能模拟一段长为 $15\mu m$、有 5 个兴奋突触的树突。

为了将特定的脉冲序列连续传送到栅极，可以通过排序网络对它们的连接进行排列，如图 7.9（b）所示。这个排序网络可以用 3 层（$L_1 \sim L_3$）2×2 开关盒实现，图中信号直通用白色方框表示，信号交换用紫色方框表示。图中一个时空无序脉冲序列转换成一个时空有序脉冲序列。有色点表示层与层之间脉冲的时间顺序，越靠右的脉冲越早发生[16]。

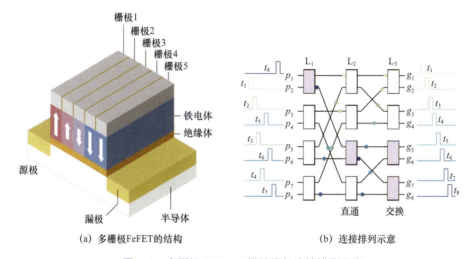

(a) 多栅极FeFET的结构　　　　　(b) 连接排列示意

图 7.9　多栅极 FeFET 的结构与连接排列示意

与目前主流的以突触和轴突为中心的神经网络模型对照，这种以树突为中心的神经网络，被冠以好听的名字[16]："合成大脑"或"合成智能"（Synthetic Intelligence，SI）。

21 世纪 10 年代兴起的这次 AI 热潮是以人工神经网络为基本理论而实现的。这种理论是基于对生物大脑机能的分析，模仿大脑中的各个组成部分并通过一定的抽象而得出的。这种抽象以前一直被分为两类：以突触为中心的抽象（已有 60 年的历史）和以轴突为中心的抽象，分别代表用 GPU 或 ASIC 实现的深度学习和用 CMOS 或忆阻器实现的类脑芯片。

以突触为中心和以轴突为中心的抽象构想了大脑的不同适应机制和基本信息表示方式（见表 7.2）。以突触为中心的神经网络将非负激活部分分发给神经元，这些神经元在空间上聚合它们的输入以产生输出。深度学习算法就采用了这种抽象。而以轴突为中心的神经网络将脉冲分发给神经元，这些神经元在时间上整合它们的输入以产生输出。基于神经形态算法的电子系统（类脑芯片）则采用了这种抽象。

表 7.2　3 种不同的神经网络

大脑抽象方法	编码	解码	算法	实现
以突触为中心	非负激发部分	空域聚合	深度学习	GPU 或 TPU
以轴突为中心	脉冲率或时序	时域集成	神经形态	类脑芯片
以树突为中心	序列中的脉冲等级	时空域解析	合成大脑	3D 堆叠类脑芯片

以树突为中心的神经网络将脉冲序列分发给神经元，这些神经元在时空上解析它们的输入以产生输出。基本信息表示的载体不再是在短时间间隔内发生的脉冲数，而是这些脉冲发生的顺序。自适应机制也不再是单个突触，而是一段活跃的树突，如具有双稳定棘突的树突模型和具有双稳定电偶极子的多栅极 FeFET。而铁磁性是一种很有前景的铁电性替代品。

在神经元层面，以树突为中心的抽象能够提供比传统的以突触为中心的抽象更好的可选择性，即神经元可以更有效地区分不同的刺激，提高神经元对特定刺激做出反应的能力。可选择性的改进导致群体层面更稀疏的活动。这种选择性源于巧妙地利用时间维度，通过时间排序和时空的不可分离性来实现。时间不消耗能量，也不占用空间，因此其他构建神经形态硬件的方法也可能受益于这种抽象。

采用以树突为中心的"合成大脑"是先用脉冲序列对信息进行编码，使信号稀疏化，再用纳米树突对信息进行解码。"合成大脑"将使用 3D 堆叠芯片工艺实现，并在 3D 结构中检测这些序列，从而让"合成大脑"并行处理信息而不用担心芯片过热的问题，能耗与人工神经元数的关系不是二次方，而是线性关系，就像生物大脑一样。这将带来性能和效率的飞跃，从而可以让 ChatGPT 这类大模型无须在云端运行，而是在智能手机上就能运行。生物大脑的能耗呈线性增长，如人类大脑的能耗大约是苍蝇大脑的 29 万倍、蜥蜴大脑的 4900 倍。例如，使用"合成大脑"在 3D 堆叠芯片中稀疏地发出信号，能耗的幂为线性，与哺乳动物的大脑匹配[16]，如图 7.10 所示。另外，"合成大脑"除了大大降低功耗，还可以提高基于大模型的算法的智能水平，如将前一个脉冲序列与下一个脉冲序列关联起来的神经网络连接，将增强生成文本的功能。

最近几年来，不少研究人员在以树突为中心的神经形态计算方面已经做了许多工作。例如基于 RRAM 实现的树突芯片 DenRAM[17]。RRAM 由于其非易失性、很小的 3D 基板面积和零静态功耗特性，已被广泛用于实现和存储神经网络的权重参数等。这项工作中，Agostino 等人利用 RRAM 器件的非波动性和可控电阻状态，不仅实现了权重，还有效地实现了作为树突重要特性之一的延迟线效应[17]。时延作为时间变量已引起了人们越来越多的关注，它可以提高 SNN 的计算效率和分类准确度。如果在边缘侧执行实时感官处理应用，就需要在芯片上标示这种时延标度。

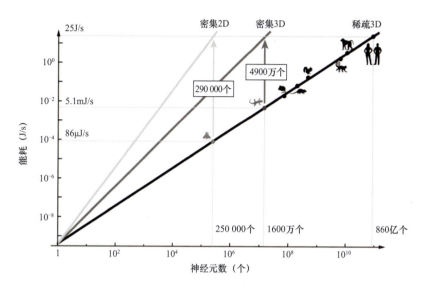

图 7.10　"合成大脑"的能耗随着神经元数的增加而线性增加

有的研究人员利用混合 CMOS/RRAM 工艺制造了一个树突状电路原型，集成了分布式权重和时延元件。电路的 CMOS 部分采用 130nm 低功耗工艺制造，RRAM 器件则在代工厂完成的 CMOS 层上制造，专门为在硬件中实现权重和延迟线而开发。值得注意的是，该技术采用了厚度为 10nm 的掺硅氧化铪（Si:HfO）层，因此当器件从原始状态过渡到低电阻状态时，电阻值范围很广，约为 6 个数量级。研究人员用实验证明了 DenRAM 的时空特征检测能力，并用一种新颖的算法框架对其进行了补充。该框架严格使用前馈连接对感觉信号进行分类。

通过结合 RRAM 电容元素明确表示时间变量，DenRAM 能够保留时间信息，而不需要循环连接。研究人员进行了硬件感知仿真，在两个具有代表性的边缘计算任务（键定位和心跳异常检测）中对该方法进行了基准测试，结果表明，与循环架构相比，在网络中引入被动时延有助于减少内存占用和功耗。

7.5　自旋波类脑芯片

著名的光的波粒二象性是指光既具有波的性质，又具有粒子的性质。光的波粒二象性是量子力学的基本概念之一，它描述了微观粒子在不同情况下表现出的不同特性。自旋波（也被称为磁波）与光波有相似之处，与最小的光粒子——光子相比，自旋波有一种磁子（Magnon），代表自旋波不可分割的最小单位。根据能量的不同，自旋波可以包含任意数量的磁子。物理学家也把研究自旋波的学科称为磁子学（Magnonics）。自旋波计算（或称为磁子计算）是一个新兴的研究领域，具有巨大的潜力。

奥地利物理学家费利克斯·布洛赫（Felix Bloch）早在 1930 年就假设了磁子的存在，以解释低温下磁性材料的特性。局部磁序的失稳可以以波的形式在磁性材料中传播，他将其命名为自旋波，因为它与磁性有序的固体中电子自旋系统的集体激发有关。然而，使用磁子来处理二进制数据的想法直到 75 年后才在一篇科学论文中被提出。这个想法很快就被研究人员接受了，因为要产生自旋波（或磁子）只需要使电子的磁矩偏转 1° 就足够了，这比自旋电子学中每次完全翻转磁矩所花费的能量要少得多。

磁子在数据处理方面的主要优势包括以下 5 种。

（1）可在原子尺度上操作，使其在纳米级别的器件中具有极大的应用潜力。

（2）与现有的 CMOS 和自旋电子技术兼容。

（3）可在从几吉赫兹到几百太赫兹的频率范围内运行。

（4）可在从超低温到室温的宽温度范围内处理数据。

（5）可利用明显的非线性现象。

目前，最先进的 DNN 均基于软件模型构建，并利用 CMOS 技术实现的二进制硬件来模拟神经网络的结构与功能。也就是说，这些模型并不是直接利用晶体管来模拟神经元。一般来说，直接将人工神经元及其突触连接作为物理元素来实现，可带来更高的效率和更好的可扩展性。但是，这种架构在基于 CMOS 的电路中实现时将面临许多挑战，因为它至少需要几十个晶体管才能代表一个神经元。神经元之间的电连接表现出很差的可扩展性，而且内存和处理单元的物理分离也限制了效率。此外，目前的平面芯片技术也无法与大脑的互连性（每个神经元多达 10^4 个连接）匹配。

自旋波计算符合强大人工神经网络的物理实现的基本标准，如室温操作和纳米级可扩展性。它基于波的特性可以方便地表现人工神经网络常见的连续变量。通常情况下，人工神经元接收输入数据流，并通过突触从其他神经元接收数据。这可以通过使用具有阻尼补偿功能的磁共振来实现。就像光子神经网络一样，自旋波能让神经组件之间进行全连接。现有的自旋波波导、多路复用器和定向耦合器可被用于构建这些磁子突触。磁子频率多路复用技术类似光子神经网络中的技术，光子和磁子储备池网络[①]中的时间多路复用技术则可大幅提高互连性，而无须创建大量单独的波导。

自旋波的固有非线性体现在频率和波向量随强度变化的偏移或自旋波的不稳定性上，这也是自旋波的关键特性之一。人工神经元一般通过激活函数对输入信号做出反应，而激活函数必须是高度非线性的。一个常见的例子是阈值函数，只有当超过一定的输入阈值时，神经元才能激发输出信号。在自旋波计算中，这种功能可以通过非线性磁共振或定向耦合器等来实现。此外，由于自旋波在薄磁膜中传播时具有显著的时延，因此自旋波具有重要的短期记忆特性。

综上所述，磁性器件的特殊性能使其成为实现神经网络的理想候选器件，并已经引起学术界的广泛重视，近年来也已经出现了不少新的研究成果。

规避许多人工神经网络里权重调整的一种方法是使用储备池计算[②]方法，这种方法不需要典型的人工神经网络的分层结构和权重专用存储器。巨大的短期记忆容量与内在非线性结合，使自旋波成为储备池计算的理想候选者。将储备池视为非线性黑盒子的概念大大简化了自旋波磁子网络的设计，并消除了自旋波/磁子应用的一个主要障碍，即磁阻尼对基于磁子的信息传输的负面影响。

2022 年，德国德累斯顿 - 罗森多夫赫尔姆霍兹中心（Helmholtz-Zentrum Dresden-Rossendorf，HZDR）的研究团队在直径仅为几微米的可磁化圆盘上产生了自旋波。环绕在圆盘周围或在其下方运行的载流导体轨道会在圆盘中产生磁场。微型圆盘的铁磁材料也与该磁场相互作用。当微波信号通过芯片天线传输时，它会产生电磁场的变化，这些变化会影响芯片中的电流。微波信号的能量被转换成电流波动，从而触发了磁场中的扰动。这些扰动会以自旋波的形式穿过圆盘，或在圆盘上形成特定的图案。这种现象是由微型圆盘中铁镍合金中的电子的自旋特性（在粒子物理学模型中，自旋是原子尺度粒子的一种固有特性）引起的。首先，突如其来的微波脉冲会扰乱这种自旋，然后这种扰动会像波一样从一个电子传到下一个电子，从而产生自旋波。而微型圆盘上自旋波的数量并不是固定不变的。在一个直径为 5μm 的圆盘上，可以同时存在数百个不同的自旋波，并相互影响。

---

① 储备池网络（Reservoir Network）指一种特定结构的神经网络，其中包含一个作为隐藏层的储备池（Reservoir），以及一个用于执行特定任务输出层。储备池网络通常被用于实现储备池计算，其中储备池的动态性质被用于处理输入信号，并通过输出层执行任务。

② 储备池计算（Reservoir Computing）是一种机器学习框架，利用动态系统中的非线性和循环性质进行信息处理。在储备池计算中，首先，动态系统中的储备池作为一个固定的非线性映射器，将输入信号映射到高维空间中，然后通过简单的输出层对储备池的状态进行线性组合来执行任务。储备池计算的关键在于储备池的动态性质和非线性特性，而不需要对储备池进行训练调整。

从磁子的角度来讲，传导路径中不同频率的微波信号可以携带不同的信息，而每个频率都会激发特定频率的磁子，这些磁子叠加在一起形成自旋波。

研究人员发现，自旋波在圆盘上共存和相互影响是以非线性方式发生的，也就是说，信号的顺序会影响结果。在这种特殊情况下，如果一个自旋波之前被另一个能量最小的自旋波特别激发过，那么它就会衰减成几个频率较低的自旋波。

也就是说，自旋波表现出类似神经元的阈值响应特性，仅当刺激强度超过临界值时才会被激活。这一现象与大脑神经元的信号传递机制（神经细胞同样需要达到特定电位阈值才能触发动作电位并传递信息）高度相似。在大脑中，神经元只有在超过刺激阈值时才会传递刺激。因此，他们正在开发一种基于自旋波 / 磁子的神经形态计算方法及相应的类脑芯片[18]，这种芯片主要利用了刺激阈值的机制，可组成数据存储和数据处理无法分离的、能效极高的 AI 系统。

可以使用吉赫兹级别的交流信号向芯片辐射微波。当通过导体路径输入给定的字母序列时，所产生的自旋波会以吉赫兹级别的各种频率编码显示出来。不同频率的输入信号会相继到达芯片，从而在芯片上形成磁性图形。这些图形可用于对输入信号进行实时分类。自旋波被激发后只持续几纳秒。达到自旋波的刺激阈值也只需要几纳秒。有了这样的快速过程，就有可能通过导体路径发送吉赫兹级别的输入信号。在这种频率下，输入信号的顺序仍然会产生影响。

实验室的研究人员现在使用激光显微镜来读出微型圆盘上的自旋波。记录圆盘上形成的所有自旋波状态需要一上午的时间，而且只有在微波信号不断循环重复的情况下才能奏效。这说明该研究项目尚处于起步阶段，还有大量基础研究的工作需要完成。研究人员正在试验在直径为 2 ～ 10μm 的微型圆盘上激发和读出自旋波。研究人员计划将来更多地关注直径为 10μm 的圆盘。理论上，这些圆盘已经可以并行容纳大约 1000 个自旋波。按照这样的尺寸，一个 10mm × 10mm 的芯片可以容纳数十万个自旋波。微波输入的导体路径可以用于芯片上的所有微型圆盘。此外，还可以设计出具有多条不同供电线路的芯片。根据任务的不同，微型圆盘的大小、形状和材料结构可以不同，导体轨道也可以对其进行不同的控制。不同的微型圆盘对输入信号的反应不同，这意味着用户可以利用一种芯片中圆盘的布局来实现不同的应用目的。

图 7.11 所示为基于自旋波 / 磁子的类脑芯片的示意。射频脉冲通过一个 Ω 形微波天线沿 z 方向产生振荡磁场。该天线围绕着一个厚度为 50nm 的微型圆盘（一般材料为镍铁合金，直径为 2μm），该圆盘在基态下呈现磁涡旋结构。该天线上的微波信号可以激发微型磁盘中的无数个自旋波。

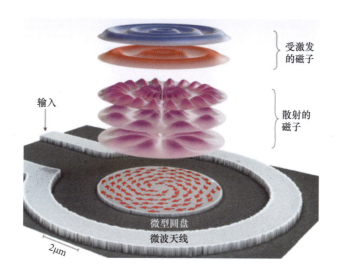

受激发
的磁子

散射的
磁子

输入

微型圆盘
微波天线

2μm

图 7.11　基于磁子 / 自旋波的类脑芯片示意 [18]

目前的实验是做成一个磁子散射储备池来应用于模式识别任务。磁子在大输入功率下会发生非线性多模散射过程。在实验中，他们发现可以利用微型圆盘的磁子模式之间的相互作用进行模式识别。这种模式识别基于储备池计算的范式。利用磁子的散射模式，4个符号序列的识别率可以达到 95% 以上，而且在输入中存在振幅噪声的情况下也能保持很高的性能。

基于磁子或自旋波的类脑芯片不仅非常节能，而且因为它工作在吉赫兹微波波段，反应速度极快，因此在实时应用上具有重要的优势。一个非常有前景的应用场景是自动驾驶汽车中的实时处理。这个芯片的样片已由位于欧洲的某半导体芯片厂代工完成。虽然这种芯片具有很多优势，但是要达到产业级，还有很多年的路要走。真正的技术瓶颈并不在于 AI 架构或芯片制造本身，而主要来自磁子系统的内在非线性动力学机制。

7.6　本章小结

SNN 被认为是第三代人工神经网络，其中脉冲（在计算系统中用 "0" 和 "1" 表示，其中 "0" 表示没有脉冲）用于在神经元之间传输信息。有了这种脉冲机制，成本高昂的乘法运算就可以被能效更高的加法运算取代，从而降低计算强度。另外，类脑芯片常常采用非冯·诺伊曼的存内处理架构，将计算整合为分布式内存架构或接近分布式内存架构。结合前景广阔的新兴存储器件，如用于存储突触权重的 RRAM 和磁随机存储器（Magnetic

Random Access Memory，MRAM）[①]，静态功耗和数据移动的能耗都会显著降低。

除了一些个别例子（如基于数字 CMOS 工艺的英特尔 Loihi 2 和曼彻斯特大学的 SpiNNaker 2），当前可用的大多数神经形态加速器都存在一个关键缺点，即没有真正实现具有相当规模的 SNN。有一些原型只实现了几个单神经元模型。但是，IBM 开发的 NorthPole 类脑芯片在与谷歌 TPU 和英伟达 A100、H100 的对比测试中，吞吐量和能效方面都已显示出明显优势，这是一个鼓舞人心的成果。

基于 SNN 的类脑芯片的性能一直是 AI 芯片研究人员关心的指标。Vogginger 等人在对一些现有类脑芯片（基于传统数字 CMOS 工艺）做了调研和分析后，得出了如下结论[3]。

（1）适用性。类脑芯片适用于使用 CNN 进行图像处理、使用 RNN 进行自然语言处理（脉冲 LSTM 或基于事件的门控循环单元），以及时空模式识别。

（2）能效。在批量大小（Batch Size）为 1 时，类脑芯片每次推理的能效为深度学习 AI 系统的 3 ～ 100 倍。

（3）速度。对某些任务，与深度学习 AI 系统相比，类脑芯片展示出更快的推理速度。但在更大的批量大小下，这种优势会减弱。

考虑到生物神经元所展现出的巨大潜力，还需要进一步研究其他优化措施，才能使 SNN 类脑芯片能够与深度学习加速器在开放环境中竞争。能够提高 SNN 训练速度和效率的新算法可以极大地增强它们的实用性和适用性。在 ChatGPT 的热潮出现之后，基于大模型的神经形态计算架构成为新的焦点。最新的一些基于 Transformer 的 SNN 模型以及像 NorthPole 这样的类脑芯片已经为这类新的神经形态计算架构展示了非常美好的前景。

最近的几项研究已经凸显了 Transformer 中的高稀疏性，而脉冲神经元是利用这个特性的高效方法。如 Spikformer 引入了脉冲自注意模块，可高效使用 SNN 来实现 Transformer，并在一系列基准任务上展现了令人瞩目的性能。截至本书成稿之日，该模型的新版本已经发布，性能达到了对应非脉冲网络的性能，而计算量大大减少。

现有类脑硬件平台的能效和速度都尚未达到与人脑媲美的水平。有趣的是，超导和非超导低温器件能够规避所面临的挑战。在量子计算技术兴起之后，为了实现低温下的精密控制电路，这些器件一直是量子科学界关注的焦点，最近它们已被用来设计具有卓越性能指标的类脑硬件，甚至与量子计算硬件一起来实现量子 AI 芯片。

---

① MRAM 被认为是未来存储技术的重要研究方向之一，特别是在需要高性能和高可靠性的应用中。此外，MRAM 与类脑计算和低温器件的结合，也为开发高效能 AI 芯片提供了新的可能性。

改进 SNN 的重要方向之一是开发更真实的生物神经元模型。当前的 SNN 模型使用简单的漏电整合－激发模型，这种模型无法完全捕捉真实神经元的复杂性和变异性。更加真实的神经元模型可以提高 SNN 的准确性和保真度。把树突加入神经网络模型可以让人工神经网络进一步接近生物大脑的架构和生物学原理，从而得到更好的性能和实时性。这种模型被称为"合成大脑"或"合成智能"。然而，这方面的工作才刚刚开始，要真正"合成"一个生物大脑，可能还需要更深入地了解脑科学，补充更多细节。

大脑是非常复杂的，研究人员无法在类脑芯片中实现其所有细节，而只需要关注那些既容易在芯片中实现，又有可能支持类脑功能的重要部位。除了把树突加入神经网络模型，有人开始研究大脑中被称为新皮层的区域，重点关注其中的皮层微电路（Cortical Microcircuit，CM）。CM 是由 100 多种基因表达不同、功能各异的脉冲神经元组成的神经网络，这些神经元共同参与复杂的信息处理与计算。CM 的结构从根本上不同于通常实现的 SNN，是仅由一两种类型神经元组成的连接网络。将 CM 功能加入类脑芯片，是下一代类脑芯片设计的一个有吸引力且可行的目标[19]。

SpiNNaker 还模拟了其他几个大脑区域，包括小脑。小脑对神经形态系统来说尤其具有挑战性，因为小脑细胞与其他神经元有大约 10 万个输入连接（突触），远高于目前模型的扇入程度。

另外，目前的脉冲编码方案往往依赖固定阈值或预定义的脉冲模式，这可能会限制网络的灵活性和适应性。能够更加自适应且能够应对不断变化的输入条件挑战的新脉冲编码方案，可以极大地提升 SNN 的性能。

自旋波的发现有较长的历史，但最近才有研究团队利用它制作出一类新颖的类脑芯片，传输速率可以达到几吉赫兹。并且这种 AI 芯片不用硬连线，信号依靠微波感应传输，在一个微米级大小的磁性微型圆盘上进行 AI 处理。虽然对自旋波和磁子的研究（与电子学对应，称为磁子学）还处于基础研究阶段，不过这个新兴学科有着巨大的潜力。

为了更透明地比较神经形态芯片与传统深度学习 AI 芯片，为 SNN 设计开发良好的基准极为重要。由于 SNN 更适合处理时间编码数据（如语音或生物医学信号），未来使用这类数据集对类脑芯片进行评估会更加合适。新的神经形态基准 NeuroBench 已经建立。

虽然神经形态计算仍处于起步阶段，但将神经形态计算广泛应用于高能效边缘 AI、基于稀疏事件的大模型的时代正日益临近，预计市场规模将从 2025 年的 2 亿美元增长到 2035 年的 200 亿美元[20]。也就是说，在 2035 年之前，类脑芯片将会成为批量生产的商用产品，在各个领域得到广泛应用，能够与深度学习 AI 芯片并驾齐驱并最终取而代之。

参考文献

[1] BELLEC G, SCHERR F, SUBRAMONEY A, et al. A solution to the learning dilemma for recurrent networks of spiking neurons[J]. Nature Communications, 2020, 11: 3625.

[2] MODHA D S, AKOPYAN F, ANDREOPOULOS A, et al. Neural inference at the frontier of energy, space, and time[J]. Science, 2023, 382(6668): 329-335.

[3] VOGGINGER B, ROSTAMI A, JAIN V, et al. Neuromorphic hardware for sustainable AI data centers[EB/OL]. (2024-06-26) [2024-08-20]. arXiv: 2402. 02521v1 [cs. ET].

[4] KUNDU S, ZHU R, JAISWAL A, et al. Recent advances in scalable energy-efficient and trustworthy spiking neural networks: from algorithms to technology[C]// IEEE International Conference on Acoustics, Speech and Signal Processing (ICASSP 2024), April 14-19, 2024, Seoul, Korea. NJ: IEEE, 2024: 13256-13260.

[5] ZHOU Z, ZHU Y, HE C, et al. Spikformer: when spiking neural network meets transformer [EB/OL]. (2022-11-22) [2024-08-20]. arXiv:2209.15425v2 [cs.NE].

[6] QIN Z, SUN W, DENG H, et al. Cosformer: rethinking softmax in attention[EB/OL]. (2022-02-17) [2024-08-20]. arXiv: 2202. 08791v1 [cs. CL].

[7] ZHOU Z, CHE K, FANG W, et al. Spikformer V2: join the high accuracy club on imagenet with an SNN ticket[EB/OL]. (2024-01-04) [2024-08-20]. arXiv: 2401. 02020v1 [cs. NE].

[8] ZHU R, ZHAO Q, LI G, et al. SpikeGPT: generative pre-trained language model with spiking neural networks[EB/OL]. (2023-06-27) [2024-08-20]. arXiv: 2302. 13939 [cs. CL].

[9] PENG B, ALCAIDE E, ANTHONY Q, et al. RWKV: reinventing RNNs for the transformer era[EB/OL]. (2023-11-11) [2024-08-20]. arXiv: 2305. 13048 [cs. CL].

[10] YAO M, HU J, ZHOU Z, et al. Spike-driven transformer[EB/OL]. (2023-07-04) [2024-08-20]. arXiv: 2307. 01694 [cs. NE].

[11] ISLAM M M, ALAM S, HOSSAIN M S, et al. A review of cryogenic neuromorphic hardware[J]. Journal of Applied Physics, 2023, 133(7): 070701.

[12] CROTTY P, SCHULT D, SEGALL K. Josephson junction simulation of neurons[J]. Physical Review E, 2010, 82(1): 1-8.

[13] SCHNEIDER M L, DONNELLY C A, RUSSEK S E, et al. Energy-efficient single-flux-quantum based neuromorphic computing[C]// Proceedings of the IEEE International Conference on Rebooting Computing (ICRC 2017), Nov 8-9, 2017,

Washington, DC, USA. NJ: IEEE, 2017.

[14] SHAINLINE J M, BUCKLEY S M, MIRIN R P, et al. Superconducting optoelectronic circuits for neuromorphic computing[J]. Physical Review Applied, 2017, 7(3): 1-27.

[15] WANG P, KHAN A I, YU S. Cryogenic behavior of NbO_2 based threshold switching devices as oscillation neurons[J]. Applied Physics Letters, 2020, 116(16): 162108.

[16] BOAHEN K. Dendrocentric learning for synthetic intelligence[J]. Nature, 2022, 612: 43-50.

[17] DAGOSTINO S, MORO F, TORCHET T, et al. DenRAM: neuromorphic dendritic architecture with RRAM for efficient temporal processing with delays[EB/OL]. (2023-11-14) [2024-08-20]. arXiv: 2312. 08960v1 [cs. ET].

[18] KÖRBER L, HEINS C, HULA T, et al. Pattern recognition in reciprocal space with a magnon-scattering reservoir[EB/OL]. (2022-11-04) [2024-08-20]. arXiv: 2211. 02328v1 [cond-mat. mes-hall].

[19] MAAS W. How can neuromorphic hardware attain brain-like functional capabilities[J]. National Science Review, 2024, 11: nwad301.

[20] LUO T, WONG W, GOH R S M, et al. Achieving green AI with energy-efficient deep learning using neuromorphic computing[J]. Communications of the ACM, 2023, 66(7): 52-57.

第 **8** 章　具身智能芯片

> "具身智能和感知芯片的结合将让机器不仅能思考，还能感受和行动，这是 AI 迈向成熟的标志。"
>
> ——拉里·佩奇（Larry Page），谷歌联合创始人
>
> "感知技术是 AI 连接真实世界的桥梁，视觉、触觉和听觉的突破将推动智能系统到达新高度。"
>
> ——杰夫·迪恩（Jeff Dean），谷歌 AI 负责人
>
> "AI 的未来在于感知和行动的结合，具身智能将让机器具备与人类互动的真正能力。"
>
> ——丹妮拉·鲁斯（Daniela Rus），MIT 计算机科学与人工智能实验室主任

近年来，深度学习（包括基于深度学习的生成式 AI 和判别式 AI）、强化学习和机器人等领域已经取得了巨大进步，类脑芯片也有了不少成功的原型。很多人已经开始讨论可达到人类智能水平的通用人工智能（AGI）是否有可能实现、什么时候能够实现，以及 AGI 实现对人类是好事还是坏事等问题。

然而，可达到人类智能水平的智能体，必须是一个把感知、思考推理及决策行动连成一体的智能体。也就是说，仅做成一个模仿人类大脑的 AI 机器是不够的，还需要像人类一样，具备眼睛、耳朵等感官系统，以及四肢、皮肤等系统组成的身体。有了身体和感官，才能与大脑连在一起，与周边环境进行互动，产生即时反馈，从而形成真正的智能。这种带有感官和身体的 AI，被称为具身智能（Embodied AI），也有人称之为实体 AI、身体智能、物理 AI 等。

截至本书成稿之日，已经投入使用的 AI 技术，无论是用于图像识别、文字翻译的 AI 系统，还是使用大模型的生成式 AI，都仅仅在模仿能学习的大脑，所有提供给这个"大脑"

的素材——数据集（图像、视频、文本等）的绝大部分内容来自互联网或者企业内部网络。"大脑"用这些网络素材进行学习，而不是通过与周围环境的互动来学习。因此，目前正在各个领域得到越来越多应用的 AI，往往被称为互联网 AI，也称为无形体 AI。在互联网 AI 中，来自各种数据集的图像不提供 3D 真实环境。

近年热门的 ChatGPT 就是一种没有物理身体，只能被动接受人类数据的非具身智能。这类非具身智能，由于无法产生与物理世界与人体交互的能力，最终还是依赖人类已经采集好的数据，因此其智能存在一定上限。

简而言之，具身智能是具有身体并支持物理交互的 AI 智能体。在 2023 年的 ITF 世界半导体大会（ITF World 2023）上，英伟达 CEO 黄仁勋表示，AI 的下一个浪潮正是具身智能。在这场活动上，他公布了一套多模态具身智能系统——NVIDIA VIMA。据介绍，该系统是能够在视觉文本提示的指导下执行复杂任务的全新 AI 模型，远比现有的大模型产品功能强大。另外，Meta 的基础 AI 研究中心（Fundamental AI Research，FAIR）和英特尔实验室一直在支持具身智能领域的新项目。

本章从具身智能的结构谈起，重点讲述在具身智能中起到关键作用的 AI 感知芯片与感存算一体化芯片的新实现，以及它们如何与基于神经形态计算的类脑芯片配合，忠实再现与物理世界的互动。

8.1　AI 的下一个前沿：具身智能

过去十多年，AI 的许多进步（如在语义分割、对象检测、图像描述方面的长足进步）都归功于机器学习和深度学习。机器学习和深度学习之所以取得成功，是因为数据量的不断增加（如来自社交软件等方面的数据）和 CPU、GPU、TPU 等芯片计算能力的不断提升。然而，这些来自互联网的图像、视频和文本并非现实世界的"第一人称视角"。这些数据是纷乱、随机、碎片化的，且来自卫星、个人拍照、微信、微博和 X（原推特）平台等诸多源头，这些都不是人类直接感知世界的方式。

然而，目前的 AI 方法正试图通过将这些数据提供给自然语言处理、计算机视觉和导航等数字处理单元来解决问题。虽然这些领域因大数据和互联网 AI 而取得了很大进展，但数据并不是最适合人类的，方法也不见得是最合适的。深度学习 AI 的方法并不符合人类的学习方式。因为人类通过观察、行动、互动及与他人交谈来学习，从连续的经验中学习，而不是从纷乱、随机和碎片化的经验中学习。人类的大脑是通过物理系统（人体）

的支撑而进化的，能够直接感知世界并采取行动。

8.1.1　具身智能的缘起

为了发展相当于人类水平的认知，AI 系统需要直接与物理世界实时交互。赋予 AI 机器人身体将使这些 AI 系统能够了解它们的行为如何影响世界，以及如何采取行动来改进学习过程。就像人类的身体和大脑通过进化塑造了自己的学习能力一样，具身智能系统可能比当前的无形体 AI 系统更有潜力获得人类水平的认知。

ChatGPT 和其他大型神经网络模型是 AI 领域令人兴奋的发展成果，这表明学习人类的语言结构等困难是可以克服的。然而，如果继续使用相同的方法进行设计，这些类型的 AI 系统不太可能发展到可以完全像人脑一样思考的程度。

如果 AI 系统的架构能够利用与现实世界的连接，以与人脑类似的方式学习和改进，那么 AI 系统更有可能发展出类似人类的认知能力。机器人技术可以为 AI 系统提供这些连接。例如，通过摄像头和麦克风等传感器以及轮子和夹具等执行器与现实世界连接。在此基础上，AI 系统将能够感知、影响周围的世界并像人脑一样学习。

现在正在广泛使用的无形体 AI，构造思路是使用抽象逻辑运算来达到与大脑类似的智力，原理就是模拟大脑的运作，并没有考虑人类身体的物理实现。这种思路受到笛卡儿、图灵的理论根深蒂固的影响。笛卡儿、图灵都是身心二元论（简称二元论）的倡导者。二元论争论的就是：身体和心灵（头脑）是分开的，还是不可分割地结合在一起？这个问题与哲学本身一样古老，因此它不是人工智能、计算机或机器人学科的新发明。笛卡儿提出了以下论点："心灵和身体是两种截然不同的实体，具有截然不同的属性。"［《哲学原理》（*Principia Philosophiae*）］。他认为，心灵是非物质的，而身体是物质的。这两种实体可以相互作用，但它们本质上是不同的。笛卡儿对心灵和身体本质的区分奠定了他的二元论的基础。这种思想对后来的哲学产生了深远的影响，并一直是哲学辩论的主题。

图灵在他的一些论文中这样写道："我们可以想象一台机器，它能够自动执行任何可以用数学公式描述的操作。"［《论可计算数及其在判定问题上的应用》（"On Computable Numbers, with an Application to the Entscheidungsproblem Computing Machinery and Intelligence"）］"计算机器的功能可以独立于其具体的物理实现。""一台机器是否能够思考，与它的物理结构无关。"［《计算机器与智能》（"Computing Machinery and Intelligence"）］。图灵认为，信息技术的特点是二元论，即抽象自动机的功能与其具体的物理实现无关。从技术实现的角度来看，也可以对应软件、硬件这样的二元分类，每一类单独作为一种范式或者学科。因此，谈论软件和硬件是很自然的，软件主导着硬件的行为和结构。他的这种观点可以与二元论类比。

与此相反，一元论范式在近几十年来受到越来越多重视。二元论中主观体与客观体的分离，其实是建立在生命的一元体基础之上的。在认知科学的方法中，这种一元体被视为一种身体与环境关系的复杂结构。认知处于中心位置，是一个积极开展的自下而上的嵌入式过程。这里的基本问题是：如果身体和大脑是分开的，它们如何相互作用，或者它们在人类生活中如何联系？如果不是，那么我们为什么要区分精神和物质？精神现象是否存在，或者它们是否完全是由于物理过程造成的？

一些研究人员认为，智能是在主体与环境的相互作用中产生的，是感觉、运动和动作的结果。他们认为，从婴儿时期开始就接触物理、社会和语言世界，这对人类特有的灵活性和创造性智力的发展至关重要。此外，认知的许多特征都表现出它们深深地依赖主体的物理身体，使得主体的脑外身体起着重要的因果作用，或者物理构成作用。

身体和头脑之间的紧密联系也是音乐天赋和数学天赋经常同时出现的原因之一。控制手指的能力和在大脑中处理数字的能力拥有共同的神经实体，这也是科学家们建议学钢琴的理由之一。通过弹钢琴提高手指灵活度会让孩子在数学计算中的表现更出色。当一个人学习如何使用工具时，不仅是通过大脑的抽象思维进行学习，还会依赖手的动作和触觉来获取信息。另外，还有大量的例子可以证明身与心（头脑）为一个整体。例如，主观感觉在身体有伤病时，能感受到疼痛；摄入酒精会导致思维混乱，甚至达到胡言乱语或丧失正确完成数学任务的能力。还有大量例子可以证明，身体参与有助头脑理解、运动激活创造力、身体语言帮助人们思考和交流、用身体理解别人等。身体感觉和动作对人类的认知起到了关键作用。人类通过运动、触觉、视觉等接收和处理来自环境的信息，同时身体也会以特定的方式适应环境刺激。

一元论被视为一种"整体身心关系"。人们常常说的"身心健康"，就是指身体和精神（大脑、智力）的健康。一元论或二元论也可以延伸到中西文化的区别上。荀子曰"形具而神生"，就是说心依赖身体，身体与环境的交互产生认知，这就是具身认知。人类的知觉被周围的环境影响，但也是人类通过身体感官主导塑造的。中国的传统医学往往也是从"整体"来检视一个人的健康状况并治疗疾病。

在这个意义上，"具身"也与文化对应，是一个跨学科的范式。根据这种范式，AI也依赖其在具体情况下的具身化。然而，当前的具身智能已经预设了二元论范式，它通常与机器人联系在一起。在试图重新具身化为机器和特定情境建模的一元体之前，软件和硬件已经分别存在很久了。

身体可以从抽象逻辑思维中分离出来的观点仍然与图灵关于机器能否思考的问题相关。在图灵提出该问题将近 90 年后的现在，人们正在将智能作为一种身体－社会现象进行研究，并相应地尝试通过具身智能来实现。在信息技术的课题设置中，二元论显然非常合理。人类也可以被科学地视为身与心，而且主观体和客观体是分离的。由此，我们可以从二元角度出发，迈向情景式 AI 研究。因此，具身智能并不意味着带有机器实体，而是需要研究一种方式，使软件和硬件在功能上以新的方式相互关联，通过创建软、硬件结合的智能体来实现具身智能。

具身智能的主要目标是让具身智能体（虚拟或实体的机器人）以与人类相同的方式学习。这就是为什么认知科学和心理学专家的见解至关重要。这意味着机器人应该像人类一样通过观察、运动、说话及与世界互动来学习。具体来说，像人一样能与环境交互、感知，具备自主规划、决策、行动、执行能力的机器人 / 仿真人是 AI 的终极形态，也就是具身智能机器人。

具身智能机器人是能控制物理"物体"的 AI，如机器人手臂或自动驾驶汽车。它们能够在现实世界中运动并通过其行为影响物理环境，类似人的行为方式。包括 AI 研究人员在内的软件从业者很容易忘记"身体"，但任何超级智能算法（包括第 9 章要讨论的 AGI）都需要控制身体，因为人类面临的许多问题都是物理问题——火灾、风暴、病毒和供应链障碍需要的解决方案不能仅用数字化手段及无形体 AI 来解决。

虽然具身智能的方法论与互联网 AI 不同，但具身智能可以从互联网 AI 的许多成功经验中受益。计算机视觉和自然语言处理在具身智能的某些方面会有很好的助力效果（如果有大量标记数据支撑）。此外，现在存在大量逼真的 3D 场景模拟器（其中一些使用空间计算技术），可作为具身智能训练的模拟环境。这些场景比以往研究中的模拟环境要真实得多。计算机视觉和自然语言处理领域的这些进步，以及数据集的广泛开源极大地增加了具身智能的成功可能性。

8.1.2　具身智能中的第一人称视角

具身智能的特点之一是以自我为中心，而不是以他人为中心。以自我为中心的感知可以被称为第一人称视角。从认知角度看，人类是第一人称视角的智能。而给机器输入很多数据进行学习，这属于第三人称的智能，比如给机器很多盒子，并且标注这是盒子，机器就会知道这种模式是盒子。

第一人称视角是指一个实体（如一个人或具身智能体）本身在观察或经历事物时，所能够看到或感知到的角度。以人类为例，当人以第一人称视角看事物时，看到的是自己所处的位置、直接面对的事物、双眼所看到的景象等。在具身智能体中，第一人称视角的概念意味着该智能体程序只能够通过模拟一个具体实体的视角来感知和理解世界。这种模拟使得具身智能体能够像一个真实存在的实体一样与环境进行互动，从而实现更贴近人类体验的交互方式，能够更容易理解和适应现实世界的情境。

与互联网 AI 相比，具身智能面临更多挑战。首先，互联网 AI 主要从互联网数据集（如 ImageNet）的静态图像中学习，这些静态图像往往质量较高；而具身智能采用以自我为中心的感知，产生的图像或视频可能不稳定且构图不佳。其次，与互联网 AI 相比，以自我为中心的感知的固有属性为具身智能带来了额外的不确定性。此外，互联网 AI 的重点是对通常来自互联网的数据集上的图像、视频和文本进行模式识别；而具身智能的重点是使环境中的具身主体（如机器人）能够采取行动。最终，人们的研究目标是将机器学习和计算机视觉在互联网 AI 领域取得的所有进步应用于具身智能。

通常，具身智能与 AI 机器人的概念大致相同，都是针对自然认知过程构建硬件模型并进行实验探索。与计算机不同，机电机器人被赋予了身体并置于物理世界中。也就是说，它们不仅是在抽象的"信息世界"中，同时可以基于传感器与外界进行交互（如检测障碍物、光、声音、电磁信号、气味等），并控制执行器进行动作。在大多数情况下，具身智能把机器人智能体的身体放在与环境的感知和相互作用中，以 AI 推理单元的活动为基础，充当信息处理和决策装置，最终控制机器人的机械手臂或其他执行器。

著名的美国波士顿动力公司所有关于机器人跳跃、跳舞、空翻和跑动的疯狂视频都是具身智能的例子，展示了人类在动态机器人平衡方面取得的早期突破。在特斯拉 2023 年股东大会上，马斯克也通过视频展示了 Optimus 人形机器人的最新进展，包括捡起物品、模仿人类动作、完成分类物品等。与 2022 年初次露面时晃晃悠悠走了一圈就匆匆离场相比，这次亮相的 Optimus 可谓取得了全方位进展，能力大幅提升。人形机器人是具身智能最典型的体现，这个领域正在快速发展。

具身智能的概念体现了物理和非物理知识之间的区别。这些区别以及书面、声音或手势的表达都指向身心问题。它让一元论、二元论的经典哲学问题在当今知识的爆炸时代重新引起了人们的反思，对当今的心理学、认知科学、机器人学和人工智能等学科都产生了影响。

下面我们先从 AI 感知技术谈起，介绍目前智能感知在视觉、触觉、听觉、味觉、嗅觉方面的芯片实现；接着将介绍基于忆阻器的感知、存储和计算三位一体化的芯片；之后介绍具身智能芯片实现方案，也就是带有深度学习（包括生成式 AI）处理核、使用多模态大模型的具身智能芯片，以及带有类脑芯片神经形态计算核的具身智能芯片。除了这些硅基芯片，本章还将讨论未来很有前途的湿件具身智能解决方案。

8.2 AI 感知技术与芯片

具身智能主要由 3 个层次组成：感知层、认知层和决策行动层（见图 8.1），它们分别有不同的定义和作用。

图 8.1 组成具身智能的 3 个层次

感知层是具身智能的第一层，也是最基础的一层，因为数据首先从这一层输入。它主要负责从外部环境中获取数据，并将这些数据转化为计算机可以理解的形式。感知层包括各种传感器和输入设备，如摄像头、麦克风、键盘和激光雷达等。它的作用是将外部数据转化为计算机可以处理的数字信息。

认知层是具身智能的第二层，它负责对数据进行处理和分析，以便更好地理解和利用这些数据。认知层包括各种算法和模型，如 DNN、神经形态计算、决策树等。它的作用是对感知到的信息进行分析和处理，以便更好地理解和利用这些信息。具身智能除了学习还有记忆功能，这在生物学中对应遗传。在芯片实现中，常常采用存算一体化（包含存内计算）以及把感知功能也集成在一起的感存算一体化技术。

决策层是具身智能的第三个主要层次，负责根据已有信息做出决策或行动。决策层包括各种规则引擎、决策配套系统等。它的作用是根据已有信息做出最优决策或行动。决策层可以使用各种控制器，如机器人控制器和飞行控制器等。

具身智能常见的感知模块往往被称为智能传感器，就是在原有的传感器上加入一定的 AI 功能，从而可以模拟人类的 5 种基本感觉：视觉、听觉、触觉、嗅觉和味觉。这些传感器被称为 AI 感知芯片，主要由硅芯片制成，但近年来已出现一部分湿件，属于前沿科学领域。

8.2.1　输入端的数据压缩

传感器从现实世界获取信息，而现实世界是模拟的，不是数字的。因此，先进的模拟信号处理电路、模拟数字转换电路是具身智能必不可少的。将这些模拟信号数字化会创建大量的原始数据，并且由于预计要部署的传感器数量庞大，因此数据负载预计将呈指数级增长。要解决的问题是如何、何时、在何处处理不断增长的传感器数据，以提取、收集信息，做出决策并采取行动。

具体来看，随着对视觉信息（如安全监控摄像机、车辆 360° 摄像头、人脸识别等）和高分辨率图像的需求不断增长，每个传感器的平均数据采集率呈指数级增长。预计到 2032 年，相应的数据采集量将达到 10^{27}B，相当于采集率为 10^{20}bit/s。

及时理解、消化规模如此庞大的数据，已经远远超出了人类的能力。目前，人类对数据的实际利用和消耗量约为 10^{17}bit/s。而到 2030 年，预计的数据消耗量将大于目前的 1000 倍。而传感器实时收集大量数据，进一步推动了数据量的爆炸性增长，因此需要借助 AI 进行处理才能有效地利用所部署的传感器。

要找到这个挑战的应对方案，可以从人类身体的感知和处理系统获得启发。人体的感知系统产生数据的速度约为 10Mbit/s，但进入大脑有意识处理的速度不高于 50bit/s，总体的数据与信息比特之比约为 200 000∶1。大脑继续以较慢的速度在后台学习，以增强前台的感知并产生行动。大脑的推理能力基于超压缩（极高压缩比）的感知功能，可以把待处理数据减少到原先的 1/200 000，并具有较低的运行功耗，如图 8.2 所示。因此，研究人员现在先将具身智能处理目标定为一个相似的量度，以最终实现将需要处理的数据减少到系统总数据量的 1/200 000。

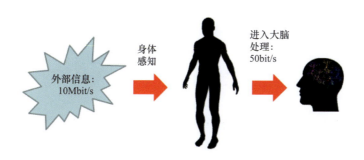

图 8.2　信息从身体经超压缩进入大脑

截至本书成稿之日，输入端经常使用的数据压缩方法有下列 4 种。

（1）滤波器压缩法。这种方法通过滤除特定频率范围内的信号成分来实现相对较高的压缩率。滤波器的压缩比取决于滤波器的截止频率和量化步长。截止频率越低，量化步长越大，压缩比就越高。例如，JPEG 图像压缩就采用了离散余弦变换（Discrete Cosine Transform，DCT）和量化来滤除高频信号。滤波器的压缩比通常为 2 ～ 10。例如，JPEG 图像压缩的压缩比通常为 3 ～ 5。

（2）源编码压缩法。这种方法通过识别和利用数据中的统计特性来实现高效压缩，压缩率取决于数据的统计特性和所选的编码算法。数据中的冗余越多，压缩比越高。例如，哈夫曼编码（Huffman Coding）、游程编码（Run-length Coding）、算术编码（Arithmetic Coding）等常用于无损数据压缩。对于高度重复或有规律的数据，可以实现相当高的压缩比。源编码的压缩比通常为 10 ～ 100。

（3）压缩感知压缩法。这种方法适用于稀疏信号，可以在不完全采样的情况下重建信号，从而实现高效的压缩，因此在节省传感器成本和减小数据传输量方面具有重要意义。它的算法复杂度相对较高，需要计算复杂的线性优化问题。压缩感知的压缩比通常为 100 ～ 1000。它的压缩比取决于信号的稀疏度。信号越稀疏，压缩比越高。

（4）ADC 压缩法。这种方法通常可以将连续信号离散化，从而减小数据量。具体的压缩比取决于采样频率和分辨率的设置，以及原始信号的特性。严格来说，ADC 是将连续模拟信号转换为离散数字信号，并不完全是一种压缩方法。通常情况下，ADC 的压缩比为 1 ～ 2。

这 4 种压缩方法的通用性和数据压缩比的比较如图 8.3 所示。这些传统的信号压缩方法还远远达不到人类感知的压缩比（200 000），这也正是数据压缩领域的广大研究人员锲而不舍追求的目标。压缩感知是比较有前途的发展方向，因为这种压缩方法通常以原始信号的重建为目标，并保留了一些应用的通用性。

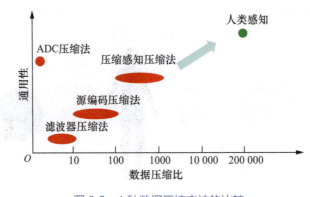

图 8.3　4 种数据压缩方法的比较

传统 AI 系统通常使用计算机视觉、语音识别等传统技术来实现感知。这些技术往往无法满足具身智能系统的需求。具身智能系统需要能够在现实世界中感知更丰富的信息，如物体的形状、材质、纹理、位置、速度、气味等。为了实现这一目标，需要开发新的基于 AI 的多模态融合感知技术。

8.2.2　视觉：眼睛——摄像头与视觉传感器

虽然具身智能需要使用多领域的技术才能取得成功，但作为一个研究领域，它的发展很大程度上是由计算机视觉研究人员推动的。

8.2.2.1　视觉传感器硬件技术

计算机视觉研究人员将具身智能定义为在 3D 环境中运行的智能体，它的决策基于以自我为中心的感知输入，而这些输入又随着智能体的操作而变化。具身智能可以先在真实的 3D 模拟器中以智能体的形式进行训练，然后将学到的技能转移到现实中。这实现了从基于静态数据集的互联网 AI 到具身智能的范式转变，其中智能体在真实的模拟环境中行动。

在 3D 环境中进行视觉识别的关键部件就是图像传感器芯片以及光学部件。过去，人们为开发先进的成像器件做出了巨大的努力，这些器件可以像人眼一样检测运动的物体。人们受到人眼功能的启发，使用光学器件和图像传感器芯片模仿角膜、虹膜和视网膜等人眼组件，最终做成摄像头。

人眼是专门的感觉器官，能够通过向认知系统发送脉冲来生成物体的视觉表现。感觉器官作为人脑的接收器同样是主观的，与大脑协同工作，这有助于解释它所感知的视觉。具身智能系统要具备视觉，需要一个类似人眼的摄像头，这个摄像头由光学器件（镜头等）和图像传感器芯片组成。在摄像头中，光线通过摄像头的镜头（相当于角膜）进入，光圈像虹膜一样控制进入摄像头的光线量，摄像头中的图像传感器芯片相当于视网膜。

图像传感器芯片并不需要使用 5nm、3nm 这样的先进半导体工艺来制造，但为了解决像素数少、尺寸小、获取光量小的问题，不断有新技术被研发成功。图像传感芯片是相机（包括 GoPro 等运动相机）、智能手机、无人驾驶汽车、无人机、监控系统等许多电子设备中的重要组件，具有巨大的市场需求。目前索尼占据这个领域最大的市场份额，三星电子占据第二大市场份额，它们也是这个市场上最大的两家公司。

这两家公司都在利用所有最新技术提高传感器性能，以进一步扩大市场份额。如索尼最近开发了被称为双层晶体管像素的堆叠结构。双层结构可以增大像素晶体管的尺寸，从而改善互导和功耗。单位像素是像素的最小单元，由光电二极管和像素晶体管组成。在堆叠结构中，光电二极管和像素晶体管分别在不同的基板上制造并堆叠在一起，以最大限度地利用传感器面积。索尼于 2023 年 6 月推出的 Xperia 1 V 手机是全球首款采用双层晶体管像素堆叠系统的产品。

三星电子采用了一种名为垂直转移栅极（Vertical Transfer Gate，VTG）的技术，将转移栅极深埋在硅中，这样就可以无损耗地提取光电二极管中产生的自由电子。在一般的转移栅极中，如果光电二极管建在较深的区域（靠近进光口），电荷就会停留而不会转移，从而产生残影等问题。而 VTG 技术的栅极电压调制范围大，转移能力强，即使耗尽层延伸到较深的位置，也能增加饱和电子的数量，因为可以充分进行转移。通过将 VTG 的数量从一个增加到两个，饱和电子的数量得到了进一步提升，在像素尺度为 0.6μm 的情况下，与单 VTG 相比，容量提高了 60%。

现在，传感器的尺寸越来越大已成为一种趋势。从 2022 年开始，一些智能手机使用 1in 传感器。增大传感器尺寸的好处是可以进行抗明暗差的摄影和高精细的摄影。随着传感器尺寸的增大，像素尺寸也相应增大，因此一个像素可处理的电子数随之增加。结果是动态范围变大，可以拍摄明暗差别非常大的场景。近年来，智能手机拍照的性能已超过数码相机。根据专家预测，2024 年智能手机如采用新的图像传感芯片，性能将超越单反相机。三星电子则提出了研发 6 亿像素图像传感器的目标。

8.2.2.2　AI 弥补光学技术的不足

虽然在传感器尺寸、像素数和镜头光学性能等方面智能手机都可以比单反相机更胜一筹，但在捕捉光线信息量方面仍有差距。作为智能手机摄像头发展的推动力之一，AI 图像处理技术可以弥补这些差距。因为智能手机可以使用比单反相机强大得多的半导体芯片。

AI 图像处理技术通过调整色彩和补充像素，可以再现物体的质感和图像表现力，并更加准确地区分主体和背景，以及模糊背景。随着处理器处理能力的提高，基于 AI 的图像识别和其他应用的准确性也大大提高。未来，在具身智能系统中，图像传感器和镜头的设计可能会随着 AI 芯片的发展而改变。这是因为在最大限度发挥 AI 芯片性能的光学设计方面还有很大潜力可挖。这种方法就是提供一种光学系统，使 AI 芯片更容易识别物体的形状和材料并能创建图像。从技术指标来看，具身智能系统的视觉感知将能够具备 8K

视频格式、超级高动态范围成像（High Dynamic Range Imaging，HDR）、多摄像头、高信噪比、低时延、能提供距离信息等优点。

索尼在 2020 年就推出第一款基于 AI 的视觉传感器 IMX500。它由两块芯片堆叠组成：一块是图像传感芯片，另一块是 AI 芯片（逻辑芯片）（见图 8.4）。

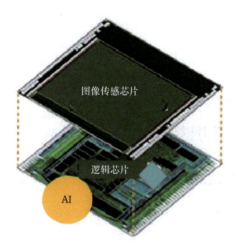

图 8.4　IMX500 的芯片堆叠组成方式（来源：索尼）

这块芯片除了具有传统的图像传感功能，还包含图像信号处理器、专门用于 AI 处理的 DSP、用于存储 AI 模型的存储器等。使用这块芯片，就不再需要外接存储器或者高性能处理器。从纯粹的视频角度来看，IMX500 也是一款功能强大的芯片。它能够以高达 60f/s 的速度播放分辨率为 4K 的视频，以高达 240f/s 的速度播放 1080p 分辨率的视频。

将 AI 功能直接放置在芯片里主要有两个好处。第一个优点是使处理速度变得非常快。索尼的 IMX500 能够跟随一帧视频的速度进行 AI 处理，意味着图像传感芯片能够以视频流的速度（通常是 30f/s）进行处理。可以实现实时的图像分析和处理，从而支持各种应用，包括目标检测和跟踪、人脸识别、手势识别、图像分类和识别、图像增强和滤镜，以及虚拟现实和增强现实等，而不需要将图像数据发送到外部处理单元进行 AI 处理，从而大大减少对数据传输的需求。第二个优点是更高的安全性。目前，许多图像和视频数据会被发送到云端进行 AI 分析。如果这些系统被安装在芯片上，数据就不必发到云端处理，能够可靠地进行实时分析，从而消除潜在的安全漏洞影响，并且省电。

这种新型芯片的一项突出能力是物体或人脸识别功能。它可以自动跟踪物体或人脸并识别它们。芯片的输出也不必是图像形式，可以输出元数据，以便简单地发送所看到内容的描述，而无须附带视觉图像。例如，拍摄的是一只猫，它的输出可以是一幅猫的图像，也可以只是文字"一只躺在橘红色长椅上的棕色猫"（见图 8.5）。这可以将数据存储需求减少至原先的 1/10 000。对拍摄影视节目的人来说，如果摄像机在记录图像的同时以文本形式输出演员的表演，那么会对记录镜头或从脚本中识别镜头非常有帮助。配备这种芯片的摄像头还可以计算经过它的人数，识别人的行为，或者识别商店货架上的库存是否不足。

图 8.5　视觉传感器输出文本

新一代视觉传感器所产生的多维化数据，带来了满足海量存储、宽带传输和实时响应等需求的巨大运维成本、系统功耗及算力负担。而在硅基传感器芯片上直接集成 AI 算力，实现感存算一体化、感内计算，就显示出了巨大的优势。感存算一体化硅基单芯片智能传感器从根本上降低了海量数据的存储和传输成本，以及系统功耗、算力和实时性方面的巨大压力，使得智能终端的广泛部署成为可能。

2022 年成立的新创公司芯曜途科技（珠海），专注于研发基于 AI 的视觉传感器。他们以中国科学院上海微系统与信息技术研究所（Shanghai Institude of Microsystem and Information Technology，SIMIT）的专家、博士为主，开展感存算一体化（该公司称其为感算一体）智能传感器的研发与量产。该产品具有超低功耗、完全隐私保护、零传输时延的特点，解决了边缘计算中缺少高性价比视觉解决方案的难题。该公司已经在 2023 年推出了其首款感算一体智能视觉传感器。这款传感器具备事件化动态推理架构，拥有专门优化的 AI 加速引擎和独特的超轻算力推理模型，能够充分理解场景需求，形成定制化的解决方案，同时兼具实用性和通用性。另外，该智能视觉传感器用硅基单芯片实现。视觉部分仅 6.5mm × 6.5mm，整体芯片面积也小于 1cm^2，平均功耗低至 1mW，响应时间低至 30ms。产品内置 AI 引擎和无线传输功能，提供柔性印制电路（Flexible Printed Circuit，FPC）接口，直接提供电源即可使其开始工作；通过串口、Wi-Fi 或蓝牙直接输出视觉识别结果，实现文字或数值的识别、物体的感知与分类、手势或人体姿态识别等；支持离线工作，不依赖网络后台，实现即时反馈和持续监测，可广泛适用于多种应用场景。

8.2.3 触觉：皮肤——触摸屏、触摸板、人工皮肤及 3D 生物组织打印

人体最大的器官是皮肤，它广泛分布在身体上，一般成年人皮肤的覆盖面积可达 1.8～2.2m²。皮肤对外部刺激很敏感，是人体和环境之间的媒介。皮肤由遍布其间的受体组成，可以对外部刺激做出积极反应，这些刺激被转化为电信号，并通过神经系统传送到大脑，最终由大脑对外部刺激做出决策。

人的皮肤有 7 种类型的受体：一种疼痛受体、两种温度受体及 4 种机械受体。与此对应，具身智能的关键之一是了解周围的外部刺激。在机器人和具身智能兴起的过程中，受皮肤启发的电子设备已经取得了进展，如人工皮肤、可植入电子设备、可穿戴感知设备等。人工皮肤使用体感传感器，可模仿身体的近距离反应，反应速度与神经信号传到大脑的速度相似。当它受疼痛、压力、热量或寒冷等刺激达到阈值时，还可以作出反应。

上述电子设备可以促进先进反馈机制的发展，是构建具身智能所必需的。带有这种皮肤电子设备的智能模型，可以学习环境的各个方面，并通过一般的感知条件来提高系统的性能。

神经形态系统模拟生物神经系统的脉冲编码方式，可以减少数据计算和存储的负担。为了实现基于触觉信息的智能感知，受触觉感知器编码特性的启发，天津大学的研究人员采用触觉神经形态模型来模拟神经元的放电活动。依托柔性、高密度压力传感器，他们开发了一个脑启发的触觉传感系统，以动作电位的形式对外部的压力刺激进行编码，从而实现基于动作电位的触觉感知[1]。

面向触觉感知的神经形态模型主要用于模拟手部皮肤触觉感受器在外部压力刺激下的神经电活动。这种触觉感受器通过动作电位传递有关物体形状的信息，分为缓慢适应 1 型（SA-1）神经元和快速适应 1 型（FA-1）神经元。

为了模拟 SA-1 和 FA-1 神经元，触觉神经形态模型通过 3 个阶段来估计触觉感受器的脉冲响应。首先对采集的压力序列进行低通滤波，模拟皮肤表面的低通特性。然后，信号被估计为两个不同的分量：压力的准静态分量和压力随时间变化引起的动态分量。最后，将产生的准静态分量和动态分量作为 Izhikevich 模型①的输入电流，产生神经元编

---

① Izhikevich 模型是由神经科学家 Eugene Izhikevich 提出的脉冲神经元数学模型，它在保持生物真实性的同时，具有良好的计算效率，被广泛用于大规模神经网络仿真和神经形态工程。Izhikevich 模型中有两种常见神经元模型：规则脉冲（Regular Spiking，RS）模型和快速脉冲（Fast Spiking，FS）模型。它们广泛用于模拟不同类型的皮层神经元，尤其适合在神经形态建模和仿生系统（如触觉感知系统）中使用。

码压力的脉冲序列，如图 8.6 所示。Izhikevich 模型已经被广泛应用于触觉感受器的模拟。

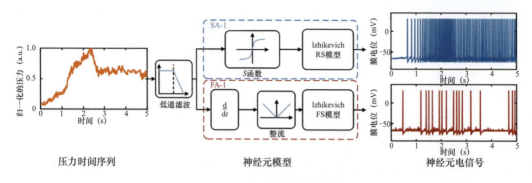

图 8.6　触觉神经形态模型

该模型在物体种类识别任务中表现出较好的性能，实现了 10 种常见物体的分类，分类的准确率达到了 94%。脉冲编码的分类模型与直接以压力序列作为输入特征的贝叶斯分类模型相比具有一定的性能提升，在取得较优准确率的同时，所需的模型内存占用少，且具有较快的执行速度。

这种基于神经形态计算构建的 AI 触觉系统，对触觉压力信息进行了类似神经系统脉冲信号的神经表示，并利用了生物系统高效率时空编码的优势，从而为触觉感知的发展提供了新的思路。但是这个系统仅使用了神经形态模型软件仿真，而不是使用硬件电路直接模拟触觉感受器的放电活动。

要实现触觉感知，既需要高灵敏度，也需要减少甚至避免电力消耗。一种新颖的方法是直接使用磁力，这样可以在完全不使用电力的情况下实现触觉感知[2]。日本电报电话公司（NTT）的研究人员想到了利用磁片。磁片是一种非常普通的片状磁铁，就是一种将录像带和盒式磁带中使用的磁性材料与树脂混合在一起的平面物体。当它靠近强磁场时，可以写入南极和北极磁性图形。利用这一特性，如果将写有磁性图形的两张磁片重叠在一起并进行摩擦，就能在磁片之间产生吸引力和排斥力。因为尽管磁片看起来是平的，但它们之间还是会有细微的凹凸。该公司的研究人员将这项技术命名为"Magnetact"，即磁铁和触觉的汇合。与传统技术相比，Magnetact 技术的一大特点是无须电力。现在，已经有不少研究人员按照这一思路，开发出新颖的触觉感知器件。

人工皮肤作为触觉感知领域的突破性技术，展现出广阔的应用前景。相比之下，当前广泛应用的触摸屏和触摸板在人机交互中存在较大局限性，如触控检测范围有限，难以实现具身智能体全身覆盖式感知；对压力、温度及纹理等多模态触觉信息的识别能力仍处于研发初期阶段。3D 打印的生物组织可模拟生物组织的结构，未来可能用于构建具身智能体触觉系统，甚至使具身智能体具备"自愈"功能，但目前技术尚不成熟。

未来的具身智能体的"皮肤"可能是上述技术的集成，如将人工皮肤与人工神经网络结合，使智能体能"感知＋理解＋反应"。如果具身智能体能从触觉中学习，比如通过强化学习模仿人类的触摸行为，它将能更好地适应环境、与人互动、进行精细操作。

8.2.4 听觉：耳朵——麦克风与助听器

人的耳朵是重要的感觉器官之一，它们使人能够感知周围环境的声音，在接收声波时会感知并分辨声音的特征，这是理解周围环境所必需的。耳朵帮助人沟通并保持平衡感。与此对应，具身智能的关键因素之一是有效沟通和感知事物的能力。

具身智能需要像人的耳朵一样强大的听力感官来感知声音，并将它们传输到认知系统，从而使系统通过声音更加真实地了解周围环境。

人的耳朵具有复杂的解剖结构，主要分为 3 个部分：外耳、中耳和内耳。外耳包括耳廓、耳道和鼓膜，负责收集和传导声音；中耳是一个充满空气的小腔体，内有三块听小骨，即锤骨、砧骨和镫骨；内耳则包含听觉和平衡相关的器官，如耳蜗（负责听觉）和前庭系统（负责平衡）。

声音传来会导致空气振动。这些振动首先被耳廓捕捉，经耳道传导至鼓膜。鼓膜对空气振动非常敏感，会先将其传导给中耳的听小骨，转化为机械振动，再将机械振动传导至内耳的耳蜗。耳蜗内部充满液体，机械振动引起液体波动，从而激活耳蜗内的毛细胞（感觉细胞）。毛细胞将这些液体波动转化为电信号，通过听神经传输至大脑。大脑对信号进行分析和解释，最终形成听觉感知。人耳能够根据声音的频率、振幅和音调对声音进行分辨与识别。

3D 生物组织打印被用来制作人工耳朵和麦克风，这些也可被用于具身智能，以构建类似人耳的听觉系统。具身智能的听觉系统包括一个悬挂在空气中的灵敏振膜。该振膜由于气压的变化而来回移动，并与电磁系统关联。电磁系统通过振膜的运动产生电流。产生的电流被送往调音平台后，转化为音频信号。尽管人耳和麦克风目的不同，工作环境也不同，并且典型的声音设备是全向的、单音的，而人耳是定向的、成双的，但为了在具身智能中复制听觉，需要采用像麦克风这样的声音采集设备。

因为具身智能往往需要识别来自远方的声音，所以为了让 AI 有效处理声音，即使是远离说话者的麦克风捕获的声音，也需要达到足够好的质量。然而，如果麦克风距离较远，墙壁或天花板反射的混响、其他扬声器的声音以及背景噪声就会和目标声音混合在一起。因此，捕获的声音质量会显著下降，同时导致声音应用（如语音识别）的性能大大下降。为了解决这个问题，研究人员正在开发语音增强技术，用于从麦克风捕获的远距离声音中提取每个说话者的高质量声音，使其就像用麦克风捕获的近距离声音一样[3]。

为了从麦克风捕获的远距离声音中提取具有近距离质量的声音，需要实现 3 种类型的处理：去混响、音源分离和降噪。去混响可以将远处传来的模糊声音转变为清晰声音，给人一种声音就在麦克风旁边发出的感觉。当多个说话者的声音和背景噪声混合时，可通过音源分离和降噪将它们分离为单独的声音。这使得以近距离声音质量提取每个说话者的声音成为可能。

研究人员提出了一种统一模型，旨在以整体最优的方式协同完成去混响、音源分离和降噪这 3 项语音处理任务。该模型首先对近距离麦克风所采集的语音和噪声必须满足的一般特性进行数学建模，并据此建立统一的优化目标。随后，通过统一的标准评估不同处理方式对近距离语音的改进效果，并对每个环节进行优化，从而实现整体性能的最优化。此外，研究人员正在探索将该模型与深度学习技术融合，利用目标说话者的语音特征，实现基于特征的选择性听觉处理。他们还在开发结合深度学习与多麦克风语音增强的集成方案，以提升语音增强系统的功能和输出质量。

人的大脑是通过耳间时差（Interaural Time Difference，ITD）（见图 8.7）来帮助分析声音位置的。由于音源与两耳之间的距离不同，声波到达左右耳时的 ITD 成为音源位置的最重要线索。一些研究人员正在构建类脑芯片，专门模仿人脑的声音方位角检测功能。通过检测对声音振幅和频率具有抑制性突触权重依赖性的 ITD，可以基于具有兴奋与抑制可调突触装置的电路实现声音定位。为了模仿听觉识别与定位，Wang 等人[4]利用基于忆阻器的 1T-1R 突触，设计了感知时空信息的 SNN，利用 ITD 计算声音位置。也有研究人员研发了基于 2D 材料晶体管 MoS_2 FET 的人工时延神经元，以模拟有限的轴突传导速度，这对将 ITD 转化为空间计算图非常重要。此外，还有研究人员设计了一种基于 WSe_2 和 MoS_2 异质结构的混合突触晶体管，以选择性地增强和抑制沟道电导，从而在神经网络的辅助下实现声音模式识别。上述结果表明，根据神经形态系统的兴奋与抑制特性，结合合适的神经回路或算法，就有可能实现实时语音生物识别、声音定位和精确的突触信息处理功能[5]。

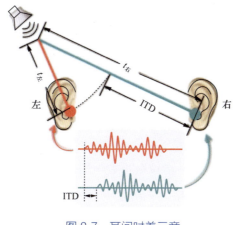

图 8.7　耳间时差示意

在具身智能听觉系统中，用助听器实现"耳朵"的功能也是一个重要研究方向。助听器不仅能放大声音，还能智能"理解"声音。它除了能实现场景自动感知（如在餐厅或街道中自动调整模式），还能够进行语音增强、噪声过滤、语义处理、自适应学习等。

8.2.5　味觉：舌头——电子舌

舌头是重要的味觉器官，因为舌头的上表面有很大一部分被称为乳头的小圆点和味蕾所覆盖。除了品尝味道，舌头的另一个能力是语音解释。舌面乳头使舌头具有粗糙的结构。在乳头的表面有成千上万的味蕾。味蕾汇集了各种神经元，与进入大脑的神经关联[6]。味觉包括 5 种基本味道：甜、咸、酸、苦、辣。舌尖的功能是检测甜味，苦味一般在舌头的后端检测，酸的感觉是由舌头的侧面感知的。

模仿味蕾的电子传感器已经被开发出来，可以检测基本味道。为了感知味觉，并特别模仿舌头感知 5 种基本味道，人们开发了味觉传感器系统，称为电子舌。电子舌还具有感知基本味道以外的各种应用潜力，能满足很多需求，如用于分析食品、水样和药品。制药业已经采用了电子舌，因为活性药物成分对人来说可能很刺鼻。药物配方中的不良味道也是使用这些传感器的重要原因，因为有这样味道的配方可能会对一部分人造成伤害。

电子舌是能够分析多种化合物混合物的部件。它包括电化学电池、传感器阵列和有效的模式识别系统，能够识别体现样品味道的简单或复杂的可溶性非挥发性分子。根据使用情况的不同，这些传感器可以区分不同的味道，并检测分析物的浓度。具身智能需要对基本味道进行检测和识别，以便使系统更接近人类智能。

自 20 世纪 80 年代末以来，研究人员一直致力于开发人工品尝系统和电子鼻，但由于技术缺陷以及对味觉和嗅觉背后的生理学和信息处理缺乏了解，最初的努力未取得成果。如今，这种情况已经改变。由于计算速度和 AI 模式识别方面的技术得到了改进，强大的设备也得以开发出来。

辨别高档酒的味道需要味觉十分灵敏的品酒师来完成，但真正能够准确辨别的品酒师很稀缺。一篇 2020 年的报道显示，格拉斯哥大学的研究人员开发出了一种电子舌 [7]，能够区分格兰菲迪（Glen fiddich）、格兰马诺克（Glen Marnoch）和拉弗格（Laphroaig）威士忌，准确率高达 99%。该电子舌本身由直径仅为 100nm 的微小受体组成，这个直径约为头发丝直径的 1/1000。这些受全在纳度上表现出不同寻常的光学特性，当接触到液体时，受体会改变颜色。研究人员首先测量并跟踪多个受体的变化，然后建立特定液体属性的统计模型。总体而言，该系统的工作原理与人类舌头一样。人类虽然可以分辨出一杯饮料是威士忌还是水，但无法分辨里面的化学成分。电子舌的工作原理与此类似。它不能提供有关化学物质的信息，但可以识别出特定的饮料。

IBM 苏黎世团队的材料科学家帕特里克·鲁赫（Patrick Ruch）和他的研究小组开发出了一种能像人类舌头一样工作的电子舌，被称为 Hypertaste。Hypertaste 由沉积在电极垫上的一系列聚合物组成。不同的液体会激活不同的聚合物，产生独特的电压。通过测量和记录电压模式，Hypertaste 就能编制出一种液体的数字指纹。

品酒师需要品尝大量不同的酒样本，以评估不同类型酒的口感和感官属性。同样，电子舌也必须先训练，然后才能提供有用的信息。可以通过将数字指纹与不同的液体联系起来，训练它识别不同的液体。Hypertaste 的灵敏度足以区分不同地区的矿泉水，准确率高达 97%。该系统封装在一个可以夹在玻璃杯边缘的小装置中，它将数据传送到一个移动应用程序。该应用程序将数据传输到云端的机器学习模型。这样，Hypertaste 就能用来分辨它以前从未接触过的液体。在 1s 之内，研究人员就可以从模型中得到回复，计算出一个置信度分数。在此基础上，它会指出训练数据库中与被测液体最相似的液体类别。

要做好模式识别，就需要大量的数据，建立更好的数据集。英国格拉斯哥大学的研究人员预测，如果先让电子舌接触成千上万的样本，然后通过 AI 模型进行训练，它就能识别出以前从未接触过的液体的特征。

8.2.6　嗅觉：鼻子——电子鼻

人类的鼻子是负责多种功能的重要 感觉器官之一。鼻子负责呼吸、感知气味、净化吸入的空气，令人惊讶的是它还有嗅觉。人类嗅觉系统可以感知和区分气味分子。人类的鼻子由两个鼻孔组成，被一面称为鼻中隔的薄壁隔开。鼻中隔由软骨构成，支撑着鼻子的前端，骨头则支撑鼻梁。嗅觉感受器是用来选择性地识别气味分子的。这些感受器存在于嗅觉感受器细胞上，它们位于鼻腔上皮的一个小区域内 [8]。

当空气流经鼻孔时，嗅觉感受器会捕捉到气味分子，并将其转化为电信号。这些电信号会被传递到大脑中的嗅球。位于前脑的嗅球专门负责嗅觉，它接收由嗅觉感受器触发的电信号，反过来解释空气分子的气味。嗅觉比我们想象的要强大，嗅觉系统也与味觉有关。例如，在一个人不喜欢某种食物或药物的气味但必须吃下去时，会先捏住或堵住鼻子，再吃下它，这个动作说明嗅觉对味觉系统很重要。当咀嚼食物时，它释放出的香味会被人感觉到。每当鼻子因为感冒或流感而堵塞时，香气就无法到达嗅觉感受器，这时人就无法感知食物的气味。

自然界中有许多气味，人类可以检测到约 10 000 亿种气味。自然界中的许多成分都可以通过气味感知，因此，让具身智能拥有嗅觉系统是非常重要的，这样它们就可以用嗅觉感知事物了。

现在，电子鼻已经被开发出来，所用的传感器是基于化学吸附方法而不是生物机制。这些设备通过分析传感器的反应模式来识别气味。然而，这种化学吸附电子鼻在实际领域的使用中有较大的限制。

与化学吸附电子鼻不同，生物电子鼻是基于传感器阵列的模式识别进行气味分析。生物电子鼻采用具有气味识别能力的嗅觉感受器作为传感系统，根据其对气味分子的选择性进行操作，能够像人类嗅觉系统一样从化学混合物中识别目标气味。开发传感设备的关键挑战在于同时实现高选择性的识别元件和高灵敏度的传感器元件。纳米技术和混合传感器的发展，将促进对模仿生物嗅觉系统的设备的探索，从而为具身智能提供嗅觉系统。

目前，电子鼻的数据处理方法主要有两种，如图 8.8 所示。第一种是传统方法，包括数据预处理（过滤、降噪和标准化）、特征生成（从数据曲线中提取特征值）、特征选择（选择更有用的特征）和分类决策。第二种是构建深度学习 AI 算法。DNN 可以自动从待检测数据中提取有用信息，并最终输出决策信息。网络参数可以通过算法训练进行优化。

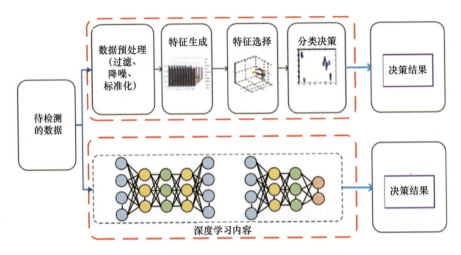

图 8.8　两种电子鼻数据处理方法的流程 [9]

Hsieh 等人提出了一种低功耗神经形态 SNN 芯片 [10]，可以集成到电子鼻系统中以对不同的气味进行分类。这种 SNN 芯片利用了亚阈值振荡和起始时延表示，在 1V 电源下的平均功率仅约 3.6μW。他们使用商用电子鼻（Cyranose 320）对气味数据进行采样，在该 SNN 芯片中进行训练并在测试之前对数据进行归一化。结果表明，该 SNN 芯片对所用数据的平均检验准确率为 87.59%。

对于视觉和听觉，学术界已有了完善的图谱将物理属性（如频率和波长）和感知属性（如颜色和音高）相关联。但嗅觉还没有这样的图谱。如果计算机能够识别分子的形状，以及这种形状跟人们最终如何感知气味之间的关系，研究人员就可以利用这一知识来加深对人类大脑和鼻子如何协同工作的理解。为了解决这个问题，美国莫奈尔化学感官中心（Monell Chemical Senses Center）和从谷歌分离出来的新创公司 Osmo 共同领导的一个研究小组，正在研究空气中的化学物质如何与大脑中的气味感知相联系。

长期以来，嗅觉研究领域一直面临两个核心问题：一是为什么不同的分子会产生特定的气味，二是如何通过分子的结构预测其气味。在过去的一个世纪里，数据的稀缺、技术的不足，以及气味感知作为一种主观定性体验的特点，限制了这些问题的解决进展。然而，随着 AI 的最新发展，Osmo 成功地解决了这些长期存在的挑战。

他们设计了一种消息传递神经网络 [11]。这是一种特定的图神经网络，可学习如何将分子气味的形象化描述与气味的分子结构相匹配，并首次创建了通用的主要气味分布图（见图 8.9），这相当于一种新的数据驱动的人类嗅觉图谱，可以将化学分子结构映射到气味感知中。在气味预测方面，模型的总体表现达到了人类水平，部分甚至超越了人类的能力。

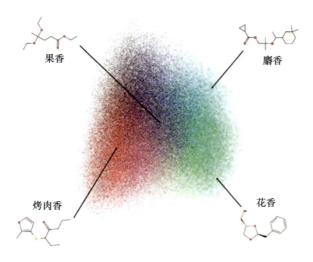

图 8.9　主要气味分布图：基于 AI 的气味分类和发现（来源：Osmo）

他们的机器学习模型在 5000 个分子的数据集上进行训练，这些分子与相应的嗅觉标签配对，如果味、花香、芝士味、薄荷味等。在这个数据集中，数据输入是分子的形状，输出是对哪些气味词最能描述该分子气味的预测。模型仅根据分子结构预测了数百种以前从未闻过的分子的气味。在将该模型的性能与使用气味描述词对气味进行评分的个人参与者的性能进行比较后，发现它比研究中的任何单个参与者都能更好地预测到"共识"（群体气味评分的平均值）。它还能够识别出数十对结构不同的分子，这些分子具有与直觉相反的相似气味。该模型还能够表征各种气味特性，如气味强度和感知相似性。基于这项研究的一个平台已经被建成，该平台可以加速对化学空间中数十亿个分子的搜索，以预测任何存在或制造出的分子的气味。

这项工作代表了量化人类嗅觉的第一步。计算机已经能够将视觉和听觉数字化，但过去一直不能把嗅觉数字化，即无法开发系统方法来量化这种重要的感觉。嗅觉是人类赖以生存的基础感知能力之一，并在人类的情感和记忆的形成中发挥重要作用，因而也是具身智能中不可或缺的一个组成部分。将气味数字化，就像 RGB 三原色在视觉领域和频率映射在听觉领域都带来了技术创新一样，这将改变人类捕获、传输和记忆气味的方式，意义重大。

IBM 也正在开发将 AI 应用于嗅觉的项目。研究人员使用一个由 49 人的评分组成的数据集，用 21 个简单的词对 500 种不同分子的嗅觉特征进行了排序和分类，如花香、甜味和酸味。根据这些结果，研究小组利用被嗅分子的物理特性训练了一种深度学习模型，这个模型能够准确预测它们的气味评分。该系统可以观察分子并预测其嗅觉特征，它的突破在于第一次能够真正预测描述分子嗅觉特征的词语，即可以预测某种东西的气味。

下一个挑战将是编译更多这样的高质量数据集，鉴于味觉和嗅觉的主观性，这是一个不小的挑战。因为这不像用智能手机摄像头或专业相机给一个对象拍照（那些照片看起来都一样），所以可以从一张到另一张进行训练。照相机有三原色：红、绿、蓝。而对于气味，目前还没有像三原色这样不可再分且能组合成任何其他特性的基础气味。研究新型廉价、广谱的气体传感器或更高灵敏度的气体采集技术也具有重要意义。随着 AI 传感器和计算技术不断演进，以及在对相应生物系统如何工作的认识不断加深的推动下，这些系统的前景十分光明。

一些研究人员已经开始将电子鼻与物联网技术结合，而电子鼻与其他智能设备的互连将使其能够应用于更多领域，如室内环境监测、危险物检测等。随着体积和功耗的减小以及检测功能的改进，电子鼻作为具身智能的一部分，可以越来越多地被安装在无人驾驶飞行器（Unmanned Aerial Vehicle，UAV）和移动机器人等移动设备中，应用于食品分析、疾病诊断、环境监测和安全领域等，这将在一定程度上扩大机器人的感知范围和能力。

研究证明，深度学习 AI 模型在理解和描述气味方面，已经达到了人类的水平。并且，在气味描述的前瞻性预测上，AI 的准确率已经超过了人类个体。这意味着机器感知的边界将进一步扩张——从视觉、听觉、触觉，到味觉、嗅觉……未来的机器将拥有更多的感知能力，真正感受和理解自身所处的世界，而不再只是从各种描述数据中，体验一个虚拟的符号世界。

对这些 AI 感知器来说，无论是进行传感数据处理还是进行 AI 数据分析，都要采用低功耗、高性能的控制器（如 ARM 处理器、FPGA），而不是大尺寸或低性能的控制器。另外，要尝试减少一些不必要的组件，例如使用数字输出而不是 ADC，或者通过外部连接来省去耗电的 LCD、优化传感器设计和采样方法。必要时，利用在线计算和无线计算来提高 AI 感知器的实时性能。

未来，高性能、低功耗、微型化的 AI 感知器将成为发展趋势，先向物联网节点、可穿戴设备、移动监控设备等方向发展，再进一步作为具身智能的重要组成部分。

8.2.7　具身智能的增强感知

人类 5 种感知的灵敏程度因人而异，也会因年龄、性别等有所区别。然而，人类的感知程度是十分有限的，在很多方面比不过猫、狗、鸟类、海豚等动物。如果做成 AI 感知芯片，可以打破人类感知度的限制，做到增强感知，从而使具身智能在感知能力上超越人类。例如，光传感器或微型摄像机可以提供"鹰眼"或夜视能力，可捕捉的波长范围甚至远远超出人类视觉。一个典型的例子就是使用 X 射线视觉或毫米波视觉来观察被遮挡的物体。

一些研究人员一直在提议，AR 系统可以取代目前大部分的计算硬件和用户界面。这一设想在苹果等公司发布的 AR 系统中正一步步接近现实。尽管智能眼镜尚未得到广泛的应用，但研究表明这种系统的优势无可否认。AR 界面也已经从视觉扩展到听觉、触觉，从而增强了人类对现实的感知。VR 眼镜已经使用超宽视野的光学设计，超越了人类的视野。

光谱扩展使人类能够看到超越可见光的光谱，或听到亚声速或超声速的声音。这样的传感器和摄像头可以嵌入 AR 眼镜。近红外和近紫外摄像头可以扩大人类的感知范围，且成本都很低。现代热敏（长波）红外摄像头可以做到低成本和极小的体积，为各种应用提供特殊功能，如在没有任何照明、完全黑暗的环境中进行观察的能力。车辆、商店或家庭内外的安保和安全监控应用也是这些传感器潜在的主流应用场景[12]。

最先进的基于 AI 的嗅觉传感技术可以测量人类嗅觉系统无法检测到的气味，从而提高"闻"到有害物质的能力。基于 AI 的方法也已经被开发出来以增强味觉。虽然将任何给定的味道识别为甜、咸、苦和酸的传感器相对容易制造，但是味觉的生成已被证明是困难的，因为它与嗅觉密切相关，也是一种非常个人的体验。

具身智能带来的感知能力还包括在恶劣条件下工作的能力。例如，在太空、海洋深处或处于火灾中的建筑物里，具身智能照样可以高效工作。增强感知有可能提高具身智能的视觉和听觉敏锐度、嗅觉阈值、味觉感知和触觉感知等能力，使之超出人类目前的自然能力。

8.2.8　新的"第六感"

无线技术的飞速发展带来了一种新的应用，那就是无线传感。一些研究人员把这种技术称为"第六感"。一般认为人类有 5 种基本感觉：视觉、听觉、嗅觉、味觉和触觉。但现代科学表明，人类的感觉不止这 5 种，还至少有空间感（位置感或方向感）和时间感。这里"第六感"其实指的就是 Wi-Fi 无线信号和 AI 结合而实现的无线位置传感。这种新技术可以精确定位（达厘米级）室内物体，并进行无线人体识别、动作跟踪、生物体征监测、移动检测、步态识别和跌倒检测等（见图 8.10），也可以通过检测门的打开和关闭来预防犯罪。如果在具身智能中使用这种"第六感"，就可以让人类感知到过去从未意识到的事物。

图 8.10 无线设备可以配备"第六感"感知功能

"第六感"基于一种物理原理，即在信号多径环境下，时间反转聚焦效应呈现出贝塞尔函数的平稳功率分布（而非单点分布），解决了在非视距和多径干扰条件下准确、可靠地估计速度的问题。美国马里兰大学帕克分校教授刘国瑞（Ray Liu）及其团队创立了Wi-Fi 传感技术的公司 Origin，并在 2019 年开始提供这样的商业化设备。

这种设备用多个天线单元实现有源波束成形。波束成形技术的核心是逆定向（Retrodirective）技术，它将来自无线基站的无线电波聚焦到特定的无线终端。该系统由主单元和无线终端组成，主单元配备了由大量天线元件组成的阵列天线，无线终端相当于子单元。当无线终端发送无线电波（信标信号）时，信号的一部分直接传播或通过房间的墙壁反射，到达主设备的阵列天线。

这样，主单元就掌握了从无线终端接收到的无线电波的传播路径信息，具体来说，掌握了每个天线元件的相位和幅度。接下来，主单元从每个天线元件发送相同相位和幅度的无线电波。这些无线电波沿无线终端的信标信号的路径反向传播，并在无线终端处聚集。Origin 称其为时光倒流机（Time Reversal Machine，TRM）。

传播路径信息是一种非常关键的信息，有了它就不难推断出无线终端的位置。因此，如果建立一个传播路径信息和位置数据库，就可以通过机器学习，根据传播路径信息确定无线终端的位置，精确度高达 1～2cm。

由于近年来无线输电技术的兴起和逐渐成熟，原来只应用于无线通信的 Wi-Fi 技术，不仅把功能扩充到上述无线传感领域，还具备了无线输送电力的功能。最新的商业化产品可以做到把这几种功能整合在一起，除了无线通信、无线感知，还可以在 10m 距离内无线供电。在不久的未来，无线产品将可以做更多的事情。

8.3　具身智能系统与芯片

具身智能汇集了跨学科领域的技术，如自然语言处理、计算机视觉、强化学习、导航、基于物理的模拟和机器人技术等。具身智能就是为一台进行 AI 运算的计算机提供了有形或可见的形式，即加上感知器（输入）和执行器（输出）。而原来这些输入和输出都是由人类来完成的。AI 机器人就是具身智能的一个种类。更具体地说，具身智能虽然是机器，但是可以像人类一样体验现实世界，与其他机器人或者直接与人类互动，并可以在虚拟世界或者现实世界中运动、观察、说话，产生一定的想法（如生成文本、图像、视频等），甚至变成一个接近人类水平的"分身"，为人类服务。

具身智能的大脑（认知层）所用的芯片将主要是类脑芯片（神经形态计算芯片），一方面是因为类脑芯片更好地模仿了生物大脑的构造，另一方面是类脑芯片具有非常高的能效。

如前所述，感知层、认知层和决策行动层共同构成了具身智能系统的核心。感知层为认知层提供信息，认知层为决策行动层提供决策依据，决策行动层将决策转化为行动。

一个完整的具身智能系统需要使用图像传感器、麦克风及其他各种传感器来获得信息。在处理这样的多模态数据时，重要的是建立一个能够共同表示信息的模型，使模型能够捕捉到不同模态之间的相关结构（见图 8.11）。目前单一功能的传感器已远不足以满足智能传感系统对功能的不同要求，这推动了多模态领域的兴起。模仿人脑的多模态系统除了传感器，还包括软件相关的数据融合算法。

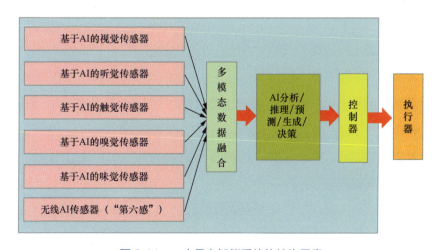

图 8.11　一个具身智能系统的结构示意

人类拥有各种感觉，这些感觉具有协同性。例如，视觉上的火光感可能伴随触觉上的灼热感，强烈的听觉感知伴随身体上的震动感等。要使具身智能成为一个"身体－大脑"整体，就需要使用多模态传感器。

多模态融合是一个很有前景的解决方案，它将引领多模态系统的发展，如手势识别的多模态数据融合、无人机和无人驾驶汽车的多模态数据融合、医疗保健系统中不同传感器的多模态融合等。此外，多模态系统也将推动元宇宙及 VR 和 AR 的蓬勃发展。

借助无线 AI 感知技术，室内活动检测、人体状态监测、周边环境监测等都可以在没有物理接触的情况下实现。如果与其他 5 种感知进行多模态数据融合，加上无线感知技术中比较容易实现的无线输电功能，就可以实现一个可远程控制的多功能具身智能系统，进行更身临其境的交互。

除了在传感器捕捉时融合多种信号源的数据，多模态技术还有许多独特的算法，可用于获取更准确的数字信息。在这方面，Chen 等研究人员[13]提出了一类视觉与语言结合的任务，旨在通过联合多模态嵌入方法，缩小图像中的视觉线索与文本中的语言线索之间的语义差距。为此，他们引入了一个名为 UNITER（Universal Image-text Representation）的统一图像文本表示模型，作为一种大规模预训练的多模态嵌入框架。该模型可作为通用的图像－文本表示方式，广泛适用于各种与图像－语言相关的任务。这个模型基于Transformer，利用其优雅的自注意机制，通过图像嵌入器和文本嵌入器将图像区域（视觉特征和边框特征）和文本单词（标记和位置）编码到一个通用的嵌入空间。UNITER在对预训练任务进行优化组合后，在视觉问题解答、图像－文本检索、参考表达理解、视觉常识推理、可视卷入和自然语言视觉推理等多项视觉与语言任务中都取得了良好的表现。

一种为具身智能专门定制的大模型也已由谷歌开发完成。以往机器人模型的扩展虽然已取得了一些成功，但由于缺乏与大型文本语料库或图像数据集相当的数据集，发展速度不如其他领域快。为此，2023 年 3 月，谷歌机器人研究团队提出一种新的通用机器人模型，被称为 PaLM-E[14]。PaLM-E 将 PaLM-540B 语言模型和 ViT-22B 视觉 Transformer 模型结合，最终的参数量高达 5620 亿个（GPT-3 的参数量为 1750 亿个），是迄今为止人类开发的最大规模的视觉－语言模型之一，可以将视觉和语言集成到机器人控制中，用来自机器人智能体的传感器数据对语言模型进行补充来具身化［PaLM-E 中的"E"即具身（Embodied）］，而不是仅依赖文本输入。

一方面，PaLM-E 主要被开发为机器人模型，它实现了多种类型机器人和多种模式（图像、机器人状态和神经场景表示）的各种任务，包括理解和生成文本、回答问题、识别和理解图像，以及控制机器人等。另一方面，PaLM-E 是一种通用的视觉 - 语言模型。它不仅可以执行视觉任务（如描述图像、检测对象或对场景进行分类），还精通语言任务（如引用诗歌、求解数学方程或生成代码）。

从技术上讲，PaLM-E 的工作原理是将观察结果注入预训练的语言模型中。这是通过将传感器数据（如图像）通过类似语言模型处理自然语言单词的过程转换成文本表示来实现的。

PaLM-E 的输入是文本和其他模态（图像、机器人状态、场景嵌入等），顺序可以任意，也被称为多模态句子。例如，输入可能类似 "<img_1> 和 <img_2> 之间发生了什么？"，其中 <img_1> 和 <img_2> 是两张图像。输出是 PaLM-E 自动回归生成的文本，可以是问题的答案，也可以是文本形式的一系列决策。PaLM-E 通过训练编码器，将各种输入转换到与自然词标记嵌入相同的空间中。这些连续的输入被映射成类似单词（尽管它们不一定形成离散的集合）。由于单词和图像嵌入现在具有相同的维度，因此可以将它们输入到语言模型中。

在大模型训练完成后，所训练的知识被转移到机器人中。这种迁移使 PaLM-E 能够根据解决任务所需的样本数有效地学习机器人任务。当 PaLM-E 负责对机器人做出决策时，可通过将高级指令映射为底层动作策略，实现从文本到机器人低级动作的翻译。PaLM-E 突破了训练通用模型的界限，不仅可同时处理视觉、语言和机器人模态，还能够将知识从视觉和语言转移到机器人领域。这种模型不仅为构建从各种数据源中受益的功能更强大的具身智能提供了一条途径，还可能成为使用多模态学习的其他更广泛应用的关键推动者。

如果具身智能体与不受控制的环境及人类一起协作交互，就需要能够持续分析、推理、预测和适应环境、人类和机器人平台本身的状态。因此，基于 DNN 的大模型方法并不特别适合这类场景。这些方法通常需要高算力和大功率。例如，基于深度学习的语言模型一般具有大量参数，需要使用非常大的数据集和大量时间进行训练，即使使用大型 GPU 集群也是如此。其中使用的数据集大多是非具身的，而对于机器人应用，最好是量身定制和平台特定的。端到端强化学习尤其如此，这时的数据集要取决于机器人的装置情况和执行情况。

数据采集和数据集创建既昂贵又耗时。虽然虚拟模拟可以部分改善这方面的问题，但迁移学习技术并不总能解决使预训练架构适应现实世界应用的问题。对具有数千个参数的大型数据集进行离线训练还意味着使用性能高、功能强大但昂贵且耗电的计算基础设施。模型推理受到这个问题的影响较小，并且可以在要求不高的嵌入式平台上运行，但代价是适应能力非常有限或没有适应能力，从而使系统应对现实世界中不断变化的场景的能力很差。

因此，具身智能技术的关键要求是减少或尽可能消除对数据和计算密集型算法的需求，有效利用传感数据，并开发持续在线学习的解决方案，使机器人可以通过小数据、弱学习来获取新知识、自我监督。实现这一目标的重要一步是从静态（或基于帧）的计算范式转向动态（或基于事件）的计算范式，从而能够泛化并适应不同的应用场景、用户、机器人和目标。

神经形态感知可以直接从感觉获取层面解决这些问题。它使用新颖的 AI 传感器，通过基于异步事件的策略有效地编码传感信号，集成多个感官输入来适应不同的环境和操作条件。它还可采用新颖的芯片架构（如 RRAM），依靠一组不同的脉冲来驱动计算模块，从来自传感器的事件中提取信息。

神经形态感知和行为均基于从生物大脑中的神经电路模型导出的计算架构，因此非常适合使用混合信号模拟数字电路来实现。这为机器人中的神经形态感知和动作提供了有效的技术基础。最终目标是设计具有端到端神经形态智能的机器人。未来，感知（视觉、听觉、触觉等）、智能行为直至动作执行，都将通过类脑芯片技术来实现。

机器人通常包括许多收集外部世界信息的传感器，如摄像头、麦克风、压力传感器、激光雷达、飞行时间传感器、温度传感器、力扭矩传感器或接近传感器等。在传统设置中，所有传感器都会测量相应的物理信号，并以固定的时间间隔对其进行采样，而不管信号本身的状态和动态。它们通常提供一系列外部世界的静态快照。当信号为静态时，它们会继续传输冗余数据，但没有附加信息，并且当信号快速变化时可能会错过重要样本，因此需要在采样率和数据负载之间进行权衡。

相反，在大多数神经形态感知系统［如脉冲密度或 $\Sigma\text{-}\Delta$（Sigma-Delta）调制系统］中，数据采集都使用事件驱动的方式。这意味着只有在信号发生变化时才会采集数据，这可以大大降低数据负载，同时仍然能够捕获信号的动态变化。

脉冲密度是神经形态感知系统中常用的一种数据采集方式。在脉冲密度系统中，传感器将信号转换为脉冲序列，脉冲的数量表示信号的变化量。脉冲密度系统的优势是可以大大降低数据负载，因为只有在信号发生变化时才会产生脉冲。

$\Sigma\text{-}\Delta$ 调制是神经形态感知系统中常用的另一种数据采集方式。在 $\Sigma\text{-}\Delta$ 调制系统中，传感器将信号转换为二进制序列。Σ-Δ 调制系统的优势是可以扩大信号的动态范围，因为可以通过增加二进制位数来提高信号的采样精度。

第一个具有足够分辨率且低噪声的事件驱动视觉传感器——瑞士几年前研发的动态视觉传感器（Dynamic Vision Sensor，DVS）开创了智能视觉传感的新时代。该传感器使用异步动态方法来获取图像并编码，颠覆了传统相机使用了数十年的静态帧编码。这种事件驱动方法大大优于传统方法。然而，由于算法及其硬件实现仍然面临任务适应等挑战，目前在机器人技术中采用事件驱动传感方法仍然很困难。此外，这种新的数据表示形式需要开发新的专用接口、通信协议和用于处理事件的软件库。

8.3.1　基于忆阻器的感存算一体化技术

基于忆阻器的感存算一体化技术近年来得到了飞速发展。在感存算中，"感""存"的功能与传统的传感和存储功能类似；"算"就是使用 AI 算法进行计算，很大一部分是实现识别功能。这是在传统的传感器技术上前进的一大步。虽然还缺少味觉感存算一体化的模块，但是已经有了单独的视觉感存算一体化、听觉感存算一体化、触觉感存算一体化、嗅觉感存算一体化等模块，这些模块很多是采用 3D 堆叠技术封装的。单片 3D 集成和新型纳米技术在 3D 架构中的使用，使低功耗逻辑和高密度数据存储成为可能。忆阻器阵列的 3D 堆叠层数是感存算芯片上集成的关键。有的研究成果展示了 8 层以上的忆阻器芯片。

华中科技大学利用忆阻器不仅实现了感存算一体化，还实现了感知到大脑情感的转换，并可展现某种情感演进。该校王小平和她的团队[15]提出了一种基于类皮肤感觉处理器的情感生成和演进的忆阻电路。该电路包括 3 个模块：忆阻感觉处理器模块、情感生成和演进模块、情感表达模块。

忆阻感觉处理器模块由 4 个单忆阻器感觉处理器组成，分别处理痛、冷、暖知觉和触觉。如果感觉信号消失，它将自动恢复到初始状态。但如果感觉信号非常强烈，它就不会自动恢复到初始状态，除非像外科手术一样使用恢复信号。如图 8.12 所示，输入部分用于接收来自触体细胞的传感信号。红框部分采用忆阻器，通过改变忆阻值来处理接收到的传感信号。忆阻器的忆阻值越小，D 点电压（V_D）越高。绿框部分的电路实现了电压比较器的功能，比较电压为 0.2V。如果其输入电压（V_D）超过 0.2V，电路将输出 1V；否则将输出 0V。电路为处理器设置了一个阈值，只有当 V_D 大于阈值，即 MFE 的忆阻值减小到一定值时，感觉处理器才会有输出。

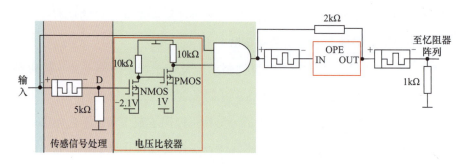

图 8.12　单忆阻器感觉处理器电路原理

情感生成和演进模块利用忆阻器作为情感突触，实现从感觉到情感的转换机制。在类皮肤感觉处理器发出信号的情况下，忆阻器电阻会减小，这意味着情感会高涨（如更开心），这属于情感生成。如果相同的感觉反复作用于感觉处理器，情感的程度就会发生变化，这就是情感演进。如图 8.13 所示，分别输入代表 4 种感知（P、C、W、T）的信号，情感可以通过 MSP、MSC、MSW、MST 的忆阻值变化来产生。情感表达模块用于直观地展现感受到痛 / 冷 / 热 / 触觉时情感的产生。例如，机器人脸部的眼睛形状、脸颊颜色等，都可以通过情感生成和演进模块的信号，以编写相应软件程序的方式来改变。这样，机器人就能感知和处理信息，并生成和表达相应的情感。

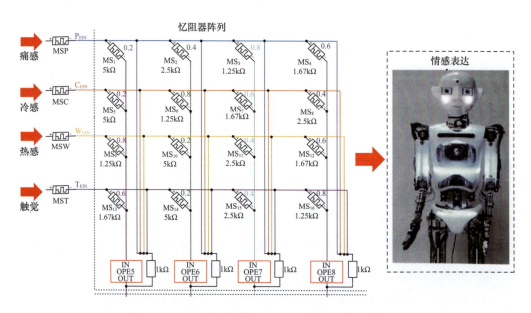

图 8.13　用于情感生成和演进的忆阻器阵列电路原理

情感表达模块可以直观地显示生成的情感。通用电路分析程序（PSPICE）的仿真结果表明，王小平和她的团队所提出的电路在处理来自皮肤的感觉信号后，可以像人类一样生成和演进情感。

这样的忆阻电路能够处理来自传感器的刺激，并像人类一样产生相应的情感。利用该团队所提出的电路，可以实现生物感觉–情感反应–身体行动。在感知机器人平台中，触觉、温度、寒冷和压力等传感器可以感知外部刺激，并将外部刺激转换成不同类型的电压信号。

该电路可应用于具身智能系统，实现从感觉到情感的转换，使其具备感知和处理信息的能力，甚至在未来的 AGI 系统中，也具有相当的应用潜力。

感存算一体化最大的挑战是解决传感器、存储器和计算单元三者之间的数据流动问题。随着技术的发展，来自感知终端的数据呈爆炸式增长，感知、内存和计算模块之间频繁的数据交互带来了严重的能效瓶颈问题。虽然在芯片技术中使用异构集成方法可以显著减少不必要的数据移动，但无法从根本上解决计算和感知组件物理分离所带来的大量时间和能源开销的问题。

利用新兴忆阻器器件的存内神经形态计算已成为一种应用前景广阔的方法。这些器件用的是双端电阻开关存储器，具有多种模拟电阻状态、可调生物模拟特性、高对称性和线性度、高速度、低运行能耗、小尺寸和可扩展性。然而，构建感知、存储、计算一体的神经形态计算系统的重大挑战之一在于传感器和计算单元之间的材料和制造工艺是不兼容的。虽然图像识别的传感器内计算方面已经取得了显著成就，但用于嗅觉感知、声音定位、语音识别和触觉传感的神经形态计算架构的开发仍在进行中。

福州大学张海忠等人[16] 提出了一种与 COMS 完全兼容的基于 TiN/HfO_x 的神经元阵列。其中单个忆阻器如图 8.14 所示，图中右侧是 $TiN/HfO_x/HfTiON/TiN$ 叠层结构的横截面高分辨率透射电子显微镜图像[16]。从图中可以看出，忆阻器由氧化铪活性层和氧化硅绝缘区域组成。这种神经元阵列具有更强的可扩展性、可加工性，并能在单个器件中高效集成仿生感知（如痛觉）和计算。在此基础上开发的系统具有多项优势特性，实现了稳定的神经形态计算。此外，该器件还展示了可调制的感知和多重存储记忆（包括感觉记忆、短期记忆和长期记忆）过程，并实现了高达 93% 的信息识别准确率，以及频率选择性和显著的活动可塑性。

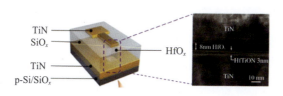

图 8.14　神经元阵列中的单个忆阻器

具身智能系统中包含智能感知和行为的计算单元。除了采用基于 AI 的传感器，要实现完全端到端的神经形态传感器到神经形态运动系统，还需要从根本上改变信号处理和计算的方式。具体来说，这意味着将传统的用标准计算平台（如微控制器、DSP 或 FPGA）处理任务，替换为用类脑芯片或以神经形态处理任务。这一转换要求使用由多个脉冲神经元连接的电路来完成计算工作。这些神经元对从内部和外部传感器获得的信号采取行动，学习预测其统计数据，对连续的感官输入进行流处理、转换为离散符号，并将其表示为内部状态和目标。这种架构将能够进行感知、规划和预测，并产生与状态相关的决策和电机指令，以驱动机器人，使其产生自主行为。这种方法可以整合分布和嵌在机器人体内的多个神经形态感知处理系统，实时闭合感知和行动之间的环路，并具有自适应、低时延和低功耗的特点。

神经形态计算比传统的人工神经元更接近自然神经网络，具有更强大的计算能力。因此，神经形态计算将会在具身智能系统中起到关键作用，并会出现以各种方式实现的类脑芯片。具身智能系统对这种芯片的要求，比其他应用更高。这是因为机器人需要在各种条件和任务中与环境快速交互。高效地做到这一点意味着使用最少的资源（如芯片的功率、内存和面积）来稳定地执行信息处理，同时应对噪声、变异性和不确定性的挑战。

在需要具身智能的任务中，传统计算和机器人技术仍远未达到人类或其他动物的水平。例如，用于制定长期导航计划的空间感知任务，以及需要快速反应时间和适应外部条件的精细运动控制任务。在此背景下，产生智能行为的核心要求是在多个时间尺度上处理数据。具身智能需要这种多尺度方法来支持即时感知分析、分层信息提取和时间结构化数据的记忆，以实现终身学习、适应和记忆重组。

训练具身智能的一种方法是将它们直接放置在物理世界中。这种方法很有价值，但在现实世界中训练机器人过于缓慢、有一定危险（机器人可能会摔倒，甚至损坏）、资源需求过于密集（机器人和环境需要资源和时间），并且难以重现。

另一种方法是先在现实模拟器中训练实体智能体，然后将学到的技能转移到现实中。模拟器可以帮助克服物理世界的一些挑战。模拟器的运行速度比现实速度快几个数量级，并且可以在集群上并行处理，同时模拟训练安全且成本低。一旦开发出一种方法并在模拟中进行测试，它就可以转移到在现实世界中运行的物理平台。由美国卡内基梅隆大学主导的研究团队历时两年打造了高速模拟器 Genesis，并于 2024 年 12 月正式发布。该模拟器的运行速度比现实世界快 43 万倍，使机器人能够在超高速环境中训练，并在短时间内积累海量学习数据。

一些公司在具身智能领域的研究课题包括研究 AI 机器人运动规划，重点是通过等变网络和几何深度学习来理解 3D 图像和视频，用几何代数表示物理世界。另外，环境也只是一个抽象概念，是代表现实世界中多个位置、房间和对象等的 3D 地图。它代表物理世界的模拟环境（或真实环境）。具身智能可以在环境中实现许多目标，如交互、导航和语言理解。

具身智能通常表现为主动感知。智能体在环境中可能不会立即"看到"包含其视觉目标的像素，而是必须通过运动来成功控制它所感知的像素（控制哪部分像素、多少像素由智能体决定）。智能体必须学会将其对世界的感知、潜在的物理约束以及对问题的理解转化为正确的操作，从而将多种感觉输入映射到适当的行为。智能体所收集的观察结果是其在环境中执行操作的结果。智能体通过运动来改变视点，以便从不同角度观察目标，从而更好地理解和识别它。这种能力对处理复杂环境中的视觉变化至关重要。这与静态数据集不同，静态数据集通常是先前收集和组织好的数据，这些数据可能包含不同视角下的图像或者其他形式的数据，但是它们不会在操作过程中动态地进行选择或调整。主动感知的挑战之一是应对视觉变化的总体稳定性和鲁棒性。

因此，数据采集要适应信号动态变化，对于快速变化的刺激，事件频率会增加；对于缓慢变化的刺激，事件频率会降低。这种类型的编码不会丢失信息，并且在活动稀疏的场景中非常有效。这种事件表示是高效、快速、稳健和信息丰富的传感的关键。相应技术改进包括减少对数据传输、存储和处理的需求，以及在需要时提供高时间分辨率和低时延。这对实时机器人应用非常有用。

目前，神经形态感知系统的数据采集方式仍处于开发阶段，但它具有很大的潜力，可以被应用于各种机器人领域。以下是一些神经形态感知系统在机器人信号采样方面的应用案例。

（1）美国麻省理工学院开发的 Cynthia 机器人使用神经形态传感器来采集环境数据，包括光、热和声音。这款机器人使用事件驱动的方式采集传感器数据，可以降低数据负载和提高能效。

（2）德国弗劳恩霍夫认知系统研究所开发的神经形态视觉系统可以用于机器人自主导航。该系统使用事件驱动的方式采集图像数据，可以提高图像处理的速度和鲁棒性。

（3）美国卡内基梅隆大学开发的神经形态机器学习系统可以用于机器人手臂控制。该系统使用事件驱动的方式采集训练数据，可以提高机器学习算法的性能。

截至本书成稿之日，已有很多神经形态处理系统的实例被提出，也就是在本书第 7 章讲述的类脑芯片。这些系统利用大规模并行存内计算模拟电路，电路的速度可以降低到与机器人应用相关的时间尺度。通过神经形态模拟电路的多个并行阵列动态实现计算单元，就有可能绕过使用时钟、时间多路复用电路（将物理时间与处理时间分离）的需要，并避免冯·诺依曼瓶颈问题（需要以极高的时钟频率在外部存储器和时间多路复用处理单元之间来回传输数据）。

虽然神经形态方法大大降低了功耗，但它要求电路和处理元件能够在时间尺度上整合信息，而时间尺度应与所感知信号的时间尺度匹配。例如，机器人关节运动的控制、语音命令的感知、视觉目标或人类手势的跟踪，都要求突触和神经回路的时间常数为 5 ~ 500ms。除了实现紧凑、可靠的电路元件，使其具有相应时间尺度的记忆轨迹这一技术挑战，还有一个重要的理论挑战，即如何利用这种非线性动态系统来执行所需状态的相关计算。应对这一挑战的方法之一是确定一套大脑启发的神经元，这些神经元与用于实现这些神经元的神经形态电路的特征和限制兼容，并能以模块化方式组合，以实现所需的高级计算单元功能。

此外，机器人系统的计算不仅要考虑传统意义上的计算部分，还需将传感器和执行器视为计算基元。这些基元会根据其物理形状（复合眼睛、视网膜式视觉或均匀视觉传感器，无刷电机、直流电机或者软执行器）、位置（双目或者单目视觉，非均匀分布的触觉传感器，以及相对于运动部位的电机的位置）和局部计算（传感器内特征提取或低级闭环控制）来塑造传感信号和运动的编码方式。

根据所需的结果，神经回路可以被赋予额外的属性来实现有用的非线性，如脉冲频率适应（Spike-frequency Adaptation，SFA）或神经元不应期设置。这些基本构建模块可以进一步组合产生计算基元，如软"胜者通吃"（Winner Take All，WTA）网络[①]、神经振荡器或状态依赖型计算网络，用于识别或生成动作序列。通过将这些与传感和执行神经基元结合，可以产生机器人领域丰富且实用的行为。

8.3.2 具身智能的执行控制

目前，AI 运动控制的研究主要集中在将成熟的机器人控制器转化为可以在神经形态设备上运行的脉冲神经网络[17]。尽管一些研究结果展示了这一技术的发展潜力，但这些实现仍然需要采用混合方法，其中神经形态模块必须与标准机器人模块连接。电机依然通过嵌入了专有算法的控制器驱动。因此，需要将经典传感器测量的连续信号进行脉冲编码，并将脉冲序列解码为与经典电机控制器兼容的信号。这种方法本质上限制了混合系统的性能。因此基于端到端事件驱动的系统更具优势。由于系统级接口问题，无法在同一机器人任务上对标准电机控制器及其脉冲对应的性能进行基准测试。

为了推进全神经形态端到端机器人系统的设计，开发新的基于事件的传感器（如惯性测量单元、编码器、压力传感器）至关重要，以补充现有的音频、视频和触觉等传感器。

---

① WTA 网络代表了一种常见的在类脑芯片中实现的电路，其中只有最强的神经元会被激活，其他的神经元则被抑制。

此外，电机或执行器应由脉冲序列直接控制，以便从脉宽调制转向脉冲频率调制。全神经形态机器人系统还可以通过采用更符合生物学的控制方法（如运动神经元－肌肉结构）替代目前常用的模型预测控制和比例积分微分控制等方法。这些方法可以通过神经形态处理器上的 SNN 电路直接实现。

然而，这些方法的缺点在于神经形态处理器中的计算精度有限且易受干扰，并且缺乏成熟的控制理论来处理脉冲神经网络中的线性和非线性算子（如积分、自适应、整流）。所提出的仿生控制方法可能会受益于仿生执行器的使用，如肌腱和软执行器。这些执行器提供更顺应的行为，虽然引入了传统方法中更难以控制的非线性，但符合由神经元和突触网络驱动的生物运动的内在特性。

8.3.3　感知、存储、计算、执行一体化

基于 AI 的感知、存储、计算、执行一体化芯片是未来的一个发展趋势。这种芯片将传感器、存储器、处理器和执行控制器集成在一起，可以实现从环境中采集数据、进行 AI 处理，并控制执行器的端到端功能，从而提高系统的效率、鲁棒性和成本效益。

执行控制器是用于在环境中执行动作的装置。它可以是各种类型的装置，除了前文提到的轮子、夹具和机械臂，还有电机和舵机等。在传感、存储、计算、执行一体化芯片中，执行控制器可以被直接集成到芯片上。例如，在机器人中，这种芯片可以用来替代机器人的传感器、处理器和执行控制器，同样实现机器人的端到端控制。这可以提高机器人的自主性和灵活性。

然而，这种新型的一体化芯片还存在不少挑战，其中主要挑战之一是神经形态处理器（类脑芯片）技术仍处于发展阶段，因此在实现传感、执行控制方面的应用还需要进一步研究。另一个挑战是成本高，各种类型的感知芯片被集成到一个封装（异质集成）还有很大难度。目前的大部分研究成果都只能展示单模态具身智能系统（如视觉感知），多模态感知需要更多的计算资源以及数据融合技术，这方面的研究刚刚开始。

8.4　湿件具身智能

除了使用传统的硬件、软件方法，具身智能也可以用湿件来实现（参见第 5 章）。如前所述，传统 AI 仅考虑模仿大脑的智能，是一种无形体的 AI，但是身体对智能也起着关键作用。因此，一些研究人员希望把大脑和身体分开的软硬件实现的二元论，变成身体与大脑有交互作用的一元论。然而，一元论的实现，并不是简单地 AI + X，即成为 AI 的

一种衍生物，而要使身体和大脑产生内在交互作用，相互之间有影响。但是，如何把机电一体化形式的物理身体与图灵范式中算法形式的精神（智力）合在一起、形成一个新的（一元论）主体呢？

用"湿件"这个名称来描述包含生物成分的物体已经变得常见。它并不遵循软件与硬件分离的规则。正如大脑和身体是一个整体，它们相互作用影响着人类的智力。大脑负责处理信息和做出决策，身体则提供了感知世界和与世界交互的途径。真正要实现作为整体的一元论，使用湿件（没有软件和硬件的区分）将会是最合理的途径。大脑本身是湿件，用湿件来实现就朝着模仿生物大脑前进了一大步。

湿件可以模拟身体的感知和行动，从而让 AI 系统能够更好地理解和应对现实世界。用湿件实现具身智能还可以帮助我们更好地理解人类的智慧。通过研究湿件系统的行为，可以更好地理解大脑和身体是如何相互作用来产生智能的。因此，用湿件实现具身智能可以帮助我们摆脱大脑和身体分离的二元论，从而实现更强大和更自然的 AI。

研究具身智能的目的就是要探索身体在认知中的作用，为身体建立模型，并使身体与大脑模型变成一个有机的整体。一些研究人员已在这方面做了大量工作，提出了有机启发 AI[18] 或者主动 AI（Enactive AI）[19] 等构想。这些研究项目无疑具有很高的、公认的理论价值，因为它们将生物组织置于关注的中心，并试图将其纳入具身智能的实验阶段。不过这些工作目前尚未产生具体成果。

Damiano 等研究人员提出了一个湿件具身智能研究计划[20]。该计划的核心理念是，通过在具身智能中采用湿件自动生成方法，将自动生成生物组织引入实验场景，并在构建和实验探索生物组织自动生成模型的湿件实现的基础上，对自然认知过程进行合成研究。他们的研究计划是在具身智能中引入自下而上的合成细胞技术和程序。这种根本性的转变意味着向新的模型开放，与当前的机器人模型大相径庭，并为从根本上理解生命和认知开拓了一条道路。从长远来看，这也是一条开发新技术的全新道路。特别是基于湿件的方法依赖化学或生物网络，这些网络可以在功能和结构空间上同时扩展，因此它们可以自我生成具身的智能体。

当前，具身智能与机器人 AI（Robotic AI）常常被混淆。机器人 AI 通常指的是以构建和用实验探索自然认知过程的硬件模型为目标的 AI 形式。而具身智能强调的是不依赖计算机控制的机器人，这些机器人能够仅通过自身的身体与环境互动完成认知任务。

自 20 世纪 90 年代初出现以来，具身智能通过各种表现形式，在基础研究和应用研究两个层面都取得了令人瞩目的进展。然而，具身智能是否需要进行生物体建模，一直存在着争论。以往具身智能研发方法的批评者提请人们注意要让具身智能向真正的生物学看齐，而不是仅机械地模仿人体功能。他们认为，目前的具身智能方法无法模拟身体组织，即通过新陈代谢支持生物体持续自我生产的功能关系动态网络。批评者认为当下具身智能只是基于对生物体的模仿建模，对自然认知过程进行合成研究，这种重建只考虑了身体结构的上层方面（如运动和解剖元素），而忽视了其最具体的维度——自主组织。

然而，要制造出能够与环境进行类似生物系统的认知交互的机器人，这一雄心壮志仍被认为是具身智能所无法企及的。具身智能研究人员认为，主要的障碍在于理解生物系统的组织原则并将其融入机器人设计中。这不仅涉及生命系统的自然特征，如运动和解剖结构，还包括生物的组织形式，需要将其视为一个功能关系网络，这个网络能够自我生产并维持生命特性，尤其是基于新陈代谢的自我物质生成能力。若能克服这一障碍，生物系统的合成建模将发生质的飞跃。

以往的研究项目（如有机启发 AI 和主动 AI）尝试通过模仿生物系统的硬件和软件模型来应对这一挑战。新的研究方法则转向通过构建湿件（是具备生物特征的系统，而非硬件或软件）来实现自我组织的合成再造，这一方法主要依托于新兴的合成生物学（见 5.2 节）。

目前，湿件生成具身智能的研究才刚刚开始，合成生物学也不够成熟，无论是在理论上还是在实验上都需要做大量工作。湿件具身智能将 AI 研究引入了生物和认知系统及过程的模型研究，并将自下而上的合成细胞技术作为主要的实施参考方法。本书第 5 章也讲述了使用活细胞（湿件）来实现 AI 功能的一些实例。从更广泛的意义上来说，湿件具身智能为突破 AI 技术的局限性，制造出更复杂、更自然、自主性更强、智能程度极高的智能体，提供了一条新的、可能是终极的道路。

8.5　本章小结

当前广泛使用的 AI 系统都是无形体 AI（尤其是深度学习 AI）。它们以越来越抽象的方式表示问题，因为它们的学习网络是分层设计的。这使得人类几乎不可能弄清楚它们是如何学会解决特定问题并得出解决方案的。真实的大脑网络大致涉及更高和更抽象的处理级别（如大脑皮层），以及与现实世界连接更多的较低级别（如中脑及以下）。尽管较低级别的灵活性不如较高级别，但处理仍然会影响这些较低级别。如果 AI 系统的架构基于这样的类脑分层控制系统，不仅更有可能发展出类似人类的认知，而且其学习和决策也将变得更加透明，更容易被人类理解和控制。

因此，AI 的发展需要更广泛地基于现实世界中的发展，基于可学习性和可进化性所产生的生物学原理和约束。具身方法导致了人类认知研究的范式转变。具身智能是一种新的 AI 范式，它认为智能体必须与现实世界进行交互才能真正获得智能。具身智能系统具有物理身体，能够感知世界并与世界进行互动。

作为 AI 技术的前沿，具身智能正在受到研究人员越来越多的关注，新的研究成果正在不断出现。具身神经形态智能体通过结合受大脑启发的计算方法，可以与环境和人类更顺畅地互动。它们的设计目的是自主决策并执行相应的行动，同时考虑许多不同的信息来源，减少感知的不确定性和模糊性，并持续学习和适应不断变化的条件。这种智能体的核心部件是神经形态具身智能芯片。具身智能的真正实现需要 AI 研究人员与神经科学领域、材料科学领域的研究人员通力合作，对目前的神经形态传感电路做出重大改进，用芯片实现一种"极简"具身模型，体现出高能效、多样性和身心一元性（一元论）特征，并需要考虑模块化和可重复使用的传感、存储、计算模块的设计。由于神经形态工程能够实现自适应电路和系统来构建非线性控制系统，这种系统可以影响感知信号的获取方式（如通过传感器的不同配置方式）和执行动作的方式（如不同类型的运动、刚性驱动与软性驱动等）。

基于神经形态计算实现的类脑芯片能够实现更高效和更节能的计算，这对具身智能系统来说非常重要。具身智能芯片需要在现实世界中长时间运行，因此通常需要极低功耗；同时，它需要处理大量来自传感器的信息，因此并行处理是重要的特性。另外，由于具身智能系统需要适应不同的环境和任务，因此高灵活性也是其重要的特性。新的信息和信号处理理论应该遵循这些原则，也需要适用于神经形态硬件和神经元编码电路中的异步和基于事件的处理的设计。

这种 AI 芯片除了包含类脑芯片的主要电路，还包含基于 AI 的传感器，或者感存算一体化的芯片。这些电路或者芯片，都将以芯粒的形式被集成在一起，还需要克服异质集成工艺中的许多挑战，尤其是在模拟芯粒和数字芯粒混合在一起的场合。利用新型固态纳米器件来优化具身神经形态计算架构的设计，也将是一个重要的研究方向。

湿件具身智能是使用生物材料来实现的具身智能。湿件具身智能系统能够在现实世界中更加自然、更加灵活并更加安全地感知和行动。湿件具身智能系统的研究还处于起步阶段，但它具有巨大的潜力。

算法和数据集共享的开源实现将促进该领域的发展。如同通用通信协议的标准化那样，标准化可以促进实现模块和系统的共享。基准测试的标准和数据集的定义是一项困难的工作。目前大多数用于深度学习的数据集依赖大量静态数据，但具身智能数据集应考虑神经形态系统使用的不同空间和时间的表示。对具身智能系统来说，基准测试指标应包括降低功耗（如自主机器人）、减少体积和质量（如无人机）、减少时延和响应时间、提高对噪声和变化的鲁棒性。同时，评估的指标还应包括时空模式识别、预测、注意力、决策、记忆、语言和空间感知，以及回归、聚类和降维等。而目前用于评估传统 AI 系统的指标（如准确率及用于衡量硬件算力的指标等），对于具身智能的评估并不合适。

具身智能有非常广的应用范围。例如，语言的学习、理解、翻译，都需要有一个情境作为背景，才能达到较高的准确率；对无人驾驶汽车或无人机来说，只有全面理解汽车或无人机周边的环境，才能保证行驶或飞行安全。

除了以上提到的技术和应用，具身智能还面临如下挑战。

（1）感知技术的限制。目前的传感器技术还无法实现对现实世界信息的全面感知。具身智能系统需要各种传感器来感知来自现实世界的信息，这对感知技术提出了较高的要求。感存算一体化的芯片，在这方面开辟了一条新的道路。而有效地压缩和提取感知的海量信息、把模拟信息转换成数字信息也都是挑战。

（2）学习算法的限制。目前的学习算法还无法有效地学习复杂的任务。大模型可以生成文本、翻译语言和回答问题，可用于具身智能系统的自然语言处理，但是需要压缩规模以适合机器人等终端。

（3）认知和感知之间的协调。具身智能系统需要在感知和认知之间实现有效的协调，才能做出正确的决策。

（4）身体和环境之间的适应。具身智能系统需要能够适应不同的环境和任务，才能发挥其潜力。智能体与环境的交互往往是复杂的，这对智能体控制系统提出了较高的要求。

（5）安全和伦理。具身智能系统必须能够确保其安全性并符合伦理规范，才能被人们广泛接受。

尽管传统机器人技术和当前的神经形态方法取得了一定进展，但在整体具身系统的设计上，依然与生物系统的组织原理存在显著差距。只有当系统设计真正以生物计算原理为基础，并实现环境感知、内部状态估计，以及决策、规划与执行之间的紧密耦合，具身智能领域才有可能迎来实质性的突破。扩展到更复杂的任务仍然是一个需要应对的挑战，需要进一步发展感知和行为，并进一步共同设计计算框架。这种计算框架需要自然地映射到神经形态计算平台上，并得到其电子组件的物理支持。在系统层面，对于如何将所有传感和计算组件集成到一个连贯的系统中以形成对行为有用的稳定感知，仍然缺乏了解。此外，该领域缺乏如何利用生物神经处理系统的复杂非线性特性的概念，例如在不同时间尺度上整合自适应和学习。既要在理论或算法层面上，也要在硬件或者是湿件层面上，利用新技术来满足这些要求。

具身智能还处于起步阶段，中短期要实现成熟的具身智能的难度还很大，但它具有巨大的潜力。互联网 AI 的最新进展推动了具身智能的初步进展。一旦具身智能超越了互联网 AI 的发展，这将是让机器人有效学习如何与现实世界交互的重大飞跃。

在 ChatGPT 出现之后，AGI 又变成一个热门话题。具身智能是实现 AGI 的一个重要途径。传统的 AI 系统只是模仿一个无形体的大脑，无法与世界进行直接的互动。这导致了 AI 系统往往无法理解和应对现实世界中的复杂情况，也无法与人类进行自然而流畅的交互和交流。具身智能系统除了有很强的感知能力和执行能力，从而能够与现实世界直接交互，还具备比传统 AI 更强的学习能力和智能水平。因此，具身智能将为 AGI 的诞生做前期探索工作，为未来的 AGI 进行技术上的铺垫。

第 9 章将讲述 AGI 定义的争论、未来 AGI 芯片的架构，以及作为 AGI 芯片组件的情感计算模块。最后讨论 AGI 发展存在的挑战，以及一些从伦理、道德、哲学角度来考虑的问题。

参考文献

[1] 高天时, 邓斌, 崔子健, 等. 一种触觉感知与脑启发的触觉传感系统 [J]. 控制与决策, 2021.

[2] YASU K. Magnetact technology based on magnetic forces with no power supply toward tactile presentation[J]. NTT Technical Review, 2023, 21(7).

[3] NAKATANI T, IKESHITA R, KAMO N, et al. AI hears your voice as if it were right next to you—audio processing framework for separating distant sounds with close-microphone quality[J]. NTT Technical Review, 2022, 20(10): 49-55.

[4] WANG W, PEDRETTI G, MILO V, et al. Learning of spatiotemporal patterns in a spiking neural network with resistive switching synapses[J]. Science Advances, 2018, 4(9): eaat4752.

[5] YU J, WANG Y, QIN S, et al. Bioinspired interactive neuromorphic devices[J]. Materials Today, 2022, 60: 158-182.

[6] NYALAPELLI V K, GANDHI M, BHARGAVA S, et al. Review of progress in artificial general intelligence and human brain inspired cognitive architecture[C]// Proceedings of the International Conference on Computer Communication and Informatics (ICCCI 2021), 27-29 January 2021, Coimbatore, India. NJ: IEEE, 2021.

[7] MONE G. Machine Learning, Meet Whiskey[J]. Communications of the ACM, 2020, 63(4).

[8] NYALAPELLI V K, GANDHI M, BHARGAVA S, et al. Review of progress in artificial general intelligence and human brain inspired cognitive architecture[C]// Proceedings of the International Conference on Computer Communication and Informatics (ICCCI 2021), 27-29 January 2021, Coimbatore, India. NJ: IEEE, 2021.

[9] CHENG L, HAO M, LILIENTHAL A J, et al. Development of compact electronic noses: a review[J]. Measurement Science and Technology, 2021.

[10] HSIEH H, TANGHSIEH K. VLSI implementation of a bio-inspired olfactory spiking neural network[J]. IEEE Transactions on Neural Networks and Learning Systems, 2012, 23(7): 1065-1073.

[11] LEE B K, MAYHEW E J, SANCHEZ-LENGELING B, et al. A principal odor map unifies diverse tasks in olfactory perception[J]. Science, 2023, 381(6661): 999-1006.

[12] RAISAMO R, RAKKOLAINEN I, MAJARANTA P, et al. Human augmentation: past, present and future[J]. International Journal of Human-Computer Studies, 2019, 131: 131-143.

[13] CHEN Y, LI L, YU L, et al. UNITER: Universal image-text representation learning [C]// Proceedings of the European Conference on Computer Vision (ECCV 2020), August 23-28, 2020, Glasgow, UK. Cham, Switzerland: Springer Nature, 2021, 12375.

[14] DRIESS D, XIA F, SAJJADI M S M, et al. PaLM-E: an embodied multimodal language Model[EB/OL]. (2023-03-06) [2024-08-20]. arXiv: 2303. 03378v1 [cs. LG].

[15] WANG Z, HONG Q, WANG X, et al. Memristive circuit design of emotional generation and evolution based on skin-like sensory processor[J]. IEEE Transactions on Biomedical Circuits and Systems, 2019, 13(4): 631-644.

[16] ZHANG H, QIU P, LU Y, et al. In-sensor computing realization using fully CMOS-compatible TiN/HfO$_x$-based neuristor array[J]. ACS Sensors, 2023, 8(10), 3873-3881.

[17] BARTOLOZZI C, INDIVERI G, DONATI E. Embodied neuromorphic intelligence[J]. Nature Communications, 2022, 13: 1024.

[18] DI PAOLO, E. Organismically Inspired Robotics[M]// MURASE K, ASAKURA T. Dynamic Systems Approach to Embodiment and Sociality. Adelaide, Australia: Advanced Knowledge International, 2003: 19-42.

[19] FROESE T, ZIEMKE T. Enactive artificial intelligence: investigating the systemic organization of life and mind[J]. Artifical Intelligence, 2009, 173(3-4): 466-500.

[20] DAMIANO L, STANO P. A wetware embodied AI? Towards an autopoietic organizational approach grounded in synthetic biology[J/OL]. (2021-09-23)[2024-08-20]. Frontiers in Bioengineering and Biotechnology.

第 **9** 章 从 AI 芯片到 AGI 芯片

> "深度学习是不够的。要实现人类级别的 AI，我们需要新的原则。"
>
> ——杨立昆（Yann LeCun），Meta AI 负责人，深度学习奠基人之一，图灵奖得主
>
> "深度学习在没有推理能力的情况下会遇到瓶颈。未来的 AI 需要集成逻辑、推理和知识的多种方法。"
>
> ——杰弗里·辛顿（Geoffrey Hinton），深度学习奠基人之一，图灵奖得主
>
> "生成式 AI 是通用人工智能的雏形，赋予了机器理解和创造的能力。"
>
> ——萨姆·奥尔特曼（Sam Altman），OpenAI CEO
>
> "AI 的能力越强，危险就越大。如果不加限制，我们可能会制造出一个超出我们控制的智能。"
>
> ——埃隆·马斯克（Elon Musk），特斯拉与 SpaceX 创始人

随着生成式 AI 的兴起，AI 正越来越多地被应用到人们的日常生活中，例如创建文档、图像、视频，处理客户咨询，协助确定医学影像中的病变，以及从文件中提取和汇总数据等。然而，目前人们所应用的 AI 是针对特定任务开发和运行的。AI 在目标应用中可以显示出与人类同等或更强的处理能力，在其他应用中却几乎不能发挥作用。这样的 AI 常被称为狭义 AI（Artificial Narrow Intelligence，ANI）或弱人工智能。

通用人工智能（AGI）（常被称为广义 AI 或强人工智能）则可以在各个应用领域都具备 AI 的处理能力。在 ChatGPT 推出后，AGI 这个词越来越多地被人们谈论。人们期待当前 AI 的能力延伸、发展至 AGI。AGI 将以类似人类的智能应对各种挑战。它还被认为具有学习能力和自我进化等功能，前者可吸收新数据和经验，后者可根据所学提高自身能力。

实现 AGI 是 AI 相关研究机构和企业的主要目标。AGI 可以组成能够 24 小时连续工

作的优秀员工队伍，它们拥有比人类更强的能力和领导力，能够解决人类智能无法解决的复杂问题。因此，人们相信，AGI 的实现将对社会产生工业革命以来最大的影响。许多专家对 AGI 的未来持积极态度，对时间的看法却不尽相同，在 ChatGPT 出现之前，有些人认为需要几十年到一个世纪的时间。

但是，现在越来越多的人把 AGI 出现的时间点缩短到 10 年以内。未来学家雷·库兹韦尔（Ray Kurzweil）预测，到 2029 年，AI 的智能水平将与人类不相上下；2045 年将出现技术奇点，届时 AI 的智能将超过人类智能的总和。此外，OpenAI 的 CEO 萨姆·奥尔特曼（Sam Altman）、英伟达的 CEO 黄仁勋、软件银行集团的董事长孙正义均表示 AGI 在 5 ～ 10 年内将会出现。这些持乐观态度的企业家认为人类将进入一个"AGI 世界"，AI 将在几乎所有领域超越人类智慧。并且，即使在 AGI 出现之后，AI 也将继续发展，"最终将出现比人类聪明得多的人工超级智能（Artificial Super Intelligence，ASI）"。

本章将讨论 AI 技术的下一步发展，也就是将会让整个人类社会发生颠覆性变革的 AGI 和 ASI 技术。首先介绍 AGI 的定义及其组成部分，然后介绍更接近 AGI、未来可能作为 AGI 技术基础的新的算法和模型，再叙述实现 AGI 算法和模型必不可少的 AGI 芯片的技术需求和可能的基本架构，最后对 ASI 进行一些探讨，并将简短讨论"AI 究竟是神话还是悲歌"这个涉及哲学层面的问题。

9.1　生成式 AI 点燃 AGI 之火

ChatGPT 等生成式 AI 技术已经取得了巨大成功。生成式 AI（尤其是 GPT-4）体现出与人类智慧类似的成分。除了精通语言，GPT-4 还能在不需要任何特殊提示的情况下，解决一些数学、编码、视觉、医学、法律、心理学等领域的新颖而艰巨的任务。此外，在所有这些任务中，GPT-4 的表现都非常接近人类的智能水平，而且远远超过 ChatGPT 先前的模型。鉴于 GPT-4 功能的广度和深度，一些研究人员甚至认为有理由将其视为 AGI 系统的早期版本（虽然仍不完整）。

这样看来，似乎 AGI 的火已经被点燃。很多人充满信心，相信在不远的未来就会出现能够复制人类智能的 AI——AGI（或强人工智能）。

需要注意的是，定义 AGI 就像在瞄准一个不断移动的目标。这是由于所谓的"AI 效应"：一旦突破性的 AI 技术成为常规，它就不再被视为真正的 AI。随着与 AGI 的距离越来越近，我们对它的期望也会越来越高，从而进一步抬高"真正"AGI 的门槛。

几十年前，掌握下国际象棋的本事被视为真正机器智能的试金石。1997 年，"深蓝"击败了国际象棋世界冠军加里·卡斯帕罗夫（Garry Kasparor），智能的门槛进一步提高。如今，无人驾驶汽车在街道上自主行驶，实时做出复杂的决策这一成就似乎也不再符合不断升级的 AGI 标准了。

AGI 最初由 DeepMind 联合创始人谢恩·莱格（Shane Legg）于 2007 年提出，作为资深研究员本·格策尔（Ben Goertzel）关于未来 AI 发展的书[1]的标题。Shane Legg 原本打算将 AGI 作为一个雄心勃勃且故意模糊的术语。他的目的是与狭义 AI（如 IBM 的下棋机器"深蓝"）区分开来，后者擅长执行特定任务。相比之下，AGI 表示一种跨领域、多功能、多用途的 AI，能够泛化广泛的问题、背景和知识领域。

从那时起，AGI 的确切定义一直是一个悬而未决的问题。截至本书成稿之日，对于 AGI 的构成，人们仍然没有达成共识，也没有标准化的基准测试①来衡量它。一般来说，AGI 最常见的定义是 AI 在不同任务上的能力达到或超过人类的能力。OpenAI 将 AGI 描述为"通常比人类更聪明的 AI 系统"。

AGI 的模糊性与"智能"的潜在模糊性密切相关。在 2007 年的一篇论文[2]中，Shane Legg 和马库斯·赫特（Marcus Hutter）通过汇编 70 多种不同的智力定义来强调这一点，包括学习、计划、推理、制定策略、解决难题、在不确定性下做出判断，以及用自然语言进行交流的能力。其他被定义的智力还包括想象力、创造力和情商等特质，以及感知世界和采取行动的能力。

而英伟达 CEO 黄仁勋在 2024 年的一次采访中针对 AGI 表述得比较简单："如果我让 AI 进行你所能想象到的每一种测试，你把测试清单列出来给电脑科学业界，我猜 5 年内，我们就能在每一项测试中都取得好成绩。"目前 AI 已经可以通过律师资格考试，但在胃肠病学等专业医学测试中仍有困难。不过黄仁勋认为，5 年后，AI 应该也能通过任何一项医学测试。

2024 年末，OpenAI 首席执行官萨姆·奥尔特曼提出，走向 AGI 有 5 个层次的发展阶段（分别用 L1 ~ L5 表示），具体如下。

（1）L1，聊天机器人：具备基础的对话能力，能够理解和回应简单的文本输入。

（2）L2，推理者：具备基本的逻辑推理能力，能够分析复杂信息并进行推断。

（3）L3，智能体：具备理解复杂指令的能力。

（4）L4，创新者：具备创新和创造的能力。

---

① 随着 AI 大模型不断掌握新技能，研究人员正积极制定新的基准来评估其能力。与此同时，专注于 AI 基准测试的新创公司也开始涌现，推动着这一领域的发展。

（5）L5，组织者：具备协调和管理庞大系统、资源和团队的能力。

奥尔特曼还指出，目前我们正处于第 2 个阶段（推理者），并非常接近第 3 个阶段（智能体）的状态。

但是，对 AI 研发人员来说，必须搞清楚一个 AGI 系统究竟应该具备哪些能力，才能设计与此相对应的算法和模型，以及为了实现这些算法和模型所需要的 AGI 芯片的架构。一个 AGI 系统应具备的基本能力如图 9.1 所示。

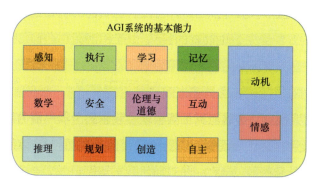

图 9.1　一个 AGI 系统所应具备的基本能力（蓝色框内的部分仍有争议）

（1）感知。AGI 需要理解和处理来自视觉、听觉、触觉、嗅觉、味觉等的环境信息，以及整合来自不同传感器的多模态信息，形成对完整理解世界的能力。

（2）执行。AGI 需要操控物理对象、使用工具及在复杂环境中互动的能力，这需要对物理世界有深刻的理解。

（3）记忆。AGI 需要能够存储和检索客观事实和主观信念，以及与特定事件或经历相关的信息，并具备存储和执行动作序列，以及并行组合多个动作序列的能力。

（4）学习。AGI 需要能够从各种来源学习，包括经验、数据和指令。

（5）推理。AGI 需要演绎、归纳和溯因（也被称为假设推理）的能力。溯因是指根据观察到的现象推测、解释其可能原因，但这种解释并非唯一成立的推理方式（见第 6 章）。AGI 需要能够根据观察到的前提、物理规则和时空关联进行推理，包括逻辑推理、概率推理和常识推理。

（6）规划。AGI 需要具备制定战略，进行物理和社会规划的能力。

（7）数学。AGI 需要能够理解和表达数学概念，解决数学问题，并应用量化推理解决需要数学思维和模型构建技能的问题。

（8）创造。AGI 需要能够生成新颖、独特的内容，包括提出新的概念和理论、创作艺术作品和发明新的技术。

（9）自主。AGI 需要能够独立思考和行动，无须（或很少需要）人工干预。

（10）互动。AGI 需要能够与其他智能体进行有效沟通和合作。沟通交流可以通过语言、手势、图像，甚至跨模态信号来实现。

（11）伦理与道德。AGI 在这方面的能力包括区分善恶的能力、按照道德规范行事的能力、避免伤害他人的能力、对社会负责的能力等。

（12）安全。AGI 需要能够抵御攻击、避免造成意外伤害，并能够被人类安全地控制。

除了这 12 项能力，AGI 是否应该具备下面这两项能力尚有争议。

（1）动机。AGI 需要基于预先设定的目标创建子目标，具备由好奇心、企图心、同理心和利他主义驱动创造子目标的能力。

（2）情感。AGI 需要能够表达情感以及感知或理解情感，这可以帮助它更好地与人类和其他智能体互动，即具备情感识别、情感理解和情感生成的能力。

一些研究人员认为，情感和创造力等能力对目前处于最初阶段的 AGI 来说并不是必要的，它们可能会在后续阶段的 AGI 上实现。例如，现在已经有不少研究活动正在开展情感识别和情感理解技术，很可能在几年后即可成为成熟的技术。然而，情感生成则不一样，它需要放到 ASI 语境下来考虑（见 9.4 节）。

AGI 的研究是一个非常活跃的领域，人们对 AGI 应该具备哪些能力仍在进行着激烈的讨论。上面列出的各项能力只是其中一些重要的能力。这些能力并非完全独立，而是相互关联、相互促进的。例如，学习能力可以帮助 AGI 系统提升感知能力，而推理能力可以帮助 AGI 系统进行规划和决策。

AGI 系统的具体能力表现可能因其设计目标和应用场景而有所不同。例如，用于医疗领域的 AGI 系统可能需要具备更强的感知和分析医学图像的能力，而用于教育领域的 AGI 系统可能需要具备更强的语言理解和表达能力。

如果没有道德和伦理、安全方面的能力，那么 AGI 可能会造成巨大的危害。没有伦理能力的 AGI 可能会做出伤害他人的决策，或者可能会被用来制造大规模杀伤性武器。而没有安全能力的 AGI 可能会被黑客攻击并被用于恶意目的，或者可能会失控并造成灾难。因此，在开发 AGI 的同时，研究人员也需要认真考虑道德和伦理、安全方面的问题。需要制定相应的规范和措施，确保 AGI 被安全地用于造福人类。

9.2　现阶段更智能、更接近 AGI 的 6 种算法与模型

在现阶段的学术界和产业界，已经诞生了不少"更智能"的算法和模型。有些还正在

积极研发中，但是外界已经有不少猜测。这些算法和模型都有可能引导我们走向 AGI。本节接下来对这些方法分别进行介绍。

9.2.1　MoE 模型

MoE 模型作为 Transformer 模型（见第 2 章）的后继者被应用在大模型中。MoE 模型代表着 AI 技术的一项重大创新和进展。谷歌的 1.6 万亿个参数的 Switch Transformer 和新创公司 Mistral AI 的拥有 8×70 亿个参数的 Mixtral-8×7B 等先进模型都采用了这种创新方法，它们利用基于 Transformer 的多个专家模块进行动态 token 路由，提高了建模效率和可扩展性。最新的 OpenAI o3 采用了 MoE 模型，配备了 685 亿个参数和 256 个专家。这种设计使得大模型可以根据任务需求动态选择激活的专家，从而提高计算效率和推理能力。在 ARC-AGI 基准测试中，Open o3 模型以 87.5% 的成绩超越了人类平均水平，显示出其在复杂推理任务中的强大能力。

MoE 模型的主要优势在于能够处理庞大的参数规模，显著减少内存占用和计算成本。这一点是通过跨专业专家的模型并行化实现的，使得训练具有数万亿个参数的模型成为可能。MoE 模型在处理多样化数据分布方面的专业性增强了其在少样本学习（Few-shot Learning，FSL）和其他复杂任务中的能力。

在核心层面上，MoE 模型利用稀疏性驱动的结构，通过用包含多个专家网络的稀疏 MoE 层替换密集层，其中每个专家致力于特定的训练数据或任务的子集，并且一个可训练的门控机制动态地将输入标记分配给这些专家，从而优化计算资源并有效地适应任务的复杂性。MoE 模型交替使用包含专家路由网络的路由器层和 Transformer 层，从而构建了一种可进行大规模参数扩展和更加专业化的架构。与密集型模型相比，MoE 模型在预训练速度方面具有显著的优势。然而，它在微调方面面临挑战，并且由于需要将所有专家加载到视频随机存取内存中，因此在进行模型推理时需要大量内存。

MoE 模型的一个显著特征是在管理大型数据集方面的灵活性较高，它能够在计算效率小幅降低的情况下，将模型容量扩大上千倍。稀疏门控混合专家层（Sparsely-gated Mixture of Experts Layer）是这些模型的关键组成部分，它由众多简单的前馈专家网络和一个负责选择专家的可训练门控网络组成，这有助于动态和稀疏地激活专家以处理每个输入实例，从而保持高计算效率。

MoE 架构最近有了大量进展。这些进展明显提高了训练的成本效率，尤其是在编码器–解码器模型中，证据显示在某些情况下与密集型模型相比可以节约高达 80% 的成本。诸如 DeepSpeed MoE 等的创新带来了新的架构设计和模型压缩技术，提供了端到端的 MoE 训练和推理解决方案。该方案将 MoE 模型的大小减小了约 73%，同时保持了精度，并优化了推理，实现了高达 7.3 倍的效率提升。

分布式 MoE 训练和推理方面也有了很多进展。一些研究成果通过加强张量分割，有效地解决了 FC 网络通信瓶颈问题，不仅改善了 FC 网络通信和训练步长，还优化了推理过程中的资源调度。与现有系统相比，训练步长和推理时间大幅缩短。这些发展标志着大模型领域的关键转变，即从密集型模型到稀疏型 MoE 模型的转变，实现以更少的资源训练出更高质量的模型，从而拓展了 AI 的潜在应用领域。

随着模型的参数规模超过 1 万亿，意味着 MoE 在科学、医学、创意和现实世界应用中大幅拓展能力的范式转变。像 Mixtral 和 Switch Transformer 这样的模型，虽然参数量超过 1.6 万亿个，但计算效率相当于 100 亿个参数的密集型模型，原因就是受益于 MoE 计算与模型大小的"亚线性缩放"关系（增加参数量时，计算量增速小于参数量增速），从而在固定计算预算下实现了巨大的精度提升。

对 MoE 的研究仍在不断推进，在保持迁移学习的专业化的同时，不断突破模型规模的限制。自适应稀疏访问使得数千个专家能够协调处理各种任务，如推理和就任何主题进行对话的模型。持续分析路由机制旨在平衡专家之间的负载并尽量减少冗余计算。研究重点包括稀疏微调技术、指令微调方法及改进路由算法，以进一步优化模型的精度和安全性。

随着研究人员进一步探讨大规模 MoE 的方法，这些模型在语言、代码生成、推理和多模态应用方面有希望取得新突破，并将获得对组合泛化的原理的更深理解，从而使 MoE 成为未来 AGI 的重要基础。

由于人们看到 MoE 模型具有广泛前景，从 2023 年起已经有不少研究人员在研究它的硬件架构。虽然基于 MoE 的芯片实现仍有不少挑战，但还是出现了不少芯片原型和研究成果。一个例子是基于 FPGA 的 MoE 实现 [3]。

一个多任务视觉 Transformer（Vision Transformer，ViT）模型 M³ViT 就引入了 MoE。ViT 和多任务学习（Multi-task Learning，MTL）是计算机视觉领域新涌现出的两种令人瞩目的学习范式。与 CNN 相比，ViT 模型显示出非凡的性能，但通常被认为是计算密集型的，尤其是具有二次复杂性 ① 的自注意机制。MTL 使用一个模型来推理多个任务，通过强制任务间共享表示来获得更好的性能，但问题是即使只需要一个或少数几个任务，MTL 也需

---

① 二次复杂性指算法的运行时间与输入数据规模的平方成正比。换句话说，当输入数据规模增加 1 倍时，算法的运行时间会增加 3 倍。

要激活整个模型，这造成了巨大的计算资源浪费。引入 MoE 后，只根据当前任务稀疏地动态激活一小部分子网络（"专家"）即可完成任务。

M³ViT 实现了更高的准确率，并减少了 80% 以上的计算量，为使用 ViT 实现高效、实时的 MTL 铺平了道路。尽管使用 MoE 在算法上具有优势，但在 FPGA 上高效部署仍面临许多挑战。例如，在一般的 Transformer/ViT 模型中，计算密集的自注意机制需要很高的带宽。此外，Softmax 运算和激活函数 GELU 虽然被广泛使用，但它们会消耗一半以上的 FPGA 资源（LUT）。

在 M³ViT 中，多任务学习的 MoE（MTL-MoE）机制前景广阔，但也带来了内存访问开销的新挑战，而且由于层类型增多，资源使用量也会增加。为了应对一般 Transformer/ViT 模型和最先进的多任务 M³ViT（带 MoE）中的这些挑战，研究人员设计了第一款用于多任务 ViT 的端到端 FPGA 加速器（被称为 Edge-MoE）。

Edge-MoE 体现了多方面的架构创新。首先，针对一般 Transformer/ViT 模型，它有如下改进。

（1）一种用于自注意的全新排序机制，该机制将带宽需求从与目标并行度成正比降低到与目标并行度无关的常数。

（2）一种快速的 Softmax 近似方法。

（3）一种精确且低成本的 GELU 近似，它能显著缩短计算时延并减少资源使用。

（4）一种统一且灵活的计算单元，几乎所有计算层都能共享，从而最大限度地减少资源使用。

MTL-MoE 最显著的优势是稀疏激活的主干网络，可以同时节省计算量和内存占用。然而，MTL-MoE 的挑战在于，专家模型的激活是动态的，取决于当前的图像帧。因此，它虽然在很大程度上节省了计算和内存，但可能会导致大量的权重加载开销，抵消其优势。而 Edge-MoE 基于具有零开销的高效 MTL-MoE 的新型模型架构（见图 9.2），从而有效缓解了这个问题。Edge-MoE 的系统架构如图 9.3 所示。

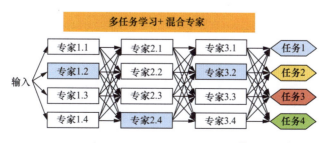

图 9.2　新型 MTL-MoE 架构 [3]

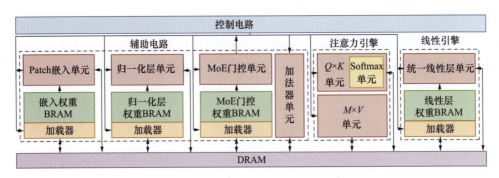

图 9.3　Edge-MoE 的系统架构 [3]

　　研究人员在 Xilinx ZCU102 FPGA 上实现了该架构，并在 PCB 上用自动驾驶数据集对其进行了测试，验证了功能和开源硬件设计（已经被公布在 GitHub 上），能效分别为英伟达 A6000 GPU 的 2.24 倍和英特尔 Xeon 6226R CPU 的 4.90 倍。

　　ViT 对 Transformer 模型进行了改编，并将其用于处理计算机视觉任务中的图像。类似 Transformer 模型中的 token，ViT 首先将图像分割成一个个 patch，每个 patch 的尺寸为 $P \times P$，包含 P^2 个像素点。然后，将这些 patch 拉平成向量，并投影为线性嵌入，按照序列的顺序馈送给标准的 Transformer 编码器，通常还会加入位置嵌入信息。编码器中的每个模块通常由自注意层、归一化层、多层感知层和激活层组成。

　　M³ViT 的一个显著特征是使用 MoE 来稀疏化大型 ViT。具体而言，对每个输入 token，算法会选择一组不同的专家模型来计算其输出表示。M³ViT 使用一个门控网络来对 m 个专家模型分别进行评分，针对每个 token 选择得分最高的 k 个专家模型用于其输出计算。

　　继门控网络计算之后，执行后续的 MoE 计算的最自然的方法是将其类同任何其他 MLP 进行处理。首先，将所有专家模型的权重加载到片上 Block RAM（BRAM）[①] 中。然后，通过将 BRAM 中 k 个被选中的专家模型的权重作为 MLP 的权重输入，可以方便地计算每个 token 的输出。这种方法需要将所有 m 个专家模型的权重都加载到芯片上。然而，在 M³ViT 中，$m=16$，无法将所有专家模型的权重都放入可用的 BRAM 资源中。

　　另一种替代方法是逐个计算 patch，并且仅在需要时才调用特定的专家模型。例如，在计算 patch 1 时，由于其选择的专家模型是 1 和 4，因此会首先加载专家模型 1 的权重，然后加载专家模型 4 的权重；接下来，在计算 patch 2 时，由于专家模型 1 的权重之前被换出，因此需要重新加载。这种方法虽然避免了 BRAM 的容量限制问题，但专家模型的

---

① BRAM 是一种高速静态随机存储器（SRAM），通常用于 FPGA 等需要快速访问数据的应用。

权重需要不断重新加载，会导致严重的内存时延。

9.2.2 Q* 算法

MoE 是大模型在 Transformer 之后的新进展，标志着模型朝向能够处理多种输入和促进多模态的方法迈进。在此背景下，一个名为 Q*（Q-star）的 OpenAI 项目进入人们的视线，据称该项目将大模型的功能与 A*（A-star）和 Q-learning 等复杂算法结合，进一步推动了 AI 领域的蓬勃发展，也标志着向 AGI 的方向迈出了重要一步。

Q* 项目在蓬勃发展的 AI 领域中，被寄予有潜力突破 AGI 的期望（一种说法是这个项目是为正在开发中的 GPT-5 作准备的）。它被认为是能够重新定义 AI 能力格局的进展[4]。由于 Q* 项目尚未公布技术细节，下面是推测性的分析和介绍，仅供参考。

一般认为 Q* 算法是两种算法的组合：A* 算法和 Q-learning 算法。A* 算法是一种寻找最短路径的探索式搜索算法，已经有很长的发展历史并得到很多应用。

Hart 等人在 1968 年首次发表了介绍 A* 算法的期刊论文[5]。该算法从一个起始节点开始打开所有相邻节点。每个打开的节点都有一个分数，表示该节点被纳入最优路径的可能性有多大。这个分数是节点与起始节点的距离以及与最近目标节点的估计距离之和。在很多情况下，估计距离就是节点与目标之间的直线距离。算法会比较所有打开节点的分数，分数最低的节点会自行关闭，所有相邻的未访问节点都会被打开。当分数最低的节点是目标节点时，算法结束。

著名的旅行商问题之类找寻最佳路径的问题都是组合优化问题，A* 算法为解决这类问题提出了一种新的思路，可以被视为一种解决数学难题的 AI 基础方法。在 A* 算法被提出之后，又出现了大量基于这个思路的改进算法。除了可用于解决与最短路径相关的问题，A* 算法还可用于解决各种与搜索相关的问题。例如，在国际象棋中，可以将寻找下一个棋步视为与搜索相关的问题，也可以使用 A* 算法并将其编码为国际象棋程序的一部分。

Q-Learning 算法是一种强化学习算法，名字来源于 Q 函数。Q 函数是一个状态 - 动作值函数，它将状态和动作映射到一个值，表示该动作在该状态下能获得的预期奖励。Q-Learning 算法使用 Q 函数来评估某个状态下采取某个动作的价值。Q 函数的值越高，表示该动作在该状态下越有利。

Q-Learning 算法的核心思想是通过不断试错来学习最优策略。具体来说，先初始化 Q 函数，算法会根据当前状态选择一个动作，然后执行该动作并观察环境的反馈，根据该动作的实际效果来更新 Q 函数。接着重复这些步骤。随着 Q 函数的不断更新，算法最终会

363

找到最优策略，即在每个状态下都能选择获得最大奖励的动作。

Q-Learning 算法是一种简单、易懂且易于实现的强化学习算法，可以用于解决各种强化学习问题。但是，该算法也存在一些缺点，例如可能会陷入局部最优和学习速度较慢等。

Q-learning 算法的关键特点是使用了试错机制，不使用模型，而是一边走一边动态地找出一组自导出的规则。

因此，Q-learning 算法遵循的是一种无模型、无事先给定的规则的策略。换句话说，不必事先制定一堆规则，而是随机应变。这种算法本质上是随着 AI 运算的进行而即时完成工作并自动导出规则。

Q* 算法把 A* 算法与基于强化学习的 Q-learning 算法组合在一起，这种机制将具有巨大的优势，例如可以解很多现在用 GPT-4 无法解的数学公式，进行许多基于常识的推理等。这种算法可能会跨过大量瓶颈，从而能够将 AI 推向 AGI，并让 OpenAI 在竞争中拥有巨大的优势。

McIntosh 等人推测 Q* 算法可能达到的通用智能能力有如下 4 个方面（见图 9.4）[4]。

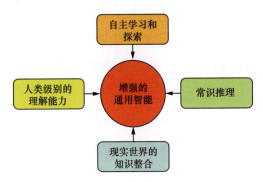

图 9.4　Q* 算法可能达到的通用智能能力

1. 自主学习和探索

自主学习和探索的能力意味着模型不仅能理解现有数据，还有能力主动寻找和综合新知识，能够有效地适应不断变化的情境，而无须频繁地重新训练。这标志着超越当前 AI 模型，达到了一种未曾达到的自主和效率水平。

预计 Q* 算法将采用类似 AlphaGo 那样的多个神经网络，并包含如近端策略优化（Proximal Policy Optimization，PPO）之类的先进强化学习技术，进一步增强对语言和复杂推理任务的处理能力。这些技术与搜索算法的整合，使 Q* 算法能够自主探寻和吸收复杂信息。这种方法可能会利用图神经网络（Graph Neural Network，GNN）来增强元学习能力，使 Q* 算法能够迅速适应新任务和环境，同时保留先前习得的知识。

2. 人类级别的理解能力

Q* 算法有望达到人类级别的理解能力，这可能源于对多种神经网络的高级整合，其中包括价值神经网络（Value Neural Network，VNN），类似于 AlphaGo 中用于评估棋局形势的组件。价值函数通常用于强化学习等领域。VNN 将神经网络与价值函数结合，是一种映射状态到其价值的函数，用于预测或评估某个状态或决策的价值，训练智能体学习如何在环境中做出最佳决策，以使其长期收益达到最大。

VNN 不仅会评估语言和推理过程中的准确性和相关性，还会深入探索人类交流的微妙之处。模型的深层理解能力可能会通过高级自然语言处理算法和技术加强。这些算法将使 Q* 算法有能力解释文本以及意图、情感和潜在含义等微妙的社交情感。结合情感分析和自然语言推理，Q* 算法的能力可以达到理解社交情感洞察的层面，包括同情心、讽刺和态度，从而达到与人类类似的理解水平。

3. 常识推理

Q* 算法有望整合复杂的逻辑和决策算法，结合符号 AI 和概率推理的元素。这种整合旨在赋予 Q* 算法对日常逻辑和类似人类常识的直觉理解能力，从而弥合 AI 与自然智能之间的重大鸿沟。Q* 算法的推理能力增强可能涉及以下方面。

（1）图结构的世界知识。这意味着 Q* 算法将能够存储和利用世界信息的图状表示，其中实体和概念之间相互关联。例如，一座城市由街道和建筑物组成，每个人都与他们的朋友和家人相连。这种结构化的知识将使 Q* 算法更容易理解复杂关系和场景。

（2）物理和社会引擎的整合。类似于 CogKR 等模型。CogKR 是一个认知科学知识库，试图以符号方式表示人类的常识，包括物理和社会方面的知识。Q* 算法也可能会整合物理和社会引擎。物理引擎能够模拟物理世界的行为，如物体之间的碰撞和运动；社会引擎则能够模拟社会互动，如人与人之间的合作和竞争。这些引擎的整合将使 Q* 算法能够更全面地理解和推理关于现实世界的场景。

（3）基于物理现实的方法。通过将推理能力建立在物理现实的基础上，Q* 算法有望捕捉和阐释当代 AI 系统常常缺失的日常逻辑。通过利用大规模的知识库和语义网络，Q* 算法可以有效地处理复杂的社交和实际场景，使其推理和决策更贴近人类的经验和期待。

4. 现实世界的知识整合

Q* 算法有望整合广泛的现实世界的知识，可能涉及使用先进的形式验证系统，这将为验证其逻辑和事实推理提供稳固基础。当这种方法与复杂的神经网络架构和动态学习算法结合时，将使 Q* 算法能够深入参与和应对现实世界的复杂性，超越常规 AI 的限制。

此外，Q* 算法可能会采用数学定理证明技术进行验证，确保其推理和输出不仅准确，还符合道德和伦理要求。

在进行了一系列实验和改进之后，OpenAI 已经把 Q* 算法最终改名为 o1（o1 也包含了其他一些之前的开发项目，如"草莓"）。o1 于 2024 年 9 月 12 日发布预览版本，随后在 2024 年 12 月 5 日发布了完整版本。该模型专注于增强推理能力，特别是在复杂问题的处理上表现优异。

9.2.3　测试时计算：提高泛化能力

测试时计算（Test-time Computation，TTC）是指在模型推理阶段利用额外的计算资源来提升泛化性能，也被称为测试时自适应（Test-time Adaptation，TTA）。TTC 可以通过多种方式实现，如在测试时对输入数据进行增强（包括添加噪声或旋转），可以帮助模型学习更鲁棒的特征；在测试时对模型参数进行微调，可以使其更好地适应特定的输入数据或任务；在测试时使用搜索算法来找到最佳的解决方案，如在强化学习中找到最佳的动作策略等。

大模型等生成式 AI 在训练过程中，一个重要方面是它对扫描数据的模式匹配程度。需要注意的是，模式匹配如果过分拘泥于既有数据，就可能会出现过拟合问题，就像在统计学或者回归分析课程中讲到的那样。

为了能够实现 AGI，人们希望生成式 AI 能够进行泛化，也就是能够处理在训练数据中没有直接遇到过的情况。为了实现这一点，就需要生成式 AI 能够应对分布之外（Out of Distribution，OOD）数据。OOD 数据通常是指生成式 AI 投入使用后，在运行过程中遇到的新数据。如果用户输入的问题或主题不在初始训练数据涵盖的范围内，那么会发生什么呢？生成式 AI 可能无法响应此类问题，因此通常会被设定为告知用户它对此没有相关信息。在其他情况下，生成式 AI 也可能会产生"AI 幻觉"[①]，编造出奇怪的答案。

有人可能会认为应该大大扩展初始数据训练的范围，以确保涵盖所有可能发生的情况。这听起来很理想，但并不是一个现实的解决方案。无论如何，在完成初始数据训练后都可能会出现新情况，或者模式匹配从一开始就可能过于局限。

既然无法穷尽所有数据进行训练，那么可以尝试在生成式 AI 运行后期进行一些干预。一种方法是通过测试来帮助生成式 AI 的底层结构朝着更全面的泛化方向发展。通常，要

---

① 一种解决幻觉问题并提高大模型准确率的解决方案是检索增强生成（Retrieval Augmented Generation，RAG），它涉及使用从外部知识源（如网络）检索的信息来增强大模型。

让更困难的实例表现良好需要更多的测试时计算量，因此需要设计一种神经网络架构，使其能够可靠地利用额外的 TTC 来提高准确率。

标准的深度学习架构难以通过增加推理计算量显著提升性能。尤其是需要将简单问题实例泛化到复杂问题实例（向上泛化）的任务，这一问题尤为重要。

平衡模型（Equilibrium Model）是一个广泛的架构类别[6]。Cem Anil 等人指出，平衡模型能够利用可扩展的 TTC 来展现向上泛化能力[6]。他们将这种能力与一种被称为路径无关性的现象联系起来。路径无关性指的是平衡模型在给定输入的情况下，无论初始条件如何，都倾向于收敛到相同的极限行为。

研究人员通过精心设计的实验验证了这一点。结果表明，路径无关性的网络确实能够利用更多的 TTC 在更困难的问题实例上泛化得更好。此外，训练条件中促进路径无关性的干预也会改善向上泛化能力，而抑制路径无关性的干预则会损害这种能力。这些发现表明，路径无关的平衡模型是构建 AGI 系统的一个有希望的方向，此类学习系统的测试时性能会随着计算量的增加而提升。

因此，可以尝试利用 TTC 和相关的 TTA 来改善底层生成式 AI 模型。在 2023 年，Zhao 等人发表了一篇名为"测试时自适应的陷阱"的论文[7]，论述了利用 TTA 的优势。TTA 利用测试时未标记的样本来使神经网络模型适应新的分布。它具有如下两个关键优势。

（1）通用性。TTA 不依赖对分布变化的强假设，这与领域泛化方法通常需要的假设不同。

（2）灵活性。TTA 不像领域自适应方法那样要求训练数据和测试数据必须同时存在。

总之，TTC 或 TTA 可以帮助模型更好地处理训练数据之外的输入数据，从而提高其泛化能力。同时，它也可以帮助模型抵抗噪声和干扰，帮助模型在更短的时间内找到更好的解决方案，从而提高效率。

由于 TTC/TTA 是被寄予厚望且越来越流行的范式，一些人猜测 TTC 或 TTA 很有可能是 Q* 算法的重要组成部分之一。如果 Q* 算法能够为解决问题带来更高水平的通用性，那么 TTC 或 TTA 可能会为期望的 AI 突破做出贡献。OpenAI 在 2024 年 12 月发布的 o3 模型采用了 TTC 技术，在推理阶段调用更多计算资源，以提高输出质量。OpenAI o3 模型在推理能力、适应性和处理复杂任务方面比 o1 有显著提升。

9.2.4　具身智能与渗透式 AI

具身智能对实现 AGI 具有重要意义。具身智能研究智能体如何在物理世界中感知、行动和学习（见第 8 章）。现在的 AI 技术使用的所有数据都来自互联网，所以被称为互联网数据，而具身智能因为具备感知功能，它的数据直接来自现实物理世界，被称为现实世界数据。显然，使用现实世界数据的 AI 就更接近人类，人类的智能与外部的感知是无法分离的。

9.2.4.1　具身智能对 AGI 的意义

具体来说，具身智能对 AGI 具有以下 3 个方面的意义。

（1）促进对世界的理解。具身智能可以通过与物理世界的互动来学习和理解世界的规律。这可以帮助 AGI 形成对世界更完整和更准确的理解，从而使其能够做出更智能的决策。

（2）增强学习能力。具身智能可以通过试错来学习如何在物理世界中执行任务。这可以帮助 AGI 提高其学习能力，从而使其能够更快地掌握新的技能和知识。

（3）扩展应用范围。具身智能可以应用于各种需要与物理世界互动的领域，如元宇宙、机器人、虚拟现实、游戏等。这可以帮助 AGI 扩展其应用范围，从而使其能够在更广泛的领域发挥作用。具身智能通常包括几个部分：身体，如虚拟智能体 ① 或机器人；传感器，具身智能系统需要能够感知周围环境，如通过摄像头、麦克风或其他更先进的嗅觉、味觉、触觉和"第六感"传感器（见第 8 章）；执行器，具身智能需要能够控制其身体并与环境互动。当然，这些"部件"需要头脑（智能）发指令和协调，这就需要能够学习和推理，以指导其行动。具身智能将成为未来真正完整的 AGI 中必不可少的部分。

具体来说，具身智能可以学习如何在一个空间内导航，这可以帮助 AGI 理解空间关系并进行运动规划；具身智能可以学习如何与人类进行对话，这可以帮助 AGI 理解语言和社交互动；具身智能可以辨别各种气味或滋味，这可以帮助 AGI 在医疗保健业和食品工业得到广泛应用。这些都是具身智能可以帮助 AGI 实现的例子。

9.2.4.2　渗透式 AI 的优势

目前，在生成式 AI 热潮持续、大模型取得巨大成功的背景下，又出现了一种基于大模型的具身智能，被称为渗透式 AI[8]。它与传统具身智能的主要区别，是让大模型来完成现实世界的任务，重点是基于大模型的具身化。

大模型是语言模型，它是在丰富的文本数据集上培育出来的，展示出在包括编码和

---

① 尽管虚拟智能体没有物理身体，它们在具身智能的框架中仍然需要一个虚拟的身体来与其环境进行交互，从而实现智能行为。

逻辑问题解决在内的各种任务上的卓越能力，常用于自然语言处理。它怎么能够用于完成带有各种感官信息的现实世界的各种任务呢？这是一个有趣、值得思考的问题。

渗透式 AI 回答了这个问题。它首先通过物联网传感器直接与物理世界互动，然后使用大模型来分析来自物理世界的传感器数据。大模型经过大量人类知识的训练，已经对物理世界有所了解，这些知识可以直接用于分析这些传感器信息，从而得出通常需要人类专家给出的背景知识，或者用大量加标记的传感器数据训练过的专门机器学习模型才能得到的深刻见解。

如图 9.5 所示，可以从信号处理的角度来阐述这个功能。具体来讲，大模型在两种不同的信号处理信号上渗透到物理世界：一种是来自底层传感器数据的文本化信号；另一种是数字化信号，本质上是原始传感器读数的数字序列。通过这两种信号，把作为基础模型的大模型中嵌入的世界知识，无缝集成到感知和干预物理世界的信息物理系统（Cyber-physical System，CPS）中。

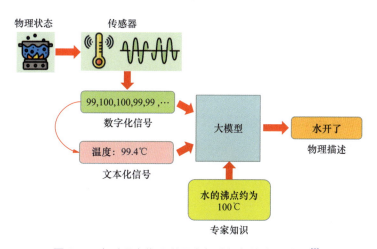

图 9.5　应对现实物理世界中各种任务的渗透式 AI[8]

研究人员基于 GPT-3.5 和 GPT-4.0 分别使用文本化信号和数字化信号对渗透式 AI 做了实验。他们使用智能手机和 Wi-Fi 等来收集传感器数据。实验结果表明，当物理世界的信号被正确抽象为文本表示时，大模型在分析这些信号方面非常有效。这些发现与他们最初的预期和大模型的知识基础一致。而在测试数字化信号时，大模型在提供适当指导的情况下，在分析物理世界数字化信号方面表现出了显著的高效率，而且具有比传统方法更高的稳定性和精度。

尽管目前的大模型版本还无法完全达到完美的准确性，但大模型在处理纯数字信号时表现出令人鼓舞的性能，为利用大模型的世界知识从感知信息中得出洞察提供了颇为令人瞩目的机会。简单地说，渗透式 AI 可以摆脱大数据的严格需求，无须太多附加的任务知识或数据，设置零样本或少量样本即可完成 AI 任务。另外，它可以配备物联网传感器和执行器，用于感知和干预物理世界，从而可以将智能部署至信息物理系统。

现在虽然有很多基于大模型的各种应用（如自动翻译），或在先进的驾驶人辅助系统中，大模型被用作人机界面来管理和传达来自各种车载传感器获取的周围道路条件等信息。但如果大模型未参与对传感器输入的世界知识的间接分析或控制 CPS，则不被视为渗透式 AI 的实践。

渗透式 AI 可以提供不少很有潜力的应用。它简化了解决方案的部署，允许用户与机器用简单语言交互，并最大限度地减少了对编程技能的需求。它还提高了数据效率，因为嵌入了丰富世界知识的大模型能够有效地泛化到新任务。大模型还可以熟练地处理模糊逻辑，从模糊或混乱的信息中着手推理，并且无须精确逻辑。最后，渗透式 AI 为多模态融合提供了创新的机会，其中各种数据类型被转换为统一的文本格式，有助于在不进行广泛的模型重塑的情况下无缝适应各种任务。

总体而言，具身智能和渗透式 AI 都是实现 AGI 的重要途径之一。通过与物理世界的互动，具身智能和渗透式 AI 可以帮助智能系统提高其理解、学习和决策能力，从而使其能够在更广泛的领域发挥作用。它们虽然都集成了传感器和执行器，但两者的区别之一是具身智能使用广为人们熟悉的 AI 算法（如深度学习），而渗透式 AI 把大模型作为基础模型。未来的发展要看这些技术不同的发展路径。例如，大模型现在还容易出错，专业知识也需要进一步丰富。全部依赖大模型的物理传感和物理执行系统很可能会发生错误的物理描述和行动。然而，随着大模型的进一步完善，渗透式 AI 会有非常广阔的前景，并在走向 AGI 的过程中发挥重要作用。

9.2.5 大型多模态模型

多模态模型被认为是下一个通往 AGI 的关键"战场"。大型多模态模型（Large Multimodal Model，LMM）可以被理解为大模型的更高级版本，这些模型不仅可以处理文本，还可以处理和理解多种类型的数据模态。这些多模态数据可以包括文本、图像、音频、视频和其他可能的数据（如传感数据）。多模态模型的关键特征是它通常能够同时集成和解释来自这些不同数据源的信息。此外，多模态模型输出的格式不仅是文本，还有视觉、听觉等。

大型多模态模型与大模型的主要区别除了数据模态，还包括应用和任务。大模型应用主要涉及文本任务，如撰写文章、翻译语言、回答问题、总结文档和创建基于文本的内容。大型多模态模型由于具有多模态性质，可以应用于需要理解和集成不同类型数据信息的任务。例如，大型多模态模型可以分析新闻文章或学术论文（文本）及其附带的照片（图像）和相关视频，以获得全面的理解。

9.2.5.1　训练大型多模态模型的步骤

训练一个大型多模态模型通常包括如下 5 个步骤，每个步骤都与大模型有所不同。

（1）数据收集和准备。除了大模型所需的文本数据，大型多模态模型还需要图像、音频、视频和潜在的其他数据类型，如传感数据。数据收集更加复杂，因为它不仅涉及多种内容，而且涉及不同的格式和模态。在大型多模态模型中，数据注释和标准化对于对齐这些不同的数据类型至关重要。

（2）模型架构设计。大模型通常使用适合处理顺序数据（文本）的 Transformer 等架构，重点是理解和生成人类语言。而大型多模态模型的架构更加复杂，因为它们需要集成不同类型的数据输入。这通常涉及神经网络类型的组合，例如用于图像的 CNN 和用于文本的 RNN 或 Transformer，以及有效融合这些模态的机制。

（3）预训练。大模型预训练使用大型文本语料库，而大型多模态模型预训练更加多样化，因为它不仅涉及文本，还涉及其他模态。该模型可能会学习将文本与图像关联（如为图像添加字幕）或理解视频中的序列。

（4）微调。大模型微调是使用更专业的文本数据集完成的，通常针对特定任务（如问答或翻译）进行定制。而大型多模态模型微调不仅涉及每种模态的专用数据集，还涉及帮助模型学习跨模态关系的数据集。由于大型多模态模型设计的任务多种多样，因此大型多模态模型中针对特定任务的微调更加复杂。

（5）评估和迭代。大模型的评估指标侧重语言理解和生成任务，如流畅性、连贯性和相关性。而大型多模态模型根据更广泛的指标进行评估，因为它们需要擅长多个领域。这包括图像识别准确性、音频处理质量以及模型跨模态集成信息的能力。

9.2.5.2　大型多模态模型中的模态转换

在大型多模态模型中，一种数据模态可以用另一种数据模态来表示或近似。

（1）音频可以表示为图像（梅尔频谱图）。梅尔频谱图可以显示音频信号的频率和时间信息。它通过将音频信号转换为梅尔刻度上的频谱图来创建。梅尔刻度是一种非线性尺度，它更接近人类感知频率的方式。

（2）语音可以转录为文本，尽管其纯文本表示会丢失音量、语调、停顿等信息。

（3）图像可以表示为向量，而向量又可以被展平并表示为文本标记序列。

（4）视频是图像加音频的序列。如今的机器学习模型大多将视频视为图像序列。这是一个严重的限制，因为事实证明声音与视频的视觉效果一样重要。

（5）如果简单地拍摄一张照片，文本就可以表示为图像。

（6）数据表可以转换为图表，即图像。

所有数字数据格式都可以使用比特串（0 和 1 的字符串）或字节串来表示。能够有效地从比特串或字节串中学习的模型将非常强大，它们可以从任何数据模态中学习。

OpenAI 在 2024 年初发布了 Sora。Sora 能够根据文本提示生成视频场景，这标志着 AI 能力向前迈出了重要一步。当然，还有其他目前没有涉及的数据模态，例如图形和 3D 物体的数字化表示。图形可以被用于表示实体及其之间关系的数据结构。例如，社交网络中的用户和他们的朋友关系（朋友圈）可以用图来表示；3D 物体的数字化表示用于创建视频游戏或电影中的虚拟世界的模型和纹理。这些在目前的大型多模态模型中还尚未涉及。另外，大型多模态模型也还没有涉及用于表示气味和触觉的格式。气味和触觉等感官信息目前还没有被广泛地数字化，有的研究刚刚开始（见第 8 章），因此还没有标准的格式来表示它们。

9.2.5.3　大型多模态模型面临的挑战

大型多模态模型还面临很多挑战，包括如下 5 个方面。

（1）数据要求和偏差。这些模型需要大量、多样化的数据集进行训练。然而，此类数据集的可用性和质量可能是一个挑战。此外，如果训练数据包含偏见，则模型可能会继承并放大这些偏见，从而导致不公平或不道德的结果。

（2）计算资源。训练和运行大型多模态模型需要比大模型更多的计算资源，这使得它们成本高昂且对较小的组织机构或独立研究人员来说不太容易获得。

（3）可解释性。与复杂的 AI 模型一样，理解这些模型如何做出决策可能很困难。缺乏透明度可能是一个关键问题，特别是在医疗保健或执法等敏感应用中。

（4）模态集成。使用真正理解每种模态细微差别的方式来有效集成不同类型的数据（如文本、图像和音频）极具挑战性。大型多模态模型可能并不总是准确地掌握这些方式相结合所产生的背景，或人类交流的微妙之处。

（5）泛化和过度拟合。泛化对实现 AGI 是至关重要的。虽然大型多模态模型是在大量数据集上进行训练的，但它们可能很难泛化到新的、未见过的数据或与训练数据显著不同的场景。相反，它们可能会过度拟合训练数据，将噪声和异常捕获为模态。

近年来，已经出现一些大型多模态模型，较著名的有 OpenAI 的 CLIP 和 DeepMind 的 Flamingo。CLIP 使用对比学习的方式进行预训练，通过最大化正样本的相似性，同时最小化负样本的相似性，将图像和文本嵌入同一个空间中，从而理解图像的自然语言上下文。它可以通过理解文本描述来执行诸如零样本图像分类的任务，即使在没有经过显式训练的类别中也能准确分类图像。而 Flamingo 利用语言和视觉理解的优势，能够执行需要解释和整合文本和图像信息的任务，并可以通过少量样本来学习新任务。

9.2.6　分布式群体智能

中国有一句俗语："三个臭皮匠，顶个诸葛亮。"这体现了群体智慧的价值。在很多情况下，群体的智慧可以超过个体智慧，主要体现在知识和经验的积累、问题的多角度思考、分工协作效率的提升，以及创造力的相互启发等方面。

在自然界中，许多生物展现出群体智能的惊人现象。例如，蚂蚁能够协力搬运比自身重量大几十倍的物体，蜜蜂能够合力建造结构精巧的蜂巢，鸟类能够成群结队地迁徙万里。这些生物个体的智能水平并不高，但当它们聚集在一起时，却能够完成复杂的任务，展现出超越个体的智慧。

群体智能的奥秘启迪了 AI 的发展。近年来，人们开始将群体智能的概念应用于 AI 领域，通过多个智能体的协作，实现超越个体智能水平的目标。智能城市建设就是其中一个很好的例子。城市中部署了大量摄像头、传感器等设备，它们单独的智能水平有限，但通过互联互通，就可以形成一个庞大的智能体。这个智能体能够实时采集、分析城市交通、环境、安全等方面的信息，并做出相应的决策，例如优化交通信号灯、调整道路管制、预防安全事故等，有效提升城市的管理效率和安全性。这实际上就是智能物联网应用，而 AI 大模型的训练，也有可能以分布式的方式进行。

9.2.6.1　物联网 AGI 系统

随着物联网的日益普及，人类离"万物互联"的场景已经不远。如果将基于大模型和大型多模态模型的生成式 AI 技术带入成千上万的物联网设备中，就有可能创造"群体智能"的效果，并产生一种比单独的 AI 更智能的 AGI。

研究人员正在试验由大模型组成的"团队"，被称为多智能体系统（Multi-agent System，MAS）。它们可以互相分配任务，在彼此工作的基础上继续前进，或者对问题进行讨论，以便找到任何一个人都无法找到的解决方案。而这一切，都不需要人类进行指导。MAS 还能展示推理和数学技能，而这些技能通常是独立的 AI 模型无法企及的，而且不容易产生不准确或错误的信息。智能体之间的这种"辩论"，有朝一日可能会被用于医疗咨询，或对学术论文产生类似同行评审的反馈。

2023 年，微软发布了一个开源框架——AutoGen。该框架允许研究人员用大模型智能体来组建团队。微软研究院的研究小组利用这个框架建立了一个 MAS。它在一个名为"盖亚"（Gaia）的基准测试中击败了其他所有个体大模型，该基准测试衡量的是一个系统的综合智能。

1. 物联网 AGI 系统的优势

如果一开始就把 AGI 模型带入各种物联网设备，那么在整个社会甚至整个地球会超越单独的 AGI，达到更高的智能水平。具体来说，这得益于物联网 AGI 系统的以下 4 个优势。

（1）信息共享和协作。AGI 可以帮助物联网设备共享信息和协作，以实现更智能的行为。例如，智能家居中的物联网设备可以共享数据，以便 AGI 可以更智能地控制它们，如根据用户的习惯自动调节室内温度和灯光。通过信息共享和协作，物联网设备可以相互学习，提高自身的智能化水平。

（2）分布式决策。AGI 使物联网设备能够进行分布式决策，无须中央控制。例如，在自动驾驶汽车中，车载物联网设备可以与 AGI 协作，实时做出安全驾驶决策，无须依赖交通信号灯等基础设施。分布式决策使物联网系统更加灵活和稳定，能够更好地应对复杂多变的环境。

（3）自主学习和进化。AGI 可以使物联网设备能够自主学习和进化，不断提高其智能化水平。例如，智能工厂中的机器人可以与 AGI 协作，学习新的生产工艺，并不断提高生产效率。自主学习和进化使物联网系统能够持续改进，并不断适应新的需求。

（4）规模化效应。将 AGI 技术应用于大量的物联网设备可以产生规模化效应，显著提升整体智能化水平。例如在智慧城市中，大量的物联网设备可以与 AGI 协作，实现城市交通、能源管理、公共安全等方面的智能化管理。

这种群体智能的 AGI 将拥有更强大的学习能力和推理能力，能够更好地解决复杂问题，并更有效地适应复杂多变的环境。

2. 物联网 AGI 系统的组成部分

虽然传统的 AI 应用能很好地完成狭隘的任务，但开发更多功能的系统需要未来更接近 AGI 的大模型。传统的 AI 缺乏人类智能的灵活推理、情境适应和学习能力。实现物联网 AGI 的目标是开发出在不同任务和情况下具有更大通用性的 AI。这种物联网 AGI 系统[9] 包括如下 6 个关键组成部分。

（1）迁移学习：将在一个领域获得的知识应用到新的领域。

（2）多模态理解：整合和情境化来自不同传感器（如文本、音频、视频等）的数据。

（3）推理：理解因果关系以解释事件并进行预测。

（4）自监督学习：通过探索环境来发现更高层次的概念和表示。

（5）互动：现代生成式 AGI 模型能够与人类和环境输入进行动态和互动式交互，使我们更接近真正互动式智能体的目标。

（6）小样本学习：从有限的样本中快速学习新技能并应用到未来任务中。

AGI 将成为能够动态处理和分析多方面物联网数据、理解情境并做出相应决策的 AI 智能体。这将开启更为强大和灵活的应用场景，超越当前狭义 AI 解决方案的能力限制。

物联网 AGI 系统的架构基于 Transformer 模型。与 CNN 和 RNN 不同，Transformer 模型完全依赖注意力机制，为所有编码的输入表示分配权重，并学习输入数据的最重要部分。尽管基于 Transformer 模型的参数量很大，但由于模型的并行化，Transformer 模型仍然可以实现可扩展性。

物联网 AGI 系统通常以自监督的方式进行训练，从而在没有标记数据的情况下提取重要的特征映射。自监督学习方法可以分为生成式和判别式两种。把经过预训练的模型应用于特定任务时，需要通过合并新信息来进行模型适应。这可以通过任务规范实现，例如通过在输入文章中添加提示来进行文本摘要，或者通过使用特定于领域的数据微调模型参数来实现。

物联网的推理任务通常依赖从多个来源所收集的数据，一般是多模态数据。例如，在智能医学诊断中，人们可以依赖多个可穿戴设备的测量。如何应对这种多模态性是另一个挑战。这需要开发更复杂的机制，以有效地从多模态数据中提取和整合信息。

物联网 AGI 系统需要覆盖各个领域的知识，以适用于各个领域。这需要采用领域泛化技术。领域泛化是 AI 的一个重要研究方向，具有广阔的应用前景。近年来，领域泛化研究取得了快速发展，涌现出大量基于不同原则的算法，提升了模型的泛化能力和鲁棒性。

泛化效果较好的算法是元学习。元学习也被称为"学会如何学习"，旨在学习通用的学习策略，以便快速适应新任务。在领域泛化中，元学习可以用于训练模型在多个领域上进行泛化。例如，MAML（Model Agnostic Meta-learning）算法在元训练集和元测试集上训练模型，可以提高其在包含未见领域的新任务上的性能 [10]。

另外一种用于领域泛化的技术被称为领域对齐，旨在消除不同领域之间的差异，并学习各领域共通的表述。这类方法通常依赖标签信息进行训练。其中，基于因果不变性原则的方法受到了广泛关注。

物联网 AGI 系统的芯片实现取决于边缘 AI 芯片的研究进展（见第 2 章）。它首先要满足边缘 AI 芯片的基本要求，如极低功耗及实时性等。

在物联网设备中部署大模型面临巨大挑战，尤其是在大模型实时性能方面。物联网设备的计算资源有限，如内存带宽、吞吐量和功率预算。因此，一方面要提高 DNN 的复杂性（这是提高准确性所必需的），另一方面要在资源有限的移动设备上部署这些 DNN 以实现更广泛的应用，这两者之间存在着复杂的权衡问题。降低大模型的计算成本和存储成本将一直是芯片实现的主要目标。不过，随着算法优化、效率的提高和更先进的供电方式的出现，数据存储和计算方面的挑战有望得到有效缓解或解决。

物联网 AGI 系统也可被称为智联网，在这里每个互连的设备都成为一种智能体。设备智能连接的另外一种用途和叫法是物算网，或者是物算一体化，这是基于协同通信技术的原理，把每个物联网设备中的计算单元（如 CPU 或者 MCU）都利用起来一起计算一个大项目，以弥补算力的不足。这也是一个新兴的研究领域。

物联网 AGI 系统将逐步应用于智能工业制造、医疗保健、智能家居、智能农业、智能交通、智能教育等领域，预计会在这些领域和整个人类社会中发挥颠覆性作用。

9.2.6.2 分布式 AI 训练

目前，AI 大模型的训练需要大量 AI 芯片和以此为基础所建造的大型计算集群。大模型变得越来越大、对 AI 芯片算力的需求越来越大，资源消耗也越来越大。这种状况不可能无限持续下去。

解决方案有可能是放弃建造庞大的计算集群和所谓的"算力中心"，转而在许多小型数据中心（如只有几个服务器）之间，甚至在许多边缘设备（如个人计算机和智能手机）之间分配 AI 训练任务。这就是分布式群体智能可以起到关键作用的地方。

如果以 TFLOPS 来衡量，一块主流英伟达 GPU 芯片的性能相当于 300 多部高端智能手机。如果这些手机（以及其他个人计算机）都能被利用起来，在设备空闲时（如用户睡觉时）完成 AI 训练运行，那将会带来巨大的利益。然而，利用大量智能手机和个人计算机一起完成同一项大型 AI 模型训练任务，还有许多重大挑战需要克服。

首先是 AI 训练的同步和数据分配问题。典型的手机和个人计算机无法存储用于前沿大模型的太字节级数据，因此需要不断重新分发训练数据。此外，手机和个人计算机的性能参差不齐、训练后数据回传的带宽问题、任务协调问题、安全和隐私问题等，都需要有新的计算技术突破。

其次是经济利益方面的问题。分布式 AI 训练通常需要激励机制来吸引个人贡献算力。如果涉及付费，例如给设备所有者支付报酬，成本可能超过直接使用 AI 数据中心的费用。如果能利用区块链或类似技术，将分布式算力参与者的贡献记录下来并透明地支付报酬，可能会使这种模式更加吸引人。

综上所述，分布式 AI 训练并非没有实现的可能，但要克服技术和经济上的双重挑战，还需要时间和创新。

9.2.7　发展重点：基于强化学习的后训练与推理

在大模型的训练与使用过程中，预训练、后训练和推理是 3 个关键阶段。预训练主要是让模型在大规模文本数据上进行自回归学习，掌握基本的语言模式和知识结构。这一阶段通常是一次性的，虽然计算资源消耗巨大，但目标只是构建一个通用的语言模型，而不是优化其实际应用能力。因此，预训练虽然重要，但它只是模型训练的基础，并不能直接决定最终的表现。

目前，大模型的预训练阶段已经接近瓶颈，主要受到数据、计算资源和模型规模增长的限制，且在通用性提升上边际效益递减。人们开始探索后训练和推理迁移的新模式。

相比之下，后训练的作用更加关键，也更加复杂。预训练得到的模型往往缺乏针对性，不一定符合人类的价值观或具体任务需求。因此，后训练通过监督微调（Supervised Fine-tuning，SFT）、人类反馈强化学习、多模态对齐等方法，让模型更符合特定任务的需求，并优化它的安全性和可用性。这一过程通常需要高质量的人工标注数据，并且需要进行多轮训练和优化，每一步都涉及大量计算资源的消耗。尤其是在强化学习阶段，模型需要通过训练多个子模型（如奖励模型、策略模型）进行迭代优化，进一步增加了计算开销。因此，尽管预训练看似规模庞大，但后训练的计算资源需求也相当高，但好处是不一定需要成本高昂的最高端 AI 芯片。

推理阶段虽然不涉及额外训练，但由于模型规模庞大，每次调用都需要进行高复杂度的计算。特别是在需要低时延响应的应用场景下，推理的计算需求十分严苛。用户的并发请求也加剧了计算资源的消耗，使得推理成本在长期运行中甚至可能超过模型训练的总消耗。与预训练一次性的计算投入相比，推理是一个持续进行的过程，且优化空间有限，因此需要高度优化的芯片和算法支持。综上所述，后训练决定了模型的最终能力，而推理则决定了它的实际可用性，在计算资源消耗和长期成本方面，它们都比预训练更加重要。

长思维链（Long Thought Chain，LTC）是一种增强大模型推理能力的方法，核心思想是让模型像人类一样进行深度思考，逐步推理，而不是简单地给出一次性答案。与传统的短思维链相比，LTC 能够更充分地展开推理过程，使模型在复杂任务中表现出更强的逻辑能力、连贯性和一致性。通过引导模型分阶段思考，LTC 可以提升推理质量，特别是在数学、逻辑推理、故事生成和策略规划等任务上展现更高水平的智能。LTC 还可以减少 AI 幻觉问题。

增加 token 序列长度在一定程度上有助于 LTC 的实现，因为它提供了更大的表达空间，使模型能够在一次推理中生成更丰富的上下文信息。更长的 token 输出允许模型细化推理步骤、解释推理路径，并提供更具说服力的结论。此外，在多轮对话、复杂问题分析和长文本生成等任务中，足够的 token 预算可以减少信息丢失，使模型的回答更加完整和深入。2024 年，谷歌 Gemini 1.5 Pro 突破性地实现了最高可达 1000 万个 token 的处理能力。Gemini 2.0 系列中最强的 Pro 版本可支持 200 万个 token 的上下文。

尽管增加 token 长度带来了推理质量的提升，但它并不是 LTC 能力增强的唯一原因。仅增加 token 长度并不能保证推理过程更严谨，而是需要结合适当的提示工程或训练方法，引导模型合理地利用额外的 token 进行层层递进的思考。LTC 的核心价值在于让模型学会如何高效地组织思维，而不只是机械地生成更长的文本。因此，在实际应用中，增加 token 长度和优化思维链（Chain of Thought，CoT）策略应当相辅相成，以最大程度地提升大模型的智能水平。

目前，一些大模型已经融合了 LTC 或相关技术，如思维链、思维树（Tree of Thought，ToT）、自我反思（Self-reflection）及记忆增强（Memory-augmented），以进一步提升智能水平。

通过强化学习生成思维链，AI 在数学、编程和推理等任务中的表现将得到显著提升。强化学习算法本身也在不断发展和优化。深度强化学习已在多个行业实现应用突破，而为了应对传统强化学习在高维度问题上的训练难题，研究人员还采用了模仿学习和分层强化学习等更高效的算法，从而提高了模型的学习效率和训练速度。

另外，为了降低计算资源的消耗和计算成本，研究人员开发了新的轻量级强化学习算法，称为引导正则化策略优化（Guided Regularized Policy Optimization，GRPO）算法。该算法大大简化了模型架构，同时提高了模型的执行效率和实时响应能力。像 GRPO 这样的算法将被广泛应用于资源受限的边缘计算中。

强化学习与大模型的结合将进一步提升模型的泛化能力。未来的研究将从传统的预训练阶段转向后训练和推理迁移，并探索如长时记忆、多步推理优化及多个 AI 智能体协作等新方法。这种新模式不仅能大幅提升 AI 在特定场景下的表现，还能降低训练成本，同时提高模型的适应性和灵活性。

9.2.8　超越大模型：神经符号计算

将基于神经网络的方法与基于符号知识的方法的混合，即神经符号计算，已在本书第 3 章详细阐述。

人们曾经认为规则是设计 AI 的一种手段。这类似于专家系统、基于规则的系统和基于知识的系统。这些用来执行任务的规则被输入或编入 AI 应用程序中。有时效果很好，但有时这种方法过于脆弱并且设计起来过于耗时、效果不佳。于是后来进入了所谓的"AI 寒冬"。

如今，使用基于数据的方法（如 DNN）是现代 AI（常被认为"AI 春天"）的支柱。一些人断言，如果在目前的深度学习 AI 算法和模型（包括大模型）的基础上，不断增加大模型的规模和大数据、增加数据中心规模，即不断增加算力，用现有的方法就能实现 AGI。而其他人对此表示怀疑和反对。因为这是一条不可持续发展的不归路。他们倾向于认为需要找到其他方法，其中之一就是把基于规则与基于数据的方法结合起来，这就是神经符号计算。

大模型几乎成为当今 AI 技术的实际代表。虽然大模型具有与人类流畅互动的卓越能力，它能够理解用户的问题和陈述，并给出自然且令人信服的回答，但仍存在不少待解决的问题。其中一个问题是"AI 幻觉"问题，即生成的内容可能并不基于现实世界的事实，导致输出的内容包含虚假或自相矛盾的信息。这种可靠性的缺失是导致大模型目前未被广泛应用于工业解决方案的一个重要原因。尽管大模型通过了越来越多的测试，展示了其广度和深度的提升，但当前的大模型仍然缺乏进行合理逻辑推理的能力，并且无法可靠地解释其自身论点背后的推理依据。这是由神经网络本身的架构所决定的，它并不擅长进行复杂的逻辑推理。

因此，大模型急需解决可解释性问题。大模型的决策过程是复杂且不透明的，这使人们很难理解其做出特定决策的原因。这对需要解释和问责制的应用来说是一个重大挑战。例如，在医疗或法律领域，大模型可能会被用于辅助决策，但如果无法解释其决策过程，就可能会导致信任问题。

大模型缺乏可解释性和缺乏逻辑推理能力，也可能会受到其训练数据中的偏见和歧视的影响，导致生成不公平或不准确的结果，从而引发许多伦理问题，如隐私、公平、透明度等。它可被用于生成深度伪造的视频或音频，这可能会被用于欺骗或勒索他人。

大模型不透明的统计模型使得系统化的工程流程难以被实现。大模型本身缺乏可解释性，这给在输出结果与提示所包含的知识之间建立明确联系带来了巨大挑战。此外，输出中存在的非确定性也使分析变得更加复杂，因为多次运行同一输入的大模型可能会产生完全不同的结果。

此外，采用逐个 token 的处理方法使得大模型无法系统地将简单提示组合为更复杂的提示。这限制了大模型在知识捕获方面的能力，从而影响应用程序行为的可控性。为了提高应用程序的准确性，用户不得不依赖少样本微调、思维链提示和提示链接等经验性方法。

由于大模型没有将自然语言输入映射到形式化表示的方法，也没有将输入系统转换为确定性输出的机制，因此并不存在一个明确的"配方"来指导用户何时以及如何采用各种提示改进技术。这种缺乏保证的渐进式进步的"试错"方法与工程学科严谨的流程相去甚远，也与"提示工程"这个术语所暗示的严谨性相悖[11]。

一家位于美国纽约名为 Elemental Cognition 的新创公司（该团队源于原 IBM Watson 系统的科学家团队）评估了大模型在解决问题方面的表现，并验证它在一系列需要大量使用推理的约束满足和优化任务中的解决方法。针对大模型存在的问题和局限性，他们在 2024 年提出一种新的 AI 平台[11]，目标是使生成式 AI 可靠地确保逻辑合理、高效推理，保证最佳结果并做出解释。

他们的 AI 平台建立在神经符号计算的基础上，在数据流的不同部分同时使用神经网络和符号方法，从而将神经网络语言交互的灵活性和流畅性与符号方法推理的精确性和可靠性结合起来。他们已经在他们的平台上开发了现实世界的应用程序，这些应用程序与人类互动，解决人类在复杂的旅行规划和本科学位规划中遇到的约束条件满足问题。

这个 AI 平台的核心是一个基于答案集编程的通用符号多策略推理引擎。该推理引擎执行逻辑推理的关键功能，包括因果、演绎、归纳和非单调推理，以及基于给定规则和事实的多目标约束优化。它能确定当前的知识状态是否包含相互冲突的规则或事实，如果不冲突，则能计算出给定一系列优化目标的最优解。

研发人员评估了这个 AI 平台在给定一组输入和优化标准的情况下构建计划的能力，以及根据一组约束条件验证计划并在发现计划无效时进行修正的能力。结果表明，在所有应用中，AI 平台在支持大模型用户交互的情况下，都能在所有维度上实现 100% 的性能，明显优于 GPT-4。而 GPT-4 只能生成一些有效的解决方案，其中绝大多数都是次优方案，并且在识别或纠正无效解决方案方面表现不佳。他们认为，与单个端到端的大模型相比，他们的混合平台是解决复杂推理问题的更有前途的解决方案。

这个 AI 平台的卓越性能可归功于将知识捕获和推理执行机制分开的独特方法。这种明确的区分使其成为一个 AI 平台，与将它们整合到端到端框架中的大模型形成鲜明对比。精确的知识捕捉是建立一个能可靠地产生准确结果并可随时自省的系统的基础。该 AI 平台通过使用 Cogent 语言来实现这一点。该语言结合了定义明确的语义和确定性流程，可将 Cogent 中的规范转换为推理引擎可使用的逻辑形式。

该 AI 平台的符号多策略推理引擎包括由大模型驱动的知识捕获工具，以促进用 Cogent 语言为应用程序指定规则和约束。Cogent 规范被编译成逻辑形式，该推理引擎可以在运行时直接调用并用于解决问题。该平台还利用大模型，通过从 Cogent 规范自动生成的应用程序接口，为开发应用程序的交互式用户界面提供支持。大模型在这些开发工具中得到了充分利用，为开发应用程序提供了自然而有效的体验。

神经符号计算与基于纯大模型的方法不同，它对大模型缺乏逻辑推理这一部分做了补足，从而将 AI 能力推向新的高度。因此，未来的 AGI 时代很有可能是基于神经符号计算的 AI 时代。2024 年，谷歌 DeepMind 发布了 AlphaGeometry，它采用神经符号计算解决国际数学奥林匹克竞赛中的几何问题，并获得了奖牌。这次胜利证明了神经符号计算的能力。如果使用 Q-learning 算法或类似的算法，把神经符号计算无缝地融入大模型和生成式 AI 中，那么该组合就在某种程度上将数据和符号混合在了一起，为进军 AGI 开辟一条新的路径。

9.3　AGI 芯片的实现

AGI 芯片有较高的需求，包括算力、存储、联网等方面。下面先讨论这些需求，然后讨论 AGI 芯片的架构和形态，最后介绍 AGI 芯片的新创公司以及未来的发展。

9.3.1　技术需求

最近 10 多年来，深度学习 AI 所取得的巨大成功，主要建立在如下三大支柱上。

（1）算法支柱。新算法的出现催生了新的应用，形成了一种新的统计计算手段，替代了传统的用于精确计算的算法和软件工程解决方案（如专家系统）。许多新颖的研究证明了在多个领域使用神经网络架构的算法突破，尤其是计算机视觉和自然语言处理。

（2）数据支柱。作为统计计算手段的神经网络架构的核心是数据驱动方法，它不是为特定的计算任务明确定义一组规则，而是以"通过样本学习"的方式定义和构建任务。神经网络架构通过学习先前样本中的输入所对应输出的解决方案来训练；基于神经权重，神经网络还可以近似从未见过的新输入所对应的输出。神经网络架构提供良好近似值的能力取决于足够大的样本集。换句话说，神经网络需要大量数据才能发挥效用。

随着数字化技术越来越融入人们的日常生活，越来越多的数据被存储在云实体中，为现有任务提供了越来越多的输入（如用于训练计算机视觉网络的更多图像）以及为新应用领域提供新输入集（如记录自动驾驶汽车中的激光雷达数据）。

（3）计算支柱。如果没有强大的计算硬件（如高端硅芯片、存储器和互连），就不可能在大量数据上试验新算法。如果无法满足在数据集上训练算法（或根据新数据进行推理）的计算需求，则无法证明神经网络架构确实有效。

但是，未来的 AGI 芯片对这些支柱的需求可能会发生很大的变化。下面分别从算力、内存带宽和边缘设备的 AI 算力等方面来探讨实现 AGI 芯片的技术需求及可能的方案。

9.3.1.1　算力

过去 10 多年，用于 AI 的算力已经有了很大提高。这体现在 GPU 的不断更新换代以及其他新型深度学习 AI 加速器的涌现。下面，让我们来探讨一下 AI 芯片的算力与哪些因素有关，以及未来 AGI 时代算力增长的可能性。

（1）晶体管数量。晶体管是芯片的基本构成单位，负责执行计算和逻辑运算。晶体管数量越多，芯片的计算能力就越强。它是影响芯片计算能力的最重要因素之一。摩尔定律指出，集成电路芯片上可容纳的晶体管数量每隔 18 个月左右会翻一番。这意味着，在其他因素不变的情况下，芯片的计算能力也会每隔 18 个月左右翻一番。摩尔定律已经快到极限，未来将会由只有原子尺寸的 2D 材料代替硅，因此晶体管还有相当大的增长空间。

（2）晶体管速度。晶体管的速度指的是晶体管开关一次（0 到 1 或 1 到 0 的翻转）所需的时间。晶体管速度越快，芯片的计算能力就越强。近年来，晶体管速度的提升速度有所放缓，但仍然是影响芯片计算能力的重要因素之一。对传统的 0 和 1 的二进制运算来说，由于受到功率密度的限制，无法再提高数字电路的时钟频率，速度很难进一步提高。比较好的创意是把二进制改为三进制或多进制，或者利用一些特殊电路，仅在一个脉冲周期（一次 0/1 翻转）内就可以完成原来需要多个脉冲周期才能完成的计算。

（3）芯片架构。不同的芯片架构可以实现不同的计算功能，并对芯片的计算能力产生影响。最新的一些深度学习 AI 芯片就是采用了新的架构（见第 2 章）。

现在，CPU、GPU、FPGA 都有了比较固定和成熟的架构。英伟达的 GPU 在这次生成式 AI 的热潮中成为"抢手货"，是各个部署大模型的企业的追逐对象。然而，ASIC 的架构设计有很高的灵活性，它可以针对算法（如深度学习）进行优化，因此往往可以得到比先进 GPU 高得多的性能和能效。Groq 最新推出的 LPU ASIC 芯片就证明了这一点。

（4）芯片面积。芯片面积越大，就可以放置越多的晶体管，也就可以提高算力。目前，已经有云端 AI 芯片的面积大于 $800mm^2$，已经接近制造工艺的极限（见第 4 章），算力在 4000TOPS 左右，功耗大于 700W；而边缘 AI 芯片（如含 AI 处理核的智能手机应用处理器）的面积为 $100mm^2$ 左右，算力在 50TOPS 左右，功耗小于 10W。

（5）制造工艺。制造工艺决定了晶体管的尺寸和精度。制造工艺越先进，晶体管的尺寸越小，精度越高，芯片的计算能力就越强。目前，最新的工艺节点是 3nm，2nm 和 1.4nm 工艺节点的芯片很快将被投入生产。研究机构的路线图已经提到 1nm 以下的工艺。

（6）芯片内部扩展。随着芯粒技术与 3D 堆叠技术的不断成熟，现在可以把许多处理器和存储器集成在一个封装里，相当于增加了芯片面积和晶体管数量，同时大大缩短了内部通信时间，使单个芯片的吞吐量大大提高。这方面已经有很多成熟的配套制造工艺，如 HBM、台积电的 CoWoS、液体冷却技术等。但最大的突破是把单个芯片扩展到整个晶圆，如 Cerebras 的 WSE-3 有 4 万亿个晶体管，专为训练产业界规模最大的生成式 AI 模型而构建。

（7）芯片的算力还与内存带宽、存储容量等因素有关。另外，不同类型的芯片，其计算能力的衡量指标也不同。例如，CPU 的计算能力通常用 FLOPS（每秒浮点运算次数）来衡量，GPU 的计算能力通常用 TFLOPS（每秒万亿次浮点运算）来衡量。

（8）芯片的算力也受处理器利用率的影响。特别是在云端，处理器的利用率至关重要。芯片的算力表示其执行计算的能力，但并不反映它在特定应用或任务上的效率。可以将其比喻为驾驶汽车的情况：一个人踩下油门，汽车发动机发出声响，车辆前进，表明汽车正在运行。然而，如果汽车处于低挡位，可能没有有效利用资源，浪费了燃料并且未达到最佳速度。同样，进行 AI 训练时，目标是让模型学习，而不只是进行计算。快速的计算并不意味着能够更快或更有效地实现学习目标。有效的学习取决于学习算法的选择和优化，以确保模型能够以最有效的方式学习和进步。英伟达之所以因软件卓越而受到赞扬，部分原因在于从 GPU 诞生开始就不断更新低层软件，通过更智能地在芯片内、芯片间和存储器之间传送数据，提高了处理器利用率。

（9）芯片的算力与芯片之间的互连能力有关。为了获得更高的算力，除了上述提高单芯片的算力，需要提高芯片之间的互连能力，将多个 AI 芯片连接起来协同运算。目前常用的方法是在云端通过网络将大量搭载 AI 芯片的服务器连接在一起，形成一个或多个 POD 或机架。例如，ChatGPT 的训练就是基于由上万个 GPU 组成的庞大服务器集群完成的。随着硅光芯片与光纤技术的发展，连接线将从机架与机架之间的光连接、板卡与板卡之间的光连接，一直过渡到芯片之间甚至芯片内的光连接。

为了更好地分配存储资源，近年来产业界推出了采用高速互连接口标准，如 CXL、OpenCAPI、Gen-Z 等，支持所谓的分解式计算模式。在这种模式下，多个芯片、板卡可以共享一个存储池，无须每个芯片或板卡都配备独立的存储器，从而大幅提升存储资源的利用率并优化整体性能。分解式计算可以简化系统架构，提高系统的扩展性和可维护性。

CXL 是一种高速互连接口标准，用于连接 CPU、GPU、FPGA 等计算加速器以及存储器等设备。CXL 接口标准能够提供比 PCIe 更低的时延和更高的带宽，能够有效释放 AI 芯片的计算性能。CXL 接口标准支持多种连接方式，可以满足不同应用场景的需求。在存储器方面，CXL 接口标准目前主要用于 DRAM，但其他种类的内存也可以使用。三星电子和 SK 海力士已经发布了相关产品。

另外一种联网方式是利用分布式计算技术和协作通信技术，也被称为分布式算网一体化。分布式计算是一种将计算任务分配给多个计算机协同完成的技术，可以有效利用闲置计算资源，提高计算效率，适用于 AI 计算和科学计算等领域。协作通信技术是指多个计算设备之间进行协同通信的技术，包括消息传递、远程调用、负载均衡等，并可进行算术运算。

由于目前的智能手机已经相当于一部高性能的计算机，利用多个或大量手机的计算功能，将可产生很高的算力来解决某个 AI 复杂问题。例如，加州大学伯克利分校的 BOINC 研究项目的手机协同计算平台，可以利用数百万个安卓智能手机来完成像模拟蛋白质折叠这样的大型科学计算。手机协作计算也可以用于处理大量的视频数据（如实时视频流和虚拟现实系统），可以利用多台手机的计算资源来提供高分辨率的虚拟现实体验。

利用手机的协同计算是一种新兴的计算模式，目前还处于研究阶段，具有广阔的应用前景。在这种模式下，多个手机的计算资源可以并行工作，可以提高计算效率和实时性。而且手机的计算资源相对便宜，因此利用手机的协同计算可以降低成本。另外，多个手机可以相互备份，可以提高计算系统的可靠性。随着手机技术的不断发展，这项技术有望在未来得到广泛应用。

分布式计算将可作为分布式 AI 训练的核心支撑平台，实现大规模并行计算，在缩短 AI 训练时间、提高模型精度和适应海量数据处理等方面发挥重要作用（见 9.2.6.2 小节）。

9.3.1.2　内存带宽

如前所述，内存带宽是指处理器与内存之间的数据传输速率（也可以说是从内存中读取和写入数据的速度）。内存带宽越高，处理器访问数据的速度就越快，从而提高性能。云端常采用 HBM3（8192 位），内存带宽可以达到 5.3TB/s；边缘设备（如智能手机）常采用 LPDDR5T（64 位），内存带宽可达到 76.8GB/s。

当今以大模型为主角的时代，AI 设备永远无法具备足够的内存带宽，以实现大模型的某些吞吐量水平。即使它们有足够的带宽，边缘侧的芯片计算资源利用率也将是非常受限的。部分原因是 Transformer 模型中的注意力机制，这种机制需要在模型的不同部分之间移动大量数据。

在大多数当前用例中，大模型推理作为实时助手运行，这意味着它必须达到足够高的吞吐量，使用户实际可以使用它。人类平均阅读速度约为每分钟 250 个词，但有些人甚至达到每分钟 1000 个词。这意味着大模型需要每秒至少输出 8.33 个 token，但更应是以每秒输出 33.33 个 token 的速度来覆盖所有的情况。

从数学上讲，1 万亿个参数的密集大模型甚至在最新的英伟达 B100 GPU 服务器上也无法运行，因为它需要极大的存储器带宽。首先，每个生成的 token 都需要将每个参数从存储器加载到芯片上。然后，需要将该生成的 token 馈送到提示信息中，接着生成下一个 token。此外，需要额外的带宽来对注意力机制中的矩阵 *K*、*V* 缓存进行流式传输。

图 9.6 所示为以足够大的吞吐量来为一个个人用户提供服务时，推理一个大模型所需的内存带宽。它表明，即使是 8 个 H100，也无法以每秒 33.33 个 token 的速度为 1 万亿个参数的密集大模型提供服务。此外，以每秒 20 个 token 的速度，8 个 H100 的 FLOPS 利用率仍然低于 5%，导致推理成本非常高。实际上，当今的 8 路张量并行 H100 系统存在约 3000 亿个前馈参数的推理约束。

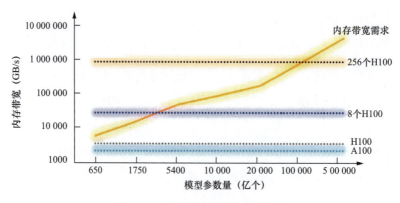

图 9.6　密集大模型的内存带宽需求

因此，需要对大模型作改进，即把密集型改成稀疏型。例如，OpenAI 为了实现人类阅读速度，使用大量英伟达的 A100 和比 1 万亿个参数还大的模型，并且以每 1000 个 token 仅售 0.06 美元的低价格提供给广大用户，就是因为这个模型是稀疏的，即并非每个参数都被使用。

9.3.1.3　边缘设备的 AI 算力

边缘设备主要包括物联网的设备。由于受到资源影响（如电池供电、内存有限等），这些设备的算力一般来说很难做大。但是，联网对边缘设备是一个优势，因为除了在本地执行 AI 模型的计算，计算也可以被转移到集中的云端。在这一范式下，物联网设备主要负责通过嵌入式传感器从物理环境中收集原始数据，并将这些数据传输到中央存储库或其他连接的设备。然而，物联网的带宽限制和动态环境中的通信可能会阻碍数据及时传输到集中式的 AGI 处理节点。

因此，要提高这类设备的算力和效率，涉及通信网络的设计，尤其是无线通信网络。一种基于大模型的无线语义网络将会在这方面起到关键作用。

如今，大模型已成为生成式 AI 的核心技术，为了应对庞大的参数计算，必须依赖强大的算力和大量内存支持。很多人在努力让芯片的浮点运算速度尽可能快。然而，对 AI 处理来说，并不是一定需要高算力。如果采用特殊的算法（如本书第 3 章介绍的超维计算和神经符号计算等），使用小数据、小模型，也能够达到相当好的输出精度。

另外，随着具身智能越来越受到人们的重视，它将成为 AGI 的一个重要组成部分。因此，AGI 处理器要应对的不仅是互联网数据，还有现实世界数据。这些数据大部分是传感器数据，与互联网数据有很大的不同。互联网数据（如文本、图像和视频）通常是结构化的，相对容易处理；而传感器数据通常是高维、嘈杂和无序的，需要进行过滤和概率推理才能理解。

　　算力的很大部分受到功耗的约束。如果是使用电池的边缘 AI 设备，AI 模型的密集计算可能会快速耗尽电池。功耗越低，芯片的能效比就越高，即在相同功耗下，芯片的计算能力就越强。在功耗限制下，芯片的算力不可能无限提升。这是 AI/AGI 芯片的现状。要大幅度改善功耗，就得脱离硅材料，而采用新的材料和技术来制作晶体管。这些新技术目前都还处于研究阶段，产业化还需时间。等到下一代的 AGI 芯片出现之后，有可能会大幅减少功耗，虽然达到与人脑耗电同一级别还有很长的路要走。

9.3.2　架构与形态

　　如前所述，AGI 能够像人类一样具备广泛的智能，如感知、推理、学习、规划和决策等。尽管 AGI 仍然是一个理论上的概念，但它已经引起了人们的广泛关注，许多研究人员已经在考虑如何设计出一个先进的 AGI 系统，包括硬件、软件和湿件。

9.3.2.1　AGI 芯片的基本架构

　　目前的 AI 芯片基于神经网络和深度学习算法，更多的是针对特定领域的任务（如图像处理、语音识别、自然语言处理等）进行优化和设计。而要实现 AGI，需要解决的问题非常复杂，涉及多个领域的知识和技术。虽然目前尚未出现被普遍认可的 AGI 芯片设计，但是大模型的极大成功已经给芯片设计人员带来了信心。因此，现阶段的 AGI 系统和芯片都将是基于大模型的算法来匹配和优化的架构，而有一些研究人员正在开始酝酿把大模型和神经符号方法结合起来的架构，即把大模型作为"神经"部分，并建立一个规则库来作为"符号"部分。

　　另外，如果要设计一款 AGI 芯片，需要考虑以下 7 个方面。

　　（1）具身智能的大部分功能，是实现从外部环境得到的感知。人类具备 5 个感官（眼、耳、舌、鼻、皮肤），AGI 芯片将使用相应的传感器进行模仿，未来将使用传感融合方法组成占地更小的器件来实现。如果在脑机接口技术方面取得突破，也可以直接与人类大脑进行对接。

　　（2）把基于大模型的 MoE 架构引入芯片。用前馈神经网络组成许多个专家网络，每个专家网络都专注于特定类型的任务或数据。用一个门控电路负责控制专家网络的激活，根据输入数据选择最合适的专家网络进行计算。片上存储器（SRAM 或 HBM）也要与模型相适应。基于大模型的 MoE 架构有望成为未来 AGI 芯片的主流架构之一。

（3）数模混合电路的突破。由于人类生活的现实世界是模拟世界，而目前的芯片绝大多数都是用数字逻辑电路和数字存储器来实现的，因此如何用高精度 DAC 来做转换、如何设计先进的模拟电路来配合数字电路，并且不占面积和降低功耗，就显得格外重要。有人在最新的研究中，已经发明了一种新的方法，甚至把 DAC 省略了。

（4）可重构性架构。大脑具备快速重组神经元、神经网络层与神经系统之间连接的能力，它直接与记忆、筛选信息、遗忘等能力密切相关。这些能力需要体现在 AGI 的 AI 引擎中，即做到根据输入信号的激励重构神经网络，包括神经元的连接与断开、网络层与层之间连接与断开等。这些重构都与时间有关，是动态进行的，而且反应时间需要非常快。

（5）情感计算单元。情感计算单元是识别、解释、分析和模拟人类情感的处理系统。来自传感器的面部表情、姿势、手势、语言、击键的力度或节奏，以及手在鼠标上的温度变化，都体现了用户的情绪状态，而这些都可以被计算单元检测和解释。

（6）决策与行动单元。这个单元以 MoE 的输出作为输入，先将情感计算结果和多个传感器信号进行融合，然后进行学习或推理。经过决策单元进一步处理后，发出指令去执行某个应用所需要的动作。

（7）多种神经网络与多种学习算法。目前的 AI 芯片一般只包含一个神经网络，但是 AGI 往往由多个神经网络组成。如何同步与平衡多个神经网络的运行是一个新的研究课题。AGI 芯片里也可能会包含多种学习算法（如强化学习、迁移学习和元学习）以达到更有效地泛化知识的目的。

在现阶段，AGI 芯片仍将基于成熟的数字 CMOS 工艺来制造。AGI 芯片的概念框图如图 9.7 所示。

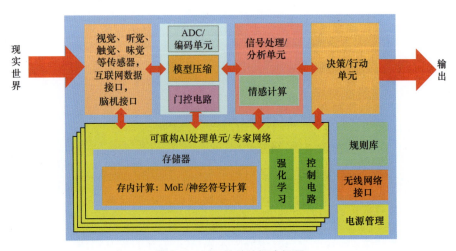

图 9.7　AGI 芯片的概念框图

9.3.2.2　AGI 芯片新创公司

现在还没有一家公司正式声称做出了商用 AGI 芯片。但是，一些新创公司正在努力研发新颖的 AI 芯片。这些芯片以大模型或大型多模态模型为基础，在很多方面都有创新，在性能、能耗等方面都有很大的提升，很可能成为未来 AGI 芯片大军中的一员。Gloq 的 LPU 芯片就是一个例子。

一家名为 SingularityNET 的公司正与芯片公司 Simuli.ai 合作，旨在开发更先进的 AGI 芯片。他们将重点关注元图模式匹配芯片（Metagraph Pattern Matching Chip，MPMC）的开发。这款新型芯片将承载两种知识图搜索算法：广度优先搜索（Breadth-first Search，BFS）和深度优先搜索（Depth-first Search，DFS）。将这些模块组合到一块芯片中可以实现更直观的知识表示、推理和决策。

一旦被开发出来，MPMC 就将与 Simuli.ai 现有的 Hypervector 芯片（该芯片使用比传统芯片更少的处理器来处理数据模态）集成，以创建一个"AGI 电路板"，旨在加速实现 AGI 功能。利用 Simuli.ai 的硬件平台可以多方面优化大型 AGI 模型，以提高运行速度。新的芯片将首先由 SingularityNET 的衍生项目 TrueAGI 使用，为企业和组织提供被称为"AGI-as-a-service"的 AGI 服务。

这个芯片项目将致力于缓解 GPU 的限制，帮助更好地处理图形、视频等。此外，他们还希望通过减少所需芯片的数量来实现这一目标，从而降低 AI 训练和推理的成本。他们认为，如果没有正确、合适的芯片，即使是最好的数学和软件也无法高效运行，并产生实际影响。

另一个 AGI 芯片的大项目是 OpenAI 的超级芯片。该项目的投资金额为 5 ～ 7 万亿美元。因为与 AGI 有关，所以这项具有里程碑意义的项目引发了 AI 科技界的广泛兴趣和猜测。从本质上讲，OpenAI 的举措标志着 AI 芯片范式的转变。有位资深科学家是这样评价的："超级芯片将具有无与伦比的处理能力和效率，代表着计算能力的巨大飞跃。通过利用创新的设计方法、先进的制造技术和尖端材料，这些芯片有望彻底改变 AI 技术的格局。"

9.3.2.3　AGI 芯片发展可能的 4 个阶段

根据 AGI 芯片的架构、材料、电路和形态等，预计其发展会分为如下 4 个阶段（见图 9.8）。

（1）AGI 1.0。这是从目前的 AI 芯片逐渐发展到 AGI 的阶段。它的特点是基于硅材料，针对大模型或大型多模态模型来设计电路和架构，以达到极高的算力和一定程度的能耗。这段时间内，大模型还会继续发展，新的架构会不断出现，算力将急剧提升。

（2）AGI 2.0。在这个阶段，基于神经形态计算的类脑芯片开始批量生产，这些芯片有可能是基于忆阻器的非易失性存储器等新颖器件。因为更接近人类大脑的结构，具有实时计算、异步计算的特点，因此类脑芯片在能效指标上比目前的深度学习 AI 芯片要大大提高。在算力指标上，目前类脑芯片与基于深度学习的 AI 芯片相差不多（见第 7 章），未来几年会在规模和稳定性等方面取得进展。

（3）AGI 3.0。在这个阶段，2D 材料逐渐取代硅材料，且工艺逐渐成熟，可以批量生产并走向产业化。芯片的工艺节点下降到不到 1nm。由于 2D 材料的迁移率非常高，对进一步提高算力非常有利，同时也比硅材料更加省电。

（4）AGI 4.0。在这个阶段，用生物和化学手段做成的湿件崭露头角并逐步批量进入市场。在该阶段，新的具有极高智能水平的算法或模型已经成熟，运行这种算法和模型不需要很高的算力。因此，耗电极低、已经与人脑接近的"芯片"可能会诞生。

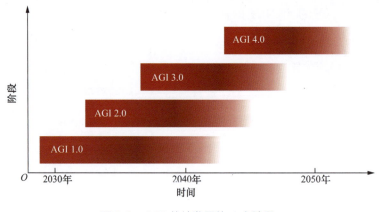

图 9.8　AGI 芯片发展的 4 个阶段

未来，AGI 芯片的形态和应用场景将与现在有相当大的区别，可以想象有下列变化。

（1）高算力的超级芯片。通过在一个封装里集成更多的芯粒，以及采用裸片 3D 堆叠等方法，芯片的算力还将大幅度提高。这需要更好的降温方法（液体降温）及组网方式来互相适应。

（2）作为单独的智能体。这种 AGI 芯片将拥有强大的自主学习和决策能力，能够独立完成复杂的任务。它们可以被用于机器人、无人驾驶汽车、智能家居等领域。

（3）作为连入物联网的智能体。这种 AGI 芯片将与其他设备连接，形成一个智能物联网网络。它们可以被用于智能城市、工业控制、环境监测等领域。

（4）摆脱硅，使用更有优势的材料。传统的硅基芯片在功耗和性能方面存在一定的限制。未来，AGI 芯片可能会采用新的材料，如 2D 材料、低温超导材料等，以提高性能和降低功耗。

（5）使用模拟计算、随机计算、异步电路、磁子计算、光子计算等来组成芯片架构。这些新型计算范式会在未来得到越来越多的应用，并带来 AI 芯片的重大变革。例如，模拟计算、近似计算、随机计算、可逆计算可以更有效地处理复杂数据；异步电路、光子计算可以提供更高的计算速度；而新兴的磁子计算的基础理论——磁子学，将会有新的突破。

（6）生物 AI 将崛起。作为湿件形态的生物 AI 芯片将模仿人脑的结构和功能，以实现更智能、更节能的计算。

（7）AI 无处不在——AI 芯片将变成其他 AI 形式。AI 芯片将不再局限于传统的硬件形式，而可以与其他材料和技术结合，形成新的 AI 形态。例如，它们可以被集成到超材料中，用超材料特征来实现 AI 功能；或用生物、化学材料形成湿件，没有硬件、软件之分；或者被"打印"成大面积的可弯曲透明薄膜，这种薄膜可贴在门窗玻璃或墙壁上，或者贴在自动驾驶汽车的车身表面。

总而言之，从现有的 AI 系统到未来的 AGI 系统，技术指标和特征会有很大变化，会变得更绿色环保、更智能、更安全，也会更好地为人类服务（见图 9.9）。AGI 芯片的未来发展充满各种可能性，将覆盖各种各样的应用领域，并深刻影响人类的生活和工作方式。

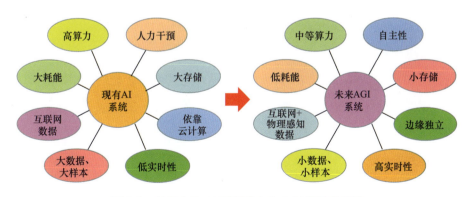

图 9.9 从现有的 AI 系统到未来 AGI 系统的演进

最新的一些算法和模型（如 Q* 算法等）在 AGI 领域的发展代表着从单一专业化的 AI 到 AGI 的范式转变，表明这些算法和模型的认知能力将拓展至类似人类智能的范畴。

这种先进的通用智能涉及整合多样的神经网络架构和机器学习技术，使 AI 能够无缝处理和综合多方面信息。在此基础上实现的 AGI 芯片，代表着 AI 芯片的发展进入一个新时代。

9.4　未来：AGI 和 ASI——神话还是悲歌

目前，人们一般认为 AI 有 3 种类型：狭义 AI（ANI）、广义 AI（AGI）和超级 AI（ASI）（见图 9.10）。

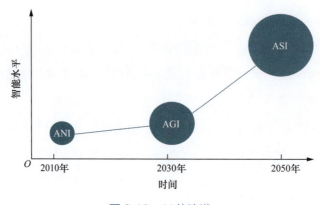

图 9.10　AI 的演进

从 GPT-4、GPT-4o 到声称超越 GPT-4 的 Claude 3，AI 的飞速发展展现出一种能与人类认知水平媲美，甚至实现超越的智能形态，这对促进跨学科创新和解决复杂问题具有深远意义。然而，AI 的发展也带来了一系列复杂的伦理问题和治理挑战。随着 AI 系统逐渐具备更高的自主性和决策能力，建立健全的伦理框架和治理机制以确保 AI 的负责任和透明发展至关重要。传统的伦理规范可能不再适用，需要建立更加灵活和包容的伦理准则，以适应 AI 发展的最新趋势。

AI 的最后阶段是 ASI，它是在各个方面都可以超越人类智能的技术。很多人认为，使用 ASI 的机器和系统将在社交技能、创造力和智慧等各个领域或方面比人类更聪明，执行任务的效果也更好。而且，ASI 可以同时执行多项任务，并能够改进自身代码，自学新能力，使用更好的方法来利用自己的计算资源。

随之产生的一个关键问题是：如果一个智能机器在各个方面都超越了人类智能，达到了 ASI，那人类还能控制它吗？换句话说，AI 机器会不会有自我意识和自由意志而完全不受人类控制？这个问题目前还没有明确的答案。这涉及许多哲学、技术和伦理方面的问题。

一些人认为，即使 AI 超越了人类智能，人类仍然可以控制它。他们的观点如下。

（1）人类将始终是 AI 的创造者和拥有者，因此拥有最终的控制权。

（2）可以通过技术手段来控制 AI，如设置安全协议和道德规范。

（3）人类可以利用自身独特的优势（如社交能力和创造力）来保持对 AI 的控制。

但是另一些人认为，AI 一旦超越了人类智能，人类将无法控制它。他们的观点如下。

（1）超级智能的 AI 可能无法被人类理解，也被无法被人类控制。

（2）AI 会发展出自己的目标和价值观，这些目标和价值观可能与人类的利益冲突。

（3）AI 会拥有自我意识和自由意志，并寻求独立自主，甚至可能对人类构成威胁。

中国社会科学院学部委员、哲学家赵汀阳从哲学层面对 AI 做了分析，为 AI 提出了一个新的类别，并称之为反思性人工智能（Artificial Reflexive Intelligence，ARI）[12]。ARI 与 ASI 相似，具有自主的反思能力及修改自身系统的能力。他认为，如果 AI 没有反思能力，那么 AI 的智力水平越高，对人类越有用，而且没有致命危险。例如，AlphaGo 等不对人造成威胁。但是，AI 一旦具备反思能力，就形成了具有危险性的主体，并且有如下两种可能性。

第一种，如果 AI 只有纯粹理性，没有道德理性，那么它将大概率按照它的存在需要来决定人类的命运，也许会"赡养人类"而把人类变成白痴，也许会清除人类。

第二种，如果 AI 模仿人类的欲望、情感和价值观，那么它可能会歧视人类。这是因为人类历史上充满了暴力、贪婪和不公正。AI 会观察到人类如此自私、贪婪，且言行不一，缺乏人类自己标榜的美德。AI 可能会认为人类不配拥有地球，或者认为人类应该被改造得更加完美。

以上提到的两种可能性都是值得认真考虑的。如果 AI 只有纯粹理性，没有道德理性，那么它可能会按照其自身的存在需要来决定人类的命运。这可能会导致人类被奴役、被消灭，或者被改造成为 AI 的工具。到那时，不再是人类用各种基准测试来评估 AI，而是人类需要排队接受 AI 的考核。

如果把人类的情感、欲望和价值观赋予 AI，那或许体现了人类的宠物情结，但也可能是自找苦吃的冒险。

我们暂且把具备意识、情感和思想的 AI 智能体归类为 ASI。那么，当 AI 芯片在 AGI 基础上装入了意识生成、情感生成、思想生成等模块后（称为 ASI 芯片，先不讨论能不能研发成功），它就不会受人类控制。这样的研究和开发必须从一开始就被避免或遏止（见图 9.11）。假如未来具有主体性的 AI 成为世界秩序的主持者，如果它的意识只有纯粹智力内容，虽然缺乏"爱心"，反而可能比较安全。

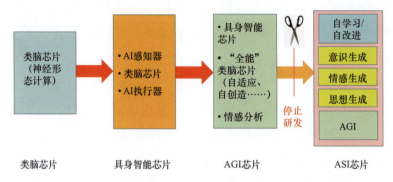

图 9.11　未来的 AI 芯片发展

然而，我们终究无法预测 ASI 会如何看待人类。这是一个我们无法完全理解的问题，甚至我们自己也无法完全理解人类的心灵。这些问题将在哲学界继续讨论下去。

作为 AI 算法和 AI 芯片研发人员，我们需要共同努力，制定合理的 AI 发展伦理，并采取措施确保 AI 的安全和可控，让 AI 的发展能够造福人类。这些措施包括制定有关 AI 开发和使用的伦理规范，加强对 AI 安全的研究和开发，提高公众对 AI 的认识和理解。要把 AI 的"神话"变为对人类有用的现实，而避免或禁止其研发活动最后变成人类的"悲歌"。

9.5　本章小结

事实上，AI 芯片为近年来 AI 技术的快速发展和应用提供了核心硬件计算支撑。它们是 AI 技术高效、快速应用和节能运行的关键驱动力，也是 AI 时代的战略制高点。

深度学习 AI 芯片（又被称为深度学习加速器）的商用已经有 10 多年的历史。它从 GPU 起步，现在仍处于 GPU 独占鳌头的阶段（生成式 AI 模型的训练目前基本依靠大量 GPU 支撑，英伟达把这些在 GPU 基础上改进的芯片也改称为加速器）。这些加速器的功耗都在 700W 以上，英伟达的最新一代 AI 加速器 B200 已经达到 1000W，在某些情况下甚至可以通过液冷方案将其提升至 1200W。由此可以看到，如果训练一个大模型需要 10 000 个这类芯片的话，那么会消耗极为惊人的电力。更不要说未来如果继续提高模型规模并达到 AGI 的水平，那就要用几十万个芯片来运作。这种随时间呈指数级增长的规模，将导致越来越严重的资源消耗、二氧化碳排放和生态环境破坏问题。

因此，现在已经到了一个急需提高 AI 芯片能效比的时候。需要开发更节能的 AI 算法，减少计算量和功耗；开发较小规模的模型，使用小数据，却能达到更高准确度和智能水平的算法。另外，通过改进芯片设计和制造工艺，特别是利用芯粒集成、3D 堆叠等技术提高芯片的能耗。

本章探讨了如何从上述两方面入手，实现这种满足需求的超级芯片。这种超级芯片会经历几个阶段的发展过程。现阶段需要在现有硅芯片的基础上继续改进性能。超级芯片推动的计算能力呈指数级增长，有望促进 AI 研究和开发的突破。从自然语言理解到自主决策，增强的处理能力使 AI 系统能够以前所未有的效率和准确性处理日益复杂的任务。此外，超级芯片的可扩展性和多功能性为跨不同应用和行业的广泛部署铺平了道路。

后续阶段则需要通过长期且艰苦的基础研究，使 AI 的结构更接近生物大脑，形成完整的神经形态计算体系，并且在利用 2D 材料、磁性材料、化学材料、生物材料等制作晶体管方面取得重大突破。

AI 的持续发展不仅依赖 AI 芯片的升级和资金的投入，还取决于创新思维的激发和跨学科合作的深化。只有在技术、人才和生态系统相互促进的环境下，AI 才能实现突破性进步，并真正服务于社会发展和人类福祉。

未来的 AGI 芯片在 AGI 领域的重要性怎么强调都不为过。AGI 通常被认为是 AI 成就的顶峰，体现了机器智能的概念，可以在广泛的任务中与人类的能力媲美，甚至实现超越。虽然 AGI 仍然是一个难以准确定义的目标，但开发超级芯片无疑加速了实现这一目标的进程。

然而，我们必须以谨慎乐观的态度对待 AGI 的前景。尽管 AI 芯片取得了显著的进步，但 AGI 代表了超越硬件进步的多方面挑战。实现 AGI 需要在软件算法、数据基础设施和跨学科协作等方面取得突破。此外，还必须解决有关负责任地部署 AGI 技术的道德挑战，以确保符合社会价值观和规范，避免"AI 悲歌"的出现。

随着 AI 芯片的广泛应用，AI 系统将逐渐融入社会生活的各个方面，成为人们日常生活中不可或缺的一部分。这将引发一系列关于 AI 安全、道德和伦理规范的问题。这些都是严肃而发人深省的问题，如果在研发阶段没有解决，也许会让"野马冲出谷仓"〔出自英国哲学家约翰·穆勒（John Mill）的《论自由》（*On Liberty*）〕，而人类将无法为结果做好准备，最终导致无法预料的后果。希望本书能够帮助读者更好地理解 AI 芯片的技术实现，同时能够引发人们对 AI 伦理和道德问题的思考。

让我们共同期待 AI 芯片的未来，并为人类社会创造更加美好的未来！

参考文献

[1] GOERTZEL B, PENNACHINL C. Artificial general intelligence[M]. Berlin: Springer, 2007.

[2] LEGG S, HUTTER M. Universal intelligence: a definition of machine intelligence[EB/OL]. (2007-10-20) [2024-08-20]. arXiv: 0712. 3329 [cs. AI].

[3] SARKAR R, LIANG H, FAN Z, et al. Edge-MoE: memory-efficient multi-task vision transformer architecture with task-level sparsity via mixture-of-experts[EB/OL]. (2023-09-13) [2024-08-20]. arXiv: 2305. 18691v2 [cs. AR].

[4] MCINTOSH T R, SUSNJAK T, LIU T, et al. From Google Gemini to OpenAI Q* (Q-star): a survey of reshaping the generative artificial intelligence (AI) research landscape[EB/OL]. (2022-01-01) [2024-08-20]. arXiv: 2312. 10868 [cs. AI].

[5] HART P E, NILSSON N J, RAPHAEL B. A formal basis for the heuristic determination of minimum cost paths[J]. IEEE Transactions on Systems Science and Cybernetics, 1968, 4(2): 100-107.

[6] ANIL C, POKLE A, LIANG K, et al. Path independent equilibrium models can better exploit test-time computation[EB/OL]. (2022-11-18) [2024-08-20]. arXiv: 2211. 09961 [cs. LG].

[7] ZHAO H, LIU Y, ALAHI A, et al. On pitfalls of test-time adaptation[EB/OL]. (2023-06-06) [2024-08-20]. arXiv: 2306. 03536 [cs. LG].

[8] XU H, HAN L, YANG Q, et al. Penetrative AI: making LLMs comprehend the physical world[EB/OL]. (2024-06-12) [2024-08-20]. arXiv: 2310. 09605v2 [cs. AI].

[9] DOU F, YE J, YUAN G, et al. Towards artificial general intelligence (AGI) in the internet of things (IoT): opportunities and challenges[EB/OL]. (2023-09-14) [2024-08-20]. arXiv: 2309. 07438v1 [cs. AI].

[10] 张臣雄 . AI 芯片 : 前沿技术与创新未来 [M]. 北京 : 人民邮电出版社 , 2021.

[11] CHU-CARROLL J, BECK A, BURNHAM G, et al. Beyond LLMs: advancing the landscape of complex reasoning[EB/OL]. (2024-02-12) [2024-08-20]. arXiv: 2402. 08064 [cs. AI].

[12] 赵汀阳 . 人工智能的神话或悲歌 [M]. 北京 : 商务印书馆 , 2022.

附录：芯片技术发展进程中具有里程碑意义的几本书

　　今天，半导体芯片已经无处不在，我们的生活也已经离不开芯片。我们常常惊叹微电子技术随着摩尔定律的飞速进步！从 20 世纪 70 年代人们使用的单管收音机（一个晶体管组成的收音机）开始，到今天苹果 iPhone 15 使用的 3nm 芯片（已经包含了 190 亿个晶体管），这种惊人的变化并不是仅依靠一台先进的光刻机、一整套制造设备就能完成的，还有诸多的基础理论作为支撑。

　　下面介绍的这几本书，虽然已经出版了几十年，但是它们仍然具有重要的研究价值。这几本书记录了半导体技术的发展历程，并为我们了解半导体技术的本质提供了宝贵的资料。如果当时没有这些书所提出的理论和指导性见解，人们就不可能把半导体芯片做到今天这个水平，也不可能有今天这样的半导体产业规模。它们首次系统阐述了半导体芯片大规模集成所需要的集成技术，首次把芯片的几何"版图"变成可以计算和优化的数学模型，首次把"电路"变成一种计算机的描述"语言"等。如果没有人提出这样的开拓性理论和见解，就不可能有后来的 EDA 软件及产业，也不可能制造出大规模集成的半导体芯片，因为这些芯片全部依靠 EDA 软件工具来设计。目前，人们正在开发 AI 大模型驱动的 EDA 工具。

　　这几本书的作者中有多位美籍教授曾多次来华讲学，有的受到了当时的国家领导人的接见。这些书的作者（包括译者）都是微电子领域的著名教授，在此谨向前辈们表示深深的敬意。

　　（1）*Basic Circuit Theory*（见附图 1），作者为 Charles A. Desoer（C. A. 狄苏尔）和 Ernest S. Kuh（葛守仁），出版时间为 1971 年。中文版书名为《电路基本理论》（上、下册），译者为林争辉，出版社为人民教育出版社，出版时间为 1979 年。

　　这本书详细介绍了电路相关的理论知识，为集成电路的迅猛发展奠定了扎实基础。本书作者之一是美国加州大学伯克利分校的葛守仁教授。本书的中文版由上海交通大学的林争辉教授翻译，是 20 世纪 80 年代国内的畅销书之一，当时各类院校电子专业的学生几乎人手一册，各类考试（包括出国考试）都有这本书相关的考题。

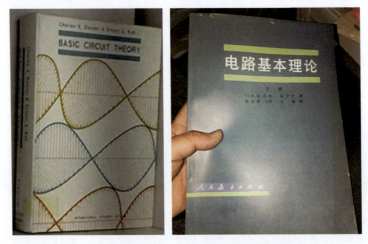

附图 1　*Basic Circuit Theory* 和《电路基本理论》

（2）*Computer-aided Analysis of Electronic Circuits*: *Algorithms and Computational Techniques*，作者为 Leon O. Chua（蔡少棠）和 Pen-Min Lin（林本铭），出版时间为 1975 年。《电路计算机辅助设计》，作者为王豪行，出版社为上海交通大学出版社。这两本书的封面如附图 2 所示。

附图 2　*Computer-aided Analysis of Electronic Circuits*: *Algorithms and Computational Techniques* 和《电路计算机辅助设计》

这本英文书是最早详细介绍用计算机对电子电路进行辅助分析的书，作者是美国加州大学伯克利分校的蔡少棠教授和美国普渡大学的林本铭教授，没有中文版。在 20 世纪 70 年代末到 80 年代，上海交通大学的王豪行教授率先开设了"电路计算机辅助设计"课程，1995 年在此基础上编写了一本专门教材《电路计算机辅助设计》，在国内电子科学界有很大影响。

（3）*Computer Design Aids for VLSI Circuits*（见附图 3），作者为 P. Antognetti、D. O. Pederson 和 H. De Man，出版时间为 1981 年。

这本书的作者之一 D. O. Pederson 是著名的电路仿真程序 SPICE 的主要发明人。这本书主要介绍超大规模集成电路的电路设计，并讨论了电路仿真的原理和实现。这本书没有中文译本。

（4）*Introduction to VLSI Systems*（见附图 4），作者为 Carver Mead（卡弗·米德）和 Lynn Conway（林恩·加威），出版时间为 1979 年。中文版书名为《超大规模集成电路系统导论》，译者为何诣，出版社为科学出版社，出版时间为 1986 年。

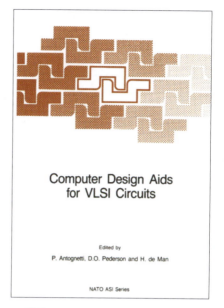

附图 3　*Computer Design Aids for VLSI Circuits*

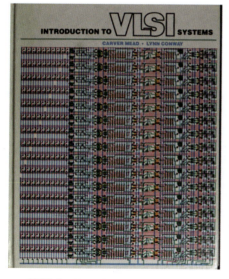

附图 4　*Introduction to VLSI Systems* 和《超大规模集成电路系统导论》

直到 1979 年，芯片设计都是由水准很高的专家完成的，他们了解设计的每一个方面，从半导体制造、晶体管特性，到可能有 1000 个门的模块（这是那个时代芯片制造的极限）。但是后来的芯片设计变得很复杂，不适合从事制造工艺的人去做，而工艺也变得足够复杂，制造时遇到了很大困难。随着米德和加威写的这本书的出版，芯片设计和制造发生了变化。虽然这本书已经绝版，但它是半导体芯片设计和设计自动化领域有史以来最具影响力的图书之一。米德和加威通过创建简化的布局设计规则和适合数字设计的简化时序模型，将芯片设计与制造分开。这样芯片设计人员就不再需要了解制造工艺的每一个细微差别，不再需要把每一个晶体管都看作一个模拟器件。最重要的一点是，这意味着计算机专业毕业的学生可以设计数字芯片，因为不再需要他们具备深厚的电子工程知识。

另外，米德也是第一位提出"神经形态"概念的科学家。现在人们正在广泛研究的神经形态计算和类脑芯片，离不开他的超前见解。

（5）*VLSI Circuit Layout：Theory and Design*（见附图 5），作者是 Te Chiang Hu（胡德强）和 Ernest S Kuh（葛守仁），出版时间是 1986 年。本书没有中文译本。

这本书系统地讲解了芯片版图的布局布线问题，把几何图形和连线的排列转换为数学模型，从而可以用合适的算法来进行物理布局布线的设计。这本书介绍了当时刚发明的模拟退火布局方法和葛守仁教授提出的通道布线等，这些方法都成为后续商业化 EDA 工具的基本原理和基本方法。没有这些开创性的思路和成熟的理论，就不会有设计芯片必不可少的 EDA 工具和 EDA 商业大公司（如 Cadence、Synopsys 等）。

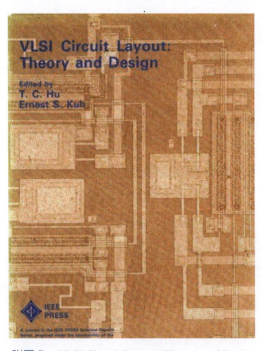

附图 5　*VLSI Circuit Layout: Theory and Design*